J. C. POGGENDORFF

BIOGRAPHISCH-LITERARISCHES HANDWÖRTERBUCH DER EXAKTEN NATURWISSENSCHAFTEN

Unter Mitwirkung der Akademien der Wissenschaften zu Berlin, Göttingen, Heidelberg, München und Wien

herausgegeben von der

Sächsischen Akademie der Wissenschaften zu Leipzig

Band VIIb · Teil 4

1. Lieferung

Leitung der Redaktion

PROF. DR. HANS SALIÉ

AKADEMIE-VERLAG · BERLIN

1971

Redaktionsschluß: 30. 6. 1969

Erschienen im Akademie-Verlag GmbH, 108 Berlin, Leipziger Str. 3–4

Lizenznummer: 202 · 100/410/71
Gesamtherstellung: VEB Druckerei „Thomas Müntzer“, 582 Bad Langensalza/DDR
Bestellnummer: 3050/IV/1 · ES 18 A
EDV 761 448 0
24,–

H

(Fortsetzung)

VI **HENDERSON,** Archibald. Math., Literatur. — 1908–48 Prof., '20–48 Head of the Math. Departm., Univ. of North Carolina, Chapel Hill, N. C.; '08–09 Pres., Elisha Mitchell Sci. Soc., Chapel Hill, N. C.; '22 Pres., North Carolina Acad. Sci. — '32 Hon. LL.D. (College of William and Mary in Virginia, Williamsburg, Va.); '32 Hon. Litt. D. (Catawba College, Salisbury, N. C.); '32 Hon. Litt. D. (Oglethrope Univ., Atlanta, Ga.). — 1898 Holt Math. Medal (Univ. of North Carolina).

*1877, Juni 17, Salisbury, N. C.;
†1963, Dez. 6, Chapel Hill, N. C.

Zur Biogr. A. Henderson, the new Crichton. A composite portrait (S. S. Hood) (New York '49) 18 + 252 S. (m. Bildn., Schr.verz.). — A. Ch. Howell, Kenan professorships (Chapel Hill, N.C. '56) 257-59. — Twentieth century authors (S. J. Kunitz) Suppl. 1 (New York '55) 434f.

Nekr. Proc. amer. Antiquarian Soc. **75** ('65) Okt.-Nr., 214f.

H. Pioneering a people's theatre (Chapel Hill, N.C. '45) 7 + 104 S. (University of North Carolina, Sesquicentennial publications).

S. Encyclopaedia Britannica. A new survey of universal knowledge **20** (Chicago-London-Toronto ... '65) 477-79: George Bernard Shaw.

W. Washington's southern tour 1791. Bicentennial edition (New York '32) 340 S. — Bernard Shaw, playboy and prophet (New York '32) 32 + 872 S. — Church of the Atonement and the Chapel of the Cross at Chapel Hill, North Carolina (Hartford, Conn. '38) 57 S. (Story and pageant ser.). — Old homes and gardens of North Carolina (Chapel Hill, N.C. '39) 12 + 34 + 13 + 22 S. — North Carolina, the old north state and the new **1** (Chicago, Ill. '41) 77 + 654 S.; **2** ('41) 833 S. — The campus of the first state university (Chapel Hill, N.C. '49) 16 + 412 S. (University of North Carolina, Sesquicentennial publications). — George Bernard Shaw: man of the century (New York-Toronto '56) 32 + 969 S. — The twenty-seven lines upon the cubic surface (New York '60) 100 S. (Cambridge tracts in mathematics and mathematical physics, 13).

J. Elisha Mitchell sci. Soc. Mathematica praetermissa[1]): **50** ('34) 160-81. — New aspects of relativity: **52** ('36) 1-19. — A classic problem in Euclidean geometry. A basic study: **53** ('37) 246-81.

Modern Drama Shaw and America: the end of a century: **2** ('59) Sept.-Nr., 173-77.

National Math. Mag. On harmonic separation[1]): **13** ('38) 3-21.

Queen's Quarterly Shaw's stature: **58** ('51) Frühjahrs-Nr., 14-22.

Scripta math. [USA] The Lehmus-Steiner-Terquem problem in global survey: **21** ('55) 223-32, 309-12; **22** ('56) 81, 84.

Yale Univ. Library Gaz. Bernard Shaw at eighty: **12** ('37) Okt.-Nr., 18-30.

Mit: [1]) J. W. Lasley, jr.

IV–VI **HENDERSON,** George Gerald. Chem. — 1919–37 Prof., Dir. of the Departm., '37 Prof. Emeritus, Univ. of Glasgow; '14–15 Pres., Soc. of Chemical Industry; '16 Pres. of Sect. B, British Assoc. for the Advancement of Science; '24–27 Pres., Royal Inst. of Chem., London; '31–33 Pres., Chemical Soc., London. — '12 Hon. LL.D. (Univ. of Saint Andrews); '34 Hon. D. Sc. (Univ. of Belfast); '38 Hon. LL.D. (Univ. of Glasgow). — '37 Medal (Soc. of Chem. Industry).

*1862, Jan. 30, Glasgow;
†1942, Sept. 28, near Tarbert, Isle of Harris.

Zur Biogr. Chemistry and Industry **10** ('32) 289f. (m. Bildn.). — Nature [London] **139** ('37) 706.

Nekr. W. Culen, Chemistry and Industry **20** ('42) 424. — A. Davidson, I. M. Heilbron, J. C. Irvine, W. W. Lumsden, B. G. McLellan, W. Ralston, J. Rogers, G. Steedman, P. Tainsh: ibid. 472. — W. M. Cumming, J. roy. Inst. Chem. **1956**, 325-27. — H. Dale, Proc. roy. Soc. London, Ser. A **181** ('42/43) 216. — I. M. Heilbron, The life and work of George Gerald Henderson (London '47) 12 S. (Henderson memorial lecture). — J. C. Irvine, J. chem. Soc., London **1944**, 202-06 (m. Schr.verz.). — T. S. Patterson, Nature [London] **150** ('42) 485f. — J. L. Simonsen, Obituary Notices Fellows roy. Soc. London **4** ('42/44) 491-502 (m. Bildn., Faks., Schr.verz.).

J. chem. Soc., London The publication of chemical literature: **1932**, 1315-24. — The present position and the future of the Chemical Society: **1933**, 463-67.

J. Soc. chem. Industry, Trans. A retrospect: notes on some developments in the theory and practice of chemistry in the last half century: **56** ('37) 227-31.

VI **HENDERSON,** George Hugh. Physik. — 1924–49 Prof., Mathematical Physics, King's College, Dalhousie Univ., Halifax, N. S., Can.; '39–48 Joint Superintendent, '48–49 Chief Superintendent, Naval Research Establishm., Halifax, N. S., Can.; '36–38 Pres. of the Nova Scotian Inst. of Science.

*1892, Dez. 8, St. Augustine, Fla.;
†1949, Juni 19, während Bahnfahrt von Halifax, N. S., nach New Brunswick, N.J.

Nekr. J. H. L. Johnstone, Nature [London] **164** ('49) 645f. — W. B. Lewis, Obituary Notices Fellows roy. Soc. London **7** ('50/51) 155-66 (m. Bildn., Faks., Schr.verz.). — R. M. Petrie, Proc. and Trans. roy. Soc. Canada, Sect. III **44** ('50) 77-82 (m. Bildn.). — Science [USA] **110** ('49) 243.

Dalhousie Rev. With the Cambridge eclipse expedition: **12** ('32) 297-308. — May-fly fishing: **15** ('35) 60-66. — Graduate schools for Canadian universities: **28** ('48) 1-11.

J. appl. Physics [USA] Pleochroic haloes and radioactive chemistry: **12** ('41) 299.

Nature [London] Some new types of pleochroic haloes: **140** ('37) 191.

Physical Rev. Pleochroic haloes and the age of minerals: (2) **45** ('34) 216. — The range of the α-particles from thorium[3]): **52** ('37) 46f.

Proc. Nova Scotian Inst. Sci. A may-fly from the Halifax region: **19** ('34/38) 154.

Proc. roy. Soc., London, Ser. A A quantitative study of pleochroic haloes, 1[1]): **145** ('34) 563-81; ∼ 2[6]): 582-91; ∼ 3: Thorium[4])[2]): **158** ('37) 199-211; ∼ 4: New types of haloes[5]): **173** ('39) 238-49; ∼ 5: The genesis of haloes: 250-64. — A new method of determining the age of certain minerals: **145** ('34) 591-98.

Mit: [1]) S. Bateson; [2]) D. P. Crawford; [3]) G. C. Laurence; [4]) C. M. Mushkat; [5]) F. W. Sparks; [6]) L. G. Turnbull.

VI **HENDERSON,** Lawrence Joseph. Chem. (biol.). — 1904–05 Lecturer, '05–10 Instructor, '10–19 Assist. Prof., '19–42 Prof., Harvard Univ., Cambridge, Mass.; '05–08 Instructor, Harvard Medical School, Boston, Mass. — '32 Hon. Sc. D. (Harvard Univ., Cambridge, Mass.); '34 Dr. h. c. (Univ. de Grenoble); '34 Hon. Sc.D. (Univ. of Cambridge); '40 Hon. LL.D. (Univ. of Pennsylvania, Philadelphia, Pa.).

*1878, Juni 3, Lynn, Mass.;
†1942, Febr. 10, Boston, Mass.

Zur Biogr. F. W. Russell, Mount Auburn biographies (Cambridge, Mass. '53) 81.

Nekr. J. Barcroft, Nature [London] **149** ('42) 374f. — L. Brouha, A. Mayer, Revue canad. Biol. **1** ('42) 483f. — W. B. Cannon, Biographical Mem., Nation. Acad. Sci. USA **23** ('43) 31-58 (m. Bildn., Faks., Schr.verz.). — E. M. Kreps, Lawrence Henderson und Yandell Henderson: Usp. sovremennoj Biol. **20** ('45) Nr. 1, 117-20 [russ.]. — Chemical and Engng. News **20** ('42) 288.

S. E. Abderhalden, Handbuch der biologischen Arbeitsmethoden **5**, 8 (Berlin-Wien '35) 261-344: Nomographische Methoden bei der Untersuchung von Blut und Kreislauf[8]).

W. Blut. Seine Pathologie und Physiologie (M. Tennenbaum) (Dresden '32) 8+287 S. [Übersetzung aus d. Engl.: "Blood. A study in general physiology" (Cambridge, Mass '28)]. — Pareto's general sociology; a physiologist's interpretation (Cambridge, Mass. '35) 7+119 S. — Fitness of the environment; an inquiry into the biological significance of the properties of matter. Neuauflage (New York-Boston-Toronto '58) 24+317 S.

Annual Rev. Physiol. Respiration[6])[5])[3]): **2** ('40) 21-44.

Harvard Alumni Bull. The Harvard Fatigue Laboratory: **1935**, Febr. 8, 548-51.

Harvard Business Rev. Science, logic and human intercourse: **1934**, Apr.-H., 317-27. — Aphorisms on the advertising of alkalies: **1937**, Herbst-H., 17-23.

J. biol. Chemistry Factors limiting the capacity of a dog for work[9])[4])[3]): **97** ('32) XLf. — The possible mechanisms of contracting and paying the oxygen debt and the rôle of lactic acid in muscular contraction[7])[4])[3]): **100** ('33) LXV-LXVII.

J. industr. Hyg. and Toxicol. The effects of social environment: **18** ('36) 401-16.

New England J. Med. Physician and patient as a social system: **212** ('35) 819-23.

Proc. amer. Acad. Arts and Sci. Edwin Arlington Robinson (1869–1935): **70** ('36) 570–73. — What is social progress?: **73** ('38/40) 457–63. — Archibald Byron Macallum (1858–1934): **74** ('40/41) 143.

Science [USA] The relation of medicine to the fundamental sciences: **82** ('35) 477–81. — William Morton Wheeler[1])[2])[10]): **85** ('37) 533–35. — The Royal Society: **93** ('41) 27–32. — The study of man: **94** ('41) 1–10.

Trans. Assoc. amer. Physicians The practice of medicine as applied sociology: **51** ('36) 8–22.

University California Publ. Philos. An approximate definition of fact: **14** ('32) 179–200.

Yearb., Amer. philos. Soc. Raymond Pearl (1879–1940): **1940**, 431–33. — Hans Zinsser (1878–1940): 451–54.

Mit: [1]) T. Barbour; [2]) F. M. Carpenter; [3]) D. B. Dill; [4]) H. T. Edwards; [5]) W. H. Forbes; [6]) R. E. Johnson; [7]) R. Margaria; [8]) C. D. Murray; [9]) J. H. Talbott; [10]) H. Zinsser.

VI **HENDRICKS,** Sterling Brown. Chem. (physik., landwirtsch.), Bodenkunde. — 1922 B. Ch. E., Univ. of Arkansas, Fayetteville, Ark.; '23–24 Instructor, '24 M. S., Kansas State College of Agriculture and Applied Science, Manhattan, Kan.; '26 Ph.D., California Inst. of Technol., Pasadena, Calif.; '26 Research Assoc. Geophysical Labor., Carnegie Inst. of Technol., Pittsburgh, Pa.; '27–28 Research Assoc., Rockefeller Inst. for Medical Research, New York; '28–40 Chemist, U. S. Departm. of Agriculture, Bureau of Chem. and Soils, Fertilizer Research Division, Washington, D. C.; '40–43 Chemist, U. S. Bureau of Plant Industry, Soil and Agricultural Engng., Beltsville, Md.; '43–58 Chief Scientist, '58– Head of the Mineral. Nutrition Labor., U. S. Departm. of Agriculture, Beltsville, Md.; '54 Pres., Mineralogical Soc. of America. — '46 Hon. LL.D. (Univ. of Arkansas, Fayetteville, Ark.); '59 Hon. D. Sc. (North Carolina State Univ., Raleigh, N. C.); '63 Hon. D. Sc. (Kansas State College of Agriculture and Applied Science, Manhattan, Kan.). — '37 Hillebrand Prize (Amer. Chem. Soc., Washington Sect.); '42 Award (Washington Acad. Sci.); '52 Arthur L. Day Medal (Geol. Soc. of America); '53 Distinguished Service Award (U. S. Departm. of Agriculture); '58 President's Distinguished Service Award; '61 Rockefeller Public Service Award; '62 Hoblitzelle Award in Agricultural Science and Stephen Hales Award (Amer. Soc. of Plant Physiologists); '64 Certificate of Merit (Botanical Soc. of America).

*1902, Apr. 13, Elysian Fields, Tex.

Zur Biogr. I. Campbell, Proc. geol. Soc. America **1952** ('53) 55f. — Plant Physiol. **37** ('62) 845.

MH. Radiation biology **3**: Visible and near-visible light (New York '56); darin eig. Beitr.: 479–517: Photoperiodism[57])[5]).

S. Trans. Second commission and alkali-subcommission of the International Society of Soil Science, Helsinki 1938, Vol. **A** (Helsinki '38) 11–16: x-Ray investigation of colloid fractions of some American soils[2]). — Trans. 4th International congress of soil science, Amsterdam 1950 **1** (Amsterdam '50) 221–23, **4** ('50) 120f.: Use of ^{32}P in measurement of fertilizer effectiveness under field conditions[13]); **1** ('50) 313: The determination of halloysite and its use in the study of red soils[6])[11]); **2** ('50) 71f., **4** ('50) 60f.: Surface measurement for ethylene glycol retention of clays and its application to potassium fixation[17]). — C. R. Congrès géologique international, 19e session, Alger 1952 (Alger '53) Nr. 18, 85–101: Reactivity of hydrogen ions of clays in organic solvents, 1: The action of diazomethane[79]) [span.]. — Rapports et communications. 8e Congrès international de botanique, Paris 1954, [4:] Sect. 11/12 (Paris '54) 321–23: Reversible photoreaction controlling photoperiodic response, seed germination and other phenomena[58])[16])[5]); 323f.: Time dependencies in photoperiodism[5]). — Aspects of synthesis and order in growth (D. Rudnick) (Princeton, N. J. '55) 149–69: Photoresponsive growth[5]). — Proc. 2nd United Nations international conference on the peaceful uses of atomic energy, Geneva 1958 **27** (New York '59) 19–22: Function of oxidation metabolism in the passage of ions into plants[24]). — Symposia on comparative biology of the Kaiser Foundation Research Institute **1** (M. Allen) (New York '60) 303–21: Photoreactions controlling photoperiodism and related responses. — Comparative effects of radiation; report of a conference, San Juan 1960 (New York '60) 22–48: Control of plant growth by phytochrome. — Handbuch der Pflanzenphysiologie (W. Ruhland) **16**: Außenfaktoren in Wachstum und Entwicklung (Berlin-Göttingen-Heidelberg '61) 299–330: Effects of radiation on growth and development[5]). — Photophysiology (A. C. Giese) **1** (New York '64) 305–31: Photochemical aspects of plant photoperiodicity. — Chemistry and biochemistry of plant pigments (T. W. Goodwin) (New York '65) 405–36: The physiological functions of phytochrome[5]). — Proc. 17th Congress of the International Society for Horticultural Science, College Park, Md., 1966 3 (East Lansing, Mich. '67): Photoreactions controlling plant growth.

W. Minerals of the montmorillonite group, their origin and relation to soils and clays (m. C. S. Ross) (Washington, D. C. '45) 77 S. (U. S. Geological Survey, Professional paper 205 B).

Advances Enzymol. and related Subj. Phytochrome and its control of plant growth and development[68]): **26** ('64) 1-33.

Agricultural Chemicals Atomic energy in agriculture: **11** ('56) Nr. 5, 39-41.

Agronomy J. Clays: **49** ('57) 632-36. — Photoperiodism: **50** ('58) 724-29.

American Fertilizer Acid pyrophosphate and metaphosphates produced by thermal decomposition of monocalcium phosphate[29]) [21]): **106** ('47) No. 5, S. 24.

American J. Bot. Spectral sensitivities for leaf and stem growth of etiolated pea seedlings and their similarity to action spectra for photoperiodism[57])[5])[97]): **36** ('49) 194-204. — Photoreversal of ultraviolet effects in soybean leaves[96]): **40** ('53) 634-37.

American Mineralogist The crystal structure of alunite and the jarosites: **22** ('37) 773-84. — Crystal structure of the clay mineral hydrates: **23** ('38) 295. — On the crystal structure of the clay minerals: dickite, halloysite and hydrated halloysite: 295-301. — Crystal structure of vermiculites and mixed vermiculite chlorites[35]): 851-62. — Structures of kaolin and talc-pyrophyllite hydrates and their bearing on water sorption of the clays[35]): 863-75. — Random structures of layer minerals as illustrated by cronstedtite ($2FeO \cdot Fe_2O_3 \cdot SiO_2 \cdot 2H_2O$). Possible iron content of kaolin: **24** ('39) 529-39. — Polymorphism of the micas, with optical measurements[35]): 729-71. — Chemical composition and genesis of glauconite and celadonite[62]): **26** ('41) 683-708. — Relationship of the clay minerals halloysite and endellite[2])[20])[85])[46]): **28** ('43) 1-18. — Mineralogy and genesis of hydroxylapatite[53])[20])[60]): 356-71. — Screw dislocations and charge balance as factors of crystal growth: **40** ('55) 139-46.

American Naturalist Recent developments in the control of flowering by photoperiod[5])[57]): **84** ('50) 117-34.

American Scientist Control of growth and reproduction by light and darkness: **44** ('56) 229-47. — Salt transport across cell membranes: **52** ('64) 306-33.

Anales Edafol. y Fisiol. vegetal Reactivity of the hydrogen ions of clays in nonpolar solutions, 1: Action of diazomethane[79]): **11** ('52) 601-29.

Annals New York Acad. Sci. The nature of the bone salt: **60** ('55) 660.

Annual Rev. nuclear Sci. Radioisotopes in soils research and plant nutrition[13]): **1** ('52) 597-610.

Annual Rev. Plant Physiol. Physiology of seed germination[76])[5])[77]): **7** ('56) 299-324.

Archives Biochem. (and Biophysics) Differentiation of rubber and gutta hydrocarbons in plant materials[82])[37]): **7** ('45) 427-38. — Observations on the inheritance of latex quality in Cryptostegia[82])[1])[18]): **10** ('46) 141-55. — A triterpene ester isolated from Cryptostegia madagascariensis latex[82]): 157-62. — Does light inhibit the respiration of green cells ?[80])[9]) [66])[40]): **23** ('49) 330-33. — Ion sorption by isolated chloroplasts[24])[38]): **40** ('52) 295-305.

Australian J. biol. Sci. Inflorescence initiation in Lolium temulentum L., 7: The spectral dependence of induction[87])[5]): **18** ('65) 745-62.

Biochimica et biophysica Acta The quantum efficiency of photosynthesis[80])[9])[66]): **4** ('50) 335-46 [m. franz. u. deutscher Zusammenfassg.].

Botanical Gaz. Action spectrum for the photoperiodic control of floral initiation of short-day plants[57])[5])[67]): **108** ('46/47) 1-26. — Action spectrum for the photoperiodic control of floral initiation of the long-day plant Hyoscyamus niger[57])[5]): **111** ('49/50) 242-52. — Action spectrum for inhibition of stem growth in darkgrown seedlings of albino and nonalbino barley (Hordeum vulgare)[5])[57]): **113** ('51/52) 95-105. — Action of light on lettuce-seed germination[5])[76])[77]): **115** ('53/54) 205-25. — Oxygen consumption of lettuce seed in relation to photocontrol of germination[24])[5]): 360-64. — Photoreversible control of elongation of pinto beans and other plants under normal conditions of growth[16])[5]): **118** ('56/57) 199-208. — Photocontrol of plant development by the simultaneous excitation of two interconvertible pigments, 2: Theory and control of anthocyanin synthesis[5]): **120** ('58/59) 187-93; ~ 3: Control of seed germination and axis elongation[76])[77])[5]): **121** ('59/60) 1-8. — Failure of photo-reversible control of flowering in Pharbitis nil[95])[5]): 237-43. — Inhibition of flowering of Chenopodium rubrum by prolonged far-red radiation[39])[5]): **124** ('62/63) 444-51. — Reversion of phytochrome 730 (Pfr) to P660 (Pr) assayed by flowering in Chenopodium rubrum[39])[5]): **125** ('64) 75-80. — Phytochrome action in tomato-seed germination[91])[5]): **127** ('66) 1-5.

Canadian J. Bot. Rhythmic flowering responses and phytochrome changes in a selection of Chenopodium rubrum[86])[5]): **43** ('65) 825-53.

Cold Spring Harbor Sympos. quantitat. Biol. Rates of change of phytochrome as an essential factor determining photoperiodism in plants: **25** ('60) 245-48.

C. R. Assoc. int. Essais Semences Effect of temperature on germination of light-sensitive seeds[76])[77])[5]): **22** ('57) 196-204. — Physiology of seed dormancy[77])[76])[5]): 205-23.

Economic Geol. A portable differential thermal-analyses unit for bauxite exploration[23])[56]): **41** ('46) 64-76.

Federat. Proc., Amer. Soc. exper. Biol. Purification and properties of phytochrome: a chromoprotein regulating plant growth[68]): **24** ('65) 863-67.

India Rubber World Morphology of latex particles as shown by electron micrographs[82])[46]): **110** ('44) 297-300.

Industrial and Engng. Chem. Reaction between urea and gypsum[81])[44]): **25** ('33) 1280-82. — Composition and properties of superphosphate; calcium phosphate and calcium sulfate constituents as shown by chemical and x-ray diffraction analysis[29]): **28** ('36) 440-47. — Composition of defluorinated phosphate[29])[35])[60]): **29** ('37) 1299-304. — Composition and properties of superphosphate[48])[29]): **32** ('40) 1631-36. — Base exchange of crystalline silicates: **37** ('45) 625-30. — Properties of granular and monocrystalline ammonium nitrate[63])[84]): 1079-83. — Acid pyro- and metaphosphates produced by thermal decomposition of monocalcium phosphate[29])[21])[11]): **39** ('47) 1667-72.

Industrie chim. et Phosphate réunis Zusammensetzung und Eigenschaften des Superphosphats. Bedingungen, welche die Verteilung des Wassers und insbesondere die Hydratation des Calciumsulfats beeinflussen[48])[29]): 28 ('41) 93-97 [ ].

J. amer. chem. Soc. Molecular rotation in the solid state. The variation of the crystal structure of ammonium nitrate with temperature[59])[41]): **54** ('32) 2766-86. — The optical properties of the double salt $(NH_4)_2SO_4 \cdot CaSO_4 \cdot 2H_2O$ [51])[26]): **55** ('33) 3571-73. — Action of alkali on 2,4-die thoxypyrimidine and the application of the reaction to a new synthesis of cytosine. The refractive indices of some pyrimidines[28])[34]): **57** ('35) 552-54. — The hydrogen bond between oxygen atoms in some organic compounds[28])[83])[43]): **58** ('36) 548-55. — Hydrogen bond formation between hydroxyl groups and nitrogen atoms in some organic compounds[83])[28])[43]): 1991-96. — Concerning "β"-2,3,4,6-tetraacetyl-D-glucose[83])[43]): 1997-99. — The effect of ortho substitution on the absorption of the OH group of phenol in the infrared[83])[43]): 2287-93. — Double compounds of urea with magnesium nitrate and magnesium sulfate[84])[12]): **59** ('37) 570f. — Hydration mechanism of the clay mineral montmorillonite saturated with various cations[56])[2]): **62** ('40) 1457-64. — Polymorphism of phosphoric oxide[29])[20]): **65** ('43) 794-802.

J. amer. Soc. Agron. Qualitative color test for montmorillonite (bentonite) type of clay minerals[2]): **32** ('40) 455-58.

J. appl. Physics [USA] x-Rays in agriculture[50]): **9** ('38) 237-43.

J. Assoc. offic. agric. Chemists Nutritive evaluation of defluorinated phosphates and other P supplements, 1: Preparation and properties of the samples[29])[60])[32]): **28** ('45) 105-18.

J. biol. Chemistry Further studies on the wax-like coating of apples[47])[64]): **98** ('32) 103-07. — Constituents of the wax-like coating of the pear, Pyrus communis L.[47])[64]): **111** ('35) 133-46. — Petroleum ether-soluble and ether-soluble constituents of grape pomace[47])[64]): **123** ('38) 641-54.

J. chem. Physics Low-temperature specific heats, 3: Molecular rotation in crystalline primary normal amylammonium chloride[72])[52]): **1** ('33) 95-102. — x-Ray and electron diffraction of iodine and the diiodobenzenes[50])[54])[35]): 549-65. — Electron diffraction by gases[50])[54]): **3** ('35) 699-709. — Electron distribution in $(NH_4)_2C_2O_4 \cdot H_2O$ and the structure of the oxalate group[35]): **4** ('36) 102-07. — The crystal structure of polonium by electron diffraction[61])[50]): 648-52. — Polymorphism of antimony trioxide and the structure of the orthorhombic form[8]): **5** ('37) 600. — The molecular structure of P_4O_6, P_4O_8, P_4O_{10} and As_4O_6 by electron diffraction [50])[14]): 626-37. — x-Ray interference in partially-ordered layer lattices[75]): **10** ('42) 147-67.

J. Geology Lattice structure of clay minerals and some properties of clays: **50** ('42) 276-90.

J. opt. Soc. America On the optical anisotropy of molecular crystals, 1: Experimental[35]): **23** ('33) 299-307. — Control of plant growth by radiation: **48** ('58) 280.

J. physic. Chem. The crystal structure of $CaSO_4 \cdot 4CO(NH_2)_2$: **37** ('33) 1109-22. — Base exchange of the clay mineral montmorillonite for organic cations and its dependence upon adsorption due to van der Waals forces: **45** ('41) 65-81. — A reversible photoreaction regulating plant growth[10])[68]): **66** ('62) 2550-55.

J. Washington Acad. Sci. Response to the award of the Hillebrand Prize for 1937: 28 ('38) 247-50. — Polymer chemistry of silicates, borates, and phosphates: **34** ('44) 241-51.

Miscellaneous Publ., Texas Engng. Exper. Stat. Use of radioisotopes in ion absorption by plants: Nr. **E72-60** ('60) 42-46.

Nature [London] Refractive indices of L-ascorbic acid: **133** ('34) 178. — A spectroscopic method for detecting some forms of chelation[28])[83])[43]): **135** ('35) 147f. — Crystal structures of the clay mineral hydrates: **142** ('38) 38. — Polymorphism of the micas and diffuse x-ray scattering of layer silicate lattices: **143** ('39) 800. — Photoperiodic responses of plants and animals[57)5)36]: **169** ('52) 242f. — Phosphate and salt uptake by baker's yeast[42]: **188** ('60) 862f. — Photoreceptive pigments for anthocyanin synthesis in apple skin[16)68)10]: **205** ('65) 909f.

Naturwissenschaften Molekularrotation in festem Ammoniumchlorid[27]: **21** ('33) 467.

Photochem. and Photobiol. Action spectra of phytochrome in vitro: **3** ('64) 521-28.

Physical Rev. The nuclear separation of the S_2 molecule by electron diffraction[50)54]: (2) **50** ('36) 41-45. — Interatomic distances of the alkali halide molecules by electron diffraction[50)54]: **52** ('37) 968-72. — Variable structures and continuous scattering of x-rays from layer silicate lattices: **57** ('40) 448-54.

Plant Physiol. Growth and nutrient accumulation as controlled by oxygen supply to plant roots[30)70]: **25** ('50) 193-209. — Enzymatic activities as indications of copper and iron deficiencies in plants[7]: **27** ('52) 651-60. — Photocontrol of Lepidium seed germination[76)77)5]: **30** ('55) 15-21. — Interaction of temperature and light in germination of seeds[76)77)5]: 473-78. — Effect of 2,4-dichlorophenoxyacetic acid and other growth-regulators on the formation of a red pigment in Jerusalem artichoke tuber tissue[73)77)24]: **31** ('56) 315f. — Photocontrol of anthocyanin formation in turnip and red cabbage seedlings[68]: **32** ('57) 393-98. — The action spectrum for photosynthetic phosphorylation by spinach chloroplasts[33)4)19]: **33** ('58) 72f. — Photocontrol of anthocyanin synthesis in apple skin[68]: 185-90. — Photocontrol of alcohol, aldehyde, and anthocyanin production in apple skin[68]: 409-13. — Robert Bruce Withrow, 1905-1958[94]: 447f. — Responses of seeds of Pinus virginiana to light[77)76)5)69]: **36** ('61) 285-90. — Phosphorylation by barley root mitochondria and phosphate absorption by barley roots[31)78]: **37** ('62) 8-17. — Cation binding by baker's yeast and resins[42)89]: **40** ('65) 665-71. — The chromophore of phytochrome[68)92]: **41** ('66) 1289-92. — Opposing actions of light in seed germination of Poa pratensis and Amaranthus arenicola[77)5]: **43** ('68) 2023-28.

Planta [Berlin] The role of light in suppressing hypocotyl elongation in lettuce and petunia[87)5]: **64** ('65) 201-18. — Leaflet movement of Mimosa pudica L. indicative of phytochrome action[88)5]: **69** ('66) 357-64.

Proc. geol. Soc. America Presentation of the Arthur L. Day Medal: **1952** ('53) 56f.

Proc. nation. Acad. Sci. USA Nature of bone and phosphate rock[29]: **36** ('50) 731-37. — A reversible photoreaction controlling seed germination[5)57)76)77]: **38** ('52) 662-66. — The reaction controlling floral initiation[5)57]: 929-34. — Pigment conversion in the formative response of plants to radiation[5)16]: **42** ('56) 19-26. — Photocontrol of plant development by the simultaneous excitations of two interconvertible pigments[5]: **45** ('59) 344-49. — Detection, assay, and preliminary purification of the pigment controlling photoresponsive development of plants[10)55)68]: 1703-08.

Proc., Soil Sci. Soc. America Semiquantitative estimation of montmorillonite in clays[2]: **5. 1940** ('41) 95-99. — Occurrence of gibbsite in some soil-forming materials[2)20]: **6. 1941** ('42) 52-57. — Clay minerals of the montmorillonite group: their mineral and chemical relationships and the factors controlling base exchange[62]: 58-62. — Soil organic matter as related to newer concepts of lignin chemistry[93]: **10. 1945** ('46) 117-25. — Basis concepts of soil and fertilizer studies with radioactive phosphorus[13]: **12. 1947** ('48) 98-100. — Exchange reactions between phosphates and soils[25)13)45]: 119-23. — Formation of mixed layer minerals by potassium fixation in montmorillonite[17]: **16. 1951** ('52) 45-48. — Salt entry into plants: **30. 1965** ('66) 1-7.

Professional Papers, U. S. geol. Survey Minerals of the montmorillonite group: their origin and relation to soils and clays[62]: Nr. **205-B** ('45) 23-77.

Publ. amer. Assoc. Advancement Sci. The photoreaction and associated changes of plant photomorphogenesis: Nr. **55** ('59) 423-38.

Review sci. Instruments A motor-driven ionization spectrometer[35]: **12** ('41) 199-203.

Rubber Chem. and Technol. Differentiation of rubber and gutta hydrocarbons in plant materials[82)37]: **19** ('46) 501-09.

Science [USA] Inorganic constitution of bone[29]: **96** ('42) 255-57. — Action spectrum for the photoperiodic control of floral initiation in Biloxi soya-bean[57)5)67]: **102** ('45) 152-55. — The maximum efficiency of photosynthesis: a rediscovery[9)80)66)40]: **110** ('49) 225-29. — A discussion of photosynthesis: **117** ('53) 370-73. — Deuterium-hydrogen fractionation during freezing of water[68]: **124** ('56) 938. — Action spectrum for triphosphopyridine nucleotide reduction by illuminated chloroplasts[65)22)71]: **128** ('58) 845. — Photoperiodism in plants[5]: **132** ('60) 1223-28. — Metabolic control of timing: **141** ('63) 21-27.

Science in Progr. Salt transport across cell membranes: **15** ('66) 125-65.

Soil Sci. Minerals present in soil colloids, 1: Descriptions and methods for identification[2]: **48** ('39) 257-71; ~ 2: Estimation in some representative soils[2)56]: 273-79. — Specific surface of some clay minerals, soils, and soil colloids[56]): **56** ('43) 285-96. — Total surface of clays in polar liquids as a characteristic index[17]): **69** ('50) 421-32. — Criteria for the characterization of kaolinite, halloysite, and a related mineral in clays and soils[6])[11])[74]): **73** ('52) 273-87.

Yearb. Agric. [Washington] Soil. The basis of fertility[2]): **1957**, 11-16.

Z. Kristallogr., Kristallgeom., Kristallphysik, Kristallchem. The crystal structures of some natural and synthetic apatite-like substances[35]) [54]): **81** ('32) 352-69. — Glanzkohle, a different form of carbon?: **83** ('32) 503f. — Para-bromochlorobenzene and its congeners: Variate equivalent points in molecular lattices: **84** ('32) 85-96. — The refractive indices of ammonium nitrate[15])[35]): **85** ('33) 143-55. — Cholesteryl salicylate: **89** ('34) 427-33. — The orientation of the oxalate group in oxalic acid and some of its salts: **91** ('35) 48-64. — On the optical anisotropy of molecular crystals as illustrated by some oxalates[15]): 290-301. — Concerning the crystal structure of kaolinite, $Al_2O_3{\cdot}2SiO_2{\cdot}2H_2O$, and the composition of anauxite: **95** ('36) 247-52. — The crystal structure of valentinite (orthorhombic Sb_2O_3) [8]): **98** ('37) 1-30. — On the crystal structure of talc and pyrophyllite: **99** ('38) 264-74. — Lattice limitation of montmorillonite[62]): **100** ('38/39) 251-64. — The crystal structure of nacrite $Al_2O_3{\cdot}2SiO_2{\cdot}2H_2O$ and the polymorphism of the kaolin minerals: 509-18.

Z. Pflanzenphysiol. The role of CO_2 fixation in accumulation of ions by barley roots[90]): **56** ('67) 220-32.

Mit: [1]) F. A. Abegg; [2]) L. T. Alexander; [3]) —; [4]) M. Avron; [5]) H. A. Borthwick; [6]) L. Bramao; [7]) J. C. Brown; [8]) M. J. Buerger; [9]) D. Burk; [10]) W. L. Butler; [11]) J. G. Cady; [12]) R. O. E. Davis; [13]) L. A. Dean; [14]) L. S. Deming; [15]) W. E. Deming; [16]) R. J. Downs; [17]) R. S. Dyal; [18]) J. A. Elder; [19]) M. B. Evans; [20]) G. T. Faust; [21]) E. J. Fox; [22]) J. Giovanelli; [23]) S. Goldich; [24]) C. E. Hagen; [25]) N. S. Hall; [26]) J. O. Hardesty; [27]) A. Hettich; [28]) G. E. Hilbert; [29]) W. L. Hill; [30]) H. T. Hopkins; [31]) P. C. Jackson; [32]) K. D. Jacob; [33]) A. T. Jagendorf; [34]) E. F. Jansen; [35]) M. E. Jefferson; [36]) C. E. Jenner; [37]) E. J. Jones; [38]) V. V. Jones; [39]) M. J. Kasperbauer; [40]) M. Korzenovsky; [41]) F. C. Kracek; [42]) J. E. Leggett; [43]) U. Liddel; [44]) F. O. Lundstrom; [45]) C. D. McAuliffe; [46]) H. F. McMurdie; [47]) K. S. Markley; [48]) H. L. Marshall; [49]) —; [50]) L. R. Maxwell; [51]) A. R. Merz; [52]) R. T. Milner; [53]) L. Mitchell; [54]) V. M. Mosley; [55]) K. H. Norris; [56]) R. A. Nelson; [57]) M. W. Parker; [58]) A. A. Piringer; [59]) E. Posnjak; [60]) D. S. Reynolds; [61]) M. A. Rollier; [62]) C. S. Ross; [63]) W. H. Ross; [64]) C. E. Sando; [65]) A. San Pietro; [66]) V. Schocken; [67]) N. J. Scully; [68]) H. W. Siegelman; [69]) A. G. Snow, jr.; [70]) A. W. Specht; [71]) F. E. Stolzenbach; [72]) J. C. Southard; [73]) C. R. Swanson; [74]) M. Swerdlow; [75]) E. Teller; [76]) E. H. Toole; [77]) V. K. Toole; [78]) B. M. Vasta; [79]) J. Vivaldi; [80]) O. Warburg; [81]) C. W. Whittaker; [82]) S. G. Wildman; [83]) O. R. Wulf; [84]) J. Y. Yee; [85]) H. Insley; [86]) B. G. Cumming; [87]) L. T. Evans; [88]) J. C. Fondeville; [89]) W. R. Heald; [90]) A. J. Hiatt; [91]) A. L. Mancinelli; [92]) B. C. Turner; [93]) S. Gottlieb; [94]) S. A. Gordon; [95]) S. Nakayama; [96]) T. Tanada; [97]) F. W. Went.

V,VI **HENRI,** Victor. Chem. (physik., physiol.). — 1904–07 Chargé des Conférences de Physiol., Univ. de Paris; '07–14 Maître de Conférences de Physiol., '13–14 Dir. adjoint, Labor. de Physiol., Ecole Pratique des Hautes Etudes, Paris; '17–18 Prof. Physiol., Univ. Moskva; '20–30 Prof. physik. Chem., Univ. Zürich; '30–31 Dir. du Service de Recherches, Raffinerie de Pétrole, Berre (Marseille); '31–40 Prof. ord., Dir. du Labor. de Chim. physique, Univ. de Liège. (⊠)

*1872, Juni 6, Marseille;

†1940, Juni 21, La Rochelle.

Gedenkschrift Contribution à l'étude de la structure moléculaire. Dédiée à la mémoire de Victor Henri (Liège '48) 13+314 S.

Zur Biogr. J. Duchesne in: Liber memorialis. L'Université de Liège de 1936-1966 (R. Demoulin) **2** (Liège '67) 471-77 (m. Schr.-verz. 16 Nrn.). — Commémoration de Victor Henri: J. Chim. physique **50** ('53) 601-16; darin: 601-03: Rosen, La prédissociation; 604-07: M. Letort, La cinétique chimique dans l'œuvre scientifique de V. Henri; 608-10: Duchesne, La structure moléculaire; 611f.: Wurmser, La théorie des enzymes; 613-16: E. F. Terroine, Souvenir de Victor Henri. — H. P. Stevens, Historical reminiscences; work of V. Henri in 1907: India Rubber J. **113** ('47) 689-91. — Liber memorialis. L'Université de Liège de 1867-1935, **2** (Liège '36) 381f. (m. Schr.verz.).

Nekr. A. G[illet], Bull., Soc. chim. Belgique **49** ('40) XXXVIf. — H. v. Halban, Vjschr. naturforsch. Ges. Zürich **86** ('41) 307 20.

S. Festschrift Heinrich Zangger **2** (Zürich-Leipzig-Stuttgart '35) 792-98: Action biologique des rayons ultra-violets.

W. Physique moléculaire: Matière et énergie (Paris-Liège '33) 436 S. — Spectres moléculaires, structure des molécules **1**: Molécules biatomiques (Paris '37) 98 S. (Tables annuelles de constantes et données numériques, 11); **2**: Molécules tri- et polyatomiques, spectres atomiques ('37) 71 S. (∼ 12). — Réunion internationale de physique, chimie, biologie. Congrès du Palais de la Découverte **4**: Chimie générale (m. W. Albert Noyes, jr., F. London) (Paris '38) 30 S. (Actualités scientifiques et industrielles, 721).

Annales Physiol. et Physicochim. biol. Rapport sur les diastases: Recherches modernes sur les lois d'action des diastases: **9** ('33) 685-706.

Bull. Soc. roy. Sci. Liège Spectre d'absorption ultra-violet du thiophosgène[5]): 8 ('39) 19-23.

Chimie et Industrie Etude de l'absorption de CO_2 par différents cokes et de leur pouvoir réducteur[9])[6]): 34 ('35) 1485-.

Chimie et Industrie, Congr. Chim. industr. Beitrag zum Studium von Kohlen für leichte Generatoren[6])[9]): 15 II ('35) 1119-25 [französ.]. — Etude de l'absorption de CO_2, par différents cokes et de leur pouvoir réducteur[6])[9]): 1200-08.

C. R. hebd. Séances Acad. Sci., Paris Preuve spectrographique de la formation de substances par excitation des nerfs cardiaques[2]): **196** ('33) 135-37. — Action des rayons ultraviolets sur le glycocolle[12])[7]): **198** ('34) 168-70. — Le groupe carbonyle des aldéhydes et cétones comparé à l'oxyde de carbone: **199** ('34) 849-51. — Décomposition photochimique du glycocolle. Influence du milieu et de la longueur d'onde[12])[7]): 1205-07. — Spectre d'absorption ultra-violet de la méthylamine[8]): **200** ('35) 829f. — Spectre d'absorption ultraviolet de la pyridine[1]): 1032-34. — Spectre d'absorption du benzène à haute température[4]): 1532-35. — Relation entre le spectre d'absorption ultra-violet et le spectre Raman de la pyridine[1]): **201** ('35) 895f. — Etat électronique des radicaux dans les molécules polyatomiques: **203** ('36) 67-69.

C. R. (hebd.) Séances (et Mém.) Soc. Biol. Etude spectrographique des substances formées au cours de l'excitation des nerfs cardiaques[2])[11]): **112** ('33) 703f.; ~: influence du pH[2])[11]): 1214f.

J. chem. Physics The ultra-violet absorption spectra of 1,3-cyclohexadiene[10]): **7** ('39) 439f.

J. Chim. physique et Rev. gén. Colloïdes Spectre d'absorption ultra-violet de la méthylamine à l'état de vapeur[8]): **32** ('35) 353-70. — Etude du spectre d'absorption ultraviolet de la vapeur de pyridine: Relation avec le spectre Raman[1]): **33** ('36) 641-65.

J. Physique et Radium Etat électronique de certains radicaux moléculaires et réactions chimiques élémentaires: (7) **7** ('36) 46Sf. — Théories nouvelles de cinétique chimique: 108S-110S.

Nature [London] Ultra-violet spectrum of thiophosgene[5]): **143** ('39) 28f. — Ultra-violet absorption spectrum and chemical reactivity of some substituted 9-vinyl-phenanthrenes[3]): 278. — Identification and determination of aromatic compounds in mineral oils[12])[3]): **146** ('40) 230f.

Revue pétrolifère La catalyse et le craquage des huiles minérales: **1938**, 797f.

Revue univ. Mines, Métallurgie, Trav. publ., Sci. et Arts appl. Industrie Stérilisation de l'eau par des rayons ultraviolets: (8) **15** ('39) 578-83.

Mit: [1]) P. Angenot; [2]) Z. M. Bacq; [3]) E. Bergmann; [4]) C. H. Cartwright; [5]) J. Duchesne; [6]) E. Gevers-Orban; [7]) Y. Hirshberg; [8]) W. Lasareff; [9]) G. Perlmutter; [10]) L. W. Pickett; [11]) P. Schepers; [12]) C. Weizmann.

VI **HENRIOT,** Emile Jean Charles. Physik. — 1911 Chargé de Cours, '12– Dir. du Labor. de Physique, '14 Prof. ord., '21– Dir. du Labor. de Physique expér., '55 Prof. hon., Univ. Libre de Bruxelles; pendant la 2e Guerre mondiale, Collaborateur du Centre National de la Recherche Scientifique en France, puis Maître de Conférences, Univ. de Clermont-Ferrand, et Prof. de Physique, Univ. d'Alger; '26–56 Membre de la Commission administrative, Inst. International de Physique Solvay; '47–48 Dir., '50– Membre du Comité de Gestion et Membre du Conseil scientifique, Centre de Physique Nucléaire, Univ. Libre de Bruxelles; dès le début jusqu'à '55 Prés. de la Commission de Physique du Fonds National de la Recherche Scientifique; '18– Dir. de la Section math., '47– Dir. de la Section physique, Inst. des Hautes Etudes, Bruxelles. — '32 Prix Hughes (Acad. Sci. Paris).

*1885, Juli 2, Besançon;

†1961, Febr. 1, Bruxelles.

Nekr. L. Marton, Nature [London] **190** ('61) 861. — J. Timmermans, Annuaire Acad. roy. Belgique **130** ('64) Notices biogr., 47-59 (m. Bildn., Faks., Schr.verz.). — Bull. Cl. Sci., Acad. roy. Belgique (5) **47** ('61) 680.

S. C. R. 2e Congrès national des sciences, Bruxelles 1935, **1** (Bruxelles '35) 359-62: Réalité des couples exercés par la lumière circulaire.

W. Introduction aux théories physiques. Cours de licence (L. Groven) **1** (Bruxelles '39) 127 S.; **2** ('39) 154 S. — Cours de physique générale, **1**: Optique géométrique; **2**: Energétique, A: Mécanique physique; B: Thermodynamique; **3**: Electricité; **4**: Magnétisme et électromagnétisme; **5**: Les phénomènes périodiques et leur propagation (Bruxelles '39–'42) 6 Bände, 723 S.; Neuauflage u. d. T.: Physique générale. Cours professé à l'Université Libre de Bruxelles (m. L. Groven) (Liège ['49 ?]) 727 S. — Discours prononcé dans la séance publique tenue par l'Académie française pour le réception de M. Emile Henriot le 24 janvier 1946 (m. Antwort von J. Tharaud) (Paris '46) 60 S. (m. Bildn.) (Institut de France. Académie française).

Annuaire Acad. roy. Belgique Notice sur Jules-Emile Verschaffelt †: **123** ('57) Notices biogr., 12–114 [franz. u. fläm.].

Bull. Cl. Sci., Acad. roy. Belgique Les moments d'impulsion en théorie électromagnétique: (5) **20** ('34) 505–11, 874–86. — L'aspect antisymétrique de l'électromagnétisme: torque et momentor: **21** ('35) 29–37, 127–37. — Les moments électromagnétiques: 363–74. — Rapports sur le travail de M. Pierre Macq. Contribution à l'étude de la corrélation angulaire bêta-gamma[2])[3]): **41** ('55) 1214f.

Bull., Soc. chim. Belgique Les progrès de la physique nucléaire: **43** ('34) 221–38.

Bull. techn. Assoc. Ing. sortis Univ. libre Bruxelles Les grandes vitesses angulaires et les principes de l'ultracentrifugation: **1** ('47) 131–39.

C. R. hebd. Séances Acad. Sci., Paris Sur l'évaporation cathodique dans un champ magnétique[1]): **194** ('32) 169f. — Les couples exercés par la lumière polarisée circulairement: **198** ('34) 1146–48.

Ingegnere I grandi serbatoi d'acqua metallici su castelli: **29** ('55) 1145–49.

Mémorial Sci. physiques Les couples de radiation et les moments électromagnétiques: **30** ('36) 58 S.

Rapport Année acad., Univ. libre Bruxelles Paul Langevin: **1946/47** ('48) 117f. — Pieter Zeeman †: 119.

Revue Opt. théor. et instrument. Optique électronique des systèmes centrés: Première approximation de Gauss: **14** ('35) 146–58.

Revue Univ. Bruxelles Les ondes et la matière: **41** ('35/36) 315–34.

Mit: [1]) O. Goche; [2]) M. de Hemptinne; [3]) C. Manneback.

VI **HENROTEAU,** François Charles Pierre. Astron., Astrophysik. — 1911 Dr. ès-sc., Univ. de Bruxelles; '11– Assist. Astronomer, '12–14 Prof. Math., Observat. roy. Belgique; '14–16 Astronomer, Stonyhurst Observat., Lancashire, '16–17 Detroit Observat., Detroit, Mich., '17–18 Lick Observat., Mount Hamilton, Calif., '18–19 Allegheny Observat., '19– Dominion Observat., Ottawa, Can.

*1889, Febr. 23, Ans, Belgien;
†1951, Mai 9.

Nekr. J. opt. Soc. America **42** ('52) 589.

Astronomical J. Crystals and crystal lenses: **51** ('45) 122f. — A rapid calculator: **52** ('46) 43. — A wide-field reflecting telescope: 43.

Ciel et Terre Le spectrographe stellaire électronique: **53** ('37) 161–68.

J. Observateurs Nouvelle méthode pour l'observation des étoiles doubles: **23** ('40) 133–38.

J. roy. astron. Soc. Canada The electronic telescope: **28** ('34) 59–62.

Publ., Amer. astron. Soc. A new method for the photographic observation of double stars: **10.** 1940/44 ('46) 53f. — Improvements of the electronic method for measuring visual double stars: 164.

III–VI **HENRY,** Charles. Chem. (physiol.). — 1897–1924 Dir., '24 Dir. hon., Labor. de Physiol. des Sensations, Sorbonne, Paris.

*1859, Mai 16, Bollwiller, Haut-Rhin;
†1926, Nov. 3, Versailles.

VI **HENRY,** Thomas Anderson. Chem. (pharmaz.). — 1919–43 Dir. of the Wellcome Chemical Research Laboratories, London; '29–32 Vicepres. of the Chemical Soc., London. — '27 Hanbury Medal (Presidents of the Chemical, Linnean and Pharmaceutical Societies).

*1873, Jan. 20, Dundee;
†1958, Mai 4, London.

Entdeckung „Henry-Test" (Melaninflokkulationstest auf Malaria, 1927).

Zur Biogr. W. Kirkby, Chemist and Druggist **121** ('34) 674f. — Chemistry and Industry **18** ('40) 309. — Nature [London] **145** ('40) 696.

Nekr. T. M. Sharp, Nature [London] **181** ('58) 1699. — W. Solomon, Proc. chem. Soc., London **1959,** 21f.

S. Thorpe's Dictionary of applied chemistry **3** [4](London '39) 127–78: Cinchona alkaloids. — Encyclopædia Britannica. A new survey of universal knowledge **5** (Chicago-London-Toronto ... '65) 774f.: Alkaloids of cinchona bark[9])[7]).

W. The plant alkaloids [3](London '39) 8+689 S.; [4](London-Philadelphia, Pa. '49) 23+804 S.

Biochemical J. The action of the cinchona and certain other alkaloids in bird malaria, 2[1])[11]): **28** ('34) 426–41; ~ 3[1])[10])[11])[3]): **32** ('38) 47–58.

Chemistry and Industry Apoquinine[10]): **13** ('35) 641f.

J. chem. Soc., London The alkaloids of Picralima klaineana, Pierre, 2: **1932,** 2759–68. — Modified cinchona alkaloids, 1: Apoquinine and apoquinidine[10]): **1934,** 1923–29; ~ 2: The action of sulphuric acid on quinine and quinidine[10])[3]): **1935**, 966-71; ~ 4: Constitution[10]) [3]): **1937**, 592-601; ~ 6: Niquidine[3]): **1939**, 240-46; ~ 7: Constitution of niquidine[3]): 1294-99. – 2-Iodo-3-hydroxybenzoic acid[7]): **1935**, 856f. – Hooper Albert Dickinson Jowett, 1870-1936: **1937**, 1328 f. – Ernest Goulding, 1870-1938: **1938**, 1126 f. – Frank Lee Pyman, 1882-1944[2]): **1944**, 563-70. – Quinamine, 1 [6])[8]): **1945**, 524-28. – David Hooper, 1858-1947: **1948**, 253-55. – Sir Wyndham Rowland Dunstan, 1861-1949: **1950**, 1022-26. – Ernest Fourneau, 1872-1949: **1952**, 261-66.

J. Soc. chem. Industry, Trans. The chemotherapy of malaria: **55** ('36) 111-17. – Cyanogenesis in Lotus arabicus: **57** ('38) 248.

Nature [London] Mr. F. W. Clifford †: **150** ('42) 425.

Obituary Notices Fellows roy. Soc. London Sir Wyndham Dunstan †: **7** ('50) 63.

Pharmaceutical J. and Pharmacist The pharmacopeial alkaloids (British Pharmacopeia 1932): **130** ('33) 84-86.

Quarterly J. Pharm. and Pharmacol. Composition of modern quinetum[4]): **5** ('32) 161-71.

Rivista Malariologia Preparation, analysis and standardization of totaquina[5]): **12** ('33) H. 7, 7 S.

Tropical Diseases Bull. Trypanocidal and antimalarial drugs[12]): **32** ('35) 385-90.

Mit: [1]) G. A. H. Buttle; [2]) F. H. Carr; [3]) E. M. Gibbs; [4]) J. A. Goodson; [5]) A. Groothoff; [6]) K. S. Kirby; [7]) T. M. Sharp; [8]) G. E. Shaw; [9]) L. F. Small; [10]) W. Solomon; [11]) J. W. Trevan; [12]) W. H. Gray.

VI **HENSTOCK,** Herbert. Chem. (org.), Kolloidchem. — 1920–30 Lecturer and Dir., Shrewsbury Techn. College; '30–35 Research Chemist, '34–35 Demonstrator, Univ. College, Exeter.

*1876, Sept. 22, Bonsall, Derbyshire;

†1965, Dez. 14, Mold, Flintshire.

Nekr. Chemistry in Britain **1966**, 265.

J. amer. chem. Soc. An investigation into the causes of gel formation by some organic salts in methanol solution: **61** ('39) 670-73.

J. chem. Soc., London The identification of alcohols in dilute aqueous solution: **1933**, 216. – The solubilities of metal and ammonium salts of various organic acids in methyl alcohol and acetone: **1934**, 1340-43.

Trans. Faraday Soc. Calcium acetate gels: **29** ('33) 1101-07. – Constitution of lithium urate gel: **30** ('34) 403-06. – Sodium benzoate gels: 560-66. – Potassium ethyl sulphate gels: **31** ('35) 446-51.

VI **HERASYMENKO,** Polykarp. Chem. (physik.), Metallurgie. — 1930–45 Leiter d. metallurg. u. physikal.-chemischen Abtlg. d. Forschungslabor., Škoda-Werke, Plzen, ČSR; '48–51 Research Metallurgist, United Steel Comp., Sheffield, Engl.; '52–58 Research Assoc. Prof. Metallurg. Engng. and Senior Research Scientist, College of Engng., New York Univ., New York.

*1900, Aug. 1, Odessa;

†1958, Apr. 6, New York.

Acta metallurg. Thermodynamic properties of solid solutions, 1: Vapor pressures of cadmium over alpha silver-cadmium alloys: **4** ('56) Nr. 1, 1-6.

Archiv Eisenhüttenwesen Mangangleichgewichte bei der Stahlerzeugung vom Standpunkte der elektrochemischen Theorie: **13** ('40) 369-72. – Wasserstoffgleichgewichte bei der Stahlerzeugung[1]): **14** ('40) 109-15.

Avtogennoe Delo Welding thick-walled vessels and apparatus made of two steels: **12** ('41) Nr. 6, 23f. [ ].

Chemický Obzor Elektrochemie der Gleichgewichte zwischen flüssigem Stahl und Schlakke: **16** ('41) 117-21 [ ].

Chimie et Industrie Relation existant entre la constitution de quelques alliages au chrome et leur vitesse de dissolution dans l'acide chlorhydrique [3])[4]): **29** ('33) No. spéc. 6bis, 649-54. – Influence du manganèse sur la constante K''_{Si} dans l'acier Martin acide[4]): **32** ('34) 528f.

Collection Trav. chim. Tchécoslovaquie Molecular compounds in liquid steel and their influence on the deoxidation equilibria[4]): **5** ('33) 331-38. – Polarographic studies with the dropping mercury cathode, 36: The catalysis of the electro-deposition of hydrogen due to the presence of the platinum metals[5]): 479-96; ~ 40: Lowering of the hydrogen overpotential by some organic substances[5]): **6** ('34) 204-10; ~ 66: General formulae for the potential of electroreduction of fumaric and maleic acid: **9** ('37) 104-08.

J. electrochem. Soc. Equilibria between titanium metal and solutions of titanium dichloride in fused magnesium chloride[2]): **105** ('58) 210-15. – Equilibria between titanium metal and solutions of titanium dichloride in fused sodium chloride[2]): 216-19.

J. Iron and Steel Inst. Influence of carbon on the equilibria between steel and slag in the acid open-hearth furnace: **157** ('47) 515-25. – Ionic theory of slag-metal equilibria in iron smelting, 1: Derivation of the fundamental relations[6]): **166** ('50) 169-83; **168** ('51) 376; ~ 2: Application to the basic open-hearth furnace process[6]): **166** ('50) 289-303.

Metal Progr. Note on the determination austenitic grain size by preferential oxidation: **30** ('36) Nr. 3, 69f.

Proc. Conf., Nation. Open-Hearth Committee Iron and Steel Divis., Amer. Inst. Mining and metallurg. Engr. European methods of acid steel making: **40** ('57) 49-65.

Stahl u. Eisen Über die analytische Bestimmung des Eisenoxyduls im flüssigen Stahl nach Herty[8]): **53** ('33) 381 f.

Trans. amer. Foundrymen's Assoc. Problems of the physical chemistry of steel making[7]): **5** ('34) Nr. 6, 21-47.

Trans. Faraday Soc. Electrochemical theory of slag-metal equilibria, 1: Reactions of manganese and silicon in acid open-hearth furnace: **34** ('38) 1245-54; ~ 2: Reactions of Cr in the acid open-hearth furnace: 1254-57.

Z. Elektrochem. u. angew. physik. Chem. Fremdionen-Wirkungen auf die Gleichgewichte zwischen Stahl und flüssigen Schlakken: **47** ('41) 588-94.

Z. physik. Chem., Abt. A Wasserstoffüberspannung an Quecksilberkathoden in Gegenwart kleiner Mengen von Platinmetallen[5]): **162** ('32) 223-40.

Mit: [1]) P. Dombrowski; [2]) K. Komarek; [3]) J. Pech; [4]) F. Pobořil; [5]) I. Šlendyk; [6]) G. E. Speight; [7]) E. Valenta; [8]) G. Pondělík.

VI **HERBRAND,** Jacques. Math. — 1930 Dr. ès-sc. math., Univ. de Paris.

*1908, Febr. 12, Paris;

†1931, Juli 27, La Bérarde, Isère (Unfall in den Bergen).

Gedenkschriften Exposés mathématiques publiés à la mémoire de J. Herbrand 1ff. (Paris '34ff.) (Actualités scientifiques et industrielles 70.114.139.148.149.157 ...) (m. Bildn. in **1**).

Nekr. C. Chevalley, Sur la pensée de Jacques Herbrand: Enseignement math. **34** ('35/36) 97-102. — C. Chevalley, A. Lautmann, Annuaire, Assoc. amicale Secours anciens Elèves Ecole norm. sup. **1931**, 66-68. — Revue Métaphysique et Morale **39** ('32) Suppl., April/Juni, S. 16.

Zur Biobibliogr. Ecrits logiques de J. Herbrand (Paris '68) 248 S. (m. Bildn., Biogr. v. C. Chevalley, A. Lautmann) (Bibliothèque de philosophie contemporaine).

Abh. math. Semin. Univ. Hamburg Sur les théorèmes du genre principal et des idéaux principaux: **9** ('32) 84-92.

Annales sci. Ecole norm. sup. Une propriété du discriminant des corps algébriques: (3) **49** ('32) 105-12.

J. Math. pures et appl. Sur les classes des corps circulaires: (9) **11** ('32) 417-41.

Mathematische Ann. Théorie arithmétique des corps de nombres de degré infini, 1: Extensions algébriques finies de corps infinis: **106** ('32) 473-501; ~ 2: Extensions algébriques de degré infini: **108** ('33) 699-717. — Zur Theorie der algebraischen Funktionen. (Aus Briefen an E. Noether): **106** ('32) 502.

Mémorial Sci. math. Le développement moderne de la théorie des corps algébriques: **75** ('35) 72 S.

VI **HÉRISSEY,** Eugène Henri. Chem. (biol.), Pharm. — 1929 Prof. sans Chaire, '30–43 Prof. ord. Chim. biol., Fac. de Pharmacie, '42 Dr. Méd., '43 Prof. hon., Univ. de Paris; '23 Vice-Prés. de la Soc. de Biologie; '26 Vice-Prés., '29 Prés. de la Soc. de Chimie biol.; '25 Prés. de l'Acad. de Pharmacie; '29 Prés. de l'Assoc. des Docteurs en Pharmacie; '29 Prés. de la Soc. mycologique; '55 Prés. de l'Acad. nation. de Médecine. — '30 Dr. h. c. (Univ. Libre de Bruxelles); '34 Dr. h. c. (Univ. de Liège). — '20 Prix Jecker, '20 Médaille Berthelot (Acad. Sci. Paris).

*1873, Mai 13, Evreux;

†1959, Jan. 28, Evreux.

Nekr. P. Fleury, J. Courtois, Bull. Soc. Chim. biol. **41** ('59) 933-57 (m. Bildn., Schr.-verz. 157 Nrn.). — N. Wattiez, Rapport Année acad., Univ. libre Bruxelles **1958/1959** ('63) 217f. — R. Wz., Annales pharm. franç. **17** ('59) Echos et Nouvelles, S. 1.

S. Traité de chimie organique (V. Grignard, G. Dupont, R. Locquin) **8** (Paris '47) 547-616: Généralités sur les hétérosides[12]). — Résumés des communications. 2e Congrès international de biochimie, Paris 1952 (Paris '52) 311: La structure du stachyose[13])[2])[8]).

Annales pharm. franç. Préparation d'une solution injectable de sucre interverti[4]): **2** ('44) 77f. — Sur la nature chimique de l'hétéroside cyanhydrique de la linaire striée (Linaria striata DC.) [3]): 141f. — Synthèse biochimique du méthyl-D-glucoside-β au sein du dioxane[4]): **3** ('45) 57f. — Synthèse du méthyl-D-glucoside-β par une poudre fermentaire d'Aspergillus niger [4]): **5** ('47) 521-23. — Recherches chimiques sur l'hybride Pyronia veitchii A. Guillaumin. Isolement d'arbutoside [3]): **9** ('51) 161-63. — Sur la composition hétérosidique des espèces du genre Verbascum L.[4])[9]): **14** ('56) 409-16.

Bull. Acad. Méd. Sur quelques techniques favorisant l'extraction des hétérosides naturels: **121** ('39) 472-76.

Bull. Soc. Chim. biol. Sur un hétéroside extrait du laurier de Portugal, Cerasus lusitanica Lois.[7]): **15** ('33) 350-57. — Extraction de l'aspéruloside du Coprosma baueriana Hook.: 793-95. — Sur le lusitanicoside: **16** ('34) 527-37. — Essais physiologiques sur le vicioside[1]): 1176-81. — Recherches préliminaires sur l'oxydation du gentianose et du stachyose par l'acide periodique[13])[2]): **33** ('51) 642-44. — Action de l'acide periodique sur les tri et tétraholosides non réducteurs, 2: Etude du gentianose[13])[2]): 1768-75; ~ 3: Etude du stachyose[13])[2]): **34** ('52) 856-66. — Isolement de cinq galactosides du saccharose à partir des racines de bouillon-blanc (Verbascum thapsiforme Schrad.)[4])[13])[2])[8]): **36** ('54) 1507-18. — Action de l'acide periodique et de l'α-galactosidase sur les galactosides du saccharose isolés des racines de bouillon-blanc[4])[13])[2])[8]): 1519-24. — Sur la préparation du plantéose: **39** ('57) 1553-55.

C.R. hebd. Séances Acad. Sci., Paris Sur un hétéroside extrait du laurier de Portugal, Cerasus lusitanica Lois.[7]): **194** ('32) 1095-97. — Sur le lusitanicoside: **198** ('34) 265f. — Extraction, des feuilles de Viburnum tinus L., d'un principe immédiat cristallisé, le viburnitol[11]): **203** ('36) 466-68. — Isolement de cinq galactosides du saccharose à partir des racines de bouillon-blanc (Verbascum thapsiforme Schrad.)[4])[13])[2])[8]): **239** ('54) 824f.

J. Pharm. et Chim. Notice sur la vie et les travaux de Léon Grimbert (14 mars 1860 - 25 septembre 1931) [4]): (8) **16** ('32) 273-320. — Sur une technique permettant l'extraction facile de certains hétérosides: 513-16. — Extraction de l'aspéruloside du Coprosma baueriana Hook.: **17** ('33) 553-56. — Sur le lusitanicoside: **19** ('34) 425-37. — Action comparée de l'acide periodique sur quelques hexoses et sur des hétérosides artificiels qui en dérivent[4])[6]): **20** ('34) 149-60. — Présence de stachyose (mannéotétrose) et d'aucuboside (aucubine) dans les Plantago maritima L. et P. carinata Schrad.[5]): **22** ('35) 537-43. — Extraction du Viburnum tinus L., d'un principe immédiat cristallisé, encore inconnu, le viburnitol[11]): **26** ('37) 385-97. — Présence dans les rameaux feuillus de laurier de Portugal, Cerasus lusitanica Lois., d'un complexe, fournissant de l'acide protocatéchique[11])[12]): **29** ('39) 337-43. — Jean-Eugène Léger, 1849-1939: 474-78. — Sur la présence de stachyose (mannéotétrose) dans les semences de Leucaena glauca Benth. (mimosées)[10]): (9) **1** ('41) 521-23. — Sur l'huile de semence de laurier de Portugal, Cerasus lusitanica Lois.[11]): **2** ('42) 97-99.

Revue sci. Le lusitanicoside: toxicité, élimination, absence d'action sur l'hémolyse et le temps de coagulation du sang[1]): **80** ('42) 183-85. — Action physiologique du lusitanicoside[1]): 232-35.

Mit: [1]) J. Cheymol; [2]) J.-E. Courtois; [3]) G. Dillemann; [4]) P. Fleury; [5]) M. Gravot; [6]) M. Joly; [7]) J. Laforest; [8]) P. Le Dizet; [9]) P. Malangeau; [10]) M. Mascré; [11]) G. Poirot; [12]) J. Rabaté; [13]) A. Wickström.

VI **HERLINGER,** Erich. Mineral. — 1928 Assist., Mineralog.-Petrogr. Inst., '33 Privatdoz. Mineral. u. Petrogr., Techn. Hochsch. Berlin; '33–34 Hon. Research Fellow, Physics Departm., Victoria Univ., Manchester; '34– Mineralogist, Daniel Sieff Research Inst., Rehovoth, Palästina.
*1899, Nov. 6, München;
†.

Fortschr. Mineral., Kristallogr. u. Petrogr. Empirische Gesetzmäßigkeiten der Atom- und Ionenradien: **16** ('32) 333f.

Izvest. Akad. Nauk SSSR, Ser. geol. Morphotropische Beziehungen zwischen den Modifikationen von Kieselsäure und den Feldspatstrukturen: **1937,** 107-36 [auch russ.: 137-54].

J. chem. Physics The structure of rubrene and some remarks on the "ortho-effect" [2]): **4** ('36) 532-34.

Sprechsaal Keram., Glas, Email Beiträge zur polarisationsmikroskopischen Untersuchung von Porzellanen[3]): **65** ('32) 571-73, 589-91. — Über Beziehungen zwischen der Korngröße und der Zeitdauer des Aufschmelzens oder Sinterns einer keramischen Masse[1]): **66** ('33) 145-47. — Über den Schmelzverlauf chemisch einheitlicher Massen[1]): 161f.

Z. Kristallogr., Kristallgeom., Kristallphysik, Kristallchem. Zur Ableitung der möglichen Formen der 32 Kristallklassen: **81** ('32) 313f. — Über Beziehungen zwischen Kristallfehlern und Wachstumseinstellung eines Kristalls: **92** ('35) 372-79. — Zur Struktur des realen Makrokristalls: 380-86. — Die Stabilisation kleiner Kristalle durch Hydratation der Kristalloberfläche: **93** ('36) 37-41. — Atom- und Ionenwirkungsradien, 2: 399-408.

Z. physik. u. chem. Unterricht Über die mesomorphen Aggregatzustände: **45** ('32) 5-25.

Mit: [1]) P. Beck; [2]) E. Bergmann; [3]) A. Ungewiss.

VI **HERMANS,** Petrus Hendrik. Chem. Technol. — 1926–42 Obering., N. V. Hollandse Kunstzijde Industrie, Breda; '42–63 Dir., Inst. f. Zelluloseforschung, Utrecht. — '63 Dr. phil. rer. nat. h. c.

(Univ. Mainz). — '54 Goldene Medaille (Bond voor Materialenkennis).

*1898, März 21, Batavia, Java.

Zur Biogr. G. Challa, D. Heikens, Chemisch Weekbl. **59** ('63) 177-79 (m. Bildn.). — H. Mark, J. Polymer Sci., C **1963**, Nr. 2, S. 1-3 (m. Bildn.). — D. Vermaas, Chemisch Weekbl. **45** ('49) 181f.

MH. Elsevier's polymer-series on the chemistry, physics and technology of high polymeric and allied substances (New York '47ff.); davon eig. Beitr.: Nr. **2**: Physics and chemistry of cellulose fibers, with particular reference to rayon (New York-Amsterdam-London '49) 22 + 534 S.

S. Colloid science (H. R. Kruyt) **2** (New York-Amsterdam-London-Bruxelles '49) 483-651: Gels.

W. Contribution to the physics of cellulose fibers. A study in sorption, density, refractive power and orientation (Utrecht-Amsterdam-New York '46) 16 + 221 S. (Monographs on the progress of research in Holland during the war, 3); franz.: (Paris '52) 18 + 253 S. (Bibliothèque des industries papetières, 1). — Inleiding tot de theoretische organische chemie (Amsterdam '52) 14 + 466 S.; engl.: Introduction to theoretical organic chemistry (R. E. Reeves) ('54) 12 + 507 S.

Analytical Chem. Paper chromatography of bisphenol A [7]): **32** ('60) 778f.

Buletinul Inst. politehn. Iași Micro voids in cellulose fibers: **11** ('65) Fasc. spec., 1-6.

Bull. Soc. chim. belges The degree of crystallinity in native and regenerated cellulose fibers following from x-ray analysis[30]): **57** ('48) 123-35.

Cellulosechemie Die Analogie zwischen dem molekularen Bau und dem mechanischen Verhalten von Cellulose und Kautschuk: **18** ('40) 97-103. — Über Deformationsmechanismus und Feinbau der regenerierten Cellulose, 23: Volumenveränderungen bei der Dehnung gequollener isotroper Cellulosefäden: **19** ('41) 122-24; ∼ 24: Die Aufquellungsretraktion als Ausdruck für die Reversibilität der Dehnungsvorgänge bei regenerierten Cellulosefäden[17])[19]): 117-21.

Chemisch Weekbl. Ancient and modern radical chemistry: **33** ('36) 442-50 [ ]. — Over vormveranderingen van ketenmoleculen, gepaard gaande met zwelling en ontzwelling: **38** ('41) 566-70. — Enkele algemene gezichtspunten en resultaten van het moderne vezelonderzoek: **44** ('48) 2-7. — Structure of cellulose and starch: **45** ('49) 183-89 [ ]. — Staudinger Nobelprijswinnaar: **50** ('54) 132. — Mechanisme van de polymerisatie van epsilon caprolactam, 1: **56** ('60) 121-26.

Experientia Röntgenographische Kristallinitätsbestimmungen bei Hochpolymeren: **19** ('63) 553-64.

J. amer. chem. Soc. Recrystallization of amorphous cellulose[30]): **68** ('46) 1138, 2547-52. — Electron-microscopic structure of cellulose powder from wood pulp ground in very dry condition: 2730-32.

J. appl. Chem. Chemistry of caprolactam polymerization: **5** ('55) 493-501.

J. appl. Physics [USA] Quantitative x-ray investigations on the crystallinity of cellulose fibers[30]): **19** ('48) 491-506.

J. Chim. physique Ratio of crystalline: amorphous regions in cellulosic fibers: **44** ('47) 135-40.

J. Colloid Sci. Hydrates of cellulose[30]): **1** ('46) 185-93. — Optical properties of the system cellulose - water[12])[28]): 251-60. — Transformation of cellulose II into cellulose IV [30]): 495-504.

J. exper. Botany The crystalline - noncrystalline ratio in celluloses of biological interest[20])[30]): **1** ('50) 344-52.

J. makromolekulare Chem. Studien im System Zellulose-Wasser, 1: Über die Raumverhältnisse im System Zellulose-Wasser und über die Packungsdichte in Zellulosefasern[28])[12]): **1** ('44) 247-90.

J. physic. Chem. Analogy between the mechanism of deformation of cellulose and that of rubber: **45** ('41) 827-36.

J. Polymer Sci. Density of cellulose fibers, 1: Introduction and experiments on the penetration of liquids into dry cellulose[28]): **1** ('46) 149-55; ∼ 2: Density and refractivity of model filaments[12])[28]): 156-61; ∼ 3: Density and refractivity of natural fibers and rayon[12])[28]): 162-71. — Deformation mechanism of cellulose gels, 1: Present status of the problem: 389-92; ∼ 2: Course of crystallite orientation compared to that required by Kratky's theory [12])[28])[30]): 393-406; ∼ 3: Changes in orientation upon drying[12])[28])[30]): **2** ('47) 632-36; ∼ 4: General relationships between orientation of the crystalline and that of the amorphous portion[12])[28])[30]): **3** ('48) 1-9. — Reaction of benzoyl peroxide with cyclohexane and cyclohexene[9]): **1** ('46) 407-18. — Course of acetylation and deacetylation reactions of cellulose fibers, 1: Optical and swelling properties[28]): **2** ('47) 397-405; ∼ 2: x-Ray diagrams[28])[30]): 406-11. — x-Ray studies on the crystallinity of cellulose[30]): **4** ('49) 135-44. — Degree of lateral order in various rayons as deduced from x-ray measurements: 145-51. — Change in crystallinity upon heterogeneous acid hydrolysis of cellulose fibers[30]): 317-22. — Estimation of crystallinity of some polymers from x-ray intensity measurements[30]): 709-23. — Quantitative investigation of x-ray diffraction by "amorphous" polymers and some other noncrystalline substances[30]): 5 ('50) 269-81. – Crystallinity of precipitated cellulose[30]): 565-68. – Density determination of cellulose fibers by the flotation method in carbon tetrachloride[28]): 734f. – Heat of crystallization of cellulose[6]): 6 ('51) 33-38. – Crystallinity of celluloses after treatment with sodium hydroxide (mercerization)[30]): 533-38. – Correlation between sensitivity of acid hydrolysis and skin-core differentiation in viscose rayon [11]): 8 ('52) 187-90. – x-Ray small-angle scattering of ramie and rayons[11])[26])[30]): **11** ('53) 433-46. – Small-angle x-ray scattering of rayons swollen in lithium hydroxide solutions [30]): **14** ('54) 397-402. – Reply to A. N. J. Heyn, The determination of microcrystallite size by the small-angle x-ray technique in rayons[30]): 404. – Remarks on the small-angle scattering of cellulose fibers and its interpretation[30]): 405-07. – A direct analytical test of the Flory-Schulz-distribution in nylon-6-type equilibrium polymers[11])[26]): **16** ('55) 451-57. – The mechanism of polymerization of ε-caprolactam, 2: Polymerization in the presence of water[11])[26]): **30** ('58) 81-104; The mechanism of polymerization of ε-caprolactam in the presence of water, 3: Supplementary remarks on a previous paper; introduction of volume correction[11]): **44** ('60) 429-36; ~ 4: Polymerization in the presence of water and either an amine or a carboxylic acid[11])[29]): 437-48. – A quantitative investigation on the x-ray small-angle scattering of cellulose fibers, 2: The scattering power of various cellulose fibers[11])[30]): **35** ('59) 145-65. – On the rate of formation of ε-caprolactam upon equilibration of extracted poly-ε-aminocaproic acid polymers[11])[22]): **38** ('59) 265-68. – Relative intensities of the crystalline x-ray lines in cellulose fibers[30]): **50** ('61) S10-S12.

J. Soc. chem. Industry, Trans. Principles of the mathematical treatment of constant pressure filtration[5]): **55** ('36) 1-4.

J. Textile Inst. Density and refractivity of cellulose fibers in relation to their structure: **38** ('47) P63-P74.

Kautschuk Über Formveränderungen von Kettenmolekülen, die mit Quellung und Entquellung einhergehen: **18** ('41) 32f.

Kolloid-Z. Beiträge zur Kenntnis des Deformationsmechanismus und der Feinstruktur der Hydratzellulose, 1: Über die Beziehung zwischen Quellungsanisotropie und Deformationsmechanismus bei Hydratzellulosegelen: **81** ('37) 143-50; ~ 2: Deformationsmechanismus, Quellungsanisotropie und mechanische Eigenschaften stark gequollener Hydratzellulosegele[17]): 300-26; ~ 3: Deformationsmechanismus und Quellungsanisotropie bei Hydratzellulosegelen verschiedenen Quellungsgrades [17]): **82** ('38) 58-67; ~ 4: Über die Art des mizellaren Aufbaues der Hydratzellulosefasern und die Vorgänge bei ihrer Deformation: **83** ('38) 71-83; ~ 5: Die „mechanischen Eigenschaften" der Hydratzellulose; (Versuch zur Einordnung der mechanischen Eigenschaften künstlicher Zellulosefäden verschiedenen Orientierungsgrades in ein wissenschaftliches System)[4])[28]): **86** ('39) 107-23; ~ 7: Die Netzstruktur von gequollener Hydratzellulose[14]) [19]): 245-54; ~ 8: Neue Ergebnisse über die Beziehung zwischen Quellungsanisotropie und Deformationsmechanismus bei Hydratzellulosegelen[19]): **87** ('39) 296-308; ~ 9: Über die theoretische Beziehung zwischen Quellungsanisotropie und Eigendoppelbrechung orientierter Fäden[19]): **88** ('39) 68-72; ~ 10: Die Kratkysche Kette als Rechenmodell für den Deformationsmechanismus der Hydratzellulosegele[4]): 73-78; ~ 11: Ansatz zu einer rationellen Theorie des Kraft-Dehnungs-Diagramms der Hydratzellulose und deren experimentelle Prüfung: 172-82; ~ 13: Die Festigkeits-Dehnungs-Diagramme isotroper Zellulosefäden im Lichte der theoretischen Beziehung zwischen Quellungsanisotropie, Orientierung und Festigkeit, 1: Fäden verschiedenen Quellungsgrades: **89** ('39) 344-48; ~ 14: ≈ 2: Fäden verschiedener Herstellungsweise [19]): 349-54; ~ 17: Über den Verlauf der Orientierung als Funktion des Dehnungs- und Quellungsgrades: **96** ('41) 38-41; ~ 18: Quantitative Methoden zur Bestimmung des Orientierungsgrades gedehnter Zellulosefäden, ihre Grenzen und gegenseitigen Beziehungen: **97** ('41) 223-28; ~ 19: Zur Ableitung eines „mittleren Orientierungswinkels" aus dem Röntgendiagramm[4]): 229-31; ~ 20: Über die hohe Dehnbarkeit der Zellulosegele[19]): 329-35; ~ 21: Die Doppelbrechung durch Dehnen orientierter isotroper Zellulosefäden: **98** ('42) 62-68; ~ 22: Änderung der Doppelbrechungs-Dehnungs-Funktion isotroper Zellulosefäden durch Variation ihrer Herstellungsbedingungen: 69f. – Bemerkung zum mizellaren Aufbau der Hydratzellulosegele: **84** ('38) 168. – Röntgenspektrographische Verfolgung des Orientierungsvorganges beim Dehnen isotroper Zellulosefäden[14])[25]): **96** ('41) 30-38. – Über Deformations- und Quellungsmechanismus der Zellulosegele: 311-26. – Einige spezielle Betrachtungen über Gelstruktur und Quellung: **97** ('41) 231-37. – Die Sorptionskurve isotroper Zellulose. (Zugleich: Herstellung völlig isotroper Zellulosefäden): 326-28. – Deformation und Orientierung isotroper Nitrozellulosefäden, 1: Allgemeines, Quellungsanisotropie und Röntgenspektrogramme [16])[28]): **99** ('42) 244-51; ~ 2: Die Doppelbrechung in ungequollenem Zustande[16])[28]): 251-53; ~ 3: Die Doppelbrechung gequollener und imbibierter Fäden[16])[28]): **100** ('42) 111-21. – Über die Gestalt und die Beweglichkeit des Moleküls der Zellulose: **102** ('43) 169-80. – Beiträge zur Theorie der Viskosität der Lösungen makromolekularer Substanzen, 1: Allgemeine Betrachtungen[28]): **105** ('43) 199-204. — Über die Naßfestigkeit regenerierter Zellulosefasern: **108** ('44) 177-79. — Beitrag zur Frage des Zusammenhanges zwischen Knickbruchfestigkeit und Spiralstruktur bei Zellulosefasern: 180-82. — Über die Eindringungsgeschwindigkeit von Wasser und Glyzerin in Zellulosefäden[28]): **109** ('44) 5-9. — Über Dichte und Lichtbrechungsvermögen von Zellulosefasern[12])[28]): 9-16. — Studien im System Zellulose-Wasser, 3: Die optischen Eigenschaften der Zellulosefasern in Abhängigkeit von ihrem Wassergehalt[12])[28]): 86-90. — Der kristalline Anteil in nativen und regenerierten Zellulosefasern aus Röntgenstreuungsuntersuchungen: **115** ('49) 103-09. — Bestimmung des kristallinen Anteils in makromolekularen Systemen auf röntgenographischem Wege: **120** ('51) 3-24. — Über den Streckvorgang bei künstlichen Zellulosefasern[13]): **121** ('51) 21-32. — Untersuchung über die unterschiedlichen physikalischen Eigenschaften bei Kunstseiden nach einer von E. Elöd angegebenen Methode: **122** ('51) 1-5.

Kunstseide Spezialpräparierte Kunstseide auf konischen Kreuzspulen zur direkten Verarbeitung auf Cottonmaschinen: **16** ('34) Nr. 5, 4 S.

Liebigs Ann. Chem. Über den Mechanismus der thermischen Zersetzung der Diacylperoxyde[2]): **519** ('35) 133-39.

Makromolekulare Chem. x-Ray investigations on the crystallinity of cellulose: **6** ('51) 25-29 [m. deutscher Zusammenfassg.]. — Die Kleinwinkelstreuung der Zellulosefasern[30]): **13** ('54) 30-39 [m. engl. Zusammenfassg.]. — Ein quantitativer Vergleich der Weitwinkel-Röntgenstreuung des Zelluloseanteiles in gequollenen und trockenen Rayonfasern[30]): **18/19** ('56) 75-81 [~]. — Does the Flory-Schulz assumption of equal reactivity of functional groups apply to ε-caprolactam polymerisates? [11]): **28** ('58) 246-49 [m. deutscher Zusammenfassg.]. — Kinetics of the acid hydrolysis of cyclic oligomers from nylon 6 and nylon 6.6 [11])[27]): **30** ('59) 154-68 [~]. — Absolute measurements of x-ray scattering at low angles in crystalline polymers[30]): **39** ('60) 67-78 [~]. — On the determination of the crystalline fraction of polyethylenes from x-ray diffraction [30]): **44/46** ('61) 24-36 [~]. — On the determination of the crystalline fraction of isotactic polypropylene from x-ray diffraction[30]): **50** ('61) 98-115 [~]. — On the determination of the crystalline fraction in isostatic polystyrene from x-ray diffraction[7])[30]): **56** ('62) 169-78 [~]. — x-Ray small-angle maxima in oriented polypropylene fibers[30]): **62** ('63) 139 [~]. — Study of molten isotactic polystyrene, 1: The relationship between melt viscosity and average molecular weight[3])[7]): **74** ('64) 129-32 [~]. — A side reaction giving rise to crosslinking in the preparation of poly pyromellitimides[24]): **133-44** [~].

Mitt. dtsch. Forschungsinst. Textilindustrie Dresden Über die Mizellarstruktur der regenerierten Hydratzellulose und die Vorgänge bei ihrer Deformation: **2** ('38) Nr. 3, 9-12.

Monatsschr. Textil-Industrie Über die Mizellarstruktur der regenerierten Hydratzellulose und die Vorgänge bei ihrer Deformation: **53** ('38) 305-08.

Nature [London] Origin of hygroscopicity of jute[21]): **164** ('49) 628f. — Recrystallization of regenerated cellulose upon mercerization[28])[30]): **165** ('50) 238. — Occurrence of small-angle x-ray diffraction maxima in some artificial cellulose fibers[11])[30]): **170** ('52) 369f. — Polymerization reactions occurring during dinitrophenylation of α-, β-, and ω-amino-acids with Sanger's reagent[11])[26]): **174** ('54) 1187f. — Cyclic polyamides from nylon-6 and -6.6 polymers: Constitution of the cyclic polyamides isolated from nylon-6 polymers: **177** ('56) 126f.; ~: Intramolecular hydrogen bonds in certain cyclic polyamides: 127f.

Naturwissenschaften Deformationsmechanismus, Quellungsanisotropie und Feinstruktur von Hydratzellulosegelen[17]): **25** ('37) 524f., 794f. — Die Kautschukähnlichkeit der Zellulose und die Entstehung künstlicher Zellulosefäden als makromolekularer Vorgang: **28** ('40) 223, 264.

Plastica ['s Gravenhage] Cellulose among the macromolecular substances: **1** ('48) 9-18.

Proc., Koninkl. nederl. Akad. Wet. Beiträge zur Kenntnis des Deformationsmechanismus und der Feinstruktur der Hydratzellulose, 12: Die quantitative Interpretation von Festigkeits-Dehnungs-Diagrammen isotroper Zellulosefäden an Hand einer rationellen Theorie über die Beziehung zwischen Orientierungsgrad und Festigkeit: **42** ('39) 798-807. — Die Analogie zwischen dem molekularen Bau und dem mechanischen Verhalten von Zellulose und Kautschuk: **43** ('40) 1032-43.

Pulp and Paper Mag. Canada Recent contributions of x-ray low-angle diffraction to the investigation of cellulose fiber structure[30])[11]): **59** ('58) 137-41.

Rayon Revue [Arnhem] Structure of artificial fibers: **2** ('48) 45-54 [ ].

Recueil Trav. chim. Pays-Bas Zur Kenntnis der Filtrationsgesetze[5])[4]): **54** ('35) 680-700. — Über den Mechanismus der Reaktionen der Diacylperoxyde mit anderen organischen Substanzen und über deren thermische Zersetzung: 760-67. — Zur Stereochemie der Böesekenschen sauren Borsäureverbindungen der Diole: **57** ('38) 333-41. — Beitrag zur Stereochemie des siebengliedrigen Kohlenstoffringes[18]): 643-52. — Contributions to the knowledge of mechanism of deformation of cellulose hydrate, 6, 1: On the tensile strength of cellulose fibers and the energy involved in the process of rupture: **58** ('39) 63-76; ≈ 2: Viscosity determinations on stretched and unstretched filaments[4])[5]): **59** ('40) 73-76. — Das Lichtbrechungsvermögen der Zellulose in Funktion des Quellungsgrades[19]): **58** ('39) 1001-07. — Sur la quantité de matière cristallisée dans la cellulose régénérée: **63** ('44) 13-24. — Volume relations in the system cellulose-water [12])[28])[30]): 44f. — Quantitative evaluation of orientation in cellulose fibers from the x-ray fiber diagram[12])[28])[30]): **65** ('46) 427-47. — On the diffusely diffracted radiation in the x-ray diagrams of cellulose fibers [30]): 620-23. — The structure of the jute fiber, 2: The role of the lignin-chemicellulose complex and other non-cellulosic constituents[21]): **68** ('49) 1079-105. — Orientation in cellulose fibers as derived from measurements of dichroism of dyed fibers[11]): **71** ('52) 49-55. — Cyclic oligomers of caprolactam. (An unusual case of stereo isomerism in higher-membered rings): **72** ('53) 798-812. — Equilibria in polyamide systems from ε-caprolactam and water[26])[29])[11])[15])[23]): **74** ('55) 1376-94.

Textile Res. J. Electron micrographs of cellulose fibers ground in water: **16** ('46) 545-55. — Staining of viscose rayon cross sections: 18 ('48) 9-17. — Examination of rayon cross sections with the electron microscope in conjunction with supplementary light microscopic examinations: **20** ('50) 105-08. — Fine structure of cotton fibers from density measurements: 108. — Investigation on the differences between physical properties of skin and core in viscose rayon using the peeling-off method suggested by Elöd: 553-69. — Effect of the technique of exposure in the characteristic parameters which can be derived from x-ray exposures of rayon[30]): **30** ('60) 770-73. — Quantitative investigation of the x-ray diffraction picture of some typical rayon specimens, 1[30]): **31** ('61) 558-71; ∼ 2: 875f. — Quantitative evaluation of the x-ray diffraction of ramie fiber[30]): 571f.

Trans. Faraday Soc. Structure and the mechanism of deformation in cellulose gels, 1: General picture of a molecular network[28]): **42 B** ('46) 155-59.

Verhandlungsber. Kolloid-Ges. Beitrag zur Deutung der Röntgenkleinwinkelstreuung von Zellulosefasern durch absolute Intensitätsmessungen[11])[30]): **18** ('58) 15-19.

Z. Elektrochem., Ber. Bunsenges. physik. Chem. Experimentelle Bestimmung der Korrektion für den Lorentzfaktor bei Kleinwinkelaufnahmen hochorientierter Zellulosefasern[30]): **58** ('54) 924f.

Z. physik. Chem., Abt. A Beiträge zur Kenntnis des Deformationsmechanismus und der Feinstruktur der Hydratzellulose, 15: Die polarisationsoptische Analyse des Deformationsvorganges isotroper Hydratzellulosefäden, 1: Die Doppelbrechung in ungequollenem Zustand[19]): **185** ('39) 260-68; ∼ 16: ≈ 2: Die Doppelbrechung in gequollenem Zustand [19]): 269-305.

Mit: [1]) —; [2]) J. Böeseken; [3]) J. Boon; [4]) J. de Booys; [5]) H. L. Bredée; [6]) E. Calvet; [7]) G. Challa; [8]) —; [9]) J. van Eyk; [10]) —; [11]) D. Heikens; [12]) J. J. Hermans; [13]) W. Kast; [14]) O. Kratky; [15]) C. A. Kruissink; [16]) H. R. Kruyt; [17]) A. J. de Leeuw; [18]) C. J. Maan; [19]) P. Platzek; [20]) R. D. Preston; [21]) M. K. Sen; [22]) S. Smith; [23]) A. J. Staverman; [24]) J. W. Streef; [25]) R. Treer; [26]) P. F. van Velden; [27]) H. A. Veldhoven; [28]) D. Vermaas; [29]) G. M. van der Want; [30]) A. Weidinger.

VI **HERRERO DUCLOUX,** Enrique. Chem. — 1896–97 Prof., Instituto Nacional y Escuela Politécn., 1897–1901 Prof., Colegio Británico, Buenos Aires; '02–05 Prof. supl., '06–27 Prof. tit., '27 Prof. hon., Fac. de Ciencias Exactas, Físicas y Natur., Univ. de Buenos Aires; '03–06 Prof., Colegios Nacionales Sur y Norte, Buenos Aires; '06–19 Prof. tit. y Jefe de la Escuela Química y Farmacia, '06–19 Vicedir., Instituto del Museo de La Plata; '06–27 Prof. tit. de la Fac. de Agronomía, '19–27 Prof. tit., '27–30 Prof. extraord., '30 Prof. hon., '27–32 Dir. ad hon. del Instituto de Investigaciones Químicas, Fac. de Ciencias Químicas (actualmente Fac. de Química y Farmacia), Univ. de La Plata; '12–13 Pres., Soc. Química Argentina; '13–16 Vicepres., Univ. Nacional de La Plata; '27–33, '44 Vicepres., '45 Pres., Acad. de Ciencias Exactas, Físicas y Naturales, Buenos Aires; '34 Pres., Inst. Técnico de Investigaciones Criminales de la Provincia de Buenos Aires; '45 Pres., Consejo Profesional de Química de la Provincia de Buenos Aires. — '37 Premio Francisco P. Moreno del Museo de La Plata.

*1877, Jan. 6, Prov. de Navarra, Spanien;

†1962, Juli 23, La Plata, Argentinien.

Zur Biogr. V. Arreguine, J. chem. Educat. **21** ('44) 419. — Enrique Herrero Ducloux (Buenos Aires '52) 55 S. (m. Bildnissen, Schr.-verz.). — Farmacia quím. **11** ('38) Nr. 52.

H. Aguas minerales de la República Argentina (Buenos Aires '36/48) 11 Bände; darin mehrere eigene Beiträge.

W. Datos analíticos sobre las aguas de la región de Copahue, Neuquén (m. E. Herrero Ducloux jr.) (Buenos Aires '42) 55 S. — Notas microquímicas sobre "Doping" (Buenos Aires '43) 58 S.

Anales Acad. nacion. Ci. exact., físic. y natur. Buenos Aires Angel Gallardo: **4** ('39). — El Premio Eduardo L. Holmberg: **9** ('45) 61-73; **10** ('46) 121-28; **11** ('47) 149-60; La entrega del Premio Eduardo L. Holmberg e incorporación del académico Ing. Francisco García Olano: **12** ('48) 207-20. — Notas microquímicas sobre algunas aminas cíclicas: **10** ('46) 103-19. — Los estudios químicos en la República Argentina: **11** ('47) 97-133. — Incorporación de los académicos ingenieros Carlos M. Ramallo y Francisco La Menza: 161-69. — Homenaje a la memoria del doctor Cristóbal M. Hicken: **12** ('48) 225-28. — Alocución en homenaje al doctor Bernardo Houssay: 255-.

Anales Asoc. españ. Progr. Ci. Los estudios químicos en la República Argentina: **1** ('34) Nr. 1.

Anales Asoc. quím. argent. Modifizierung der Methode von Sanchis für die Bestimmung von Fluor in Wasser: **23** ('35) 63-66 [span.].

Anales Direcc. nacion. Quím. Mikrochemischer Nachweis der Monochloressigsäure: **3** ('50) Nr. 5, 34f. [span.].

Anales Museo argentino Ci. natur. "Bernardino Rivadavia" Nota sobre el meteorito de Gualeguaychú (Entre Ríos): **40** ('40) 123-27. — El meteorito de Malotas: 129-34.

Archivos Univ. Buenos Aires Angel Gallardo †: **19** ('44) Nr. 2.

Boletín Acad. nacion. Ci. Córdoba Nota microquímica sobre la paratropina (metilbromuro de hematropina): **37** ('45) 257-70. — Nota microquímica sobre la dionina (chlorhidrato de etilmorfina): 310-26. — Beschreibung der Meteoriten von Córdoba[2])[1]): **39** ('51) 261-73 [span.].

Industria y Quím. La técnica y el libertador: **12** ('50) 194-200.

Notas Museo, Inst. Museo Univ. nacion. La Plata Nota sobre el hierro meteórico de Agua Blanca (La Rioja): 4 ('39) Geol., Nr. 8. — Nota sobre el meteorito de Aguila Blanca (Córdoba): Geol., Nr. 9. — Nota sobre el meteorito de San Carlos (Buenos Aires): **7** ('42) Geol., Nr. 19, 123-28. — Nota sobre el hierro meteórico de Ñorquin (Neuquén): **10** ('45) Geol., Nr. 40, 163f. — Nota sobre el meteorito del Tostado (Prov. de Santa Fe): Geol., Nr. 41, 165-69. — Nota sobre el hierro meteórico de Campamento Dadin (Neuquén): **14** ('49) Geol., Nr. 54, 177-79.

Revista farm. [Buenos Aires] Nota sobre el agua ferruginosa de El Chocoy (Provincia de La Rioja): **74** ('32) Nr. 9. — Datos químicos sobre el Gymnocalycium multiflorum (Hook.), Britton et Rose: Nr. 10, 251-61. — Datos químicos sobre el Trichocereus Sp. aff. T. Terschecki: Nr. 12.

Semana méd. Aguas minerales argentinas: **1935**, Nr. 15.

Mit: [1]) A. Chaudet; [2]) J. Olsacher.

VI **HERSCHEL,** Winslow Hobart. Technol. — 1913–18 Assist. Physicist, '18–36 Assoc. Physicist, U. S. Bureau of Standards, Washington, D. C.
*1873, Aug. 28, Boston, Mass.;
†1944, Febr. 9.

Ue. J. L. M. Poiseuille, Experimental investigations upon the flow of liquids in tubes of very small diameter (Easton, Pa. '40) 9 + 101 S. (Rheological memoirs, vol. 1, no. 1).

J. amer. ceram. Soc. An improved volumenometer[3])[1]): **26** ('43) 127-31.

J. amer. Concrete Inst. Factors of workability of Portland cement concrete[2]): **7** ('36) 641-58.

Proc. amer. Soc. Testing Mater. A procedure for measuring bleeding of cup greases: **33** ('33) Part 1, 343-47.

Mit: [1]) J. B. Peterson; [2]) E. A. Pisapia; [3]) J. C. Richmond.

VI **HERSEY,** Mayo Dyer. Physik, Technol., Mech. — 1931–33 Mechanical Engineer, Head of the General Lubrication Division, Research and Development Departm., Vacuum Oil Co., Paulsboro, N. J.; '34–36 Lecturer in Engng., '34–40 Research Assoc. in Engng., '57– Visiting Research Prof. Engng., Brown Univ., Providence, R. I.; '35 Lecturer, '42–47 Research Assoc. Mechanical Engng., Massachusetts Inst. of Technol., Cambridge, Mass.; '36–40 Lecturer in Lubrication, '42–43 Lecturer in Physics, Harvard Univ., Cambridge, Mass.; '42–43 Lecturer, Northeastern Univ., Boston, Mass.; '36–39 Engr., Kingsbury Machine Works, Inc.; '36–39 Engr., '39–41 Research Dir., Morgan Construction Co.; '41 Consultant, Nation. Research Council; '47–57 Mechanical Engr. and Consultant, U. S. Naval Engng. Exper. Station, Annapolis, Md.; '35–37 Vice-Pres., Soc. of Rheology. — '36 Edward Louis Levy Medal

(Franklin Inst., Philadelphia, Pa.); '65 Mayo D. Hersey Award (Amer. Soc. of Mechanical Engineers).

*1886, Aug. 30, Pautexet Neck, R. I.

Ehrung M. D. Hersey Award (Amer. Soc. of Mechanical Engineers).

S. Proc. 1st World petroleum congress, London 1933, 2 (London '34) 389f.: Present status of dimensional theory in lubrication. — Proc. 5th International congress for applied mechanics, Cambridge, Mass., 1938 (J. P. Den Hartog, H. Peters) (New York-London '39) 638-41: Thermal equilibrium in journal bearings. — Diesel lubricating oils and basic principles of lubrication (New York '49) (American Society of Mechanical Engineers. Oil and gas power division) 19-42: Basic principles of lubrication, 1: Fundamentals; ~ 2: Engineering applications. — Internationaler Kongreß für Ingenieur-Ausbildung, Darmstadt 1947. Ansprachen, Vorträge, Zusammenfassungen (Darmstadt '49) 204-09: Observations on educating the engineer[3]). — Fundamentals of friction and lubrication in engineering. 1st American Society of Lubrication Engineers national symposium [1952] (V. A. Ryan memorial) (Chicago, Ill. '54) 54-81: Fundamentals of hydrodynamic lubrication. — 1st International symposium on gas-lubricated bearings, Washington, D.C., 1959 (D. D. Fuller) (Washington, D.C. '61) (Office of Naval Research, Department of the Navy, ACR-49) 27-29, 316, 342, 518-20: Discussions on gas film lubrication.

W. Theory of lubrication (New York-London '36) 11 + 152 S., [2]('38) 175 S.; span.: Teoría de la lubricación (Buenos Aires '47) 202 S. — Viscosity of lubricants under pressure: coordinated data from twelve investigations (m. R. F. Hopkins) (American Society of Mechanical Engineers. Research Committee on Lubrication) (New York '54) 87 S. — Theory and research in lubrication; foundations for future developments (New York '66) 488 S.

J. amer. Soc. naval Engr. Notes on the history of lubrication, 1: **45** ('33) 411-49; ~ 2: **46** ('34) 369-85. — Fundamentals of hydrodynamic lubrication: **67** ('55) 51-68.

J. appl. Physics [USA] Heat effects in capillary flow at high rates of shear[8]): 8 ('37) 359-63. — Collected results on viscosity of lubricants under pressure, 1: Fatty oils[3]): 560-66.

J. Franklin Inst. A short account of the theory of lubrication, 1: Introduction; viscosity and friction: **219** ('35) 677-702; ~ 2: Film thickness, film pressure and load capacity: **220** ('35) 93-119; ~ 3: Dimensional theory, with applications: 187-214; ~ 4: Temperature rise and temperature distribution in bearings: 305-31.

J. Rheology Dimensional analysis of plastic flow: **3** ('32) 23-29. — Future problems of theoretical rheology: 196-204. — High pressure capillary flow. Theory of non-uniform viscosity; illustrated by experimental data[7]): 298-317.

J. Washington Acad. Sci. Thin film lubrication of journal bearings: **23** ('33) 297-305.

Mechanical Engng. Lubrication research of the American Society of Mechanical Engineers[2]): **54** ('32) 269f. — Logic of oiliness: **55** ('33) 561-66. — Discussion on "Performance of oil rings": **59** ('37) 291. — Viscosity of lubricants under high pressure. Coordinating the data from ten investigations[3]): **67** ('45) 820-24; **68** ('46) 576-83.

Physical Rev. Physics of lubrication, 3: Note on the theory of air-lubricated journal bearings: (2) **53** ('38) 926.

Physics Note on heat effects in capillary flow: **7** ('36) 403-07.

Rep. Investigat., U.S. Dep. Interior, Bur. Mines Accuracy of manometry of explosions. General survey and comparison of piston-with diaphragm-type manometers[1]): **3274** ('35) 44 S.

Technical Rep., Nation. Advisory Committee Aeronaut. Bibliography on piston ring lubrication: Nr. **956** ('44) 34 S.

Technology Rev. The oil shed fallacy: **38** ('35/36) 181, 182, 192, 194, 196, 198.

Trans. amer. Soc. mech. Engr. Foreword and discussion on "Flow properties of lubricants under high pressures": **63** ('41) 631, 638. — Heat conditions in bearings. An outline of problems for research: **64** ('42) 445-55. — Film thickness between gear teeth. A graphical solution of Karlson's problem[4]): **72** ('50) 1035-42. — Discussion on "Viscosity and density of lubricating oils from 0 to 150,000 psig and 32 to 425 F": **73** ('51) 673f. — Note on "Oil flow in plain journal bearings": **74** ('52) 846. — Note on "Oil flow, key factor in sleeve-bearing performance": 876f. — Discussion on "Minimum oil feed rates for fluid film conditions ...": **78** ('56) 1196. — Testing dynamically loaded bearings[5]), 1: **79** ('57) 1247-59; ~ 2: 1260-66. — Discussion on "Universal bearing tester": 1274. — Experiments on imperfect lubrications[6]): **80** ('58) 1104-07.

Trans. ASME, Ser. D Discussion on "Measurement of oil-film thickness between disks by electrical conductivity": **82** ('60) 17. — Discussion on "The viscosity-pressure-temperature relationship of lubricating oils and its correlation with chemical constitution": **85** ('63) 608.

Mit: [1]) H. F. Coward; [2]) A. E. Flowers; [3]) R. F. Hopkins; [4]) D. B. Lowdenslager; [5]) R. B. Snapp; [6]) C. W. Staples; [7]) G. H. S. Snyder; [8]) J. C. Zimmer.

VI **HERSZFINKIEL,** Henryk. Radiochem., chem. Technol. — 1907 Dr. phil., Univ. Bern; '29–39 Doz., Wolna Wszechnica Polska [private Hochsch.], Warszawa.

*1881, Sept. 27, Piotrków;

†1941, Sept., Lwów.

Zur Biogr. I. Stroński, Wiadomości chem. 11 ('57) 537-56 (m. Bildn., Schr.verz. 37 Nrn.).

S. Program 9 Zjazdu fizyków polskich, Wilno 1938 (Wilno '38) S. 24: Częściowe oddzielanie radioizomerów bromu[2]); S. 24: Elektroliza i kataforeza radioizotopów bromu w bromku etylu.

Acta physica polon. On the number of electrons ejected under the influence of hard γ-rays: **1** ('32) 237-48 [poln. m. engl. Zusammenfassg.]. — Über die Möglichkeit des Neutronen-Zerfalls der gewöhnlichen Elemente[7]): **2** ('33) 157-59 [poln. m. deutscher Zusammenfassg.]. — Sur la radioactivité du samarium[7]): **3** ('34) 493-97 [poln. m. franz. Zusammenfassg.]. — Sur la possibilité d'une émission des positrons par le Ra C[3]): **503 f.** [~].

Annales Acad. Sci. techn. Varsovie Absorption des rayons γ excités dans le cadmium par les neutrons lents[6]): **3** ('36) 123-32.

C.R. hebd. Séances Acad. Sci., Paris Sur la radioactivité du samarium[7]): **199** ('34) 133-35.

Nature [London] Loss of velocity of neutrons in heavy water[4])[8]): **135** ('35) 653f. — Absorption of γ-rays excited in cadmium by slow neutrons[6]): **137** ('36) 106f.

Roczn. Chem. Untersuchungen über die Abscheidung von Uran X aus Uran[5]): **12** ('32) 426-40. — Versuch der Anwendung der photographischen Methode zur Untersuchung der Erscheinungen der Adsorption radioaktiver Elemente[1]): **13** ('33) 306-17. — Über die Möglichkeit einer Positronenemission aus Ra-C[3]): **14** ('34) 957f. — Untersuchungen über die Radiokolloide[7]): 959-67. — — Alle Arbeiten poln.

Sprawozd. Posiedzeń Towarz. nauk. warszawsk., Wyd. III On the number of electrons ejected under the influence of hard γ-rays: **25** ('32) 28-30 [poln.]. — Sur la radioactivité du samarium[7]): **27** ('34) 66-71 [ ].

Mit: [1]) M. Birenbaum; [2]) E. Gutlejzerówna; [3]) J. Herszaft; [4]) J. Rotblat; [5]) J. Tolwińska; [6]) L. Wertenstein; [7]) A. Wroncberg; [8]) M. Żyw.

V,VI **HERTZSPRUNG,** Ejnar. Astron. — 1919–35 Adjunkt-Dir. u. '35–44 Dir. d. Sternwarte, '20–35 außerord. Prof., '35–44 ord. Prof., '44 Prof. emer., Univ. Leiden. — '23 Dr. h. c. (Univ. Utrecht); '46 Dr. h. c. (Univ. København); '49 Dr. h. c. (Univ. de Paris). — '29 Gold Medal (Roy. Astron. Soc., London); '37 Catherine Wolfe Bruce Gold Medal (Astron. Soc. of the Pacific); '59 Ole Rømer Medalje.

*1873, Okt. 8, Frederiksberg (København);

†1967, Okt. 21, Roskilde, Dänemark.

Ehrung Aspects of stellar evolution. Proc. of a conference held in honour of Ejnar Hertzsprung, Flaggstaff, Ariz., 1964 (A. Beer, K. A. Strand) (Oxford-London '66) 12 + 232 S. (m. Bildn.) (Vistas in astronomy, 8).

Zur Biogr. J. H. Oort, K. A. Strand, Ejnar Hertzsprung and the Leiden Observatory: Popular Astron. **55** ('47) 361-64. — K. A. Strand, Ejnar Hertzsprung, Neue Fundamente zum Bau des Weltalls, in: Forscher und Wissenschaftler im heutigen Europa 1 (H. Schwerte, W. Spengler) (Oldenburg-Hamburg '55) (Gestalter unserer Zeit, 3) 240-49 (m. Bildn. vor S. 273). — Hemel en Dampkring **35** ('37) 177, 353; **44** ('46) 166-68. — Nature [London] **136** ('35) 825; **139** ('37) 441. — Nordisk astron. Tidsskr. **1959,** 34. — Observatory **58** ('35) 343. — Popular Astron. **43** ('35) 544; **45** ('37) 228. — Publ. astron. Soc. Pacific **49** ('37) 65-81 (m. Bildn.). — Revista astron. **9** ('37) 262. — Urania [København] **16** ('59) 1.

Zum 70. Geb.tag Observatory **65** ('44) 204.

Zum 80. Geb.tag C. L. Janssen, Urania [København] **10** ('53) 77f., 83-89. — K. Lundmark, ibid. 79-81. — Rabe, Sternenwelt **5** ('53) 166-68. — J. J. Raimond, jr., Hemel en Dampkring **51** ('53) 191 (m. Bildn.).

Zum 85. Geb.tag C. L. Janssen, Urania [København] **15** ('58) 57f.

Zum 90. Geb.tag A. D. Andrews, Irish astron. J. **6** ('63) 150f. — K. Gyldenkerne, Nordisk astron. Tidsskr. **1963,** 77. — C. L. Janssen, L'Astronomie (BSAF) **77** ('63) 372. — C. L. Janssen, U. Güntzel-Lingner, R. Jonckheere, B. Lindblad, E. Sémirot, H. Shapley, Å. Wallenquist, N. Wieth-Knudsen, Urania [København] **20** ('63) 67-74, 75f. — G. A. Tammann, Orion [Schaffhausen] **90** ('64) Nr. 83, 1-9 (m. Bildn.). — Sky and Telescope **26** ('63) 199.

Nekr. C. Fehrenbach, C.R. hebd. Séances Acad. Sci., Paris **265** ('67) Vie acad., 108-10. — P.-P. Grassé, ibid. 122. — J. H. Oort, K. Gyldenkerne, Nordisk. astron. Tidsskr. **1967,** 133-38. — P. Th. Oosterhoff, Astronomische Nachr. **291** ('69) 85—87. — Å. Wallenquist, Populär astron. Tidskr. **48** ('67) 183f. — Publ. astron. Soc. Pacific **79** ('67) 638-. — Sky and Telescope **34** ('67) 383-.

S. Vistas in astronomy 2 (A. Beer) (London-New York '56) (J. atmospher. and terrestr. Physics, Suppl. 4) 1123f.: Note on the diameters of photovisual star images.

Annalen Sterrewacht Leiden Catalogue de 3259 étoiles dans les Pléiades contenant les mouvements propres relatifs de 2920 étoiles dérivés à l'aide de 161 clichés des 15 observatoires d'Alger, Bonn, Bordeaux, Copenhague, Greenwich, Harvard, Helsingfors, Leyde, Oxford (Université), Oxford (Radcliffe), Paris, Potsdam, Poulkovo, Taschkent et du Vatican[2])[1])u. a.): **19**, 1A ('47) 85 S.; ~: Tableau des détails: **19**, 1B ('49) 243 S. — Estimates of 64 variable stars on plates of the β Centauri region, taken by the late H. van Gent: **20** ('50) 119-61.

Bull. astron. Inst. Netherlands Discussion of observations made by H. van Gent of the variable star Bailey 65 in ω Centauri, of which the period is the shortest known: **7** ('33/36) Nr. 247, 83f. — Provisional search for internal motions in the group of the Pleiades: Nr. 258, 187f. — A new eclipsing variable of unusual character: 188. — An interpolation formula for the comparative distribution of energy in star spectra: 189-91. — On the period of X Sagittarii: 191. — List of 20 white stars between 6^m and 7^m evenly distributed over the sky: 194. — Redetermination of the elements of orientation of the orbit of α Centauri: Nr. 278, 329-31. — Application of the Hartmann-method for the determination of the secondary spectrum of an objective: 331-33. — Photographic magnitudes of AP Velorum: 333. — Provisional light-curves of RZ, SW and SX Velorum: 8 ('36/39) Nr. 283, S. 25, 29. — On the period of RR Puppis: Nr. 293, S. 123. — An interpolation formula for the darkening towards the limb on the sun's disc: Nr. 296, S. 140. — Estimates of six southern variable stars on Johannesburg and Harvard plates: Nr. 299. — A new variable of the δ Cephei type, the period of which seems to vary: ibid. — Provisional ephemerides of ten eclipsing variable stars in Vela and Puppis: ibid. — On the period of TV Normae: ibid., S. 168. — Note on BK Coronae austrinae: 168. — Provisional ephemerides of 25 variable stars in the region of η Carinae: **9** ('40/43) Nr. 327, 63-79. — Remark on AH Velorum: 80. — Remark on WY Normae: 80. — Mean colour equivalents of 834 bright stars: Nr. 329, 101-12. — Photographic measures of double stars made on plates taken with the 36-inch refractor of the Lick Observatory: Nr. 330, 113-16. — Photographic estimates of 25 southern variable stars: Nr. 340, S. 203. — Photographic estimates of AZ Sagittarii made on Franklin-Adams plates: 216. — Discussion on personal errors in photographic measures of double stars: Nr. 346, 253-58. — On the orbital motion of ADS 2755: 258. — On the orbit of τ Ophiuchi: 259. — Photographic measures of δ Orionis and ADS 15972: 259. — On the use of solarisation for the elimination of magnitude equation: 260. — A faint star in the Pleiades possibly sharing the proper motion of the Hyades: 260. — On the period of CH Normae: Nr. 349, S. 278. — A new eclipsing variable star rarely found faint: 278. — Photographic estimates of HK Carinae: 278. — Discussion of C. J. Kooreman's photographic measures of WW Puppis: 279. — Additional measures of GL Carinae: 280-82. — Remarks on the photoelectric magnitudes of Margarete Güssow: 282f. — On the point of convergence of the Hyades: 283-85. — On the symmetrical rejection of extreme observations: 285f. — BD + 56°1618 and +61°1294 as possible members of the Ursa major group: 286. — Photographic measures of double stars on plates taken, mainly by W. H. van den Bos, with the 67 cm visual refractor of the Union Observatory at Johannesburg: Nr. 352, 311-14. — Remarks on four faint stars in the Pleiades: 314.

J. Observateurs Remarque sur la répartition des excentricités des étoiles doubles visuelles: **41** ('58) 65. — Remarque sur β 536 - ADS 2755 - Gaultier 86 Pleiadum: 66. — Note sur Mira Ceti: **42** ('59) 77f.

Observatory Accuracy of Yale parallaxes: **72** ('52) 242f.

Proc., Koninkl. Akad. Wet. Amsterdam On the collaboration between the observatories of Johannesburg and Leiden concerning photographic measures of double stars: **36** ('33) 769-72.

Publ. astron. Soc. Pacific On collaboration in astronomy: **49** ('37) 309-16.

Versl. gewone Vergad. Afd. Natuurkunde, Koninkl. Akad. Wet. Amsterdam Samenwerking tussen Johannesburg en Leiden nopens photographische metingen van dubbele sterren: **42** ('33) 74.

Weitere kurze Mitteilungen in Beobachtungszirkularen.

Mit: [1]) C. J. Kooreman; [2]) C. Sanders.

V,VI **HERZFELD,** Karl Ferdinand. Physik. — 1926–36 Prof., Johns Hopkins Univ., Baltimore, Md.; '36– Prof., '36–61 Head of the Departm., Catholic Univ. of America, Washington, D. C. — '48, '58 Visiting Prof., Univ. München. — '32 Hon. Sc. D. (Loyola College, Baltimore, Md.); '33 Hon. Sc. D. (Marquette Univ., Milwaukee, Wis.); '56 Hon. Sc. D. (Univ. of

Maryland, College Park, Md.); '59 Hon. Sc. D. (Manhattan College, New York, N. Y.); '60 Hon. Sc. D. (Fordham Univ., New York, N. Y.); '62 Dr. rer. nat. h. c. (Techn. Hochsch. Stuttgart); '63 Hon. Sc. D. (Catholic Univ. of America, Washington, D. C.); '65 Hon. Sc. D. (Providence College, Providence, R. I.); '65 Hon. LL.D. (Univ. of Notre Dame, Notre Dame, Ind.). — '60 Card. Gibbons Medal (Catholic Univ. of America, Washington, D. C.); '64 Medaglia di Benemerenza (Vatican).

*1892, Febr. 24, Wien.

S. Hand- und Jahrbuch der chemischen Physik (A. Eucken, K. L. Wolf) **3**, 2, Abschn. 4 (Leipzig '39) 95-276: Freie Weglänge und Transporterscheinungen in Gasen. — Treatise on physical chemistry (H. S. Taylor, S. Glasstone) **2** ³(New York '51) 1-180: The kinetic theory of ideal gases[20]). — Conference on quantum mechanical methods of valence theory, Shelter Island, N.Y., 1951 (Washington, D.C. '52): Work on molecular orbitals at the Catholic University of America since 1949[4]); Work on integrals at the Catholic University of America since 1949[11]). — Temperature. Its measurement and control in science and industry. Papers presented at the 3rd symposium on temperature, Washington, D.C., 1954 (H. C. Wolfe) **2** (New York '55) 233-48: Relaxation of partial temperatures. — Thermodynamics and physics of matter (F. D. Rossini) (Princeton, N.J. '55) 111-76: Fundamental physics of gases: quantum mechanics and application to molecular structure; bond energies; activation energies [4]); 646-735: Relaxation phenomena in gases. — 7th Symposium (international) on combustion, London and Oxford 1958 (London '59) 27-33: Rate and mechanism of the thermal dissociation of oxygen. — Proc. 3rd International congress on acoustics, Stuttgart 1959 **1**: Principles (Amsterdam-London-New York-Princeton, N.J. '61) 503f.: Calculation of absolute relaxation times in gases. — The philosophy of physics (V. E. Smith) (Jamaica, N.Y. '61) (St. John's University studies, Philosophical series) 41-62: The structure of the atom. — Dispersion and absorption of sound by molecular processes. 27th Course of the International School of Physics "Enrico Fermi", Varenna 1962 (D. Sette) (New York '64) 1-39: The theory of fluids; 272-324: Theory of relaxation times. — Rapports 5e Congrès international d'acoustique, Liège 1965 (D. E. Commins) **1a** (Liège '65) Paper C 33: The effect of humidity on the Napier (relaxation) frequency of oxygen and air[5]). — New Catholic encyclopedia **9** (New York '67) 478-83: Matter, Structure of; 532-37: Mechanics, Classical; **14** ('67) 1109: A. F. Zahm.

W. Absorption and dispersion of ultrasonic waves (m. T. A. Litovitz) (New York '59) 535 S. (Pure and applied physics, 7). — Fundamental physics of gases (mit anderen) (Princeton, N.J. '61) 131 S. (Princeton aeronautical paperbacks).

Annalen Physik Eine Bemerkung zu der Arbeit von W. Bünger: „Ein Versuch zur Elektrodynamik der bewegten Körper": (5) **21** ('34) 743f. — Untersuchungen über die kinetische Theorie der Gase, 1: Schallabsorption: **23** ('35) 465-75; ~ 2: Die allgemeinen Gleichungen der Bewegung und der Wärmeleitfähigkeit und ihre Anwendung auf Gleitung und Temperatursprung: 476-92. — Die Wellengleichung für dispergierende Medien: (6) **3** ('48) 69-71.

Annual Survey amer. Chem. The kinetics of homogeneous gas reactions[11]): **10** ('36) 33-43.

Chemical Reviews Electron levels in polyatomic molecules having resonating double bonds: **41** ('47) 233-56.

Discuss. Faraday Soc. Deactivation of vibration by collision in CO_2: **33** ('62) 22-27.

Electrical Engng. [USA] The present theory of electric conduction: **53** ('34) 523-28.

J. acoust. Soc. America Origin of the absorption of ultrasonic waves in liquids [, 1]: **13** ('41) 33-35; ~ 3: **29** ('57) 1180f. — Francis Edward Fox †: **26** ('54) 453f. — Gas bubbles with organic skin as cavitation nuclei: 984-89. — John C. Hubbard †: **27** ('55) 182f. — Effect of water vapor on the Napier frequency of oxygen and air[5]): **37** ('65) 986-88. — 50 Years of physical ultrasonics: **39** ('66) 815-25.

J. amer. chem. Soc. The thermal decomposition of organic compounds from the standpoint of free radicals, 6: The mechanism of some chain reactions[11]): **56** ('34) 284-89. — The absorption of dipole liquids in the visible: **86** ('64) 3468f.

J. appl. Physics [USA] The liquid state: **8** ('37) 319-27.

J. chem. Physics On the states of aggregation[3]): **2** ('34) 38-45. — Speed of sublimation and condensation: **3** ('35) 319-23. — An attempted theory of photosynthesis[2]): **5** ('37) 237-51. — The mechanism of some chain reactions[11]): **7** ('39) 671-74. — Unmixing effect of sound waves on liquid mixtures: **9** ('41) 513f. — Absorption spectrum of some polymethine dyes: **10** ('42) 508-20. — The origin of the ultrasonic absorption in liquids, 2: **20** ('52) 288f. — Calculation of vibrational relaxation times in gases[14])[17]): 1591-99. — Vibrational relaxation time in gases (three-dimensional treatment)[14]): **22** ('54) 767-73. — Bulk viscosity and shear viscosity in fluids according to the theory of irreversible processes: **28** ('58) 595-600. — On the theory of energy exchange in liquids by isolated binary encounters: **36** ('62) 3305-07. — Density and the metallic state: **44** ('66) 429. — Deactivation of vibrations by collision in the presence of Fermi resonance: **47** ('67) 743-52.

J. opt. Soc. America The dispersion due to weak absorption bands: **29** ('39) 355-57.

J. physic. Chem. Remarks on the photochemistry of polyatomic molecules[2]): **41** ('37) 97-107. — The heat of sublimation of graphite [6])[19]): 325-31. — Theory of photosynthesis[2]): **45** ('41) 978-1025. — Ultrasonics and the transfer of energy by collisions[4]): **61** ('57) 844-49.

J. physic. and Colloid Chem. The mechanism of some chain reactions[11]): **55** ('51) 975-85; Discussion: 986f.

New Scholasticism The role of theory in modern physics: **8** ('34) 319-29.

Physical Rev. On the equations of Laplace and Maxwell: (2) **39** ('32) 497-503. — The theory of forced double refraction[7]): **44** ('33) 625-31. — On the theory of fusion[3]): **46** ('34) 995-1001. — On the theory of dispersion [3]): **49** ('36) 332-39. — The second virial coefficient of argon: **52** ('37) 374. — Reflection of sound: **53** ('38) 899-906. — Lattice vibrations in polar crystals[8]): **54** ('38) 846-61. — The vapor pressure of isotopes[19]): 912-15. — Electric fields in vibrating polar crystals[8])[13]): **58** ('40) 1008f. — A note on thermoelectromotive force: **64** ('43) 37f. — Effect of ultrasonic waves on the conductivity of salt solutions[1])[12]): **70** ('46) 329-39. — On the forces producing the ultrasonic wind[1]): **78** ('50) 156f. — Isotope effect and lattice properties in superconductivity[9])[15]): **79** ('50) 911.

Physics The temperature distribution of a gas flowing through a furnace: **4** ('33) 362-65.

Physikalische Z. Thermodynamische und kinetische Betrachtungen über das Zustandekommen der Dampfdruckerniedrigung von Lösungen: **38** ('37) 58-64. — Zu Herrn Fredenhagens Erwiderung auf meine Arbeit über Dampfdruckerniedrigung: **39** ('38) 325f.

Proc. amer. cathol. philos. Assoc. Philosophy and experimental physics: **26** ('52).

Proc. amer. philos. Soc. Theory of light absorption in simple aromatic compounds: **82**. 1940 ('41) 359-67.

Reviews modern Physics Color and constitution of polymethine dyes[16]): **14** ('42) 294-302. — Nodal surfaces in molecular wave functions: **21** ('49) 527-30.

Science [USA] The process of Giordano Bruno: **75** ('32) 241f. — A monument for Ludwig Boltzmann: 350. — Reginald Oliver Herzog: **81** ('35) 607f.

Thought The philosophy of Emile Meyerson: **8** ('33/34) 90-106. — Cosmic rays: 547-71. — The quantum theory of matter: **10** ('35/36) 566-88.

Z. Elektrochem. u. angew. physik. Chem. Begriff der freien Oberflächenenergie bei kleinsten Teilchen[10]): **56** ('52) 308-10.

Z. Naturforsch. Betrachtungen über Knotenflächen bei Schwingungsproblemen: **3a** ('48) 457-60.

Z. Physik Der Einfluß der Schwingung auf verbotene Elektronenübergänge[18]): **133** ('52) 41-47. — Deactivation of the vibration during the collision of two diatomic molecules: **156** ('59) 265-70.

Z. physik. Chem., Abt. B Das Verhalten von in Palladium gelöstem Wasserstoff[3]): **26** ('34) 203-08.

Mit: [1]) F. E. Fox; [2]) J. Franck; [3]) M. Goeppert-Mayer; [4]) V. Griffing; [5]) M. C. Henderson; [6]) G. Herzberg; [7]) R. H. Lee; [8]) R. H. Lyddane; [9]) E. Maxwell; [10]) S. G. Reed, jr.; [11]) F. O. Rice; [12]) G. D. Rock; [13]) R. G. Sachs; [14]) R. N. Schwartz; [15]) R. B. Scott; [16]) A. L. Sklar; [17]) Z. I. Slawsky; [18]) H. Sponer; [19]) E. Teller; [20]) H. M. Smallwood.

VI **HESS,** Alfred Fabian. Kinderheilkunde, Biochem., Chem. (physiol.). — 1915–30 Clinical Prof. Pediatrics, Univ. and Bellevue Hospital Medical College, New York Univ.; '09 Founder and '09–33 Head of the Tuberculosis Preventorium of Children, Farmingdale, N. J.; '32–33 President of the Harvey Soc., New York. — '31 Hon. D. M. S. (Univ. of Michigan, Ann Arbor, Mich.). — '27 John Scott Medal (Acad. of Natural Sci., Philadelphia, Pa.).

*1875, Okt. 19, New York;

†1933, Dez. 5, New York.

Zur Biogr. M. H. Bass, in: Pediatric profiles (B. S. Veeder) (Saint Louis, Mo. '57) 175-81.

Nekr. J. Comby, Presse méd. **42** ('34) 694. — H. J. Gerstenberger, American J. Diseases Children **47** ('34) 635-39. — E. Glanzmann, Z. Vitaminforsch. **3** ('34) 1. — Bull. New York Acad. Med. **10** ('34) 44-49. — Harvey Lectures **31**. 1933/34 ('35) 5-8. — J. amer. med. Assoc. **101** ('33) 1982; **102** ('34) 373. — Science [USA] **79** ('34) 70-72.

Zur Bibliogr. A. F. Hess, Collected writings (S. Straus Hess) **1** (Springfield, Ill. '36) 31 + 719 S.; **2** ('36) 9 + 734 S.; darin S. IX-XXVIII: Biogr. von A. Flexner; 705-23: Schr.verz.

Acta paediatr. [Uppsala] Diet, nutrition and infection: **13** ('32) 206-24. — The fate of various antirachitics within the body: **16** ('33) 467-73.

American J. Diseases Children Dental caries, 3: Rickets in relation to caries in the deciduous and in the permanent teeth[16][11]: **47** ('34) 477-87.

American J. physic. Therapy Carbon arc light in prevention and cure of rickets[17]: **9** ('32) 117f.

American J. Physiol. An experimental study of "the constitutional factor" in the etiology of rickets[5]: **102** ('32) 8-11.

American J. publ. Health and Nation's Health The rôle of activated milk in the anti-rickets campaign: **22** ('32) 1215-19. — The incidence of xerophthalmia and night-blindness in the United States - a gauge of vitamin A deficiency[10]: **23** ('33) 935-38.

Dental Cosmos A radiographic study of calcification of the teeth from birth to adolescence: **74** ('32) 1053-.

J. amer. med. Assoc. Recent advances in knowledge of scurvy and the antiscorbutic vitamin: **98** ('32) 1429-33. — Milk irradiated by the carbon arc lamp[11]: **99** ('32) 647-53. — An appraisal of antirachitics in terms of rat and clinical units[11]: **101** ('33) 181-84. — Does our dietary require vitamin A supplement ?[11][1]: 657-63.

J. biol. Chemistry Irradiated milk: the energy requirements for antirachitic activation[13][6]: **94** ('32) 749-63. — A study of the milk, blood, and excreta of cows fed moderate and excessive amounts of irradiated yeast of ergosterol[12][7][8]: **97** ('32) 369-77. — The calcium and phosphorus content of the brain in experimental rickets and tetany[8][15][3]: **98** ('32) 625-36. — The forms of the calcium and inorganic phosphorus in human and animal sera, 1: Normal, rachitic, hypercalcemic, and other conditions[2]: **100** ('33) 27-55; ~ 3: A comparison of physiological and experimental hypercalcemia[2]: **103** ('33) 629-41. — The forms of magnesium in serum and milk [2][8]: 383-90.

J. Pediatrics Familial retardation in ossification of the carpal centers[16]: **3** ('33) 158-65.

New England J. Med. Diet, nutrition and infection: **207** ('32) 637-48.

Proc. Soc. exper. Biol. and Med. The intestinal flora of rachitic rats before and after treatment with ultra-violet rays[14]: **29** ('32) 761-66. — The question of synthesis of the antirachitic vitamin by the cod[4][15][9]: 1227f. — A biologic assay of blood and feces of infants receiving various antirachitics[15][8]: **30** ('33) 1357f. — Comparative analysis of forms of calcium and inorganic phosphorus in human and cow's milk[2]: 1358-61. — Urinary excretion of vitamin C [2]: **31** ('34) 855-60.

Mit: 1) L. H. Barenberg; 2) H. R. Benjamin; 3) F. S. Berliner; 4) C. E. Bills; 5) S. N. Blackberg; 6) M. J. Dorcas; 7) C. N. Frey; 8) J. Gross; 9) M. Imboden; 10) D. B. Kirby; 11) J. M. Lewis; 12) R. F. Light; 13) G. C. Supplee; 14) J. C. Torrey; 15) M. Weinstock; 16) H. Abramson; 17) L. J. Unger.

V,VI **HESSELBERG,** Hans Theodor. Meteorol. — 1915-55 Dir. d. Norweg. Meteorol. Inst., Blindern, Oslo; '23-29 Generalsekretär, '29 Mitglied d. Exekutivrats, '35-46 Präs., '46-51 Vizepräs., Organisation météorologique internationale, '51-55 Mitglied des Exekutivkomitees, World Meteorological Organization; Mitglied zahlreicher wissenschaftlicher Kommissionen. — '56 Goldmedaille (World Meteorol. Organization).

*1885, Jan. 7, Lierne;

†1966, Nov. 10, Oslo.

Zur Biogr. Årsberetning, Norske meteorol. Inst. **1956/57** ('58) 28-35 (m. Bildn., Schr.-verz.). — Nature [London] **178** ('56) 1267.

Nekr. R. Fjørtoft, Årbok, Norske Vid.-Akad. Oslo **1967** ('68) 97-101 (m. Bildn., Faks.). — E. Gold, Quarterly J. roy. meteorol. Soc. **93** ('67) 570. — K. L., WMO Bull. **16** ('67) 50 (m. Bildn.).

MHZ. Meteorologiske Ann. **1** ('42) - **4**, Nr. 5 ('56).

S. Nordiska (19. skandinaviska) naturforskarmötet, Helsingfors 1936 (Helsinki '36) 1-4: Klimavariasjoner i Norge i vår tid. — Ververslinga på Vestlandet 25 år. Festskrift 1943 (Bergen '44) 21-46: Utviklingen av vær- og stormvarslinger i Norge i de siste 25 år. — Union de géodésie et géophysique internationale. Association de météorologie. Procès-verbaux 8e Assemblée générale, Oslo 1948, 2: Mémoires et discussions (Uccle '50) 96-103: The recent variations of the climate of Norway. — Proc. Polar atmosphere symposium, Oslo 1956 1: Meteorology section (R. C. Sutcliffe) (New York-London '58) 18-29: The recent variations of the climate at the Norwegian arctic stations[2].

Årbok, Norske Vid.-Akad. Oslo Klimaforandringer i Norge i vår tid: **1948** ('49) 12f.

Archiv Meteorol., Geophysik u. Bioklimatol., Ser. A Mean transport in the atmosphere: **4** ('51) 128-41. — The Ekman spirals: **7** ('54) 329-43.

Beitr. Physik der freien Atmosph. Arbeitsmethoden einer dynamischen Klimatologie: **19** ('32) 291-305.

Geofysiske Publ., Norske Vid.-Akad. Oslo Über das Verhältnis zwischen Druckkraft und Wind: **9** ('31/32) Nr. 8, 35 S. — Gesetzmäßigkeiten in der Windverteilung: **11** ('34/37) Nr. 9, 21 S. — Die Verwendung des Maxwellschen Verteilungsgesetzes auf meteorologische Häufigkeitskurven: **13** ('40/44) Nr. 9, 19 S. — Säkulare Schwankungen des Klimas von Norwegen, 1: Die Lufttemperatur[1]): **14** ('36/43) Nr. 4, 106 S.; ~ 2: Der Niederschlag[1]): Nr. 5, 65 S.; ~ 3: Luftdruck und Wind[1]): Nr. 6, 76 S.; ~ 4: Die Feuchtigkeit[1]): **15** ('44/56) Nr. 2, 49 S. — The continuation of the secular variations of the climate of Norway 1940-50[1]): Nr. 5, 40 S. — Climatological deviation maps: **24** ('62) 39-66.

Meteorologische Z. Einige Eigenschaften des Windes: **52** ('35) 473-77.

Meteorologiske Ann. Zur Wirkung des Schirms auf die Niederschlagsmessungen: **2** ('45) 207-22. — Zur Verwendung des Maxwellschen Verteilungsgesetzes auf meteorologische Häufigkeitskurven: 237-46. — Some notes on the atmospheric eddy movements and friction: **3** ('53) 285-93. — Some transports in the atmosphere: **4** ('58/59) 203-13. — Some investigations on the method of measurement of precipitation: 431-40.

Naturen Klimavariasjoner i Norge i vår tid: **64** ('40) 289-303; **65** ('41) 209-23; **67** ('43) 321-37; **69** ('45) 17-27. — Sekulær variasjon av sjøens overflatetemperatur langs Norges kyst: **72** ('48) 257-63. — Temperaturobservasjoner i Norge i eldre tider: **82** ('58) 345-52.

Norsk geogr. Tidsskr. Polaråret: **4** ('32/33) 110-20. — Våre arktiske værstasjoner: Nr. 7, 455-64. — Om Ekman-spiralen i luft og hav: **14** ('53) Nr. 1/4, 100-08.

Norsk Tidsskr. Sjøvesen Beauforts skala for vindstyrken: **59** ('41) Sept.-Nr., 1-6.

Procès-verbaux, Assoc. Océanogr. physique Secular variation of the surface temperature of the sea along the Norwegian coast: **3.** 1939 ('40) Nr. 9, 179-81.

Teknisk Ukeblad En undersøkelse av nedbørforholdene i Norge: **107** ('60) 307-10.

WMO Bull. Some remarks on international meteorology: **9** ('60) 136-38.

Ferner einige Memoranda an Kommissionen der Organisation météorologique internationale.

Mit: [1]) B. J. Birkeland; [2]) T. W. Johannessen.

V,VI **HEUMAN,** Carl August. Math., Mech. — 1913–35 Prof. Mech., '35 Prof. emer., Kungl. Tekn. Högskolan, Stockholm.

*1870, Juni 1, Morlanda, Bohuslän; †1948, Okt. 13, Stockholm.

Nekr. Dödsrunor utg. av Sancte Örjens gille, Saml. **18**, Nr. 169 (Stockholm '50) 67-71 (m. Bildn.).

Schriftenverzeichnis Kungl. tekn. Högskolans Handl. Nr. **1** ('47) 98f.; Nr. **46** ('51) 25.

S. Festschrift für Elis Strömgren. Astronomical papers dedicated to Elis Strömgren (København '40) 82-113: Über Bewegungsformen in globular clusters.

W. Mechanical calculation of overhead electrical transmission lines (Sag and stress calculation) (Stockholm '33) 7 + 1 S. — Fyrställiga tabeller öfver logaritmer och trigonometriska tal jämte andra talvärden och uppgifter. Med särskild hänsyn till den tekniska undervisningens behof sammanställda [4](Stockholm '33) 14 + 176 S., [5]('37), [6]('39), [7]('42), [8]('44), [9]('46), [10]('47), [11]('49), [12]('58) 15 + 155 S. — Kraftgeometri och jämviktslära, 1: Föreläsningar och övningsuppgifter i elementär statik (Lund '35) 3 + 176 S.; 2. Aufl. herausgegeben von O. H. Faxén [2](Stockholm '45) 167 S.

Acta polytechn. [Stockholm] Zur Theorie der elliptischen Integrale: **60** ('50) 58 S. (= Kungl. tekn. Högskolans Handl. Nr. 32).

Arkiv Mat., Astron. och Fysik Zur Theorie der elliptischen Integrale: **26 A** ('37) Nr. 2, 25 S.

J. Math. and Physics Tables of complete elliptic integrals: **20** ('41) 127-206, 336.

Kungl. tekn. Högskolans Handl. Zur Theorie der elliptischen Integrale: **32** ('50) 58 S.

Teknisk Tidskr. Mechanische Berechnung elektrischer Freileitungen: **63A** ('33) 33-39 [schwed.].

V, VI **de HEVESY,** George Charles (von **HEVESY,** Georg). Chem. (physik.), Biochem. — 1911–13 Forschungsassist. bei E. Rutherford, Univ. of Manchester; '13 Forschungsassist. bei F. Paneth, Radiumforschungsinst. Wien; '13 Dr. habil., Privatdoz., '18–20 Prof., Univ. Budapest; '20–26, '34–56 wiss. Mitarbeiter, '35–43 ord. Prof., Inst. f. Theoret. Physik, Univ. København; '26–34 ord. Prof. physik. Chem., Univ. Freiburg, Br.; '43–56 wiss. Mitarbeiter, Forschungsinst. f. Organ. Chem., Univ. Stockholm. — '29 Hon. D. Sc. (Univ. of Cape Town); '45 Dr. phil. h. c. (Univ. Uppsala); '48 Dr. phil. h. c. (Univ. København); '49 Dr. h. c. (Univ. de Gand); '49 Dr. rer. nat. h. c. (Univ. Freiburg, Br.); '51 Dr. med. h. c. (Univ. de São Paulo); '52 Dr. med. h. c. (Univ. de Rio de Janeiro); '57 Dr. med. h. c. (Univ. di Torino); '58 Hon. LL. D. (Univ. of Vermont, Burlington, Vt.); '58

Dr.-Ing. h. c. (Univ. Budapest); '59 Dr. med. h. c. (Univ. Freiburg, Br.); '59 Dr. h. c. (Univ. de Liège); '60 Hon. D. Sc. (Univ. of London); '64 Hon. D. Sc. (Univ. of Cambridge). — '43 Nobelpreis f. Chem. — '29 Premio Cannizzaro (Accad. Nazionale dei Lincei); '49 Copley Medal (Roy. Soc. London); '51 Faraday Medal (Chem. Soc. London); '52 Baly Medal (Roy. College of Physicians, London); '58 Sylvanus Thompson Medal (British Inst. of Radiol., London); '58 Mitglied der Friedensklasse d. Ordens „Pour le Mérite" für Wiss. u. Künste (BRD); '59 Cothenius-Medaille in Gold (Deutsche Akad. d. Naturforscher „Leopoldina"); '59 Atoms for Peace Award (Ford Foundation); '61 Niels Bohr Medalje (Dansk Ingeniørforening); '62 Rosenberger Medal (Univ. of Chicago, Ill.).

*1885, Aug. 1, Budapest;

†1966, Juli 5, Freiburg, Breisgau.

Ehrung Georg-Hevesy-Medaille (J. radioanalyt. Chem. [Budapest]).

Zur Verleihung des Nobelpreises Nature [London] **154** ('44) 634. — E. Farber, Nobel Prize winners in chemistry, 1901–1950 (New York '53) (Life of science library, 31) 170–73; ~ 1901–1961 (London '63) (~ 41) 176–80. — Nobel lectures, Chemistry, 1942–1962 (Amsterdam–London–New York '66) 5–8, 42f.

Zur Biogr. E. A. Hylleraas, Fysikkens Verden **7** ('45) 9f. — E. Pilgrim, Entdeckung der Elemente (mit Biographien ihrer Entdecker) (Stuttgart '50) 382f. (m. Bildn.). — R. Robinson, Proc. roy. Soc., London, Ser. A **201** ('50) 1f. — R. Ruyssen, Versl., Univ. Gent **1949/50**, 56–59. — Chemistry and Industry **1958**, 1703. — Nature [London] **164** ('49) 1023. — Nova Acta Leopoldina (N.F.) **21** ('59) 233–38 (m. Bildn., Schr.verz.-Auswahl 55 Nrn.). — Ouverture solennelle Cours, Univ. Liège **1959**, 25–27. — Physikalische Bl. **14** ('58) 38. — Science [USA] **128** ('58) 1495f. (m. Bildn.). — Triangel **6** ('64) 239f. (m. Bildn.). — Z. Elektrochem. u. angew. physik. Chem. **54** ('50) 161.

Zum 60. Geb.tag Nature [London] **156** ('45) 106.

Zum 70. Geb.tag W. Groth, Z. Elektrochem., Ber. Bunsenges. physik. Chem. **59** ('55) vor S. 823 (m. Bildn.). — A. I. Virtanen, Suomen Kemistilehti **28A** ('55) 221f.

Zum 75. Geb.tag L. Kocsár, Orvosi Hetilap **101** ('60) 1864–66 (m. Bildn.). — Nachr. Chem. u. Techn. **8** ('60) 315 (m. Bildn.).

Zum 80. Geb.tag A. Faessler, Forschungen u. Fortschr. **39** ('65) 379f. (m. Bildn.). — O. Hahn, International J. appl. Radiat. and Isotopes **16** ('65) 449f. [deutsch, engl., franz., russ.]. — L. Heilmeyer, Nuclear-Medizin **5** ('65/66) Nr. 1, If. — A. Steinhofer, Ber. Bunsenges. physik. Chem. **69** ('65) 447 (m. Bildn.). — Ärztliche Praxis [München] **17** ('65) 1701.

Nekr. E. Broda, Chemie in unserer Zeit **1** ('67) 72–75. — J. D. Cockcroft, Biographical Mem. Fellows roy. Soc. **13** ('67) 125–66 (m. Bildn., Faks., Schr.verz.). — E. Cremer, Allgemeine u. prakt. Chem. [Wien] **17** ('66) 692–94. — H. Levi, Fysisk Tidsskr. **65** ('67) 97–107; Nuclear Physics **A98** ('67) 1–24 (m. Bildn., Schr.verz. 397 Nrn.). — A. S. Russell, Nature [London] **211** ('66) 464. — R. Spence, Chemistry in Britain **3** ('67) 527–32. — F. Szabadváry, J. radioanalyt. Chem. [Budapest] **1** ('68) 97–102. — A. I. Virtanen, Suomen Kemistilehti **39A** ('66) 201f. (m. Bildn.). — Chemiker-Ztg./Chemische Apparatur **90** ('66) 524 (m. Bildn.). — Kosmos [Stuttgart] **62** ('66) *324.

Autobiogr. Les Prix Nobel en 1940–1944 (Stockholm '46) 80–82 (m. Bildn., Faks.). — Erinnerung an die alten Tage am Wiener Institut für Radiumforschung: S.-Ber. österr. Akad. Wiss., Abt. IIa **159** ('50) 47f. — A scientific career: Perspectives Biol. and Med. **1** ('58) 345–65. — A dozen doctors. Autobiographic sketches (J. D. Ingle) (Chicago–London '63) 65–85.

Zur Bibliogr. Adventures in radioisotope research; the collected papers of George Hevesy **1** (Oxford–New York–Paris '62) 516 + 7 S.; **2** ('62) S. 517–1047 (m. Schr.verz.). — Selected papers of George Hevesy (Oxford–London–Edinburgh– . . . '67) 9 + 447 S. (m. Bildn., Schr.verz. 410 Nrn.).

MH. Advances in radiobiology. Proc. International conference on radiobiology, Stockholm 1956 (Edinburgh–London '57).

S. Handbuch der Geophysik (B. Gutenberg) **2** (Berlin '33) 1090–104: Chemie der Meteoriten und Folgerungen für den Aufbau der Erde. — Det 5. Nordiske Kemikermøde, København 1939. Forhandlinger (København '40) 233f.: Blodlegemers permeabilitet. — The Svedberg 1884 30/8 1944 (Uppsala '44) 456–63: Retention of atoms of maternal origin in the adult white mouse. — Les Prix Nobel en 1940–1944 (Stockholm '46) 95–127: Some applications of isotopic indicators. — Vetenskapen just nu (K. Modin) (Stockholm '46) 559–93: Om isotopindikatorer. — Kurs i kärnfysik (Norrköping '47) 88–: Radioaktiva indikatorer. — Les isotopes. Rapports et discussions. Institut international de chimie Solvay. 7e Conseil de chimie, Bruxelles 1947 (Bruxelles '48) 267–362: Application of labelled phosphorus []. – Festskrift tillägnad J. Arvid Hedvall den 18 jan. 1948 (Göteborg '48) 249–70: Preparation of radioactive tracers. – Medicinska framsteg (L. Kreyberg, E. Warburg, H. B. Wulff, S. Feigenberg) (Lund '49) 1–14: Isotoper. – Trans. 6th International congress of pediatrics, Zürich 1950 (Zürich '50): Advances in medicine as a result of the use of isotopes. – Proc. 11th International congress of pure and applied chemistry, London 1947, **2** (London '50) 431f.: Application of isotopic indicators in the study of the red corpuscle. – Symposium on radiobiology, Oberlin College 1950 (New York '52) 189–215: Ionizing radiation and cellular metabolism. – Ergebnisse des 7. Internationalen Kongresses für Radiologie in Kopenhagen 1953 aus dem Gebiet der Strahlenheilkunde (München–Berlin '55) (Sonderbände zur Strahlentherapie, 32) 115: Wirkung der Röntgenbestrahlung auf die CO_2-Atmung der Maus. – Proc. Radiobiology symposium, Liège 1954 (Z. M. Bacq, P. Alexander) (London '55) 148–: Effect of x-rays on the resorption rate of injected $NaH^{14}CO_3$ in mice[21]). – 5. Kongreß der europäischen Gesellschaft für Hämatologie, Freiburg, Breisgau 1955 (Berlin–Göttingen–Heidelberg '56) 10–18: Anwendung von Isotop-Indikatoren in der Hämatologie. – Actes, Conférence internationale sur l'utilisation de l'énergie atomique à des fins pacifiques, Genève 1955, **16** (Genève '56) 82–86: Les traceurs radioactifs et leurs applications (m. Bildn.). – Protection contre les radiations ionisantes (Saclay '56) (Centre d'étude de l'énergie nucléaire, Saclay, Ecole nationale de la santé publique, 22) 227–64: Les indicateurs radioactifs dans la recherche radiobiologique. – Sverige inför atomåldern (G. W. Funke) (Stockholm '56) 173–79: Om radioactiva isotoper och deras användning. – Therapeutic use of artificial radioisotopes (P. F. Hahn) (New York '56) 1–11: Introduction to the therapeutic radiation problem. – Proc. 3rd International congress of biochemistry, Brussels 1955 (Bruxelles '56) 479–91: Biochemical effects produced by ionizing radiation[21]). – Beiträge zur Physik und Chemie des 20. Jahrhunderts. Lise Meitner, Otto Hahn, Max von Laue zum 80. Geburtstag (Braunschweig '59) 115–20: Einige Anwendungen des radioaktiven Eisens. – Reden und Gedenkworte. Orden Pour le Mérite für Wissenschaften und Künste **3**: 1958/59 (Heidelberg '59) 13–18: Heinrich Wieland. – Aktuelle Probleme der Ernährung (J. C. Somogyi) (Basel–New York '60) (Bibliotheca "Nutritio et dieta", 1) 178–94: Radioaktive Markierung von Zellen. – Künstliche radioaktive Isotope in Physiologie, Diagnostik und Therapie (H. Schwieck, F. Turba) [2](Berlin–Göttingen–Heidelberg '61) 536–70: Historische Übersicht der Anwendung von Isotopindikatoren; 591–95: Einige allgemeine Bemerkungen über die Anwendung von Isotopindikatoren. – On cancer and hormones. Essays in experimental biology (Chicago, Ill. '62) 141–70: Iron metabolism in normal and tumorbearing mice. – Isotopic and cosmic chemistry. Dedicated to Harold C. Urey on his 70th birthday, April 29, 1963 (H. Craig, S. L. Miller, G. J. Wasserburg) (Amsterdam '64) 34–44: Isotopic measurements on the life cycle of tissue cells. – Nobel lectures, Chemistry, 1942–1962 (Amsterdam–London–New York '66) 9–41: Some applications of isotopic indicators. – Radiochemical methods of analysis. Proc. Symposium on radiochemical methods of analysis, Salzburg 1964, **1** (Wien '65) 3–11: The historical background of some applications of isotopic tracers in analytical chemistry. – Encyclopaedia Britannica. A new survey of universal knowledge **10** (Chicago–London–Toronto ... '65) 1107f.: Hafnium: Physical and chemical properties.

W. Lehrbuch der Radioaktivität (m. F. Paneth) [2](Leipzig '31) 287 S.; engl.: Manual of radioactivity [2](London '38) 16 + 306 S. – Chemical analysis by x-rays and its applications (New York–London '32) 11 + 333 S. (The George Fisher Baker Non-Resident Lectureship in Chemistry at Cornell University, 10). – Praktikum der chemischen Analyse mit Röntgenstrahlen (m. E. Alexander) (Leipzig '33) 80 S. – Radioactive indicators. Their application in biochemistry, animal physiology and pathology (New York–London '48) 16 + 556 S.; russ.: (Moskva '51), [2]('54).

Acta Biol. exper. [Warszawa] Untersuchungen über die Phosphorübertragungen in der Glykolyse und Glykogenolyse[7])[23])[47])[51]): **12** ('38) 34–39.

Acta chem. scand. J. N. Brønsted – a great physical chemist: **3** ('49) 1205–07. – The application of Brønsted's method of isotope separation to the study of the natural radioactivity of potassium: 1263–68. – Distribution in rabbit livers of intravenously injected iron[1])[9]): **8** ('54) 1104. – Effect of irradiation on hemin formation[9]): **9** ('55) 509–18. – Hemoglobin formation in the rat liver nucleus [9]): 1045. – Hemoglobin present in the nuclear fraction of the liver[9])[14])[55]): **11** ('57) 120–24. – Note on the chloride content of the mineral constituents of the skeleton: 261–64. – Life span of tissue cells: **17** ('63) Suppl. 1, 17–22.

Acta haematol. [Basel–New York] The physiological iron loss by the mouse[14]): **22** ('59) 311–15. – Copper turnover in blood plasma[40])[17]): **33** ('65) 1–.

Acta med. scand. The red corpuscle content of the circulating blood determined by labelling the erythrocytes with radiophosphorus[34]) [59])[63])[65]): **116** ('44) 561–75.

Acta med. scand., Suppl. Sur l'utilisation des indicateurs isotopiques: **259** ('50) 169.

Acta morphol. neerlando-scand. Morphologische Untersuchungen über die Wirkungen des schweren Wassers[24]): **1** ('56) 1–.

Acta obstetr. et gynecol. scand. Turnover of plasma iron in cancer patients prior to and after treatment[35]): **39** ('60) 675–80.

Acta physiol. scand. A method of blood volume determination[25]): **1** ('40/41) 3–10. — Rate of passage of water through capillary and cell walls[31]): 11–18. — Rate of penetration of phosphate into muscle cells[52]): 171–82. — Rate of penetration of ions through the capillary wall[25]): 347–61. — Potassium exchange in the stimulated muscle[25]): **2** ('41) 51–63. — Potassium interchange in yeast cells[44]): 347–54. — Potassium interchange in the human body: **3** ('41/42) 123–31. — Rate of penetration of ions into erythrocytes[25]): 193–223. — Determination of the red corpuscle content[65]): **4** ('42) 376–84. — Rate of formation of nucleic acid in the organs of the rat [48]): **5** ('43) 237–47. — Rate of renewal of the fish skeleton: **9** ('45) 234–47. — Rate of renewal of ribo- and desoxyribonucleic acids [26]): **11** ('46) 335–43. — The effect of excitation on nerve permeability[18])[19]): **12** ('46) 261–67. — Note on the inorganic phosphate of blood plasma[16])[25]): **16** ('48) 20–25. — Turnover of phosphatides[16]): **19** ('50) 370–91. — Application of ^{42}K labelled red corpuscles in blood volume measurements[45]): **24** ('52) 285–92. — Effect of irradiation with x-rays on the catabolism of methyl alcohol in the mouse: **30** ('53) 90–96. — Effect of adrenaline on the interaction between plasma and tissue constituents[54]): **32** ('54) 339–53. — Effect of irradiation with x-rays on the catabolism of ethyl alcohol in the mouse: **33** ('55) 238–42. — Formation of myoglobin[9])[3]): **34** ('55) 345–50. — Note on the effect of x-rays and hormones on the resorption rate of injected $NaH^{14}CO_3$ [21]): **35** ('55) 84–87. — Embryonal iron turnover[14]): **38** ('56) 184–92. — Iron metabolism and erythrocyte formation in fish [40])[57]): **60** ('64) 256–66.

Acta radiol. [Stockholm] The effect of Roentgen rays and ultraviolet radiation on the permeability of yeast[65]): **27** ('46) 316–27. — The combined effect of heavy water and Roentgen irradiation on the animal organism [24]): **49** ('58) 321–25.

Acta radiol. [Stockholm], Suppl. Application of radioactive isotopes as indicators in radiobiology: **116** ('54) 423–30.

Acta, Unio int. contra Cancrum [Louvain] Le rôle des indicateurs isotopiques dans la recherche biologique: **4** ('39) 175–86.

Advancement Sci. Application of radioactive indicators in vascular studies: **9** ('52) Nr. 33, 57–60.

Advances biol. and med. Physics Nucleic acid metabolism: **1** ('48) 409–54.

Advances Enzymol. and related Subj. Some applications of radioactive indicators in turnover studies: **7** ('47) 111–214.

American J. Physiol. Effect of x-rays and hormones on resorption rate of injected $NaH^{14}CO_3$ [21]): **180** ('55) 325–30.

Annual Rev. Biochem. Application of radioactive indicators in biology: **9** ('40) 641–62.

Archives Biochem. and Biophysics Life span of myoglobin[3])[14])[62]): **91** ('60) 310–18.

Archives int. Pharmacodyn. et Thérapie Effects of dinitro-cyclo-pentylphenol on the incorporation of labelled acetate carbon (^{14}C) into tissue fractions[8])[10]): **86** ('51) 33–42.

Arkiv Bot. Interaction between the phosphorus atoms of the wheat seedling and the nutrient solution: **33A** ('46/49) Nr. 2, 16 S.

Arkiv Kemi, Mineral. och Geol. Über die Permeabilität der Zellwand des Sarkoms für Phosphat und die Geschwindigkeit der Neubildung von phosphorhaltigen Verbindungen in den Sarkomzellen[18]): **15A** ('41/42) Nr. 15, 17 S. — Wirkung der Röntgenstrahlen auf den Umsatz der Nukleinsäure im Jensensarkom, 2[18]): **17A** ('43/44) Nr. 30, 60 S. — Über die kurzlebige durch Röntgenstrahlen bewirkte Hemmung der Nukleinsäurebildung[2])[18]): **18B** ('44/45) Nr. 13, 5 S. — Die Wirkung von Röntgenstrahlen auf den Nukleinsäureumsatz in den Organen der Ratte[2])[18]): **19A** ('45) Nr. 9, 16 S. — Über die indirekte Wirkung von Röntgenstrahlen auf das Jensensarkom[2])[18]): Nr. 13, 16 S. — Bildung von Nukleinsäure in Sarkomschnitten[2])[18]): **21A** ('45/46) Nr. 6, 15 S. — Fate of the nucleic acid introduced into the circulation[2])[18])[65]): **22A** ('46) Nr. 7, 10 S. — Attempts to find products blocking nucleic acid formation in the circulation of an irradiated organism[2])[18])[65]): **23A** ('46/47) Nr. 10, 6 S. — Note on the number of pollen grains identified in the fruit of the aspen[15])[18]): **23B** ('46/47) Nr. 5, 5 S. — Turnover of nucleic acid in retrograde sarcomata[2])[18]): **24A** ('47) Nr. 12, 20 S. — Effect of x-rays on phosphatide turnover: Nr. 26, 21 S. — Application of labelled substrates in the study of enzymic processes[2])[18]): Nr. 27, 9 S. — Turnover of ribosenucleic acid in the Jensen-sarcoma of the rat[18])[60]): **26A** ('48/49) Nr. 4, 12 S.

Arkiv Kemi Thorium B labelled red corpuscles: **3** ('51/52) 425–28. — Historical notes on the discovery of hafnium: 543–48. — Effect of x-rays on the incorporation of ^{14}C into tissue fractions of the mouse[12]): **4** ('52) 337–61. — Effect of irradiation with x-rays on phosphate incorporation in mice[21]): **5** ('53) 93–96. — The labelling of nucleic acids in tissue cells [21])[12]): **18** ('61/62) 173–78. — Iron metabolism in health and in the neoplastic state[40]): **19**

('62/63) 303–85. — Diurnale Variation biologischer Vorgänge: **23** ('65) 57–67.

Årsbok, Riksfören. mot Cancer Glykosmetabolismen efter röntgenbestrålning: **1952/56** ('56) 76–. — Hematopoesen vid cancer: **1957/59** ('59) 232–43. — Järnets fördelning i den normala och i den neoplastika organismen: **1960/62** ('62) 212–.

Arzneimittel-Forsch. Die Wirkung von Strahlen auf die Lebensdauer der Erythrozyten von Tumormäusen[40])[17]): **14** ('64) 741–43.

Atomes Quelques applications des indicateurs isotopiques: **2** ('47) 325–29.

Biochemical J. The circulation of phosphorus in the body revealed by application of radioactive phosphorus as indicator[25])[41]): **31** ('37) 1705–09. — Formation of phosphatides in liver perfusion experiments[25]): **32** ('38) 342–44. — The origin of the phosphorus compounds in the embryo of the chicken[38])[52]): 2147–55. — Do the potassium ions inside the muscle cells and blood corpuscles exchange with those present in the plasma ?[25])[52]): **33** ('39) 1549–58. — Rate of rejuvenation of the skeleton[38])[52]): **34** ('40) 532–37. — The synthesis of phospholipin in rats fed on the fat-deficient diet[58]): 903–05. — Zinc uptake by Neurospora[5]): **44** ('49) 407–09.

Biologiske Medd., Kgl. danske Vid. Selsk. Studies on the metabolism of phosphorus in animals[11]): **13** ('37) Nr. 9, 24 S. — Investigations on the exchange of phosphorus in teeth using radioactive phosphorus as indicator[29])[36]): Nr. 13, 34 S. — Origin of phosphorus compounds in hens' eggs[25]): **14** ('38/39) Nr. 2, 39 S. — Excretion of phosphorus[25])[52]): Nr. 3, 23 S. — Interaction of plasma phosphate with the phosphorus compounds present in the corpuscles[6]): Nr. 5, 38 S. — Turnover of lecithin, cephalin, and sphingomyelin[25]): **15** ('40/41) Nr. 5, 60 S. — Rate of penetration of phosphatides through the capillary wall[25]): Nr. 6, 22 S. — Rate of renewal of the acid soluble organic phosphorus compounds in the organs and the blood of the rabbit[25]): Nr. 7, 36 S. — Exchange of cellular potassium[25]): **16** ('41) Nr. 1, 27 S. — Circulation of phosphorus in the frog[25])[52]): Nr. 8, 33 S. — Wirkung der Röntgenstrahlen auf den Umsatz der Nukleinsäure im Jensen-Sarkom[18]): **17** ('42/43) Nr. 8, 38 S. — Conservation of skeletal calcium atoms through life: **22** ('55) Nr. 9, 23 S.

British J. Cancer Studies on cancer anaemia. Organ weights, blood values and iron metabolism in normal and tumour-bearing mice[40])[57]): **17** ('63) 328–54.

British J. Radiol. Radioactive tracers in radiobiological studies: **29** ('56) 465–77.

Cardiologia [Basel] Some historical remarks on the application of radioactive indicators: **21** ('52) 226–32.

Chemia [Buenos Aires] Radioaktive Isotope und ihre Anwendungen: **16** ('55) 117–22 [ ].

Chemisch Weekbl. Application of isotopes in biology: **37** ('40) 300–09.

Chimia [Zürich] Anwendung von radioaktiven Isotopen zur Erforschung der Vorgänge im Tierkörper: **3** ('49) 221. — Über die Anwendung von radioaktiven Indikatoren: **6** ('52) 201–11.

Circulation Res. Application of "thorium B" labelled red corpuscles in blood volume studies[45]): **1** ('53) 102–11.

Cold Spring Harbor Sympos. quantitat. Biol. Historical sketch of the biological application of tracer elements: **13** ('48) 129–50.

Commentarii, Pontificia Acad. Sci. Historical notes to the discovery of the cosmic radiation: **1** ('62) Nr. 21, 1–.

C. R. Trav. Labor. Carlsberg, Sér. chim. Formation of phosphatides in blood[25]): **22** ('38) 188–92. — Exchange of nitrogen atoms in the leaves of the sunflower[39])[33])[46]): **23** ('40) 213–18.

Current Sci. The discovery of hafnium: **5** ('36) 236–40.

Documenta rheumatol. Geigy Isotope als Indikatoren in der physiologischen Forschung: Nr. **6** ('55) 1–4.

Enzymologia The application of isotopic indicators in biological research: **5** ('38) 138–57.

Experientia Turnover rate of the fatty acids of the liver[53])[8]): **7** ('51) 144–46 [m. deutscher Zusammenfassg.]. — Effect of urethane on the incorporation of carbon-14 into animal tissue[53])[8]): 317–20.

Experimental Cell Res. Determination of the rate of renewal from the rate of disappearance of labelled molecules: **3** ('52) 192–98.

Forschungen u. Fortschr. Anwendung radiochemischer Methoden: **8** ('32) 258.

Fortschr. Mineral., Kristallogr. u. Petrogr. Die geochemische und kosmische Häufigkeit des Bleis: **16** ('32) 147–61.

Fysisk Tidsskr. Gamle dage [Niels Bohr]: **60** ('62) 26–30.

Hoppe-Seyler's Z. physiol. Chem. Der Austausch des Wassers im Fischkörper[28]): **225** ('34) 28–34.

International J. appl. Radiat. and Isotopes Renewal of the mineral constituents of the skeleton: **2** ('57) 85–.

International J. Radiat. Biol. and related Studies Physics, Chem. and Med. Radiosensitivity of haemopoiesis in fish, 1: Studies at 18 °C[57])[40]): **8** ('64) 317–28. — Haematological effects of ionizing radiation in cancerous mice[40])[17]): **9** ('65) 143–52.

J. chem. Soc., London Application of isotopes in biology: **1939,** 1213–23. – Francis William Aston, 1877–1945: **1948,** 1468–75. – The application of radioactive indicators in biochemistry: **1951,** 1618–39.

J. Chim. physique Echanges isotopiques et structure moléculaire: **45** ('48) 249–. – The application of radiocarbon in the study of radiolesions: **48** ('51) 275–79.

J. nuclear Med. Marie Curie and her contemporaries: **2** ('61) 169–82.

Klinische Wschr. Die Verweilzeit des Wassers im menschlichen Körper, untersucht mit Hilfe von „schwerem" Wasser als Indikator[28]): **13** ('34) 1524–26. – Anwendung von Isotopindikatoren in physiologischen Untersuchungen: **35** ('57) 201–09.

Matematisk-fys. Medd., Kgl. danske Vid. Selsk. Artificial radioactivity of scandium: **13** ('34/36) Nr. 3, 15 S. – The action of neutrons on the rare earth elements[38]): **14** ('36) Nr. 5, 32 S. – Artificial activity of hafnium and some other elements[38]): **15** ('37/38) Nr. 11, 15 S.

Medizinische Welt Über die Strahlensensibilität extramedullarer Hämopoese[40])[57]): **1964,** 455–60.

Metallwirtsch., Metallwiss., Metalltechn. Diffusion in Metallen[56]): **13** ('34) 479–84.

Minerva nucleare [Torino] Historical progress of the isotopic methodology and its influence on the biological sciences: **1** ('57) 31 S.

Nature [London] Intensity ratio of fluorescent x-ray lines[4]): **129** ('32) 315. – Radioactivity of samarium[49]): **130** ('32) 846f. – Range of radiation from samarium[49]): **131** ('33) 434f. – Diplogen and fish[28]): **133** ('34) 495f. – Fluorescent yield of x-ray emission[37]): **134** ('34) 98f. – Radioactivity of potassium[49]) [30]): 377. – Elimination of water from the human body[28]): 879. – Natural and artificial radioactivity of potassium: **135** ('35) 96. – Radiopotassium and other artificial radioelements[38]): 580. – Artificial radioactivity of dysprosium and other rare earth elements[38]): **136** ('35) 103. – Radioactive indicators in the study of phosphorus metabolism in rats[11]): 754f. – Atomic dynamics of plant growth[39]) [46]): **137** ('36) 66f. – Selective absorption of neutrons by gold[22])[42]): 149f. – Action of slow neutrons on rare earth elements[38]): 185. – Exchange of phosphorus atoms in plants and seeds[39])[46]): **139** ('37) 149f. – Lecithinaemia following the administration of fat[41]): **140** ('37) 275f. – Phosphorus exchange in yeast[39])[44]): 725. – Lord Rutherford †: 1049f. – Origin of yolk lecithin[25]): 1059f. – Molecular "rejuvenation" of muscle tissue[52]): **141** ('38) 1097f. – Formation of milk[6]): **142** ('38) 111f. – Diffusion of phosphate ions into blood corpuscles[6]): 871f. – Fate of the sulphate radical in the animal body[6]): 952f. – Permeability of corpuscles and muscle cells to potassium ions[25])[52]): **143** ('39) 1021f. – Interaction between the phosphatides of the plasma and the corpuscles[25]): **144** ('39) 72. – Phosphatide exchange between plasma and organs[25]): 204f. – Turnover rate of nucleic acid[25]): **145** ('40) 549f. – Effect of x-rays on the rate of turnover of phosphatides: **158** ('46) 268. – Effect of x-rays on the incorporation of carbon-14 into desoxyribonucleic acid: **163** ('49) 869f. – Effect of x-rays on the incorporation of carbon-14 into animal tissue: **164** ('49) 269. – Effect of muscular exercise and of urethan administration on the incorporation of carbon-14 into animal tissue: 1007f. – Fiftieth anniversary of the Nobel Foundation: **167** ('51) 57–59. – Effect of irradiation by x-rays on the exhalation of carbon dioxide by the mouse[21]): **168** ('51) 692. – Formation and radiosensitivity of myoglobin[9])[3]): **175** ('55) 723f.

Naturens Verden Isotopernes anvendelse som indikatorer i kemi og biologi: **20** ('36) 289–301. – Isotopernes anvendelse i den kemiske analyse: 357–66. – Isotopernes anvendelse til undersøgelse af stofskiftet i levende organismer: 401–14. – Anvendelse af mærkede atomer i biologien: **27** ('43) 193–204.

Naturwissenschaften Diffusion in Kristallen: **21** ('33) 357–62. – Die Radioaktivität des Kaliums: **23** ('35) 583–85. – Der schwere Wasserstoff in der Biologie: 775–80.

Naturwissenschaftliche Rdsch. Radioaktive Indikatoren in Medizin und Naturwissenschaft: **6** ('53) 221–31. – Über biochemische Wirkungen ionisierender Strahlen: **7** ('54) 45–50. – Der Kreislauf des Eisens im Tierkörper: **8** ('55) 380–85. – Der Weg der Atome durch die Generationen: **9** ('56) 212–14. – Die Krebsanämie: **11** ('58) 247–52. – Radioaktive Markierung von Zellen: **12** ('59) 325–31.

Nordisk astron. Tidsskr. Jordens alder: **23** ('42) 1–6.

Nuclear-Medizin Historische Übersicht über einige Anwendungen radioaktiver Isotope in der Hämatologie: **2** ('63) Suppl. 1, 1–12.

Nuovo Cimento Radioactive phosphorus as indicator in biology: **15** ('38) 279–312.

Obituary Notices Fellows roy. Soc. London Francis William Aston, 1877–1945: **5** ('45/48) 635–46.

Pflügers Arch. ges. Physiol. Einige Anwendungen von Isotopindikatoren in der Physiologie: **272** ('60/61) 195–214.

Pharmazeutische Ztg. Über Isotope und ihre Anwendung in Chemie und Physiologie: **81** ('36) 1306f.

Physical Rev. The use of radioactive isotopes of the common elements in physiology: (2) **57** ('40) 240f.

Physikalische Bl. Fritz Paneth 70 Jahre: **13** ('57) 414.

Pontificiae Acad. Sci. Scripta varia Iron transport rate in the neoplastic organism: **22** ('62) 6 S.

Rapport et Discuss., Cons. Chim., Inst. int. Chim. Solvay Anwendung von markiertem Phosphor: **7**. 1947 ('48) 267–353 [ ].

Rend. Ist. sup. Sanità Exposé de l'historique des applications biologiques des indicateurs: **12** ('49) 637–92.

Reviews modern Physics On the effect of Roentgen rays on cellular division: **17** ('45) 102–11.

Salmonsen Leksikon-Tidsskr. Radioaktive stoffer som indikatorer i biologien: **9** ('41) 539–.

Scandinavian J. clin. and Labor. Investigat. Note on the determination of radioiron[1])[9]): **6** ('54) 261 f.

Science Progr. [London] Radioelements as indicators in chemical and biological research [50]): **32** ('37) 38–48.

Scientific Monthly Path of atoms through generations: **83** ('56) 238–41.

Skandinavisches Arch. Physiol. The permeability of the skin of frogs to water as determined by D_2O and H_2O [28])[36]): **72** ('35) 199–214. — The formation of phosphatides in the brain tissue of adult animals[25]): **77** ('37) 148–57.

Strahlenschutz Forsch. u. Praxis Die Radioaktivität als Hilfsmittel der Forschung: **3** ('63) 9–12.

Strahlentherapie Die Anwendung der radioaktiven Indikatoren in der Radiobiologie: **93** ('54) 325–48. — Die Bedeutung der Radio-Isotopen-Forschung für Medizin und Biologie: **102** ('57) 341–54. — Über die atomare Stabilität der Desoxyribonukleinsäure-Moleküle[21]): **116** ('61) 324–30.

Suomalaisen Tiedeakatemian Toimituksia, Sarja A II Some aspects on the effect of irradiation with Roentgen rays on hemoglobin formation[9]): Nr. **60** ('55) 295–302.

Suomen Kemistilehti Om isotopindikatorer: **19A** ('46) 111–21.

Suomen Kemistiseuran Tiedonantoja Über Isotopindikatoren: **55** ('46) 55–68 [ ].

Szakmai és Egyesületi Közlemenyek, Magyar Kém. Egyesülete Der Kreislauf der Phosphate im tierischen Organismus: **1939**, 62–64 [ungar.].

Trans. Faraday Soc. Self-diffusion in solids: **34** ('38) 841–45.

Triangel Der Umsatz des Plasmaeisens und seine klinische Bedeutung: **5** ('62) 260–64.

Universitas [Stuttgart] Der Weg der Atome durch die Generationen: **18** ('63) 257–62.

Verhandlungen dtsch. zool. Ges. Morphologische Veränderungen bei Mäusen nach Einnahme von schwerem Wasser (D_2O)[24]): **1956** ('57) 130–36.

Z. analyt. Chem. Über die Ermittlung des Bleigehaltes von Gesteinen[27]): **88** ('32) 1–6.

Z. anorg. u. allg. Chem. Über die Existenz des Elementes 85 [27]): **208** ('32) 107–12. — Die Ermittlung des Molybdän- und Wolframgehaltes von Gesteinen[27]): **212** ('33) 134–44. — Die Häufigkeit des Zirkoniums[64]): **216** ('34) 305–11. — Über die Häufigkeit des Strontiums[64]): 312–14. — Die Häufigkeit des Chroms und Mangans[43])[64]): **219** ('34) 192–96. — Über das Tetrafluorid des Zirkons und Hafniums[13]): **221** ('34/35) 161–66. — Zur Frage des Umwandlungsproduktes des Kaliums [13]): 167–72.

Z. Elektrochem. u. angew. physik. Chem. Radiochemische Methoden in Chemie, Physik und Biologie: **38** ('32) 504–11. — Materietransport in festen Körpern: **39** ('33) 490–500.

Z. Physik Die Intensität von Röntgenlinien, 1: Intensitätsverhältnisse im L-Gebiet der seltenen Erden[4]): **78** ('32) 576–79. — Die Auflockerungswärme des Bleigitters[56])[32]): **79** ('32) 197–202. — Die Radioaktivität des Samariums[49])[30]): **83** ('33) 43–54. — Über die Wirkung von Kathodenstrahlen auf Gemische[20]): **88** ('34) 336–41.

Z. physik. Chem., Abt. A Über die Radioaktivität von seltenen Erden[49]): **169** ('34) 147–51. — Über Platinschwarz[61]): **171** ('34) 41–48.

Mit: [1]) K. Agner; [2]) L. Ahlström; [3]) Å. Åkeson; [4]) E. Alexander; [5]) I. Andersson-Kottö; [6]) A. H. W. Aten, jr.; [7]) T. Baranowski; [8]) M. L. Beeckmans; [9]) R. Bonnichsen; [10]) H. Casier; [11]) O. Chievitz; [12]) G. Dreyfus; [13]) W. Dullenkopf; [14]) G. v. Ehrenstein; [15]) C. Eklundh-Ehrenberg; [16]) G. de C. Elliott; [17]) U. Ericson; [18]) H. v. Euler; [19]) U. S. v. Euler; [20]) A. Faessler; [21]) A. G. Forssberg; [22]) O. R. Frisch; [23]) A. J. Guthke; [24]) G. Häggqvist; [25]) L. A. Hahn; [26]) E. Hammarsten; [27]) R. Hobbie; [28]) E. Hofer; [29]) J. J. Holst; [30]) R. Hosemann; [31]) C. F. Jacobsen; [32]) A. Keil; [33]) A. S. Keston; [34]) K. H. Köster; [35]) H. L. Kottmeier; [36]) A. Krogh; [37]) H. Lay; [38]) H. B. Levi; [39]) K. Linderstrøm-Lang; [40]) D. Lockner; [41]) E. C. Lundsgaard; [42]) H. A. C. McKay; [43]) A. Merkel; [44]) N. Nielsen; [45]) G. Nylin; [46]) C. Olsen; [47]) P. Ostern; [48]) J. Ottesen; [49]) M. Pahl; [50]) F. A. Paneth; [51]) J. K. Parnas; [52]) O. H. Rebbe; [53]) R. Ruyssen; [54]) G. Dal Santo; [55]) J. Schliack; [56]) W. Seith; [57]) K. Sletten; [58]) I. Smedley-Maclean; [59]) G. Sørensen; [60]) W. Solodkowska; [61]) T. Somiya; [62]) H. Theorell; [63]) E. Warburg; [64]) K. Würstlin; [65]) K. Zerahn.

IV–VI **HEWITT**, John Theodore. Chem. — 1894–1919 Prof., Head of the Chem. Departm., '19 Prof. Emeritus, East London College (since '34 Queen Mary College); '19–24 Co-Dir. of Smith-Hewitt-Morson Co. Ltd., Heston, Middlesex; '24– Consulting Chemist. — '34 Fellow of Queen Mary College; '52 Hon. Fellow of

Imperial College of Science and Technology, London.

*1868, Okt. 12, Windsor;

†1954, Juli 9, Hurst, near Twyford, Berkshire.

Nekr. A. D. Mitchell, Analyst **79** ('54) 661f. — E. E. Turner, Biographical Mem. Fellows roy. Soc. **1** ('55) 79–99 (m. Bildn., Faks., Schr.verz.); J. chem. Soc., London **1955**, 4493–96; Nature [London] **174** ('54) 337.

Analyst Sir Gilbert Thomas Morgan, F. R. S. †: **65** ('40) 324f. — Bernard Dyer – an appreciation: **73** ('48) 126f.

Chemistry and Industry The so-called Dewar formula for benzene: **20** ('42) 75.

J. chem. Soc., London Samuel Felix Dufton, 1867–1943: **1943**, 508f. — John Jacob Fox †: **1945**, 719–22. — Clarence Smith, 1875–1945: **1946**, 68–70.

Science Progr. [London] Chemistry of wine: **33** ('39) 625–44.

Scientific J. roy. College Sci. Structure of dyestuffs: **3** ('33) 27–39.

VI **HEWITT,** Leslie Frank. Biochem. — 1929– Biochemist, London County Council Antitoxin Establishm., Belmont, later on Dir. of this Inst. (the later Serum Research Inst., Carshalton); '58–66 Research Biochemist, National Inst. for Medical Research, Hampstead.

*1901, Mai 20, London;

†1967, März 14, London.

Nekr. [F. T. Perkins,] Lancet **1967** I, 684f.

S. Report of Proc. 3rd International congress of microbiology, New York 1939 (New York '40) 813f.: Isolation and characterization of the proteins present in blood serum. — Microbial ecology. 7th Symposium of the Society for General Microbiology, London 1957 (R. E. O. Williams, C. C. Spicer) (Cambridge '57) 42–55: Influence of hydrogen-ion concentration and oxidation–reduction conditions on bacterial behaviour.

W. Oxidation–reduction potentials in bacteriology and biochemistry ²(London '33) 81 S., ³('35), ⁴('36), ⁵('48), ⁶(Edinburgh–Baltimore, Md. '50) 8+215 S.

Annual Rev. Biochem. Chemistry of the proteins and amino acids, 1: **12** ('43) 81–91.

Biochemical J. Bacterial metabolism, 1: Lactic acid production by haemolytic streptococci: **26** ('32) 208–17; ∼ 2: Glucose breakdown by pneumococcus variants and the effect of phosphate thereon: 464–71. — Note on the alleged reversal of the denaturation of serum-albumin: **28** ('34) 575–79. — Chemistry of antibodies and serum proteins, 1: Nitrogen distribution and amino-acids; ∼ 2: Protein carbohydrate groups: 2080–87. — Separation of serum albumin into two fractions, 1: **30** ('36) 2229–36; ∼ 2: Observations on the nature of the glycoprotein fraction: **31** ('37) 360–66. — The antigenic behaviour of serum proteins with special reference to crystalbumin and seroglycoid: 1047–52. — Note on the presence of a new serum protein in the blood of various animals: 1534–37. — Preparation and properties of a globulin present in the albumin fraction of serum: **32** ('38) 26–30. — Serum proteins in normal and pathological conditions, 1: The blood serum of normal animals; ∼ 2: Human blood serum and pathological body fluids; ∼ 3: Horse serum studied by means of the precipitin reaction: 1540–53. — The polysaccharide content and reducing power of proteins and of their digest products: 1554–60. — Observations on the polysaccharide complex present in serum proteins and on the effect of pepsin on serum protein fractions: **33** ('39) 1496–505.

British J. exper. Pathol. Serological typing of C. diphtheriae: **28** ('47) 338–46. — Virulence and toxigenicity of different serological types of C. diphtheriae: **29** ('48) 181–89. — Protection by streptomycin, penicillin, and licheniformin against C. diphtheriae infections: 289–95. — Effect of chemotherapeutic agents on Corynebacterium diphtheriae, with special reference to the diamidines: 447–52. — Use of antibiotics in the treatment of experimental diphtheria infections: **31** ('50) 597–602. — Oral treatment of experimental diphtheria infections: **33** ('52) 217–22.

J. clin. Pathol. A simple inoculation rack and modified technique for rapid subculturing and antibiotic testing: **3** ('50) 372f.

J. gen. Microbiol. Cell structures of Corynebacterium diphtheriae: **5** ('51) 287–92. — Effect of cultural conditions on bacterial cytology: 293–97. — Diphtheria bacteriophages and their relation to the development of bacterial variants: **7** ('52) 362–71. — Effect of certain antibiotics and other chemotherapeutic agents on lysogenicity and virulence transfer by bacterial viruses in Corynebacterium diphtheriae: **11** ('54) 288–99.

J. Pathol. and Bacteriol. A new culture medium for the production of antigenic streptococcal haemolysin[1]): **35** ('32) 973f. — The effect of cholesterol and of sera contaminated with bacteria on the haemolysins produced by haemolytic streptococci[1]): **49** ('39) 45–51. — Haemolytic activity of Corynebacterium diphtheriae: **59** ('47) 145–57.

Lancet Bacteriophage as a factor in epidemiology and bacterial evolution. Lysis of

diphtheria bacilli by staphylococcal bacteriophage: **263** ('52) 272f.
Mit: [1]) E. W. Todd.

VI **HEY,** Donald Holroyde. Chem. (org.). — 1928–39 Lecturer, Univ. of Manchester; '39–41 Lecturer, Imperial College of Science and Technology, '45–Prof. and '62– Assistant Principal, King's College, Univ. of London; '41–45 Dir. of Research, British Schering Research Inst.; '44–46, '54–57 Member, Council of the Roy. Inst. of Chemistry; '48–50 Member, Chemical Council.
*1904, Sept. 11, Swansea.

H. C. T. Kingzett, Chemical encyclopaedia. A digest of chemistry and its industrial applications [9](London '66).

S. Hormones. A survey of their properties and uses (London '51): Chapters on the chemistry of the hormones. — Chemistry of carbon compounds (E. H. Rodd) **1A** (Amsterdam–Houston,Tex.–London–NewYork '51) 195–217, [2]('64) 306–: Free radicals and homolytic reactions[97]); **3A**('54) 48–60: Nucleophilic aromatic substitution[99]); 60–65: Homolytic aromatic substitution. — Vistas in free-radical chemistry; published in memoriam to Dr. Morris S. Kharasch (W. A. Waters) (London '59) (International series of monographs in organic chemistry, 1. Tetrahedron Suppl. Nr. 3) 209–23: Homolytic aromatic substitution. — Theoretical organic chemistry; papers presented to the Kekulé symposium on theoretical organic chemistry, London 1958 (London '59) 250–61: Homolytic substitution reactions in the naphthalene series.

W. Lecture on some recent advances in chemistry in relation to medicine (London '44) 24 S. — Reactions of free radicals in solution (Notre Dame, Ind. '54) 30 S. (Reilly lectures, 9).

Advancement Sci. The changing face of organic chemistry: **22** ('65) 409–18.

Annual Rep. Progr. Chem. Free radicals: **37** ('40) 250–90. — Homolytic reactions: **41** ('44) 181–200; **45** ('48) 139–62. — Organic chemistry: **43** ('46) 138–40; ∼ [9]): **44** ('47) 82–86; ∼ [51]): **45** ('48) 118–21.

Biochemical J. Eloxanthin – a new carotenoid pigment from the pondweed Elodea canadensis: **31** ('37) 532–34.

Chemical Commun., Chem. Soc., London Dehydronorbornyl-nortricyclyl radical equilibrium[27])[31]): **1966,** 725f. — Effect of additives on the thermal decomposition of benzoyl peroxide in benzene[21])[57])[80]): **1967,** 367–69.

Chemical Reviews Some organic reactions involving the occurrence of free radicals in solution[97]): **21** ('37) 169–208.

Chemistry and Industry The constitution of lycorine[95]): **1954,** 221f. — A vindication of Späth and Hromatka's synthesis of apomorphine dimethyl ether[76]): **1955,** 40. — A new method for the alkylation of malonic ester and related compounds[5])[17])[43]): **1961,** 830. — Synthesis of a spiro-dienone via a benzyne intermediate[56])[83]): **1962,** 1025f. — Decomposition of benzotriazinones[83])[94]): 1332f. — Radical-induced addition of acetic acid and its derivatives to olefins[5])[17]): 1621f. — The modification of arylation reactions with aroyl peroxides by aromatic nitro-compounds[80])[99]): **1963,** 83f. — Cyclisations following radical addition to ethyl diallylacetate[17])[72]): **1964,** 753.

Discuss. Faraday Soc. N-Nitrosoacylarylamines as catalysts in addition polymerisation[63]): Nr. **2** ('47) 279–83. — Partial rate factors for homolytic aromatic substitution [99]): Nr. **14** ('53) 216–21.

J. chem. Physics Methyl and phenyl affinities of aromatic compounds[99]): **23** ('55) 757.

J. chem. Soc., London Substitution in compounds containing two or more phenyl groups, 1: The nitration of 4-methyldiphenyl [39]): **1932,** 1888–94; ∼ 2: The nitration of 3-methyldiphenyl[39]): 2245–47; ∼ 3: Nitration and bromination of 2,4,6-trimethyldiphenyl: 2636–40; ∼ 4: Nitration of diphenyl derivatives containing m-directing substituents[39]): **1933,** 968–72. — The nuclear alkylation of aromatic bases, 2: The action of methyl alcohol on the hydrochlorides of 2- and 4-aminodiphenyl[50]): **1934,** 645–49; ∼ 3: The action of methyl alcohol on the hydrochlorides of α- and β-naphthylamine[50]): **1936,** 1783–88; ∼ 4: The action of n-dodecyl alcohol on the hydrochlorides of α- and β-naphthylamine[16]): **1940,** 388–90; ∼ 5: The action of methyl alcohol on m-toluidine hydrochloride[27]): **1943,** 14f. — Studies in the pyrone series, 1: Alkyl benzo-γ-pyrones and α-naphtha-γ-pyrones[46])[60]): **1934,** 1311–15; ∼ 2: Chromones and coumarins derived from 2-hydroxy-4-methoxy-aceto- and -propio-phenones[46])[61]): 1581–83; ∼ 3: The influence of the phenyl group in the Kostanecki reaction[46])[61]): **1936,** 295–300. — Amphoteric aromatic substitution, 1: Reactions of sodium benzenediazoate and nitrosoacetanilide[39]): **1934,** 1797–806; ∼ 2: Reactions of benzoyl peroxide and phenylazotriphenylmethane: 1966–69. — The action of aromatic aldehydes on benzene and toluene in presence of aluminium chloride: **1935,** 72–75. — The oxidation of 2- and 4-nitro-4′-methyldiphenyl with chromyl chloride[39]): 114f. — The rate of decomposition of some p-substituted nitrosoacetanilides in benzene[39]): 689–91. — Migration reactions in polycyclic systems, 1: The

Fries rearrangement of 4-benzoyloxydiphenyl[50]): **1936**, 802–06; ~ 2: The Fries rearrangement of 4-acetoxydiphenyl[24]): **1937**, 770–72. — Styrylpyrylium salts, 17: The colour phenomena associated with 4-phenylbenzo-β-naphthaspiropyrans and 4-phenyl-αβ-dinaphthaspiropyrans[46])[60]): **1936**, 1380–83. — Union of aryl nuclei, 1: Some extensions of the Gomberg reaction[39]): **1938**, 108–13; ~ 2: Chloro-, bromo-, and nitro-fluorenones[46])[98]): 113–16; ~ 3: 3′-Hydroxymesobenzanthrone[46])[98]): 699–701; ~ 4: Phenylphthalic acids and some derivatives[16])[46])[98]): 1386–89; ~ 5: A modification of the Gomberg reaction[32])[44]): **1940**, 1284–86; ~ 6: Reactions with 1-aryl-3,3-dimethyltriazenes[32]): **1943**, 441–45; ~ 7: Reactions with acyl peroxides[96]): **1948**, 2213–20. — Nitrosoacylarylamines, 1: The decomposition of nitrosoacetanilide in solution[16]): **1938**, 116–19; ~ 2: The action of nitrous fumes on acylarylamines[44]): **1940**, 361–69; ~ 3: A new method of preparation[36])[46]): 369–71; ~ 4: The action of some nitrosoacylarylamines on pyridine[44])[46]): 372–74; ~ 5: The nitrosation of 3-acetamido-4-quinolines and -quinaldones[3]): **1951**, 1521–27; ~ 6: The rearrangement, decomposition, and deacylation of acylarylnitrosamines[91])[99]): **1952**, 4657–65; ~ 7: Reactions of 3-aminomethoxy-pyridines and 3-amino-1-methylpyridones; the preparation of 2-methoxy-3-phenyl-, 4-methoxy-3-phenyl-, and 2-methoxy-5-phenylpyridine[4]): **1954**, 4516–23; ~ 8: Reactions of some o-methoxynitrosoacetamido-compounds[4]): **1959**, 3819–22. — Studies in the terphenyl series, 1: p-Terphenyl, nitro-, amino- and halogeno-p-terphenyls[36])[46]): **1938**, 1364–75; ~ 2: Hydroxy- and methyl-p-terphenyls[36])[46]): **1939**, 1283–87; ~ 3: The preparation and nitration of m-terphenyl[36])[46]): 1288–92. — Glyn Owen, 1901–1937: **1938**, 1736–38. — The action of benzaldehyde on o-, m-, and p-xylene in the presence of aluminium chloride[34]): 1847–53. — Absorption spectra and structure of compounds containing chains of benzene nuclei[37]): **1939**, 1170–77. — Arylpyridines, 1: Phenylpyridines and nitrophenylpyridines[44])[46]): **1940**, 349–55; ~ 2: Some substituted phenylpyridines[16])[46]): 355–58; ~ 3: Anisyl- and nitroanisylpyridines[44])[46]): 358–61; ~ 4: 3- and 4-Pyridyldiphenyls[46])[54]): 1279–84. — Syntheses of 2-phenylnaphthalenes[55]): 374–83. — The nitration of 6- and 7-methoxyaceto-2-naphthalide[55]): 384–87. — The preparation of 2-phenylnaphthalene from diphenyl[98]): 1030. — The absorption spectra of the phenylpyridines and pyridyldiphenyls[37])[54]): **1941**, 364–67. — β-3,4-Methylenedioxyphenylisopropylamine[32]): **1943**, 15f. — New therapeutic agents in the quinoline series, 1: Monopyridylquinolines[25])[26])[46])[54]): 401–04; ~ 2: Dipyridylquinolines[26])[46])[54]): 404–06; ~ 3: Methoxy-, hydroxy-, and alkyl-pyridylquinolines[25])[26])[46])[54]): 406–13; ~ 7: 2-, 3- and 4-Pyridylquinolines, 4-pyridylquinaldines and 2-pyridyllepidines[100]): **1950**, 1678–83. — 2′-Methylmesobenzanthrone and some derivatives[71])[82]): **1944**, 97–100. — Some green pigments of the phthalocyanine series[44])[46])[98])[13]): **1945**, 409–12. — The synthesis of 2-cyclohexyl-6-methylheptane[64]): **1948**, 48f. — Acyl derivatives of p-aminobenzenesulphonylguanidine[19])[64]): 143–47. — The action of chlorine on aqueous solutions of ammonium sulphinates[19]): 147–49. — Synthetic oestrogens of the triphenylethylene series[19]): 150–55. — Halogenated ketones, 1: The bromination of acetone and methyl ethyl ketones[20])[33])[52]): 272–75; ~ 2: The bromination of methyl propyl and methyl isopropyl ketone[20])[52])[101]): 276f.; ~ 3: The preparation of bromo-methyl ketones by the diazomethane reaction[20])[33])[52]): 278; ~ 4: The application of the Friedel-Crafts reaction to the preparation of halogenated aliphatic ketones[20])[33])[52]): 278–81; ~ 5: Some derivatives of ω-chloroacetophenone[20])[33])[52]): **1949**, 552–55. — Methyl derivatives of 1,4,5,8-tetraaminoanthraquinone[41]): **1948**, 736–40. — The free radical reactions of the aromatic diazo compounds. A reply to Hodgson's criticisms[97]): 882–85. — The formation of ketones from semicarbazones by the action of nitrous acid[64]): 2319f. — Synthetic antimalarials, 35: Further arylamino-dialkylaminoalkylaminoquinoline derivatives[10])[28]): **1949**, 227–32. — The nitration of 4-hydroxyquinoline[2]): 255f. — Arylazotriarylmethanes and tetraarylsuccinic dinitriles as catalysts in addition polymerisation[63]): 1807–11. — Chemical constitution and sex-hormonal activity: The synthesis of some 1-cyclopentyl- and 1-cyclohexyl-1,2-diarylethylenes[68]): 3156–64. — Internuclear cyclisation, 1: Modifications and extensions of the Pschorr reaction[75]): 3164–71; ~ 2: The application of the Pschorr reaction to some substituted derivatives of o-amino-α-phenylcinnamic acid[75]): 3172–77; ~ 3: An extension of the Pschorr phenanthrene synthesis to the synthesis of phenanthridones[45]): **1952**, 1508–13; ~ 4: The preparation of o-amino-α-benzylcinnamic acid[7]): 1513–15; ~ 5: The cyclisation of derivatives of diphenylmethane, benzophenone, and N-methyldiphenylamine[67]): 2276–87; ~ 6: The synthesis of some methyl-, halogeno-, and carbomethoxy-N-methylphenanthridones[45]): 4059–64; ~ 7: The synthesis of some nitro-N-methylphenanthridones[45]): **1953**, 3–8; ~ 8: Napth[3,2,1-cd]-oxindoles[1]): **1954**, 1697–703; ~ 9: Abnormal reactions of 2-amino-N-methylbenzanilides containing ortho-substituents[95]): 2471–81; ~ 10: The preparation of 3,4-benzocoumarin[45]): 2481–84; ~ 11: The synthesis of ind-N-methyl-α-carbolines[1])[67]): 4263–66; ~ 12: The synthesis of some benzophenanthridones; abnormal reaction of 1-amino-N-methyl-2-naphthanilide[1])[59]): **1957**, 1781–88; ~ 13: The decomposition of diazonium salts prepared from N-o-aminobenzoyldiphenylamines; a new molecular rearrangement[66]): **1959**, 1563–72; ~ 14: Reactions with hydroaromatic rings[59]): 2254–59; ~ 15: The catalytic decomposition of diazonium chlorides prepared from ortho-substituted 2-amino-N-methylbenzanilides[59]): 4110–13; ~ 16: Abnormal reactions of diazonium salts from N-alkyl-2-amino-2'- and -4'-methoxybenzanilides; a new dienone-phenol rearrangement[56])[83]): **1961**, 232–38; ~ 17: The independent synthesis of some N-methylbenzophenanthridones and their formation by internuclear cyclisation[14])[83]): 3873–79; ~ 18: Abnormal cyclisations: Synthesis and chemistry of phthalan-1-spiro-1'-cyclohexadiene-3,4'-dione[56])[83]): **1963**, 5251–62; ~ 19: Intramolecular oxidative coupling of 4'-hydroxybiphenyl-2-carboxylic acid[56])[83]): 5263–65; ~ 20: Synthesis of spirodienones through benzyne intermediates[56])[83]): 5266–70; ~ 21: Thermal decomposition of diazonium sulphates from alkoxy-N-alkyl-2-aminobenzanilides[56])[83])[94]): **C 1967**, 1513–18; ~ 22: Catalysed decomposition of diazonium fluoroborates from alkoxy-N-alkyl-2-aminobenzanilides [83]) [94]): 1518–25. – Intramolecular acylation, 1: The ring closure of some β-substituted glutaric acids[53]): **1949**, 3177–81; ~ 2: The ring closure of some α-substituted glutaric acids[6]): **1950**, 2874–81; ~ 3: The preparation and ring closure of the α-methoxyphenylglutaric acids[69]): **1953**, 1894–99; ~ 4: Preparation and ring closure of some γ-aryl-γ-carboxy- and -γ-cyano-pimelic acids[69]): **1954**, 1204–07; ~ 5: Preparation and ring closure of some methoxy-1-naphthyl-acetic, -propionic, -butyric, and -α-ethylglutaric acids[38]): 4306–18. – Some phenyl-pyridines and -quinolines[3])[62])[77]): **1949**, 3181–85. – Arylamino-(dialkylaminoalkylamino) derivatives of quinaldine and lepidine[2]): 3185–89. – The preparation of α-substituted glutaric acids[6]): **1950**, 1683–86. – The nitration of 4-hydroxy- and 4-chloro-3-methylquinoline[2]): 2092–96. – The steroid series, 1: The ozonolysis of fucosterol and some of its derivatives[48])[78]): 2881–84; ~ 2: Further reactions of fucosterol and 24-ketocholesterol[48])[78]): **1952**, 4836–39; ~ 3: Synthesis of methyl 3β-acetoxybisnorallocholanoate from dehydroepiandrosterone acetate[48])[78]): **1954**, 185–89, Alteration to nomenclature: 2648f.; ~4: Some basic derivatives[22])[48]): **1959**, 3194–202. – Some 4-(dialkylaminoalkylamino)-3-phenylquinolines[3]): **1950**, 3254–59. – 1-Pyridylisoquinolines[100]): **1951**, 1527–32. – Homolytic aromatic substitution, 1: The action of aryl radicals on nitrobenzene[70])[84]): 2892–903; ~ 2: Competitive experiments on the phenylation of benzene, nitrobenzene, chlorobenzene and pyridine; partial rate factors for nitrobenzene [8])[99]): **1952**, 2094–102; ~ 3: Ratio of isomerides formed in the phenylation of chlorobenzene; competitive experiments on the phenylation of p-dichlorobenzene and 1,3,5-trichlorobenzene; partial rate factors for chlorobenzene[8])[99]): **1953**, 44–50; ~ 4: Partial rate factors for the phenylation of fluorobenzene, bromobenzene, and iodobenzene[8])[17])[99]): 3412–17; ~ 5: Partial rate factors for the phenylation of diphenyl[17])[99]): **1954**, 794–97; ~ 6: Lead tetrabenzoate – a new phenylating agent[90])[99]): 2747–51; ~ 7: Partial rate factors for the phenylation of tert.-butylbenzene and p-di-tert.-butylbenzene[17])[99]): 3352–60; ~ 8: Partial rate factors for the phenylation of toluene[79])[99]): **1955**, 6–10; ~ 9: Competitive experiments on the arylation of chlorobenzene and nitrobenzene with p-chlorophenyl radicals[17])[99]): 1425–28; ~ 10: The phenylation of pyridine[90])[99]): 3963–69; ~ 11: The phenylation of toluene, ethylbenzene and isopropylbenzene[79])[99]): **1956**, 1463–75; ~ 12: Reactions with phenyl iodosobenzoate[90])[99]): 1475–80; ~ 13: The reaction of benzoyl peroxide with naphthalene[29])[99]): **1958**, 1878–85; ~ 14: Ratio of isomerides formed in the arylation of nitrobenzene with p-chlorophenyl and p-bromophenyl radicals [88]) [99]): 1885–89; ~ 15: Ratio of isomerides formed in the arylation of chlorobenzene and bromobenzene with p-nitrophenyl radicals [88]) [99]): 2600–03; ~ 16: Relative rates of p-bromophenylation of nitrobenzene and p-nitrophenylation of bromobenzene; derivation and discussion of partial rate factors[88])[99]): 4403–07; ~ 17: The phenylation of tritiobenzene[88])[99]): **1959**, 1871–73; ~ 18: Some reactions with ortho-substituted phenyl radicals[65])[99]): **1960**, 3769–81; ~ 19: The arylation of nitrobenzene and chlorobenzene with para-substituted aryl radicals[42])[99]): 3782–87; ~ 20: The phenylation of pyridine by electrolysis[15]): 3787–90; ~ 21: The arylation of benzotrihalides[86])[99]): **1961**, 554–62; ~ 22: The esters formed in the reaction of benzoyl peroxide with aromatic solvents[29])[99]): 562–64; ~ 23: A redetermination of the relative rate of phenylation of nitrobenzene[74])[99]): 565–69; ~ 24: The p-methylphenylation of nitrobenzene and chlorobenzene[42])[74])[99]): 3108–11; ~ 25: The determination of the total and partial rate factors for the phenylation of naphthalene[29])[99]): 3112–16; ~ 26: The reactions of some aroyl peroxides with naphthalene[29])[99]): 3117–23; ~ 27: The reactions of toluene with some para-substituted diaroyl peroxides[42])[99]): **1962**, 487–93; ~ 28: The nature of the involatile products of reactions of aroyl peroxides with benzene and chlorobenzene[80])[99]): **1963**, 5604–11; ~ 29: The photolysis of triphenylbismuth in aromatic solvents[89])[99]): 5612–19; ~ 30: The phenylation of methyl benzoate; the use of methyl benzoate in competitive reactions[86])[99]): **1964**, 3409–12; ~ 31: The reaction of benzoyl peroxide with benzene[80])[99]): 3412–18; ~ 32: Some reactions with meta-substituted phenyl radicals[74])[99]): **1965**, 101–10; ~ 33: Reactions with arylazotriarylmethanes[80])[99]): 110–15. – Ring-chain tautomerism in the acid halides of the half-esters of dibasic acids[23]): **1952**, 553–72. — Some recent developments in the chemistry of free-radical reactions in solution: 1974–84. — Aminoalkanesulphonamides and alkanedisulphonamides[40]): 3334–40. — The preparation and dehydration of 2-methyl-6-phenyl-heptan-3-ol[48])[53])[78]): **1953**, 2021–25. — The aporphine series, 1: Developments of the Bischler-Napieralski-Pschorr synthetic method; the synthesis of (±)-isobulbocapnine and (±)-actinodaphnine methyl ether[58]): **1954**, 2246–56; ~ 2: Application of the Bischler-Napieralski reaction to 2-nitrophenyl-N-phenethylacetamides[76]): **1956**, 4123–29; ~ 3: Corydine and isocorydine[76]): **1957**, 2926–30; ~ 4: The synthesis of (±)-stephanine[49]): **1958**, 1876–78. — The decomposition of arylazotriarylmethanes[30])[99]): **1956**, 4397–408. — [Organic peroxides, 1:] The decomposition of 1-phenylcyclohexyl peroxides[90])[99]): **1957**, 1054–58; ~ 2: The decomposition of bisdiphenyl-methyl peroxide[17])[85]): **1958**, 4498–503; ~ 3: Di-(9-benzyl-9-fluorenyl) peroxide: a new source of benzyl radicals[17])[85]): **1960**, 3203–10; ~ 4: The decomposition of benzophenone peroxide[17])[85]): 4897–900; ~ 5: The decomposition of di-(9-phenyl-9-fluorenyl) peroxide[17])[85]): **1961**, 3879–81; ~ 6: The decomposition of p-nitrophenyldiphenylmethyl peroxides[17])[85]): 5236–39. — The hydrolysis of γ-cyano-γ-phenylpimelodinitrile[11]): **1957**, 2921–25. — The reaction between 4-nitrosoacetamidodiphenyl and toluene; correction[29])[83])[86]): **1959**, 2317f. — Reactions of aryl radicals with aliphatic compounds, 1: The reactions of phenyl radicals with carbon tetrachloride, chloroform, and bromoform[81]): **1960**, 79–88; ~ 2: The reactions of phenyl radicals with some esters[81]): 88–96; ~ 3: The reactions of phenyl radicals with bromotrichloromethane[92]): **1965**, 2402–04; ~ 4: A quantitative study of abstraction from chloroform, carbon tetrachloride, and bromotrichloromethane[17])[47]): 3939–49; ~ 5: Reactions with methylene dibromide and bromoform[17])[47]): 3950–57. — The Skraup reaction with 2-aminobiphenyl[83]): **1960**, 905–07. — 2,4′-Diphenylbiphenyl [op′-quaterphenyl] [80])[99]): **1961**, 748–50. — 8-Phenylisoquinolines [4]): 3882–85. — The electrolysis of some o-benzoylbenzoic acids in methanol at 20-30° [15]): **1962**, 324–31. — The electrolysis of some aryl-substituted aliphatic acids[15]): 1360–65. — The electrolysis of some o-benzoylbenzoic acids in pyridine at 93° [15]): 2771–75. — Synthetic aspects of free-radical addition, 1: Radical-alkylation of malonic ester and related compounds[5])[17])[43]): 4468–75; ~ 2: Preparation of homologues by homolytic alkylation of acetic acid and related compounds[5])[17]): **1965**, 1918–32; ~ 3: Intramolecular radical-addition reactions[17])[73]): 1932–39; ~ 4: The addition of cyclohexane to olefins[17])[73]): 1939–43; Synthetic aspects of free-radical addition reactions, 5: Alkylation of compounds containing activated methylene and methine groups[17])[87]): **C1966**, 1743–53; ~ 6: Relative reactivities of ethyl malonate and related compounds towards 1-octene[17])[87]): **B1967**, 803–05. — A novel intramolecular nucleophilic displacement[56])[83]): **1962**, 4579–84. — Photolytic formation and reactions of aralkyl radicals[89])[99]): **1963**, 1958–67. — The alkaline fusion of biphenyl-2-carboxylic acid. Pyrolysis of 2′-(9-hydroxy-9-fluorenyl)biphenyl-2-carboxylic acid[56])[83]): 3125–27. — The production of free radicals in the reaction of Grignard reagents with organic halides in the presence of cobaltous chloride[29])[93]): **1965**, 7062–71. — Quantitative studies of homolytic hydrogen abstraction from aliphatic compounds: Chain-transfer constants in the presence of styrene[17])[87]): **B1966**, 933–37. — The condensation of 2,3-dihydro-2-oxoimidazo[1,2-a]pyridine with o-nitrobenzaldehyde [1]): **C1966**, 1095. — A convenient synthesis of arylbenzenes[57])[80])[99]): **C1967**, 1153.

J. and Proc. roy. Inst. Chem. Great Britain and Ireland Recent advances in chemistry in relation to medicine: **1944**, 30f.

J. roy. Inst. Chem. Schools of chemistry in Great Britain and Ireland, 18: King's College, London: **79** ('55) 305–.

J. Soc. chem. Industry Reactions of benzoyl peroxide: **67** ('48) 587–.

J. Soc. Dyers and Colourists The mechanism of the Gomberg reaction[97]): **64** ('48) 359–61.

Nature [London] Free radicals in solution[97]): **140** ('37) 934f. — p-Cresol and oestrone in urine[18]): **153** ('44) 745. — The new organic chemistry: **156** ('45) 36–39. — Homolytic aromatic substitution[8])[70])[99]): **167** ('51) 725. — Structure and reactions in organic chemistry. The Kekulé symposium: **182** ('58) 1340–42.

Proc. chem. Soc., London A new molecular rearrangement[66]): **1957**, 209. — Morris Selig Kharasch, 1895–1957: **1958**, 361f. — Two new anodic reactions[15]): **1959**, 366. — Impressions of a visit to the U.S.S.R.: **1960**, 261–64. — Robert Crosbie Farmer, 1877–1960 [35]): **1961**, 180f. — The reaction of acetylacetone with oct-1-ene[17])[87]): **1964**, 142f.

Progress org. Chem. Free radicals as intermediates in organic reactions: **1** ('52) 219–47.

Quarterly Rev., Chemical Soc., London Free radical addition reactions of olefinic systems [17]): **8** ('54) 308–29.

Recueil Trav. chim. Pays-Bas Sulphonylnitrosamides, 5: Thermal decomposition of higher sulphonylalkylnitrosamides[12]): **73** ('54) 686–94.

Research [London] Rearrangement and decomposition of nitrosoacylarylamines[91])[99]): **4** ('51) 385f. — Homolytic aromatic substitution[8])[70])[84])[99]): 386f.

Scientific J. roy. College Sci. Recent advances in medicine: **14** ('44) 20–.

Tetrahedron Letters Mechanisms of free-radical aromatic substitution[80])[99]): **7** ('63) 445–52. – The effect of copper salts on the thermal decomposition of benzoyl peroxide in benzene[57])[80]): **1967**, 1477–81.

Mit: [1]) R. A. Abramovitch; [2]) A. Adams; [3]) W. J. Adams; [4]) (S.) Y. Ahmad; [5]) J. C. Allen; [6]) M. F. Ansell; [7]) A. Ashdown; [8]) D. R. Augood; [9]) W. Baker; [10]) G. M. Bennett; [11]) J. McD. Blair; [12]) T. J. de Boer; [13]) E. F. Bradbrook; [14]) D. N. Brown; [15]) P. J. Bunyan; [16]) E. C. Butterworth; [17]) J. I. G. Cadogan; [18]) N. R. Campbell; [19]) P. R. Carter; [20]) J. R. Catch; [21]) G. R. Chalfont; [22]) A. F. Chaplin; [23]) B. H. Chase; [24]) K. H. Cheetham; [25]) H. Coates; [26]) A. H. Cook; [27]) R. W. Cripps; [28]) P. C. Crofts; [29]) D. I. Davies; [30]) G. L. Davies; [31]) J. N. Done; [32]) J. Elks; [33]) D. F. Elliott; [34]) H. Ellison; [35]) A. Forster; [36]) H. France; [37]) A. E. Gillam; [38]) A. L. Green; [39]) W. S. M. Grieve; [40]) J. W. Griffin; [41]) R. H. Hall; [42]) J. K. Hambling; [43]) B. W. Harris; [44]) J. W. Haworth; [45]) R. A. Heacock; [46]) I. M. Heilbron; [47]) P. G. Hibbert; [48]) J. Honeyman; [49]) A. Husain; [50]) E. R. B. Jackson; [51]) B. Jones; [52]) E. R. H. Jones; [53]) D. H. Kohn; [54]) A. Lambert; [55]) S. E. Lawton; [56]) J. A. Leonard; [57]) K.S.Y. Liang; [58]) L.C. Lobo; [59]) R. A. J. Long; [60]) A. Lowe; [61]) B. Lythgoe; [62]) P. Mamalis; [63]) G. S. Misra; [64]) D. S. Morris; [65]) H. N. Moulden; [66]) T. M. Moynehan; [67]) R. D. Mulley; [68]) O. C. Musgrave; [69]) K. A. Nagdy; [70]) A. Nechvatal; [71]) J.R. Nicholls; [72]) A. Ong Soon Hock; [73]) S. H. Ong; [74]) S. Orman; [75]) J. M. Osbond; [76]) A. L. Palluel; [77]) R. E. Parker; [78]) W. J. Peal; [79]) B. W. Pengilly; [80]) M. J. Perkins; [81]) J. Peters; [82]) C. W. Pritchett; [83]) C. W. Rees; [84]) T. S. Robinson; [85]) W. A. Sanderson; [86]) F. C. Saunders; [87]) J. T. Sharp; [88]) C. Shih; [89]) D. A. Shingleton; [90]) C. J. M. Stirling; [91]) J. Stuart-Webb; [92]) R. Tewfik; [93]) M. Tiecco; [94]) A. R. Todd; [95]) D. G. Turpin; [96]) E. W. Walker; [97]) W. A. Waters; [98]) R. Wilkinson; [99]) G. H. Williams; [100]) J. M. Williams; [101]) W. Wilson.

VI **HEYL,** Paul Renno. Physik. — 1920–42 Physicist, National Bureau of Standards, Washington, D.C. — '07 Boyden Premium, '43 Howard A. Potts Medal (Franklin Inst., Philadelphia, Pa.); '22 Magellan Medal (American Philos. Soc.).

*1872, Juni 30, Philadelphia, Pa.;
†1961, Okt. 22, Bethesda, Md.

Nekr. Physics today **15** ('62) 72.

W. The philosophy of a scientific man (New York '33) 9+15+182 S.

American J. Physics Transcendental mechanics: **9** ('41) 217f.

Annual Rep. Board Regents Smithsonian Instn. Romance or science?: **1933** ('35) 283–92. – What is electricity?: **1935** ('36) 215–33.

Bur. Standards J. Res. An unrecognized property of the reversible pendulum: **8** ('32) 657f.

J. Res. nation. Bur. Standards The value of gravity at Washington[2]): **17** ('36) 805–39. – A new determination of the constant of gravitation[3]): **29** ('42) 1–31.

Circular, Nation. Bur. Standards Architectural acoustics[1]): Nr. **418** ('38) 11 S.

J. Washington Acad. Sci. Romance or science?: **23** ('33) 73–83. –What is electricity?: **25** ('35) 201–20. – The skeptical physicist: **28** ('38) 77–83. – The genealogical tree of modern science: **33** ('43) 327–34. – The limitation of the principle of superposition: **40** ('50) 344–47.

Proc. amer. philos. Soc. Magnetism and its uses: **84** ('41) 339–51.

Science [USA] Two paradoxes: **91** ('40) 43.

Scientific Monthly Cause or chance?: **34** ('32) 273–77. – Atoms: **38** ('34) 493–500. – What is electricity?: **41** ('35) 38–51. – The skeptical physicist: **46** ('38) 225–29. – What is gravitation?: **47** ('38) 114–23. – The space in which we live: **50** ('40) 251–57.

Trans. amer. geophysic. Union Progress-report on the absolute determination of gravity at Washington: **1932**, 53f.

Mit: [1]) V. L. Chrisler; [2]) G. S. Cook; [3]) P. Chrzanowski.

VI **HEYROVSKÝ,** Jaroslav. Chem. (physikal.), Elektrochem., Polarogr. — 1919 Assist., '20–22 Doz., '22–26 außerord. Prof., Dir. d. Inst. f. physikal. Chem., '26–54 ord. Prof., Karlova Univ., Praha; '50 Mitbegründer, '50–63 Dir. d. Polarograph. Inst. (seit '52 eingegliedert in d. Československá Akad. Věd), Praha; '51–57 Vizepräs., International Union of Physics; Präs., Polarographic Soc., London. — '50 Dr. chem. h. c. (Univ. Warszawa); '52 Dr. Sc. (Českoslov. Akad. Věd); '55 Dr. rer. nat. h. c. (Techn. Hochsch. Dresden); '59 Dr. h. c. (Univ. d'Aix-Marseille); '60 Dr. h. c. (Univ. de Paris); '65 Dr. h. c. (Karlova Univ., Praha); '65 Dr. med. h. c. (Univ. Wien); '66 Dr. h. c. (Univ. Frankfurt/Main). — '59 Nobelpreis für Chemie. — '51 Staatspreis 1. Grades der ČSR; '55, '60 Orden der ČSSR; '59 Medaille (Polarographic Soc., London); '60 Jubiläumsmedaille, '62 Goldene Medaille „Für Verdienste um Wissenschaft u. Menschheit" (Českoslov. Akad. Věd).

*1890, Dez. 20, Praha;
†1967, März 27, Praha.

Zur Biogr. K. Schwabe, Wissenschaftliche Z. techn. Hochschule Dresden **4** ('54/55) 717f. (m. Bildn.). – P. Zuman, Leybold polarogr. Ber. **2** ('54) II–IV. — Current Biogr. Yearb. **22.**1961 ('62) 202–04.

Zum 60. Geb.tag Festschrift: Collection Trav. chim. Tchécoslovaquie **15** ('50) Nr. 12; darin S. 691–98: Biogr. von R. Brdička (m. Bildn.). — R. Brdička, Chemické Listy Vědu a Průmysl **44** ('50) 277–83 (m. Bildn., Schr.verz. 128 Nrn., zusammengestellt v. K. Komárek).

Zum 65. Geb.tag J. E. S. Han, Chemical World [Shanghai] **11** ('56) 117–20 [chines.] (m. Bildn., Schr.verz. S. 168–75). — M. v. Stackelberg, Z. Elektrochem., Ber. Bunsenges. physik. Chem. **60** ('56) 105f. (m. Bildn.).

Zum 70. Geb.tag Festschrift: Collection Trav. chim. Tchécoslovaquie **25** ('60) Nr. 12 (S. 2945–3405); darin S. 2945–48: Biogr. von R. Brdička (m. Bildn.); 2949–57: Schr.verz., zusammengestellt von M. Heyrovská. — R. Kalvoda, Zavodskaja Labor. **27** ('61) 243–45 (m. Bildn.). — N. Konopik, Österreichische Chemiker-Ztg. **61** ('60) 353. — R. Portillo, Anales real Acad. Farm. **1960,** 203–18.

Zum 75. Geb.tag Festschrift: Collection Trav. chim. Tchécoslovaquie **30** ('65) Nr. 12 (S. 3977–4346); darin S. 3977f.: Biogr. — Festschrift: Talanta **12** ('65) Nr. 12; darin S. 1061–63: Biogr. von P. Zuman (m. Bildn.). — L. Molnar, Chemické Zvesti **20** ('66) 155–57. — I. Smoler, Chemický Průmysl **15** ('65) 747f. — Ber. Bunsenges. physik. Chem. **70** ('66) 1 (m. Bildn.).

Zur Verleihung des Nobelpreises H. Bally, Chemie Labor u. Betrieb **11** ('60) 1–4. — R. Brdička, Československý Čas. Fysiku **10** ('60) 1f. (m. Bildn.); Chemické Listy **54** ('60) 1218–27 (m. Bildn., Schr.verz. 170 Nrn., zusammengestellt von M. Heyrovská); Czechoslovak J. Physics **10B** ('60) 77–80 [engl. u. russ.]; Věstn., Českoslov. Akad. Věd **69** ('60) 1–7 (m. Bildn.). — R. Brdička, P. Zuman, Sborn. Dějiny přírod. Věd a Techn. **6** ('61) 5–27 (m. Bildn., Schr.verz. 170 Nrn., zusammengestellt von M. Heyrovská). — E. Farber, Nobel Prize winners in chemistry, 1901–1961 (New York '63) (Life of science library, 41) 290–95. — P. Kivalo, Suomen Kemistilehti **32A** ('59) 302f. — J. Koryta, Electrochimica Acta **2** ('60) 233f. — D. L. Lydersen, Tidsskr. Kjemi, Bergvesen og Metallurgi **20** ('60) 1–4. — K. Schwabe, Mitteilungsbl., Chemische Ges. DDR **7** ('60) 37f. — H. Staude, Umschau **60** ('60) 2 (m. Bildn.). — C. Vilmos, Magyar Kémikusok Lapja **15** ('60) 9f. — T. S. West, Talanta **3** ('60) 300f. — P. Zuman, Československá Farm. **8** ('59) 549f. (m. Bildn.); Technical Digest [Praha] **1959,** 3–9 (m. Bildn.). — P. Zuman, P. J. Elving, J. chem. Educat. **37** ('60) 562–67. — Čas. Pěst. Mat. **87** ('62) 1f. — Chemie Labor u. Betrieb **10** ('59) 487 (m. Bildn.). — Nachr. Chem. u. Techn. **7** ('59) 393 (m. Bildn.). — Nature [London] **184** ('59) 1271. — Nobel lectures, Chemistry, 1942–1962 (Amsterdam–London–New York '64) 561–63, 585f. — Les Prix Nobel en 1959 (Stockholm '60) 83f. (m. Bildn., Faks.). — Science [USA] **130** ('59) 1242 (m. Bildn.).

Nekr. R. Belcher, Nature [London] **214** ('67) 953. — R. Brdička, Chemické Listy **61** ('67) 573–80 (m. Bildn.). — J. A. V. Butler, P. Zuman, Biographical Mem. Fellows roy. Soc. **13** ('67) 167–91 (m. Bildn., Faks., Schr.-verz.). — A. Chrétien, Revue Chim. minérale **5** ('68) 257–64. — J. Elving, Analytica chim. Acta **38** ('67) vor S. 475 (m. Bildn.). — S. G. Majranovskij, Zavodskaja Labor. **33** ('67) 1172f. (m. Bildn.). — G. F. Reynolds, J. polarogr. Soc. **13** ('67) 50–52. — P. Zuman, J. electroanalyt. Chem. **15** ('67) I–III. — Chemical and Engng. News **45** ('67) 83.

MHZ. Collection Trav. chim. Tchécoslovaquie **1** ('29)–**12** ('47).

S. Physikalische Methoden der analytischen Chemie (W. Böttger) **2** (Leipzig '36) 260–322, ²('49) 120–314: Polarographie; **3** ('39) 422–77: Fortschritte der Polarographie 1936–1938. — Trudy Jubilejnogo Mendeleevskogo s-ezda [Travaux du Congrès jubilaire Mendeleev], Leningrad 1934 (Akad. nauk SSSR) **2** (Moskva–Leningrad '37) 299–303 [engl.], 305–09 [russ.]: The theory of overpotential of hydrogen and its catalytic lowering at the dropping mercury cathode. — Chemisch-technische Untersuchungsmethoden (J. d'Ans) Erg.-Werk zur 8. Aufl., **1**: Allgemeine Untersuchungsmethoden (Berlin '39) 75–117: Polarographie. — Proc. 11th International congress of pure and applied chemistry, London 1947, 1 (London '50) 481–94: The use of oscillographic potential-time curves in polarography. — Physical methods in chemical analysis (W. G. Berl) **2** (New York '51) 1–49: Metallurgical polarographic analysis; polarometric titrations. — Sborník 1. mezinárodního polarografickeho sjezdu, Praha 1951. Proc. 1st International polarographical congress, Prague 1951, **2** (Praha '51) 194 S.: Bibliography of polarographic publications from 1922 to 1950; **3** ('52) 5–12 [tschech.], 13–21 [russ.], 22–31 [engl.]: The fundamentals of polarography; 268–72 [tschech.], 273–78 [russ.], 279–85 [engl.]: Oscillographic polarography. — Sborník 1. celostátní pracovní konference analytických chemiků, Praha 1952 (Praha '53) 300–04: Oszillographische Bestimmung des Sauerstoffs und einiger giftiger Gase in der Atmosphäre von Arbeitsräumen [tschech.]. — Sborník referátů sjezdu chemiků, Banská Štiavnica 1953 (Bratislava '54) 15–27: Praktische Anwendung der oszillographischen Polarographie [tschech.]. — Prace konferencji polarograficznej, Warszawa 1956 (Warszawa '57) 17–29: Die Oszillopolarographie mit Wechselstrom [poln.]. — Advances in polarography. Proc. 2nd International congress of polarography, Cambridge 1959 (I. S. Longmuir) 1 (New York–London–Oxford–Paris '60) 1–25: Oscillographic polarography; 3 ('60) 854–60: Polarography of aluminium. — Les Prix Nobel en 1959 (Stockholm '60) 125–45: The trends of polarography. — Mesures et analyses 1 (Paris '62) P1920, 1–22; P1940, 1–7: Polarographie, polarométrie, coulométrie. — Nobel lectures, Chemistry, 1942–1962 (Amsterdam–London–New York '64) 564–84: The trends of polarography.

W. Použití polarografické metody v praktické chemii [Anwendung der polarographischen Methode in der chemischen Praxis] (Praha '33) 133 S.; russ.: (Leningrad '37) 225 S. — A polarographic study of the electrokinetic phenomena of adsorption, electroreduction and overpotential displayed at the dropping mercury cathode (Paris '34) 48 + 4 S. (Actualités scientifiques et industrielles, 90. Réunion internationale de chimie-physique 1933, 10). — Chemie anorganická (m. E. Votoček) [3](Praha '40), [4]('45) 1000 S. — Polarographie. Theoretische Grundlagen, praktische Ausführung und Anwendungen der Elektrolyse mit der tropfenden Quecksilberelektrode (Wien '41) 7 + 514 S., (Ann Arbor, Mich. '44) 514 S. — Polarographisches Praktikum (Berlin–Göttingen–Heidelberg '48) 6 + 118 S. (Anleitungen für die chemische Laboratoriumspraxis, 4), [2]('60) 7 + 116 S.; bulgar.: (Sofija '51) 104 S.; rumän.: (Bucureşti '52) 100 S.; chines.: (Shanghai '55) 134 S. — Úvod do praktické polarografie (m. P. Zuman) (Bratislava '50) 206 S. [slowak.]; tschech.: (Praha '53) 199 S., ('64) 224 S.; ungar.: (Budapest '55) 204 S.; poln.: (Warszawa '56) 252 S.; deutsch: Einführung in die praktische Polarographie (Berlin '59) 236 S. — Technika poljarografičeskogo issledovanija [Technik der polarographischen Analyse. Sammlung von Aufsätzen, übersetzt aus dem Tschechischen, Deutschen und Englischen] (Moskva '51) 172 S.; bulgar.: (Sofija '54) 160 S. — Oscilografická polarografie (m. J. Forejt) 1 (Praha '53) 154 S. — Tratat de polarografie (m. J. Kůta) (Bucureşti '59) 327 S. — Oszillographische Polarographie mit Wechselstrom. Theoretische Grundlagen und praktische Anwendung (m. R. Kalvoda) (Berlin '60) 7 + 198 S. (Scientia chimica, 10). — Bibliography of publications dealing with the polarographic method in 1959 (Praha '61) 94 S.; ~ 1960 ('62) 101 S.; ~ 1961 ('63) 89 S.; ~ 1962 ('64) 131 S.; ~ 1963 ('65) 96 S.; ~ 1964 ('66) 126 S. — Základy polarografie (m. J. Kůta) (Praha '62) 426 S.; russ.: (Moskva '65) 559 S.; deutsch: Grundlagen der Polarographie (Berlin '65) 562 S.; engl.: Principles of polarography (London '66) 581 S. — Subject index to polarographic bibliography (m. J. E. S. Han) 1: 1922–1950 (Peking '62) 426 S. [engl. u. chines.]; 2: 1951–1955 ('58) 519 S. [~].

Abh. dtsch. Akad. Wiss. Berlin, Kl. Chem., Geol. u. Biol. Oszillographische Polarographie mit Wechselstrom: **1958** ('59) Nr. 9, 22 S.

Acta chim. Acad. Sci. hung. Neuere Richtungen in der Polarographie: **9** ('56) 3–16 [m. engl. Zusammenfassg.]. — Allgemeines über oszillographische Polarographie: 73–91 [~].

Agenda Chemistului Polarography: **1939,** 319–37 [rumän.].

Analyst The fundamental laws of polarography: **72** ('47) 229–34. — The development of polarographic analysis: **81** ('56) 189–92.

Analytica chim. Acta Modern trends of polarographic analysis: **2** ('48) 533–41. — Qualitative analysis with a polarographic oscilloscope: 8 ('53) 283–94. — Analysis with the electronic polaroscope: **12** ('55) 600–09.

Angewandte Chem. Entwicklungslinien der Polarographie. Nobel-Vortrag am 11. Dezember 1959: **72** ('60) 427–32.

Arhiv Hemiju i Farmaciju On the limiting currents in electrolysis with the dropping mercury cathode: **8** ('34) 11–17 [kroat. m. engl. Zusammenfassg.].

Buletinul Labor. The applications of the polarograph: **5** ('39) 22f., 67–69, 106–09 [rumän.].

Bull. int., Acad. tchèque Sci. A sensitive polarographic test for the absence of rhenium in manganous salts: **36** ('35) 33–36.

Čas. českoslov. Lékárnictva On the applicability of the polarographic method in pharmacy: **14** ('34) 285–89 [tschech.]. — The electroreduction of dicyan, oxamic acid and oxamide at the dropping mercury cathode[2]): **17** ('37) 274–80 [tschech.].

Československá Farm. The use of oscillographic polarography in pharmacy: **2** ('53) 403–06 [tschech.].

Chemical Age Trends in polarographic analysis: **1956,** 1449–52.

Chemical Reviews The electrodeposition of hydrogen and deuterium at the dropping mercury cathode: **24** ('39) 125–34.

Chemické Listy (Vědu a Průmysl) The reduction of fructose at the dropping mercury cathode, and the estimation of invert sugar by means of the polarographic method[15]): **26** ('32) 479–85. — The significance of the depolarisation potentials derived from intensity–potential curves obtained by electrolysis at the dropping mercury electrode[9]): **29** ('35) 234–37. — Overpotential of heavy hydrogen at the dropping mercury cathode: 295–300. — The hydrogen overpotential in light and heavy water at the mercury cathode: **31** ('37) 440–47. — A polarographic study of dilute amalgams[10]): **34** ('40) 47–51. – The use of the cathode-ray oscillograph in polarography: **35** ('41) 155–60. – The polarographic maximum of cadmium amalgam: **36** ('42) 267–71. – Liberation of the energy of atomic nuclei and the principle of atomic bomb: **40** ('46) 33–35. – Oscillographic investigation of the reversibility of processes on the mercury capillary electrodes: 61–66. – The differential polarographic method with the streaming mercury electrodes: 222–24. – Retarded electrode reactions: 229–32. – Significance of derivative curves in polarography: **43** ('49) 149–54. – Polarographic microanalysis: 250–54. – Survey of scientific activities up to 1950 [1]): **44** ('50) 277–80. – The degree of polarisation and depolarisation: **46** ('52) 477f. – The oscillography of penicillin G and the determination of its purity: **47** ('53) 168–73. – Jan Böhm †: 481–84. – The oscillographic depolarisation effect of aluminium ions: 1762–67. – Polarographic maxima owing to the anodic solution of mercury in alkaline solution [18]): **49** ('55) 763. – Bohuslav Brauner: 800f. – Recollection of Bohuslav Brauner: 802–04. – – Alle Arbeiten tschech.

Chemické Zvesti Polarographic analysis in metallurgy: **3** ('49) 254–66 [tschech.]. – The mechanism of electrode processes: **8** ('54) 617–25 [∼]. – Capacity phenomena and the effect of surface active substances in oscillographic polarography: Suppl., 759–66 [∼]. – The maxima: Suppl., 823–30 [∼]. – The study of polarographic maxima of the first kind in mercury salt solutions: **10** ('56) 477–82 [tschech. m. deutscher Zusammenfassg.].

Chemische Techn. Anwendung des Kathodenstrahloszillographen in der Polarographie mit Wechselstrom: **9** ('57) 257–61.

Chimie et Industrie Sur les applications industrielles de la méthode polarographique: **29** ('33) No. spéc. 6 bis, 204–10. – Les applications de la polarographie: **40** ('38) 1043–50.

Collection Trav. chim. Tchécoslovaquie Polarographic studies with the dropping mercury cathode, 30: The electroreduction and estimation of fructose and sorbose[15]): **4** ('32) 521–30; ∼ 48: Overpotential in heavy water[13]): **7** ('35) 281–87; ∼ 58: The electroreduction of dicyanogen and oxamic acid[2]): **8** ('36) 114–24; ∼ 62: An increase of the sensitivity in the determination of the alkali metals[3]): 446–54; ∼ 69: The hydrogen overpotential in light and heavy water: **9** ('37) 273–301; ∼ 70: The hydrogen overpotential in mixtures of light and heavy water and the separation coefficient: 345–59. – Professor Bohuslav Brauner died February 15th, 1935: **7** ('35) 51–56. – Polarographic studies with the dropping mercury electrode, 2: The absolute determination of reduction and depolarization potentials[9]): 198–214; ∼ 11: The use of dilute amalgams in the dropping electrode [10]): **11** ('39) 464–73. – Bibliography of publications dealing with the polarographic method [1922–1937][11]): **10** ('38) 153–73; ∼ in 1938: **11** ('39) 98–103; ∼ in 1939: 667–73; ∼ from 1940 to 1945: **12** ('47) 156–92; ∼ in 1946[13]): 677–85; ∼ in 1947[13]): **13** ('48) 481–91; ∼ in 1948 [13]): **14** ('49) 569–94; ∼ in 1949[13]): **15** ('50) 1209–37. – Professor Ferdinand Schulz died October 6th, 1939: **11** ('39) 351–56. – Antonín Šimek (1887–1942): **12** ('47) 1–3. – Capacity phenomena displayed at mercury capillary electrodes[16])[6]): 11–38.

Collection czechoslov. chem. Commun. Bibliography of publications dealing with the polarographic method in 1950[13]): **16/17** ('51/52) 430–53; ∼ in 1951[13]): Suppl. 1, 31 S.; ∼ in 1952[13]): **18** ('53) Suppl. 1, 46 S.; ∼ in 1953: **19** ('54) Suppl. 1, 38 S.; ∼ in 1954: **20** ('55) Suppl. 1, 61 S.; ∼ in 1955: **21** ('56) Suppl. 1, 76 S.; ∼ in 1956: **22** ('57) Suppl. 1, 79 S.; ∼ in 1957: **23** ('58) Suppl. 1, 79 S.; ∼ in 1958: **24** ('59) Suppl. 1, 69 S. – Polarization effects of surface films at the dropping and streaming mercury electrodes[12]): **16/17** ('51/52) 455–64. – The oscillography of penicillin G and the determination of its purity: **18** ('53) 739–48 [m. russ. Zusammenfassg.]. – The oscillographic depolarization effect due to aluminium ions: 749–56 [m. russ. Zusammenfassg.]. – The effect of gelatin in oscillographic polarography: **19** ('54) Suppl. 2, 58–67. – Über die Natur der polarographischen anodischen Maxima in alkalischer Lösung[18]): **20** ('55) 717f. [m. russ. Zusammenfassg.].

Discuss. Faraday Soc. Retarded electrodeposition of metals studied oscillographically with mercury capillary electrodes: Nr. **1** ('47) 212–23.

Dokl. bolgarsk. Akad. Nauk Über die Natur der polarographischen anodischen Maxima in alkalischer Lösung[18]): **9** ('56) 7–9 [m. russ. Zusammenfassg.].

Elektrotechnický Obzor The polarograph and its application: **21** ('32) 577–80 [tschech.].

Industrial Chemist and chem. Manufacturer Qualitative analysis with a polarographic oscilloscope: **28** ('52) 489f.

J. amer. chem. Soc. The polarographic reduction potential of osmium tetroxide[4])[5]): **63** ('41) 2888–90.

J. japan. Chem. Polarography and its application: **11** ('57) 907–12 [japan.].

J. polarogr. Soc. Polarography and its application: **1957**, Inaugural No., 7 S. – Researches with the dropping mercury cathode, 1: General introduction: **1960**, 54–58; ∼2: The polarograph[14]): 59–62.

Laboratory Practice Polarography – a historical survey: **7** ('58) 344–48.

Magyar Kémikusok Lapja Oscillographic polarography: **10** ('55) 357–63 [ungar.].

Matematicko-fyzik. Čas. The significance of the Ilkovič equation in electrochemistry[19]): **7** ('57) 3–6 [tschech.].

Metallwirtsch., Metallwiss., Metalltechn. Grundlagen und metallkundliche Bedeutung der Polarographie, 1: Theoretische Grundlagen: **23** ('44) 333–41.

Mikrochemie Anwendung der polarographischen Methode in der Mikroanalyse: **12** ('32) 25–64.

Mikrochemie verein. Mikrochimica Acta Fortschritte der Polarographie im Jahre 1941. Sammelreferat: **32** ('43) 103–22.

Nature [London] A sensitive polarographic test for the absence of rhenium in manganous salts: **135** ('35) 870f. — Polarographic research on cancer: **142** ('38) 317–19. — Johan Böhm †: **171** ('53) 240f. — Oldřich Tomíček †: **173** ('54) 288.

Österreichische Chemiker-Ztg. Rates of electrode reactions studied oscillographically with mercury capillary electrodes: **48** ('47) 24–30. — Die oszillographische Polarographie: **58** ('57) 94–99.

Příroda [Brno] The catalytic evolution of hydrogen at the dropping mercury cathode: 28 ('35) 212–19 [tschech.].

Priroda [SSSR] Polarograph and its application: **44** ('55) Nr. 11, 71–76 [russ.].

Radiometer Polarographics The degree of polarisation and depolarisation: **1** ('52) 109f. — The "Polaroscope". A new simple electronray oscilloscope for polarographic analysis: **2** ('53) 92–.

Review Polarography [Japan] The trends of polarography: 8 ('60) 85–95. — Congratulatory message to Japanese 35th polarographic anniversary: 96.

Rozpr. české Akad. Věd a Umění A sensitive polarographic test for the absence of rhenium in manganous salts: **45** ('35) Nr. 8, 1–5 [tschech.].

Science [USA] Trends in polarography: **132** ('60) 123–30.

Technická Práca Analysis with oscillographic polarography: **5** ('53) 475–79 [tschech.]. — Oscillographic polarography: **6** ('54) 603–05 [tschech.].

Technika [Sofija] Practical applications of oscillographic polarography: **2** ('53) 2–4 [bulgar.].

Věstn. balneol. a klimatol. Spol. českoslov. Polarographic investigation of mineral waters: **14** ('34) 88–94 [tschech.].

Věstn. českoslov. Akad. zemědělské Polarographic investigation of fermentation products [15])[17]): **9** ('33) 599–607 [tschech.].

Z. Elektrochem., Ber. Bunsenges. physik. Chem. Oszillographische Untersuchung der irreversiblen Abscheidung von Zinkionen an Quecksilberkapillarelektroden: **59** ('55) 802–06. — Mark Freiherr von Stackelberg: **65** ('61) 817f.

Z. Pflanzenzücht. Die polarographische Carotinbestimmung[7]): **25** ('43) 443–50.

Z. physik. Chem. [Leipzig] Oszillographische Polarographie[6]): **193** ('43) 77–96. — Betrachtungen über polarographische Maxima erster Art: **209** ('58) Sonderheft Juli, 7–16. — Bemerkung zur Interpretierung der polarographischen Maxima erster Art: **229** ('65) 49f.

Zavodskaja Labor. Main trends in the development of polarographic analysis: **23** ('57) 399–409 [russ.].

Mit: [1]) R. Brdička; [2]) J. Březina; [3]) M. Bureš; [4]) W. R. Crowell; [5]) D. W. Engelkemeir; [6]) J. Forejt; [7]) H. Hasselbach; [8]) —; [9]) D. Ilkovič; [10]) M. Kalousek; [11]) J. Klumpar; [12]) M. Matyáš; [13]) O. H. Müller; [14]) M. Shikata; [15]) I. Smoleř; [16]) F. Šorm; [17]) J. Štastný; [18]) A. Trifonov; [19]) A. A. Vlček.

VI **HEYTING,** Arend. Math. — 1924–38 Oberlehrer am Lyzeum, Enschede; '36–37 Privatdoz., '37–48 Lektor, '48– ord. Prof., Univ. te Amsterdam.

*1898, Mai 9, Amsterdam.

H. Servire's encyclopaedie in monografieën, A: Natuurwetenschappen, Afd. A1: Wiskunde ('s Gravenhage '44–49); davon eig. Beitr.: Nr. 2: Matrices en determinanten ('46) 117 S. — Constructivity in mathematics. Proc. of the colloquium held at Amsterdam 1957 (Amsterdam '59) (Studies in logic and the foundations of mathematics); darin eig. Beitr.: 69–71: Some remarks on intuitionism.

MH. Studies in logic and the foundations of mathematics (Amsterdam '51ff.).

S. Verhandlungen des internationalen Mathematiker-Kongresses, Zürich 1932, **2** (Zürich–Leipzig '33) 344f.: Anwendung der intuitionistischen Logik auf die Definition der Vollständigkeit eines Kalküls. — F. Gonseth, Philosophie mathématique (Paris '39) (Actualités scientifiques et industrielles, 837) 73–75: Les fondements des mathématiques du point de vue intuitionniste. — Les méthodes formelles en axiomatique. Centre National des Recherches Scientifiques; 1er Colloque de logique mathématique, Paris 1950 (Paris '53) 59–64: Espace de Hilbert et intuitionnisme. — Proc. 11th International congress of philosophy, Brussels 1953 **5** (Amsterdam '53) 193–98: Sur la tâche de la philosophie des mathématiques. — Applications scientifiques de la logique mathématique. Actes du 2e colloque international de logique mathématique,

Paris 1952 (Paris '54) 75–82: Logique et intuitionnisme. — Le raisonnement en mathématiques et en sciences expérimentales (Paris '58) (Colloques internationales du Centre National des Recherches Scientifiques, 70) 85–90: La théorie élémentaire de l'intégration en mathématiques intuitionnistes. — The axiomatic method. With special reference to geometry and physics. Proc. of an international symposium, Berkeley, Calif., 1957/1958 (Amsterdam '59) (Studies in logic and the foundations of mathematics) 160–73: Axioms for intuitionistic plane affine geometry. — Infinitistic methods. Proc. Symposium on foundations of mathematics, Warszawa 1959 (Oxford '61) 185–92: Infinitistic methods from a finitist point of view. — Logic, methodology and philosophy of science. Proc. of an international congress, Stanford, Calif., 1960 (Stanford, Calif. '62) 194–97: After thirty years.

W. Mathematische Grundlagenforschung. Intuitionismus. Beweistheorie (Berlin '34) 4+73 S. (Ergebnisse der Mathematik und ihrer Grenzgebiete **3**, 4). — De ontwikkeling van de intuitionistische wiskunde. Openbaare les gehouden bij de aanvaarding van de functie van privaat-docent aan de Universiteit van Amsterdam op 30 Nov. 1936 (Groningen '37) 18 S. — Ruimteleer en axiomatiek. Openbaare les gegeven bij de aanvaarding van het ambt van lector aan de Universiteit van Amsterdam op 27 Sept. 1937 (Groningen '37) 16 S. — Spanningen in de wiskunde. Rede uitgesproken bij de aanvaarding van het ambt van hoogleraar aan de Universiteit van Amsterdam op 16 Mei 1949 (Groningen '49) 20 S. — Les fondements des mathématiques, intuitionnisme, théorie de la démonstration (Paris–Louvain '55) 92 S. (Collection de logique mathématique. Sér. A, 9). — Intuitionism. An introduction (Amsterdam '56) 8+134 S. (Studies in logic and the foundations of mathematics); russ.: (Moskva '65) 200 S. — Axiomatic projective geometry (Groningen–Amsterdam '63) 5+145 S. (Bibliotheca mathematica, 5). — Projectieve meetkunde (Groningen '64) 126 S.

Annales Fac. Sci. Univ. Clermont Méthode et problèmes de l'intuitionnisme: No. **7** ('62) 101–05.

Bull. Soc. math. Belgique Sur la théorie intuitionniste de la mesure: **6** ('53/54) 70–78.

Compositio math. Bemerkungen zu dem Aufsatz von Herrn Freudenthal „Zur intuitionistischen Deutung logischer Formeln": **4** ('36) 117f.

Dialectica Blick von der intuitionistischen Warte: **12** ('58) 332–45.

Enseignement math. A propos d'un article de MM. Barzin et Errera: **31** ('33) 121f.; Sur la logique intuitionniste: 271–.

Etudes philos. La conception intuitionniste de la logique: (N.S.) **11** ('56) No. 2, 226–33.

Euclides [Groningen] Die Entwicklung der intuitionistischen Mathematik: **13** ('36/37) 129–44. — Mathematische Exaktheit in Wissenschaft und Schule: **17** ('40) 79–93. — Intuitionismus und Schulmathematik: **33** ('57) 1–12. — — Alle Arbeiten holländ.

J. symbol. Logic On weakened quantification: **11** ('46) 119–21.

Mathematica [Zutphen], B Intuitionistische Mathematik: **4** ('35) 72–83, 123–28, 129–36; **5** ('36) 62–80, 105–12; **7** ('39) 129–42. — — Alle Arbeiten holländ.

Pr c., Koninkl. nederl. Akad. Wet., Ser. A Note on the Riesz-Fischer theorem: **54** ('51) 35–40 (= Indagationes math. **13** ('51) 35–40).

Synthese [Holland] Formal logic and mathematics: **6** ('48) 275–82 [ ]. — G. F. C. Griss and his negationless intuitionistic mathematics: **9** ('54) 91–96.

Verhandelingen koninkl. nederl. Akad. Wet., Afd. Natuurkunde, 1. Sect. Untersuchungen über intuitionistische Algebra: **18** ('42) Nr. 2, 36 S.

VI **HIBBEN,** James Herbert. Chem. (physik.). — 1928–39 Physical Chemist, Geophysical Labor., Carnegie Instn., Washington, D.C.; '28–39 Consultant, Nation. Bureau of Standards, Washington, D.C.; '39–59 Chief of the Chemical Division, U.S. Tariff Commission, Washington, D.C.; '36 Pres. of the Amer. Chemical Soc., Washington Sect.; Vice-Pres. of the Washington Acad. Sci., Washington, D.C. — '28 Hillebrand Prize (Amer. Chem. Soc., Washington Sect.).

*1897, Mai 14, Indianapolis, Ind.;
†1959, Juni 15, Washington, D.C.

Nekr. Capital Chemist **9** ('59) 163 (m. Bildn.). — Chemical and Engng. News **37** ('59) 29. Juni, S. 104 (m. Bildn.).

S. Recent advances in surface chemistry and physics (F. R. Moulton) (Washington, D.C. '39) (Publ. of the Amer. Assoc. for the Advancement of Science, 7) 117–25: Recent developments and applications of the Raman effect.

W. The Raman effect and its chemical applications (New York–London '39) 544 S. (American Chemical Society monograph series, 80). — Synthetic organic chemicals. United States production and sales, 1940 (m. W. F. Sterling, B. M. Robertson u. a.) (Washington, D.C. '41) 64 S. (U.S. Tariff Commission Report Nr. 148); ~ 1950 (m. H. O. Parsons, H. D.

Keister, F. Gonet, P. T. Eno u. a.) ('51) 170 S. (~ Ser. 2, Nr. 173); ~ 1951 (m. H. O. Parsons, D. K. Emory, F. Gonet, P. T. Eno u. a.) ('52) 179 S. (~ Nr. 175); ~ 1953 (m. H. O. Parsons, D. K. Emory, F. Gonet, P. T. Eno u. a.) ('54) 181 S. (~ Nr. 194); ~ 1954 (m. H. O. Parsons, D. K. Emory, F. Gonet, P. T. Eno u. a.) ('54) 184 S. (~ Nr. 196); ~ 1955 (m. H. O. Parsons, D. K. Emory, F. Gonet, P. T. Eno u. a.) ('55) 187 S. (~ Nr. 198); ~ 1956 (m. H. O. Parsons, D. K. Emory, F. Gonet, P. T. Eno u. a.) ('56) 192 S. (~ Nr. 200).

American J. Sci. The constitution of some boric oxide compounds: **35A** ('38) 113–25.

Chemical and Engng. News Organic chemicals: **34** ('56) 5678–86. — Organics top previous marks: **35** ('57) Nr. 35, 72–79.

Chemical Reviews Raman spectra in inorganic chemistry: **13** ('33) 345–478. — Raman spectra in organic chemistry: **18** ('36) 1–32.

Industrial and Engng. Chem. The Raman effect. Applications and present limitations in petroleum chemistry: **26** ('34) 646–51. — Organics have grown phenomenally: **40** ('48) 978–91. — Organic chemicals – production and value still expanding: **42** ('50) 990–97. — Leveling off follows 1951 peak and 1952 decline. Organic chemicals: **46** ('54) 1123–30.

J. chem. Physics Raman spectra of oxalic acid: **3** ('35) 675–79; **4** ('36) 323f. — Raman spectra of water, aqueous solutions and ice: **5** ('37) 166–72. — Chemical applications of the Raman effect, 1: Polymerization: 706–10; ~ 2: Common ion-effect: 710–12. — Low and high Raman frequencies for water: 994. — Recent developments and applications of the Raman effect: **6** ('38) 174f.

J. Washington Acad. Sci. The chemical application of the Raman effect: **27** ('37) 269–99.

Physical Methods chem. Analysis Raman spectra: **1** ('50) 405–23.

Physical Rev. The re-emission of visible light and the coloration by ultraviolet light of certain crystals: (2) **51** ('37) 530. — The common ion effect in some aqueous solutions as shown by means of the Raman effect: 593f.

Proc. indian Acad. Sci., Sect. A A statistical analysis of trends in research on the Raman effect: **8** ('38) 294–300.

Proc. nation. Acad. Sci. USA An investigation of intermediate compound formation by means of the Raman effect: **18** ('32) 532–38.

Science [USA] The preservation of biological specimens by means of transparent plastics: **86** ('37) 247f.

VI **HIBBERT, Harold.** Chem. — 1925–43 Prof. Industrial and Cellulose Chem., McGill Univ., Montreal, Quebec, Can. — '36 Hon. LL. D. (Univ. of British Columbia, Vancouver, British Columbia, Can.).
*1877, Aug. 27, Manchester;
†1945, Mai 13, Philadelphia, Pa.

Ehrung Harold Hibbert Memorial Prize (Chemistry Departm., Univ. of Manchester).

Zur Biogr. Pulp and Paper Mag. Canada **1943**, Sept.-H. (m. Bildn.).

Nekr. R. H. Clark, Proc. and Trans. roy. Soc. Canada, Sect. III **40** ('46) 95–99. — C. G. Fink, Science [USA] **102** ('45) 268f. — A. S. Williams, McGill News **27** ('45) Herbst-Nr. 1, 14f. (m. Bildn.). — M. L. Wolfrom, Biographical Mem., Nation. Acad. Sci. USA **32** ('58) 146–80 (m. Bildn., Faks., Schr.verz.). — Chemical and Engng. News **23** ('45) 924. — 1500-Volume Hibbert library purchased by Crown Zellerbach Corp.: Pulp and Paper Industry **20** ('46) Jan.-H. (m. Bildn.).

Advances Carbohydrate Chem. Bacterial polysaccharides[19]): **2** ('46) 203–33.

Annual Rev. Biochem. Lignin: **11** ('42) 183–202.

Archives Biochem. Studies on plant tumors, 2: Carbohydrate metabolism of normal and tumor tissues of beet root[52]): **3** ('43) 141–57; ~ 3: Nitrogen metabolism of normal and tumor tissues of the beet root[52]): 159–66; ~ 4: Oxidases in normal and tumor beet root tissues[39])[47]): 167–74.

Ber. dtsch. chem. Ges. Zur Frage der Untersuchungen über Ring-Ketten-Tautomerie bei partiell acetylierten mehrwertigen Alkoholen: **65** ('32) 199f. — Studien über Reaktionen von Kohlehydraten und Polysacchariden, 40: Die Größe des Winkels zwischen den zwei Valenzbindungen des Sauerstoffatoms in organischen Verbindungen und die Struktur der Glucose[1]): 1362–71. — Studien über Lignin und verwandte Substanzen, 30: Die durch Säuren hervorgerufene Formaldehydabspaltung aus Lignin[34])[70]): **71** ('38) 734–45; ~ 31: Die aromatischen und nichtaromatischen Teile des Lignins[6])[15])[70]): 746–55.

Canadian J. Res., Sect. B Studies on reactions relating to carbohydrates and polysaccharides, 41: Structure of raffinose levan [49]): **7** ('32) 345–48; ~ 42: The synthesis of cellulose o-chlorobenzyl ethers and mechanism of their formation[4]): 481–98; ~ 43: Cyclic acetal and ketal formation from α-phenylglycerol as further examples of the "ring partition principle"[57]): 629–42; ~ 44: Synthesis of isomeric bicyclic acetal ethers[31]): **8** ('33) 129–36; ~ 45: The polymerization, under the influence of heat, of certain compounds containing the ethylene oxide ring[35]): 199–209; ~ 46: Structure of the cellulose synthesized by the action of Acetobacter xylinus on fructose and glycerol[5]): **10** ('34) 170–79; ~ 48: Ethylene oxide and related compounds: syntheses of the polyethylene glycols[56]): **14** ('36) 77–83; ~ 52: The preparation, separation and identification of the isomeric propylidene-, isobutylidene-, tert.-amylidene- and dibromoethylidene-glycerols and the general properties of glycerol cyclic acetals[66]): 415–26; ~ 53: Structure of the dextran synthesized by the action of Leuconostoc mesenteroides on sucrose[24])[12])[9]): **15** ('37) 486–97; ~ 67: Synthesis of methylated glucose derivatives[19])[39])[32]): **20** ('42) 175–84; ~ 60 [68]: Stabilizing action of ethanol on starch nitrates[2])[14]): **24** ('46) 238–45; ~ 61 [69]: Properties of the fractionated nitrates of two fractions of corn starch[2])[19]): 246–53; ~ 62 [70]: Effect of hot alkali on the nitrates of starch, amylose, and amylopectin [2]): **25** ('47) 151–54; ~ 63 [71]: The stability of maltose and cellobiose octanitrates[2])[19]): 155–58. — The nature of the mechanism of polymerization[56]): 8 ('33) 102. — The plant synthesis of carbohydrates and polysaccharides: 103f. — Studies on lignin and related compounds, 12: Methanol lignin[9]): **13** ('35) 28–34; ~ 13: The structure and properties of glycol lignin[29])[36])[9]): 35–47; ~ 14: The action of lead tetra-acetate and of mercuric acetate on glycol lignin derivatives[29])[9]): 48–54; ~ 15: Phenol glycol lignin[9]): 55–60; ~ 16: Phenol lignin from spruce wood, from Freudenberg spruce lignin and Willstätter spruce lignin[12]) [9]): 61–77; ~ 17: Methylation of Willstätter and Freudenberg lignins[9]): 78–87; ~ 18: Lignin sulfonic acid – a preliminary investigation on its isolation and structure[36])[9]): 88–102; ~ 19: Alkali lignin[46])[9]): 103–13; ~ 20: Methanol lignin and its relation to the so-called "primary lignin" of Friedrich and Diwald[36]): **14** ('36) 12–19; ~ 21: Insoluble methanol lignin[45]): 55–64; ~ 22: Fractionation of methanol lignin[13])[30]): 115–19; ~ 27: Methylation and structure of methanol lignin (spruce)[13]): **15** ('37) 38–45; ~ 28: The behavior of lignin towards activated hydrogen [51]): **14** ('36) 404–07; ~ 29: A study of the acidic hydroxyl groups in spruce lignin[51])[70]): **15** ('37) 532–35; ~ 33: Isolation of acetovanillone from waste sulfite pulp liquor[12])[65]): **16** ('38) 54–56. — The isolation of guaiacol from waste sulfite liquor[38]): 68. — The conversion of furfuryl alcohol to levulinic acid[38]): 68f. — The structure of lignin: 69–71. — The structure of dextran synthesized by Leuconostoc dextranicus[20])[34]): 151. — The isolation of guaiacol and pyrogallol 1,3-dimethyl ether from hardwood waste sulfite liquor[38]): 151. — Formic acid as a solvent for ozonization investigations[17]): **18** ('40) 30–34. — Synthesis of veratroyl acetaldehyde and influence of the hydroxyl group on the reactivity of the para-carbonyl group [11])[32]): **19** ('41) 24–33.

Canadian J. Res., Sect. C Studies on plant tumors, 1: Effect of crown gall formation on the chemical composition of beets[52]): **18** ('40) 613–23.

Chemistry and Industry Synthetic flavouring materials: **16** ('38) 116.

Industrial and Engng. Chem. Perkin Medal award to Colin G. Fink. Accomplishments of the medalist: **26** ('34) 232–34.

Industrial and Engng. Chem., Analyt. Edit. Determination of methoxyl and ethoxyl groups[14]): **15** ('43) 24f.

Inorganic Syntheses Thionyl bromide[59]): **1** ('39) 113f.

J. amer. chem. Soc. The oxygen valence angle and the structure of glucose and related compounds[1]): **54** ('32) 4115f. — Studies on lignin and related compounds, 10: The identity and structure of spruce lignins prepared by different methods[9]): **55** ('33) 4720–27; ~ 11: The nature of lignite humic acid and of the so-called "humic acid" from sucrose[58]): **57** ('35) 528–36; ~ 23: The preparation and methylation of spruce lignin sulfonic acids[65]): **58** ('36) 340–45; ~ 24: The formation of vanillin from waste sulfite liquor[65]): 345–48; ~ 25: Mechanism of vanillin formation from spruce lignin sulfonic acids in relation to lignin structure[65]): 348–53; ~ 26: The properties of spruce lignin extracted with formic acid[70]): **59** ('37) 125–30; ~ 32: The guaiacyl and syringyl groups in various woods[32])[70]): 2447f.; ~ 34: Acetovanillone and acetosyringone as degradation products of lignin sulfonic acids[38]): **60** ('38) 565–67; ~ 35: The ethanolysis of spruce wood[15])[34]): **61** ('39) 509–16; ~ 36: The ethanolysis of maple wood[34])[15]): 516–20; ~ 37: The structure of lignin and the nature of plant synthesis: 725–31; ~ 38: The effect of solvents in the Grignard analysis for active hydrogen and carbonyl[40])[70]): 865–67; ~ 39: The ethanolysis of spruce and maple woods[11])[60])[42]): 868f.; ~ 40: The extraction of birch lignin with formic acid[40])[70]):1477–82; ~ 41: The detection, isolation and estimation of the syringyl radical in plant products[34]): 2190–94; ~ 42: The isolation of a bisulfite soluble "extracted lignin"[62]): 2194f.; ~ 43: The absence of the piperonyl group in the lignin structure[34]): 2196–98; ~ 44: The ethanolysis of maple wood; separation and identification of the water-soluble aldehyde constituents[60])[11]): 2198–203; ~ 45: Synthesis and properties of α-hydroxypropiovanillone [15]): 2204–06; ~ 46: The action of ozone on isolated lignins[17])[32]): 2698–701; ~ 47: The synthesis of xylosides related to lignin plant constituents[22])[32]): **62** ('40) 1412–15; ~ 48: Identification of vanillin and vanilloyl methyl ketone as ethanolysis products from spruce wood[11)][32)]: 2149–54; ∼ 49: Occurrence of the guaiacyl and syringyl groupings in the ethanolysis products from various plants[44)][67)][42)]: 2803–07; ∼ 50: Fractionation of acetylated cell wall constituents of red oak wood[54)][42)]: 2284–88; ∼ 51: The solvent fractionation of maple ethanol lignin[53)][68)][41)][32)]: **63** ('41) 2065–70; ∼ 52: New method for the fractionation of lignin and other polymers[41)]: 2070–73; ∼ 53: Isolation of vanilloyl and syringoyl methyl ketones from ethanolysis products of maple wood[37)][32)]: 2371–74; ∼ 54: Synthesis and properties of glycosides related to lignin [22)][32)]: 3031–35; ∼ 55: Synthesis and properties of β-hydroxypropioveratrone[68)][32)]: 3035–38; ∼ 56: Stability of lignin building units and ethanol lignin fractions toward ethanolic hydrogen chloride[68)][32)]: 3038–41; ∼ 57: Mechanism of the ethanolysis reaction [33)][42)]: 3041–45; ∼ 58: The mechanism of the ethanolysis of maple wood at high temperatures[33)][42)]: 3045–48; ∼ 59: Aromatic aldehydes from plant materials[16)][42)]: 3049–52; ∼ 60: Hydrogenation studies on maple ethanolysis products, 1[14)][42)]: 3052–56; ∼ 61: Hydrogenation of ethanolysis fractions from maple wood, 2[14)][42)]: 3056–61; ∼ 62: High-pressure hydrogenation of wood using copper chromite catalyst, 1[28)][42)]: 3061–66; ∼ 63: Hydrogenation of wood, 2[8)][42)]: 3066–68; ∼ 64: Synthesis and properties of 3-hydroxy-1-(4-hydroxy-3-methoxyphenyl)-1-propanone [68)]: **65** ('43) 1170–72; ∼ 65: Re-ethanolysis of isolated lignins[33)]: 1173–76; ∼ 66: The ethanolysis of maple wood[67)][43)][19)][39)]: 1176–80; ∼ 67: Isolation and identification of 1-(4-hydroxy-3,5-dimethoxyphenyl)-2-propanone and 1-(4-hydroxy-3-methoxyphenyl)-2-propanone from maple wood ethanolysis products; metabolic changes in lower and higher plants [37)]: 1180–85; ∼ 68: Synthesis and properties of 1-ethoxy-1-(4-hydroxy-3-methoxyphenyl)-2-propanone, 3-ethoxy-1-(4-hydroxy-3-methoxyphenyl)-2-propanone and their methyl ethers[37)]: 1185–87; ∼ 69: Isolation of 1-(4-hydroxy-3-methoxyphenyl)-2-propanone and 1-ethoxy-1-(4-hydroxy-3-methoxyphenyl)-2-propanone from the ethanolysis products of spruce wood[67)][44)]: 1187–92; ∼ 70: Hydrogenolysis and hydrogenation of maple wood [8)][14)]: 1192–95; ∼ 71: The course of formation of native lignin in spruce buds[8)][14)]: 1195–98; ∼ 72: The ultraviolet absorption spectra of compounds related to lignin[53)]: 1862–69; ∼ 73: The ultraviolet absorption spectra of ethanol lignins[53)]: 1869–73; ∼ 74: Relation of wood ethanolysis products to the Hibbert series of plant respiratory catalysts; allylic and dismutation rearrangements of 3-chloro-1-(3,4-dimethoxyphenyl)-2-propanone and 1-bromo-1-(3,4-dimethoxyphenyl)-2-propanone [18)][21)][37)]: **66** ('44) 26–32; ∼ 75: Alkaline nitrobenzene oxidation of plant materials and application to taxonomic classification[16)][27)]: 32–37; ∼ 76: Alkaline nitrobenzene oxidation of corn stalks; isolation of p-hydroxybenzaldehyde[16)]: 37f.; ∼ 77: Re-investigation of the ethanolysis products of maple wood[37)][21)][3)]: 39–41; ∼ 78: Chromic acid oxidation of lignin-type substances, wood ethanolysis products and wood[43)][19)]: 41–44; ∼ 79: Synthesis and properties of 3-hydroxy-1-(3,4-dimethoxyphenyl)-2-propanone[21)][37)]: 598–601; ∼ 80: The ethanolysis of 1-acetoxy-1-(4-acetoxy-3-methoxyphenyl)-2-propanone and its relation to lignin structure[48)]: 602–04; ∼ 81: Properties of 1-bromo-1-(4-acetoxy-3-methoxyphenyl)-2-propanone and relation to lignin structure[48)] [19)]: 604–07; ∼ 82: Synthesis and properties of 1,3-diacetoxy-1-(4-acetoxy-3-methoxyphenyl)-2-propanone and 1-acetoxy-3-chloro-1-(4-acetoxy-3-methoxyphenyl)-2-propanone and their relation to lignin structure[26)]: 607–10; ∼ 83: Synthesis of 3-hydroxy-1-(4-hydroxy-3-methoxyphenyl)-2-propanone[21)]: **69** ('47) 1208–10; ∼ 84: The high pressure hydrogenation of maple wood: hydrol lignin[10)][14)]: **70** ('48) 57–59; ∼ 85: Synthesis and properties of dimers related to lignin[3)][19)]: 60–63; ∼ 86: Hydrogenation of dimers related to lignin[3)]: 63–67; ∼ 87: High pressure hydrogenation of maple wood[55)]: 67–71. — The assumed non-identity of cotton and wood cellulose[5)]: **56** ('34) 748. — Studies on reactions relating to carbohydrates and polysaccharides, 47: The oxygen valence angle and the structure of glucose and related compounds[1)]: 1398–403; ∼ 49: Molecular weight, molar refraction, freezing point and other properties of the polyethylene glycols and their derivatives[25)]: **58** ('36) 813–16; ∼ 50: The chemical identity of cotton and wood cellulose[5)]: 1006f.; ∼ 54: The surface tension constants of the polyethylene glycols and their derivatives[25)]: **59** ('37) 2514–21; ∼ 55: Vapor pressures of the polyethylene glycols and their derivatives[25)]: 2521–25; ∼ 56: The synthesis of the higher polyoxyethylene glycols[23)][41)]: **61** ('39) 1905–10; ∼ 57: The synthesis of 90-membered oxyethylene and 186-membered oxyethylene glycols[23)]: 1910f.; ∼ 58: The relation between chain length and viscosity of the polyoxyethylene glycols[23)]: 1912–15; ∼ 59: The precipitability of pure hemicolloidal polyoxyethylene glycols[41)]: 1916–20; ∼ 60: The quantitative analysis of mixtures of polyoxyethylene glycols by fractional distillation [56)]: **62** ('40) 2561f.; ∼ 61: The mechanism of polymerization of ethylene oxide[56)]: 2599–604; ∼ 62: The relation between concentration and viscosity of the polyoxyethylene glycols [41)]: 2140–43; ∼ 63: The surface tensions of aqueous solutions of polyoxyethylene glycols [41)]: 2144–48; ∼ 65: An improved technique for the fractionation of partially methylated glucosides[39)][32)]: **64** ('42) 1957–59; ∼ 66: Structure of the dextran synthesized by the action of Leuconostoc mesenteroides on sucrose[39)32)]: 1959–62. — Mechanism of organic reactions, 4: Pyrolysis of esters and acetals[7)]: **58** ('36) 823–26. — Occurrence of acetovanillone in waste sulfite liquor from coniferous woods[12)65)]: **59** ('37) 597. — Occurrence of acetone and syringic aldehyde as degradation products of lignin substances[6)32)70)]: 598. — A water-soluble lignin sulfonic acid from an extracted oak lignin[62)]: 1768. — The structure of lignin[34)15)]: **60** ('38) 2274, 2813, 2815f. — The aldehydic constituents from the ethanolysis of spruce and maple woods[11)60)]: **61** ('39) 523. — The reconversion of an "extracted" lignin into its primary building units[64)42)]: 530. — Occurrence of the syringyl radical in plant products[67)44)42)]: 2556. — The freezing points of pure high polymers[41)]: **62** ('40) 230f. — The mechanism of plant respiration: 984f. — Structure of the ethanolysis products from spruce and maple wood[11)60)32)]: 986. — Hydrogenation of wood [28)42)]: 988. — Aromatic aldehydes from spruce and maple woods[16)42)]: **63** ('41) 312.

J. exper. Medicine Reactions relating to carbohydrates and polysaccharides, 64: Antigenicity of dextran produced by Leuconostoc mesenteroides on sucrose[19)32)]: **74** ('41) 511–18.

Manual textile Industry Canada Synthetic-fiber developments: **10** ('38) 81f.

Paper Trade J. The determination of methoxyl groups in pulp and plant materials[54)]; **109** ('39) Nr. 17, 46–48. — The "coloring matter" of kraft and its influence in bleaching[61)42)]: **111** ('40) Nr. 18, 30–34. — Status of the ignin problem: **113** ('41) Nr. 4, 35–44. — Mechanism of the chlorination of lignin[69)64)54)61)42)]: Nr. 24, 299–309.

Pulp and Paper Mag. Canada The chemistry of cellulose and wood: **34** ('33) 100–02. — The action of sulfurous acid on cellulose[50)]: 103–07. — The structure of lignin[9)]: 187f. — Progress of the Division of Industrial and Cellulose Chemistry, McGill University: **35** ('34) 163–66. — Multistage bleaching of kraft pulp[42)]: **50** ('48) 88–93.

Science [USA] A starchless potato induced by the introduction of foreign enzymes[63)]: **79** ('34) 78f.

Technical Assoc. Papers Mechanism of the chlorination of lignin[69)64)54)]: **24** ('41) 179–89.

Mit: [1)] J. S. Allen; [2)] W. R. Ashford; [3)] S. B. Baker; [4)] R. H. Ball; [5)] J. Barsha; [6)] A. Bell; [7)] E. M. Bilger; [8)] J. R. Bower, jr.; [9)] F. E. Brauns; [10)] C. P. Brewer; [11)] L. Brickman; [12)] I. K. Buckland; [13)] J. Compton; [14)] L. M. Cooke; [15)] A. B. Cramer; [16)] R. H. J. Creighton; [17)] R. M. Dorland; [18)] A. M. Eastham; [19)] T. H. Evans; [20)] E. C. Fairhead; [21)] H. E. Fisher; [22)] J. H. Fisher; [23)] R. Fordyce; [24)] F. L. Fowler; [25)] A. F. Gallaugher; [26)] J. A. F. Gardner; [27)] R. D. Gibbs; [28)] H. P. Godard; [29)] K. R. Gray; [30)] M. Greig; [31)] E. G. Hallonquist; [32)] W. L. Hawkins; [33)] W. B. Hewson; [34)] M. J. Hunter; [35)] E. C. Jahn; [36)] E. G. King; [37)] M. Kulka; [38)] F. Leger; [39)] I. Levi; [40)] M. Lieff; [41)] E. L. Lovell; [42)] J. L. MacCarthy; [43)] W. S. Mac Gregor; [44)] A. S. Mac Innes; [45)] H. W. Mac Kinney; [46)] H. B. Marshall; [47)] M. Michaelis; [48)] L. Mitchell; [49)] W. Mitchell; [50)] L. P. Moore; [51)] R. G. D. Moore; [52)] A. C. Neish; [53)] R. F. Patterson; [54)] Q. P. Peniston; [55)] J. M. Pepper; [56)] S. Z. Perry; [57)] M. E. Platt; [58)] M. Plunguian; [59)] J. C. Pullman; [60)] J. J. Pyle; [61)] H. Schwartz; [62)] W. H. Steeves; [63)] R. F. Suit; [64)] J. N. Swartz; [65)] G. H. Tomlinson II; [66)] S. M. Trister; [67)] E. West; [68)] K. A. West; [69)] E. V. White; [70)] G. F. Wright.

VI **HICKINBOTTOM,** Wilfred (Fred) John. Chem. (org.). — 1924–39 Lecturer, Univ. of Birmingham; '47–60 Reader, '60–63 Prof., '63 Prof. Emer., Queen Mary College, Univ. of London; '63–68 Visiting Prof., Univ. of Khartoum, Sudan.
*1896, Sept. 27, Auchtergaven, Perthshire, Schottland.

S. Chemistry of carbon compounds (E. H. Rodd) **3A** (Amsterdam–Houston, Tex.–New York '54) 81–112: Mononuclear hydrocarbons: Benzene and its homologues; 113–57: Halogen-, nitro-, nitroso- and hydroxylamino-derivatives of benzene and its homologues; 158–229: Aromatic amines derived from benzene and its homologues; 230–48: Sulphonic acids, sulphinic acids and sulphenyl compounds of the benzene series; 413–86: Nuclear hydroxy derivatives of benzene and its homologues; phenols; 487–540: Aralkylamines, alcohols, aldehydes and ketones of the benzene series; 541–601: Monocarboxylic acids of the benzene series; **3B** (Amsterdam–London–NewYork–Princeton, N.J. '56) 730–815: Phenolic monohydric alcohols, monoaldehydes, monoketones and monocarboxylic acids[16)]; 816–69: Dihydric and polyhydric alcohols and their oxidation products with functional groups in separate side chains[16)]; 870–954: Phenyl derivatives of dihydric and polyhydric alcohols and their oxidation products[16)2)]; 955–1027: Benzene derivatives with one or more unsaturated side chains[2)]; 1028–53: The phenylbenzene group; 1054–115: Di-, tri- and tetra-phenylmethanes.

W. Reactions of organic compounds (London–NewYork–Toronto '36) 10+449 S., ('38); [2]('48); [3]('57) 11+608 S.; span.: Reacciones de los compuestos orgánicos (Barcelona '50); auch russ.

Chemistry and Industry Alkylation of the aromatic nucleus[30)31)]: **1955**, 539. — The rearrangement of N-chloroacetanilide[4)16)]: 1122. — The condensation of 4,4-dimethylpentan-2-one with acetaldehyde[2)12)20)]: 1483. — Alkylation in the aromatic nucleus by esters of sulphonic acids[17)30)31)]: **1957**, 461f. — Course of the alkylation of the aromatic nucleus by esters of sulphonic acids[17)]: 1359. — Rearrangement of N-chloro-2,6-disubstituted acet anilides[6]): 1421. — The meta-alkylation of the alkylbenzenes[7]): **1961**, 1569. — The cyclohexylation of toluene and ethylbenzene using ethylaluminium halides [27)24)7)11)34]): **1962**, 1329f.

J. amer. chem. Soc. The hydrolytic fission of amines: **56** ('34) 1820f.

J. chem. Soc., London The rearrangement of the alkylanilines, 5: Trimethylethylene, the intermediate product in the rearrangement of isoamylaniline hydrobromide to p-amino-tert.-amylbenzene hydrobromide: **1932**, 2396–400; ~ 6: Mechanism of the rearrangement: **1934**, 1700–05; ~ 7: The behaviour of alkylanilines with tert.-alkyl groups: **1937**, 404–06; ~ 8: Migration of large groups: 1119–25. — Reactions of unsaturated compounds, 1: Addition of arylamines to cyclohexene and 1,4-dihydronaphthalene: **1932**, 2646–54; ~ 2: Addition of arylamines to styrene: **1934**, 319–23; ~ 3: Addition of arylamines to butadiene: 1981–84; ~ 4: Addition of aniline to olefins: **1935**, 1279–82; ~ 5: Action of organic per-acids on β-diisobutylene [2,4,4-trimethylpent-2-ene][9]): **1948**, 284–88; ~ 6: Reaction of α-diisobutylene [2,4,4-trimethylpent-1-ene] with organic per-acids[9]): 1328–31; ~ 7: Mechanism of formation of unsaturated alcohols from olefins by the action of organic per-acids: 1331–33; ~ 8: Course of the oxidation of diisobutylene by chromic acid[9]): 1334–37; ~ 9: The oxidation of as-dineopentylethylene by chromic acid[35]): **1951**, 1600–02; ~ 10: The oxidation of camphene by chromic oxide[35]): **1953**, 1906–08; ~ 11: The oxidation of 2,3-dimethylbut-2-ene by chromic acid[21)28)35]): **1954**, 4400–03; ~ 12: The course of oxidation of olefins by chromic acid[28)35]): **1955**, 1360–65; ~ 13: The oxidation of 1,1-diarylolefins by chromic oxide[26]): **1957**, 4195–98; ~ 14: The oxidation of 2,2,4,6,6-pentamethylhept-3-ene [12]):**1958**, 2205–09. — The preparation of alkylanilines containing tertiary alkyl groups: **1933**, 946–51. — The elimination of tertiary alkyl groups from alkylanilines by hydrolysis: 1070–73. — Reactivity of the aromatic nucleus, 1: Karrer's theory of coupling[25]): **1939**, 1383–86. — Synthesis and reactions of branched-chain hydrocarbons, 1: Hydrocarbons with the 3,5,5-trimethylhexyl groups[19]): **1951**, 2064–67; ~ 2: Hydrocarbons with two or more quaternary carbon atoms[19]): 3344–47; ~ 3: α-Hydroxy-ketones with secondary and tertiary alkyl groups[23)33]): **1954**, 2529–33; ~ 4: The synthesis of ketones with quaternary carbon atoms[23)33]): 2533–36; ~ 5: Oxidation of 2,2,4-trimethylpentane and of 2,2,4,6,6-pentamethylheptane by chromic oxide[3]): 4197–200; ~ 6: The free-radical dimerisation of some esters and ketones[2)22]): **1955**, 349–51; ~ 7: The preparation and pinacol rearrangement of some αβ-acetylenic ditertiary glycols[2)23]): 1592–95; ~ 8: The pinacol rearrangement of an aliphatic tetraol[2)23]): 1781–84; ~ 9: The preparation of some branched-chain alcohols and ketones[2)12)20)22)23]): 2705–07; ~ 10: The rearrangement of α-ethynyl alcohols to unsaturated carbonyl compounds[2)20]): **1956**, 911–17; ~ 11: 2,2,4,6,6-Pentamethylhept-3-ene, one of the constituents of triisobutylene[12]): **1957**, 1998–2000; ~ 12: The oxidation of 2,3-dimethylbutane and some other hydrocarbons by chromium(VI) oxide[14]): **1960**, 215–18; ~ 13: The course of the oxidation of saturated hydrocarbons by chromium(VI) oxide[14]): 680–83; ~ 14: The free-radical halogenation of tert.-butylbenzene[8]): **1961**, 2587–89; ~ 15: Free-radical chlorination in the liquid phase[8]): **1963**, 1234–38; ~ 16: Bromination in the liquid phase by N-bromosuccinimide[8]): 1319f.; ~ 17: N-Chlorosulphonamides as chlorinating agents[15]): **1965**, 3228–34; ~ 18: Chlorination of 2,2,4-trimethylpentane[15]): 3235–38. — The reaction of epoxides with carboxylic acids[21]): **1954**, 4200–05. — Molecular rearrangements, 1: N-Chloroacetanilide[4)6)16]): **1957**, 2981–86; ~ 2: 2,6-Disubstituted N-chloroacetanilides[6]): **1958**, 2982–86; ~ 3: The thermal rearrangement of aryl benzyl ethers[13]): **1959**, 1873–76; ~ 4: The thermal rearrangemement of N-chloroacetanilide[6)8]): **1960**, 520–22; ~ 5: The course of the thermal rearrangement of benzyl phenyl ether[13]): 1286–92; ~ 6: The thermal rearrangement of N-methyl-N-p-nitro-phenylnitramine[5]): **1961**, 2616–20; ~ 7: NN-Diacylanilines[36]): **C 1966**, 1305f. — The rearrangement of αβ-unsaturated alcohols to saturated aldehydes and ketones, 1: The preparation of αβ-unsaturated alcohols and 1,2-diols and their prototropic change[18]): **1957**, 3262–70; ~ 2: The course of the rearrangement[18]): 3270–74. — Alkylation of the aromatic nucleus, 1: The introduction of sec.-alkyl and cyclohexyl groups by reaction with esters of toluene-p-sulphonic acid[30]): 4124–30; ~ 2: The scope of the reaction[31]): **1959**, 2509–13; ~ 3: The reaction of phenols with the n-butyl ester of methanesulphonic acid[17]): 2513–16; ~ 4: Phenanthrene[31]): 2517–20; ~ 5: The course of the alkylation by thermal decomposition of alkyl sulphonates[17]): 2520–23; ~ 6: Fluorene[10]): **1962**, 867–70; ~ 7: Acenaphthene[10]): 870–73; ~ 8: Benzylation and cyclohexylmethylation[7]): **1963**, 366–73; ~ 9: Cyclopentylation and cycloheptylation[11]): 373–78; ~ 10: Cyclohexylation of the monoalkylbenzenes, and the course of thermal alkylation[7]): 518–23; ~ 11: Isomer distribution in the benzylation of toluene[1]): **1964**, 2476f.; ~ 12: Isopropylation[11]): **1965**, 2295f.; ~ 13: p-Xylene[1]): 4097–100; ~ 14: Naphthalene[37]): 4101–07. — The decomposition of some esters of toluene-p-sulphonic acid[30]): **1957**, 4131f. — The C-benzylation of phenols by use of sodium hydride[13]): **1958**, 2431f. — 4-Nitro-2,6-di-tert.-butylphenol and its thermal decomposition[5]): **1961**, 953–56. —

The reduction of diaryl ketones and diaryl methanols to diarylmethanes[7]): 1405–07.

J. Inst. Petroleum Synthesis of some [aliphatic and cyclic] hydrocarbons[29]): **35** ('49) 621–30. — Branched-chain hydrocarbons, their synthesis and reactions: **36** ('50) 67–70. — Hydrocarbon research sponsored by the Hydrocarbon Research Group: **51** ('65) 333–39.

Nature [London] Alkylanilines with tertiary alkyl groups: **131** ('33) 762f. — Karrer's theory of coupling[25]): **141** ('38) 1056. — Mechanism of the rearrangement of phenyl ethers: **142** ('38) 830. — Demonstration of the participation of free radicals in the rearrangement of benzyl phenyl ether: **143** ('39) 520. — Grignard compounds as condensing agents[32]): **155** ('45) 19. — Activation of catalysts in olefin reactions: **157** ('46) 520. — Oxidation of olefins by per-acids[9]): **158** ('46) 341. — Autoxidation of olefins. Formation of unsaturated alcohols from olefins by the action of organic per-acids: **159** ('47) 844. — Oxidation of olefins by chromic acid[9]): **160** ('47) 402. — Course of the oxidation of olefins by chromic acid[35]): **168** ('51) 33f. — H. D. K. Drew †: **183** ('59) 718. — Oxidation of organic compounds[16]): **184** ('59) 326f.

Proc. chem. Soc., London The disproportionation of mesitylene by methanesulphonic acid[17]): **1958**, 286. — The chlorination of 2,2,4-trimethylpentane[15]): **1963**, 147f.

Revue Chim., Acad. Républ. popul. roumaine The alkylation of aromatic systems by the thermal decomposition of alkyl esters of sulphonic acids: **7** ('62) 907–13.

Mit: [1]) P. R. Adams; [2]) M. F. Ansell; [3]) D. P. Archer; [4]) K. N. Ayad; [5]) T. J. Barnes; [6]) C. Beard; [7]) J. Blackwell; [8]) J. R. B. Boocock; [9]) A. Byers; [10]) J. F. Cairns; [11]) K. M. Davies; [12]) M. A. Davis; [13]) F. M. Elkobaisi; [14]) G. Foster; [15]) A. E. Fuller; [16]) R. F. Garwood; [17]) M. S. Grant; [18]) M. B. Green; [19]) E. M. Gutman; [20]) J. W. Hancock; [21]) D. R. Hogg; [22]) P. G. Holton; [23]) A. A. Hyatt; [24]) M. Ioyu; [25]) E. W. Lambert; [26]) G. E. M. Moussa; [27]) I. V. Nicolescu; [28]) D. Peters; [29]) C. R. Porter; [30]) N. W. Rogers; [31]) N. G. Rule; [32]) E. Schlüchterer; [33]) M. B. Sparke; [34]) R. Williamson; [35]) D. G. M. Wood; [36]) S. A. Abbas; [37]) M. Z. A. Badr.

VI **HICKMAN,** Kenneth Claude Devereux. Chem. Technol. — 1925–39 Chemist, Eastman Kodak Co., Rochester, N.Y.; '39–48 Vice-Pres., Dir. of Research, Distillation Products Industries; '48– Consultant in Vacuum Technol.; '54– Assoc. Dir. of Research, Consolidated Vacuum Corporation, Rochester, N.Y.; '56–60 Vice-Pres. and Technical Dir., Aquastills, Inc.; '61– Research Prof. Chem., Dir. of the Distillation Research Labor., Rochester Institute of Technol., Rochester, N.Y. — '23 Williamson Award (Rochester Inst. of Technol., Rochester, N.Y.); '29, '30 Scientific Instruments Prizes (American Optical Soc.); '39 Modern Pioneer Award (Nation. Assoc. of Manufacturers); '50 John P. Wetherill Medal (Franklin Inst., Philadelphia, Pa.). *1896, Febr. 4, London.

Zur Biogr. Chemical and Engng. News **28** ('50) 3882 (m. Bildn.). — Industrial and Engng. Chem. **48** ('56) 497 (m. Bildn.).

S. Medical physics (O. Glasser) (Chicago, Ill. '44) 1631–: Vacuum technique. — Thorpe's dictionary of applied chemistry (M. A. Whiteley) **8** [4](London '44): Molecular distillation. — Science in progress, 4th series (G. A. Baitsell) (New Haven, Conn. – Toronto – Oxford '45) 205–50: Adventures in vacuum chemistry. — Proc. 1st National cancer conference, Washington, D. C., 1949 (Washington, D. C. '49) 97–108: Time and the cancer problem. — Trans. 4th Conference on biological antioxidants, New York 1949 (C. G. Mackenzie) (New York '49) 114–23: Practical application of physiological antioxidants. — Proc. Symposium on saline water conversion, Washington, D.C., 1957 (Washington, D.C. '58) (National Academy of Science, National Research Council, Publ. 568): Research and development of the centrifugal vapor compression still. — Trans. 7th National symposium on vacuum technology, Cleveland, O., 1960 (London '61) 383–88: Distillation with least mixing – the microfactor, 1: Design and theory. — Trans. 8th National vacuum symposium (= 2nd International congress on vacuum science and technology), Washington, D.C., 1961 **1** (L. E. Preuss) (Oxford–London '62) 307–14: High vacuum with polyphenyl ethers – a self-contained technology. — Encyclopaedia Britannica. A new survey of universal knowledge **7** (Chicago–London–Toronto . . . '65) 499f.: Distillation: Molecular distillation, Uses of the molecular still.

Advances Chem. Ser. Centrifugal phase-barrier recompression distillation[13])[7])[5]): **27** ('60) 128–46.

Advances Enzymol. and related Subj. Tocopherol interrelationships[11]): **6** ('46) 469–524.

American J. publ. Health and Nation's Health Survey of the blood-plasma levels of vitamin A, carotene, ascorbic acid, and tocopherols of persons in an area of endemic malnutrition[11])[16])[26]): **36** ('46) 155–60.

Annual Rev. Biochem. Fat-soluble vitamins: **12** ('43) 353–96.

Apothecary Vitamin A – sources of supply[22]): **57** ('43) 35–.

Archives Biochem. The effect of tocopherol and of fat on the resistance of rats to anoxic anoxia[14])[11]): **8** ('45) 395–404. — Function of α-tocopherol in lipoxidase metabolism: **17** ('48) 360.

Battelle techn. Rev. Molecular distillation[18]): **10** ('61) Nr. 8, 9–14.

British J. Photogr. Optical intensification[30]): **80** ('33) 482–84. — The photographic properties of silver sulphide, 3: The print-out effect – photographic aspect[30]): **81** ('34) 212–14, 226–29. — The argentometer – an apparatus for testing for silver in a fixing bath[30]): **82** ('35) 739f.

Chemical Engng. Progr. Evaporation from liquids in high vacuum[29]): **49** ('53) 105–09.

Chemical Products and chem. News The molecular still in America: **9** ('46) 25–30.

Chemical Reviews High vacuum short-path distillation – a review: **34** ('44) 51–107.

Colloid Chem. High-vacuum distillation: **5** ('44) 253–.

Desalination [Amsterdam] Reviewing the evaporation coefficient: **1** ('66) 13–29.

Industrial Chemist and chem. Manufacturer Analytical examination of natural vitamin D, 1.2: The distillation method[10]): **14** ('38) 283f., 313–17.

Industrial and Engng. Chem. Electrolysis of silver-bearing thiosulfate solutions[9])[30]): **25** ('33) 202–12. — Molecular distillation – apparatus and methods: **29** ('37) 968–75. — Molecular distillation – state of the vitamins in certain fish-liver oils: 1107–11. — Molecular distillation – examination of natural vitamin D[10]): **30** ('38) 796–802. — High-vacuum distillation of the steroids: **32** ('40) 1451–53. — Molecular distillation[22]): **38** ('46) 28f.; **39** ('47) 19–, 686–94. — High-vacuum distillation: **40** ('48) 16–18; **42** ('50) 36–38; **43** ('51) 68f.; **45** ('53) 44–46; **48** ('56) 496–99. — Decomposition hazard of vacuum stills[8]): **40** ('48) 135–. — Studies in high-vacuum evaporation [,1]: The falling-stream tensimeter[29]): **44** ('52) 1882–88; ~ [3]: Surface behavior in the pot still: 1892–902; ~ [4]: Comparison of high vacuum stills and tensimeters[29]): 1903–11. — Torpidity of stirred phlegmatic liquids: **46** ('54) 45–52. — Maximum evaporation coefficient of water: 1442–46. — Evaporation of resting water[28]): 1446–50. — The water conversion problem. Energy requirements and energy standards: **48** ('56) Nr. 4, 7A–18A. — A centrifugal boiler compression still: **49** ('57) 786–800.

Industrial and Engng. Chem., Analyt. Edit. Automatic titrating devices[32]): **5** ('33) 65–68. — Direct determination of low vapor pressures[12])[8]): **9** ('37) 264–67. — High-vacuum still in medicine: **14** ('42) 250–54.

Analytical Chem. Small laboratory centrifugal molecular still[2])[24]): **21** ('49) 638–40. — Radiant heat still for pure water: **36** ('64) 1404f.

Industrial and Engng. Chem., Int. Edit. Floating drops and liquid boules[6])[19])[20]): **59** ('67) Nr. 10, 18–41.

Interne Some problems of vitamin dosage: **1946**, April-Nr., 278–.

J. amer. Water Works Assoc. Role of distillation in a waste water recovery cycle: **55** ('63) 1120–32.

J. appl. Physics [USA] Trends in design of fractionating pumps: **11** ('40) 303–13.

J. biol. Chemistry A new vitamin D in cod liver oil[3])[21])[10]): **126** ('38) 241–44. — Noncrystallizable vitamin A[1])[11])[25]): **141** ('41) 991f. — Covitamin studies, 1: The sparing action of natural tocopherol concentrates on vitamin A[17])[11]): **152** ('44) 303–11; ~ 2: The sparing action of natural tocopherol concentrates on carotene[11])[17]): 313–20; ~ 3: The sparing equivalence of the tocopherols and mode of action[17])[11]): 321–28.

J. chem. Educat. Sea water conversion: a key to water conservation?: **35** ('58) 221–26.

J. Franklin Inst. A vacuum technic for the chemist: **213** ('32) 119–54. — The photographic properties of silver sulfide, 2: The print-out effect – chemical aspect[30]): **216** ('33) 683–706; ~ 3: The print-out effect – photographic aspect[30]): 591–627. — Vacuum pumps and pump oils, 1: Some fractionation-pumps: **221** ('36) 215–35; ~ 2: Comparison of oils: 383–402.

J. Nutrition [USA] The state of vitamin A in the liver of the rat after feeding various forms of the vitamin[10])[4]): **19** ('40) 39–46. — Covitamin studies, 6: Effect of tocopherol supplementation on the output of vitamin A, carotene and fat by dairy cows[11])[27]): **33** ('47) 411–27.

J. Soc. Motion Picture Engr. Modellbau aus Planfilmcelluloid[15]): **20** ('33) 236–48 [engl.]. — The argentometer: an apparatus for estimating the silver content of fixing baths[30]): **25** ('35) 335–40.

Lancet Dosage of vitamin E: **254** ('48) 652.

Nature [London] Photographic sensitivity of silver sulphide[30]): **132** ('33) 134f. — Identification of vitamins by molecular distillation: **138** ('36) 881f. — Interrelationship of vitamins A and E[11])[31]): **150** ('42) 91f. — Performance of diffusion pumps: **156** ('45) 635f. — Pump fluids for higher vacuums: **187** ('60) 405f. — Floating drops and boules: **201** ('64) 985–87.

News Edit., Amer. chem. Soc. Vitamin A supplies during a national emergency[22]): **19** ('41) 623–25.

Chemical and Engng. News Molecular distillation: **20** ('42) 1561f.

Photographische Industrie Optische Verstärkung[30]): **31** ('33) 903–06. — Die photographischen Eigenschaften von Silbersulfid, 3: Der Auskopiereffekt - photographischer Gesichtspunkt[30]): **32** ('34) 588–90, 613–16.

Proc. roy. canad. Inst. Adventures with vacuums and vitamins: **15** ('49/50) 25f.

Proc. Soc. exper. Biol. and Med. Effect of tocopherols and soybean phosphatides on utilization of carotene[16])[11]): **54** ('43) 294–96. — Dietary production of gastric ulcers in rats and prevention by tocopherol administration [11])[14])[23]): **64** ('47) 273–77.

Record chem. Progr. State of the surface in the high-vacuum still: **9** ('48) 15–. — Vitamin E in medicine: 104–21.

Res. and Development Progr. Rep., U.S. Office saline Water Research on and development of Badger-Hickman centrifugal distillation techniques and equipments: Nr. **12** ('56). — A study and development of the Hickman sea-water still: Nr. **43** ('60).

Review sci. Instruments An oil manometer for moderately low pressures: **5** ('34) 161–64. — Letter to the editor: **19** ('48) 401–. — Reverse separation in fractionation pumps: **22** ('51) 141–46.

Rochester Engr. The significance of emptiness or bigger and better vacuum pumps: **20** ('41) 57–.

Science [USA] Oases for the future. New trends in gaining, using, and conserving fresh water are here or on the horizon: **154** ('66) 612–17.

Science et Industries photogr. Automatic control of silver recovery from fixing baths: (2) **3** ('32) 35–37[ ].

Synthetic org. Chemicals Vacuum distillation in organic research: **13** ('41) Nr. 5.

Vacuum Evaporation from liquid surfaces in vacuum[29]): **2** ('52) 3–18.

Mit: [1]) J. G. Baxter; [2]) R. M. Biehler; [3]) C. E. Bills; [4]) E. F. Brown; [5]) W. L. Buckel; [6]) A. Davidhazy; [7]) J. A. Eibling; [8]) N. D. Embree; [9]) O. E. Goehler; [10]) E. LeB. Gray; [11]) P. L. Harris; [12]) J.C.Hecker; [13])W.J.Hogan; [14]) E. L. Hove; [15]) D. E. Hyndman; [16]) J. L. Jensen; [17]) M. W. Kaley; [18]) G. W. Kinzer; [19]) J. R. Maa; [20]) O. Mady; [21]) O. N. Massengale; [22]) G. C. Mees; [23]) M. Mellott; [24]) E. S. Perry; [25]) C. D. Robeson; [26]) T. D. Spies; [27]) W. J. Swanson; [28]) W. A. Torpey; [29]) D. J. Trevoy; [30]) W. J. Weyerts; [31]) M. R. Woodside; [32]) C. R. Sanford.

III–VI **HICKS,** William Mitchinson. Physik, Astron., Spektroskopie. — 1905–17 Prof. Physics, '17 Prof. Emer., Univ. of Sheffield. — 1895, 1905 Vice-Pres. of Sect. A, British Assoc. for the Advancement of Science; 1900–02, '10–11, '22 Member of Council, Roy. Soc. London. — '17 Hon. D. Sc. (Victoria Univ. of Manchester). — '12 Royal Medal (Roy. Soc. London); '21 Adams Prize (Univ. of Cambridge).

*1850, Sept. 23, Launceston, Cornwall; †1934, Aug. 17, Crowhurst, Sussex.

Nekr. F. G. Hopkins, Proc. roy. Soc., London, Ser. A **148** ('35) 10. — S. R. Milner, Obituary Notices Fellows roy. Soc. London **1** ('35) 393–99 (m. Bildn. u. Faks.); Nature [London] **134** ('34) 280, 408f.

W. The structure of spectral terms (London '35) 11+209 S.

Philosophical Mag. and J. Sci. nhν-Emission in xenon and thallium III: (7) **13** ('32) 329–54. — The absolute value of the terms of As: **15** ('33) 1080–85.

VI **HIDNERT,** Peter. Physik. — 1916–18 Assist., '18–21 Assist. Physicist, '21–36 Assoc. Physicist, '36–57 Physicist, (Nation.) Bureau of Standards, Washington, D.C. — '52 U.S. Departm. of Commerce Medal.

*1891, Juni 16, New York; †1964, Juni 10, Washington, D. C.

Bur. Standards J. Res. Thermal expansion of lead[8]): **9** ('32) 703–09. — Thermal expansion of columbium[5]): **11** ('33) 279–84. — Thermal expansion of bearing bronzes: **12** ('34) 391–400.

J. Res. nation. Bur. Standards — Thermal expansion of artificial graphite and carbon: **13** ('34) 37–51. — Autographic thermal expansion apparatus[7])[3]): 497–513. — Thermal expansion of monocrystalline and polycrystalline antimony: **14** ('35) 523–44. — Thermal expansion of copper-beryllium alloys: **16** ('36) 529–48. — Thermal expansion of lead–antimony alloys: **17** ('36) 697–708. — Thermal expansion of cemented tungsten carbide: **18** ('37) 47–52. — Thermal expansion and effects of heat treatments on the growth, density, and structure of some heat-resisting alloys: **20** ('38) 809–24. — Thermal expansion of some chromium–vanadium steels: **24** ('40) 25–30. — Thermal expansion of electrolytic chromium: **26** ('41) 81–91. — Thermal expansion of cast and of swaged chromium: **27** ('41) 113–24. — Thermal expansion of some bronzes: **30** ('43) 75–88. — Thermal expansion of titanium: 101–05. — Thermal expansivity and density of indium[1]): 427–33. — Thermal expansion of some industrial copper alloys[2]): **31** ('43) 77–82. — Thermal expansion on high-Si cast iron[2]): **32** ('44) 145–49. — Thermal expansion of some copper alloys[5]): **39** ('47) 419–. — Thermal expansion of aluminum and aluminum alloys[5]): **48** ('52) 209–20. — New method for determining linear thermal expansion of invar geodetic surveying tapes[4]): **50** ('53) 179–85. — Thermal expansion of five selected optical glasses: **52** ('54) 311f. — Thermal expansion and phase transformations of low-expanding cobalt–iron–chromium alloys[4]): **55** ('55) 29–37. — Thermal expansion of some nickel alloys: **58** ('57) 89–92.

Circular, Nation. Bur. Standards Thermal expansion of solids[7]): **486** ('50) 29 S. — Density of solids and liquids[6]): **487** ('50) 3+29 S.

Metal Industry [London] Thermal expansion of bearing bronzes: **45** ('34) 57–59.

Metallurgia [Manchester] Thermal expansion of some industrial copper alloys[2]): **29** ('44) 162–64.

Mit: [1]) M. G. Blair; [2]) G. Dickson; [3]) J. F. Fox; [4]) R. K. Kirby; [5]) H. S. Krider; [6]) E. L. Peffer; [7]) W. Souder; [8]) W. T. Sweeney.

VI **HIGUCHI,** Seiichi. Mech., Technol. — 1922 D. Sc., '22–25 Doz., '25–39 außerord. Prof., '39–54 ord. Prof., '51–54 Dekan d. Fak. f. Ingenieurwiss., Tôhoku Imp. Univ., Sendai; '54–59 Prof. u. Dekan d. Fak. f. Ingenieurwiss., '59– Präs., Iwate Univ., Morioka.

*1890, Okt. 21, Shitagura, Kibi-gun, Okayama.

MHZ. Technology Rep. Tôhoku Univ. **14** ('49)–**19** ('54).

W. Danseigaku [Elastizitätstheorie] (Tokyo '49).

Canadian J. Physics A study of the approximate theory of an elastic thick beam[4])[1]): **35** ('57) 757–65.

J. Franklin Inst. On the oscillatory motion of a loaded helical spring[6])[3]): **221** ('36) 621–33. — On the internal resistance of solid bodies: **231** ('41) 421–45. — Behavior of the node of an elastic beam during stationary vibration[2]): **265** ('58) 309–15.

Science Rep. Tôhoku imp. Univ., Ser. I Wave propagation in a semi-infinite beam from its end: **23** ('34/35) 835–45. — Note on the motion of some types of oscillation in which the logarithmic decrement is proportional to the successive extreme amplitudes: Anniversary vol. Honda ('36) 158–63. — Some problems of frictional vibration: **25** ('35/37) 1121–35. — A study of the damping characteristics of an elastic vibration: **26** ('37/38) 236–42.

Technology Rep. Tôhoku (imp.) Univ. On the two-dimensional elastic wave due to the double sources of periodic disturbance: **10** ('32) 495–505. — An investigation of the forced oscillation of an elastic rod when strained either within or beyond the elastic limit: 506–31. — Wave propagation parallel to the plane surface of an elastic solid, with seismological applications: **11** ('34) 278–86. — On the oscillatory motion of a loaded helical spring[6])[3]): **12** ('37/38) 137–48. — On the motion of a circular membrane in contact with a liquid: 149–58. — On a stress-strain diagram of repeated load tests: 397–406. — A study of the logarithmic decrement proportional to the successive extreme amplitudes: 407–21. — Note on the flexural motion of an elastic rod caused by a blow[5]): 501–11. — Stresses in a semi-infinite strip under the forces applied at its end: **13** ('39/43) 289–301; **15** ('50) 26–43; ~ [9])[8]): **16** ('51) 86–93. — Figures and tables for displacement, bending moment and shearing force of a cantilever at the time of stationary oscillation[2]): **13** ('39/43) 302–12. — A method of solving two-dimensional elastic problems and its application: 313–33. — Note on the roots of the characteristic equation of the vibration of a beam – a supplement to the previous paper: **14** ('49/50) 89–94. — Distribution of stresses in the semi-infinite plate having an elliptic notch under uniform tension[7]): 95–107. — Note on the internal resistance of solid bodies: **18** ('53/54) 118–33.

Mit: [1]) Ch. Hashimoto; [2]) K. Iinuma; [3]) M. Kashiwagi; [4]) H. Saito; [5]) Z. Takabayasi; [6]) T. Tomita; [7]) M. Suzuki; [8]) M. Ishii; [9]) T. Yamashida.

VI **HILDEBRAND,** Joel Henry. Chem. — 1913–17 Assist. Prof., '17–18 Assoc. Prof., '18–52 Prof., '52 Prof. Emer., Univ. of California, Berkeley, Calif.; '52– Dir. of Research, under contracts of Univ. of California, U.S. Atomic Energy Commission and Nation. Science Foundation; '55 Pres., Amer. Chem. Soc. — '39 Hon. Sc. D. (Univ. of Pennsylvania, Philadelphia, Pa.); '54 Hon. LL. D. (Univ. of California, Berkeley, Calif.). — '18 Distinguished Service Medal (Amer. Expeditionary Forces, Gas Defense School); '39 W. H. Nichols Medal, '53 Willard Gibbs Medal, J. F. Norris Award, '62 J. Priestley Award and Medal (Amer. Chem. Soc.); '43 King's Medal (H. M. the King of Great Britain); '49 Remsen Award (Johns Hopkins Univ., Baltimore, Md.); '52 Amer. Chem. Soc. Award of Chemical Education; '62 W. Procter Prize (Scientific Research Soc. of America).

*1881, Nov. 16, Camden, N. J.

Zur Biogr. F. D. Rossini, American Scientist **51** ('63) 1f. (m. Bildn.). — A. C. S., Scientific Monthly **48** ('39) 479–81 (m. Bildn., Faks.). — California Monthly **1951**, März-Nr., 1- (m. Bildn.). — Chemical and Engng. News **27** ('49) 1429 (m. Bildn.); **30** ('52) 1293 (m. Bildn.); **33** ('55) 561 (m. Bildn.); **40** ('62) 104f. (m. Bildn.). — Current Biogr. **16** ('55) 280–82 (m. Bildn.). — Science [USA] 88 ('38) 422f.

Zum 80. Geb.tag Festgabe: J. H. Hildebrand 80th birthday symposium, Berkeley, Calif. 1961: J. physic. Chem. **66** ('62) 577–654.

S. Science in the university (Univ. of California) (Berkeley, Calif.-London '44): Molecular forces and solubility. — Growth and perfection of crystals. Proc. of a conference, Cooperstown, N. Y., 1958 (New York '58) 310–18: Liquid structure. — Langmuir, the man and the scientist (Oxford-London-New York-Paris '62) (The collected works of Irving Langmuir, 12) 233–40: The humanismus of Irving Langmuir. — Encyclopaedia Britannica. A new survey of universal knowledge 5 (Chicago-London-Toronto ... '65) 377f.: Chemical equilibrium.

W. Principles of chemistry [3](New York '32) 9+328 S.; [4]('40); [5]('47) 10+446 S.; 6. u. 7. Aufl. m. R. E. Powell [6]('52) 12+444 S., [7]('64) 405 S. — Reference book of inorganic chemistry (m. W. M. Latimer) [2](New York '40, '47) 12+563 S.; [3]('51) 12+625 S. — [Gesamtausgabe der beiden Werke:] Principles of chemistry [4. Aufl.] and Reference book of inorganic chemistry (m. W. M. Latimer) [2. Aufl.] (New York '41) 14+359+14+563 S.; Neuaufl. ('47) 10+466+12+563 S. — The solubility of nonelectrolytes [2](NewYork-London '36) 203 S.; 3. Aufl. m. R. L. Scott [3]('50) 10 +488 S., Neudruck ('64) 14+488 S. (American Chemical Society monograph series, Nr. 17). — Camp catering (m. L. Hildebrand) (New York '38), [2]('41) 102 S. — Science in the making (New York '57, '62) 116 S. (Columbia Univ. Bampton lectures in America, Nr. 9, 1956). — Regular solutions (m. R. L. Scott) (Englewood Cliffs, N.J.-New York '62) 180 S. (Prentice-Hall international series in chemistry). — An introduction to molecular kinetic theory (NewYork-London '63, '65) 11+105 S. — Is intelligence important ? (New York '63, '64) 149 S.

American Scientist The social responsibility of scientists: **43** ('55) 450–56. — "To tell or to hear some new thing": **51** ('63) 2–11.

Analytical Chem. Some applications of the solubility theory to analytical problems[38]): **24** ('52) 770–73.

Annual Rev. physic. Chem. Solutions of nonelectrolytes[42]): **1** ('50) 75–92.

Biographical Mem., Nation. Acad. Sci. USA Gilbert Newton Lewis, 1875–1946: **31** ('58) 210–35. — Wendell Mitchell Latimer, 1893–1955: **32** ('58) 221–37.

Chemical and Engng. News The scientist and the war: **23** ('45) 2317–21. — Chemistry and education: **29** ('51) 3279–81. — The making of a teacher: **30** ('52) 2072–75. — The professor and his public: 4934–37. — Production of scientists: **31** ('53) 5084–90. — Feather-weight lantern slides: **33** ('55) 481f. — Intelligence is important: 4414–16. — Eighteen hundred persons confer on education: 5352–55, 5437. — Let's do something!: **34** ('56) 3258–. — The battle for basic education – a field report: **40** ('62) 104–11.

Chemical Engng. Progr. Solubility relations of fluorocarbons: Symposium Ser. **48** ('52) Nr. 3, 3–9.

Chemical Reviews Thermodynamic aspects of the theory of nonelectrolytic solutions: **18** ('36) 315–23. — A critique on the theory of solubility of nonelectrolytes: **44** ('49) 37–45.

Chemist Education in a democracy – what is it ?: **34** ('57) 159–.

Chemistry [Washington] It ain't necessarily so: **40** ('67) 19–21.

Chemistry in Canada Conflicting concepts in education: **9** ('57) Nr. 7, 41–.

CTA Journal Craft or profession ?: **53** ('57) Mai-Nr., 48–.

Discuss. Faraday Soc. Models and molecules: Nr. **15** ('53) 9–23.

Educational Rec. [Washington] Science in higher education: **36** ('55) Jan.-Nr.

Industrial and Engng. Chem. Fundamentals Apparatus for accurate rapid determinations of the solubility of gases in liquids[12]): **6** ('67) 130f.

International Sci. and Technol. The liquid state[53])[54]): Nr. **15** ('63) 56–62, 64, 66.

J. amer. chem. Soc. A study of van der Waals forces between tetrahalide molecules[7]): **54** ('32) 3592–603. — Thermodynamic properties of liquid solutions of silver bromide with alkali bromides[39]): 4257–61. — Solubility, 13: The solubility of iodine in certain solvents[32])[11]): **55** ('33) 4793–800; ~ 14: Experimental tests of a general equation for solubility: **57** ('35) 866–71; ~ 15: The solubility of liquid and solid stannic iodide in silicon tetrachloride[32]): **59** ('37) 339–41. — Nonelectrolyte solutions – a reply: **56** ('34) 996. — The vapor pressures of hydrogen and deuterium fluorides[8]): 1820. — The validity of Raoult's law for paraffin molecules of very different length: **59** ('37) 794–98. — The incomplete solubility of liquid iodine in carbon tetrachloride: 2083–85. — Specific heats and heat of fusion of iodine[15]): **60** ('38) 1436–39. — Specific heats and heat of fusion of tellurium tetrachloride[15]): 2522f. — Specific heats and heats of fusion and transition of carbon tetrabromide[15]): **61** ('39) 1555–58. — Color and bond character[34]): **63** ('41) 2472–75. — The heat of fusion and the heat capacities of solid and liquid white phosphorus[52]): **64** ('42) 839f. — The polymerization of gaseous hydrogen and deuterium fluorides[27])[29]): **65** ('43) 182–87. — Reaction velocity with large negative temperature coefficient: **68** ('46) 915f. — Relative associations of hydrogen and deuterium fluorides in the liquid state[17]): **70** ('48) 427f. — Ultraviolet absorption bands of iodine in aromatic hydrocarbons[4]): 2832f. — The solubility relations of white phosphorus[21]): 3815–18. — Solubility of iodine in 1,2- and 1,1-dichloroethanes, cis- and trans-dichloroethylenes and perfluoro-n-heptane[4]): 3978–81. — Liquid-liquid solubility of perfluoromethylcyclohexane with benzene, carbon tetrachloride, chlorobenzene, chloroform and toluene[9]): **71** ('49) 22–25. — A spectrophotometric investigation of the interaction of iodine with aromatic hydrocarbons[4]): 2703–07. — The solubility of nitrogen in carbon disulfide, benzene, normal- and cyclo-hexane and in three fluorocarbons[19]): 3147–50. — The solubility of chlorine in normal perfluoroheptane and other liquids[19]): **72** ('50) 609–11. — Solubility of iodine in ethyl alcohol, ethyl ether, mesitylene, p-xylene, 2,2-dimethylbutane, cyclohexane and perfluoro-n-heptane[4])[30]): 1017–20. — On some partial molal volumes of gases in solution[19]): 1077f. — The absorption spectrum of iodine in acetone[4]): 2273f. — Solubility of perfluoro-n-heptane with benzene, carbon tetrachloride, chloroform, n-heptane and 2,2,4-trimethylpentane[13])[4]): 4348–51. — Supercooling of liquid phosphorus[38]): **73** ('51) 2524f. — Crystallization velocity of liquid phosphorus[35])[18]): 2525f. — The solubility of mercury in liquid phosphorus[38])[41])[18]): 2527f. — Nine or more liquid phases: 5008. — The solubility of water in liquid phosphorus[38])[22]): **74** ('52) 3165f. — Molecular order in n-heptane and perfluoro-n-heptane[38]): 4455f. — The solubility of water in perfluoro-n-heptane[38])[14]): 5783. — The solubility and entropy of solution of argon in five selected non-polar solvents[36]): **79** ('57) 1313f. — Solubility, entropy and partial molal volumes in solutions of gases in non-polar solvents[24]): **80** ('58) 1050–54. — Partial molal volumes of hydrogen and deuterium[49]): **81** ('59) 4439.

J. appl. Physics [USA] Structure of liquid mercury[6]): **14** ('43) 465–.

J. chem. Educat. Chemistry in higher education: **17** ('40) 414–17. — The alternations in stability of compounds of the elements of group V: **18** ('41) 291f. — Catalyzing the approach to equilibrium: **23** ('46) 589–92. — Ammonia as a solvent – an example of the application of existing theory: **25** ('48) 74f. — A philosophy of teaching: **26** ('49) 450–55. — "Subject matter versus students" – is it ?: **29** ('52) 111–.

J. chem. Physics The derivation of equations for regular solutions[51]): **1** ('33) 817–22. — Complex formation due to polarization[51]): **2** ('34) 822f. — The distribution of molecules in a model liquid[29]): **4** ('36) 224–27. — Liquid structure and energy of vaporization: **7** ('39) 1f. — Liquid structure and entropy of vaporization: 233–35. — The intermolecular potential of mercury[48])[5]): 1094–96. — Structure of liquid mercury[6]): **11** ('43) 330–33. — Structure of liquid xenon[6]): 334–37. — Entropy of solution of molecules of different sizes: **15** ('47) 225–28. — Comments on the "Hildebrand rule"[18]): 229–31. — Forces between tetrahalide molecules: 727–36. — Solubility of water in hydrocarbons: **17** ('49) 1346f. — An irregularity in the solvent powers of paraffins: **18** ('50) 1337f. — The temperature dependence of the solubility of solid nonelektrolytes: **20** ('52) 190f. — Entropy of solution of nonelectrolytes[42]): 1520f. — The diffusion of iodine in carbon tetrachloride under pressure[22])[1]): **21** ('53) 1601–04. — p–V–T relations of liquid carbon tetrachloride and perfluoro-n-heptane and a test of the Clausius-Mosotti equation[1])[22])[50]): **22** ('54) 1060f. — Self-diffusion of carbon tetrachloride, isobars and isochores[50])[1]): **23** ('55) 659–61. — Liquid isochores and derived functions of n-C_7F_{16}, cyclo-$C_6F_{11}CF_3$, cyclo-$C_4Cl_2F_6$, n-2,2,3-$C_4Cl_3F_7$, $CCl_2F{\cdot}CCl_2F$, and CCl_4[44]): **31** ('59) 145–47. — "Free volumes" in liquids: 1423–25. — Relations between ultraviolet and visible absorption peaks of iodine solutions[49])[20]): **33** ('60) 621f. — Further evidence concerning liquid structure[44]): **40** ('64) 909f. — Diffusion of hydrogen, deuterium, nitrogen, argon, methane, and carbon tetrafluoride in carbon tetrachloride[37]): 2397–99. — Quantum effect in the diffusion of gases in liquids at 25 °C[31])[46]): **42** ('65) 1860–63. — Partial molal volumes in regular solutions[12]): **46** ('67) 624–26.

J. Chim. physique et Physico-Chim. biol. Intermolecular forces between molecules of different species: **61** ('64) 53–57.

J. Colloid Sci. The "critical point": **7** ('52) 551f.

J., Edinburgh Univ. chem. Soc. Order and disorder among molecules: **6** ('44) Mai-Nr.

J. physic. (and Colloid) Chem. Several solutions of non-polar substances: **43** ('39) 109–17. — The entropy of solution of hexane with hexadecane[45]): 297–300. — Emulsion type: **45** ('41) 1303–05. — An unusual liquid interface[33]): **51** ('47) 567f. — The solubility of n-dotriacontane (bicetyl)[47]): **53** ('49) 886–90. — Seven liquid phases in equilibrium: 944–47. — On an interpretation of the solubility of organic compounds in water: 973f. — The effects of hydrostatic pressure and centrifugal fields upon critical liquid–liquid interfaces[1])[3])[10]): **58** ('54) 577–79. — A simple correlation of gas solubilities: 671f. — The density of n-octane and 2,2,3,3-tetramethylbutane at low temperatures[38])[14]): **59** ('55) 187f. — The solubility and partial molal volume of iodine in perfluoro-n-heptane[20]): **60** ('56) 616–18. — The entropy of solution of iodine[20]): 618–20. — The entropy of solution of bromine in perfluoro-n-heptane[36]): 949–52. — The solubility and entropy of solution of iodine in octamethylcyclotetrasiloxane and tetraethoxysilane[43]): **61** ('57) 789–91. — The liquid–liquid solubility of octamethylcyclotetrasiloxane with perfluoromethylcyclohexane and perfluoro-n-heptane[24]): 791–93. — The solubility and entropy of solution of iodine in n-C_7F_{16}, cyclo-$C_6F_{11}CF_3$, $(C_3F_7COOCH_2)_4C$, cyclo-C_4-Cl_2F_6, $CCl_2{\cdot}F{\cdot}CClF_2$ and $CHBr_3$[43]): **62** ('58) 292–94. — Partial molal volumes of iodine in various complexing and non-complexing solvents[43]): 295f. — Liquid–liquid solubility of pentaerythritol tetraperfluorobutyrate with chloroform, carbon tetrachloride and octamethylcyclotetrasiloxane[43]): 481–83. — The heat capacity of the system carbontetrachloride–perfluoromethylcyclohexane through the critical region[40])[25]): **63** ('59) 297–99. — Intermolecular forces involving chlorofluorocarbons[44])[49]): 703f. — Partial vapor pressure and entropy of solution of iodine[49]): 1174. — The entropy of solution of iodine at constant volume: **64** ('60) 370f. — Compressibilities and isochores of $(C_3F_7COOCH_2)_4C$, cyclo-Si_4O_4-$(CH_3)_8$, n-C_5H_{12}, n-C_8H_{18}, 2,2,4-$C_5H_9(CH_3)_3$, cyclo-C_5H_{10}, cyclo-C_6H_{12}, cyclo-$C_6H_{11}CH_3$, $C_6H_5CH_3$, p-$C_6H_4(CH_3)_2$, s-$C_6H_3(CH_3)_3$, CH_2-Cl_2[43]): **65** ('61) 183. — Solubility and entropy of solution of He, N_2, A, O_2, CH_4, C_2H_6, CO_2 and SF_6 in various solvents; regularity of gas solubilities[26]): 331–35. — Critical composition in liquid mixtures of components of very different molar volumes[43]): 1885f. — Partial molal volumes in liquid–liquid mixtures[16])[43]): 2268f. — The liquid–liquid solubility of cyclohexane and perfluorotributylamine at 25°[16]): **66** ('62) 573f. — Solubility relations of the isomeric trichlorotrifluoroethanes[23]): **67** ('63) 916–18. — Energy–volume relations of octamethylcyclotetrasiloxane and its mixtures with carbon tetrachloride[37]): 1301–03. — The solubility and entropy of solution of carbon tetrafluoride and sulfur hexafluoride in nonpolar solvents[2]): 1830–33. — The solubility of carbon tetrafluoride in perfluoromethylcyclohexane[36]): 1918. — Partial molal volumes of sulfur hexafluoride[23]): 1919. — The solubility and entropy of solution of certain gases in $(C_4F_9)_3N$, $CClF_2{\cdot}CCl_2F$ and 2,2,4-$(CH_3)_3C_5H_9$[23]): **68** ('64) 213f. — Mutual solubility of perfluoroheptane with carbon tetrachloride and with carbon disulfide at 25°[43]): 3904f. — Irregular solutions of iodine[43]): **69** ('65) 605–08. — Attractive potentials between fluorochemicals and aliphatic hydrocarbons[12]): **71** ('67) 1145–47. — Solubility of iodine in dimethyl sulfoxide[55]): 4561–63.

Nature [London] Interaction of iodine with aromatic hydrocarbons[4]): **164** ('49) 963. — The term "regular solution": **168** ('51) 868.

Nucleus [Cambridge, Mass.] The early education of scientists: **1961**, Dez.-Nr.

Obituary Notices Fellows roy. Soc. London Gilbert Newton Lewis †: **5** ('45/48) 491–500.

Proc. amer. Drug Manufacturers' Assoc. Education in the light of the satellites: **1958**, 88–102.

Proc. amer. philos. Soc. The social responsibility of scientists: **99** ('55) 46–50. — The use of models in physical science: **108** ('64) 411–17.

Proc. nation. Acad. Sci. USA Forces between polyatomic molecules: **33** ('47) 201–04. — Factors, determining solubility among nonelectrolytes: **36** ('50) 7–15. — Phenomena in the liquid–liquid critical region[25])[14])[28]): **39** ('53) 19–23. — Symposium on science in education[57])[58])[60])[56])[59]): **43** ('57) 645–48. — Evidence concerning liquid structure[2]): **47** ('61) 1881f. — Effect of methyl groups on the solvent power of aliphatic liquids[12]): **54** ('65) 1001–03. — Solutions of gases in normal liquids: **57** ('67) 542–47.

Proc. physic. Soc. The liquid state: **56** ('44) 221–39.

Science [USA] The liquid state: **80** ('34) 125–33. — Dipole attraction and hydrogen bond formation in their relation to solubility: **83** ('36) 21–24. — Order and disorder in pure liquids and solutions: **90** ('39) 1–8. — Forces between polyatomic molecules: **105** ('47) 636. — Osmotic pressure: **121** ('55) 116–19. — Science in human thought and action; role of the sciences in education: 840–43. — Effect of methyl groups upon the solvent power of aliphatic liquids[12]): **150** ('65) 374. — Order from chaos: 441–50.

Scuola in Azione Use of models in physical science: **1965**, Nr. 1, 18–35 [ital.].

Teachers College Rec. The battle for basic education: **64** ('62) Nr. 1, 51–59.

Trans. Faraday Soc. Intermolecular forces in solutions: **33** ('37) 144–51.

Z. physik. Chem. [Frankfurt/M.] Entropy of solution: **16** ('58) 245–56.

Mit: [1]) B. J. Alder; [2]) G. Archer; [3]) J. W. Beams; [4]) H. A. Benesi; [5]) R. N. Boyd; [6]) J. A. Campbell; [7]) J. M. Carter; [8]) W. H. Claussen; [9]) D. R. F. Cochran; [10]) H. M. Dixon; [11]) L. H. Donnally; [12]) J. Dymond; [13]) B.B. Fisher; [14]) D. W. Fraga; [15]) K. J. Frederick; [16]) R. Fujishiro; [17]) A. Gee; [18]) T. S. Gilman; [19]) J. C. Gjaldbaek; [20]) D. N. Glew; [21]) C. Groot; [22]) E. W. Haycock; [23]) H. Hiraoka; [24]) J. E. Jolley; [25]) G. Jura; [26]) Y. Kobatake; [27]) R. W. Long; [28]) G. Maki; [29]) W. E. Morrell; [30]) L. M. Mower; [31]) K. Nakanishi; [32]) G. R. Negishi; [33]) A. R. Olson; [34]) K. S. Pitzer; [35]) R. E.

Powell; [36]) L. W. Reeves; [37]) M. Ross; [38]) G. J. Rotariu; [39]) E. J. Salstrom; [40]) H. Schmidt; [41]) E. Schramke; [42]) R. L. Scott; [43]) K. Shinoda; [44]) E. B. Smith; [45]) J. W. Sweny; [46]) E. M. Voigt; [47]) A. Wachter; [48]) H. R. R. Wakeham; [49]) J. Walkley; [50]) H. Watts; [51]) S. E. Wood; [52]) F. E. Young; [53]) H. Eyring; [54]) S. Rice; [55]) T. Soda; [56]) A. S. Adams; [57]) D. W. Bronk; [58]) G. W. Corner; [59]) C. H. Faust; [60]) H. A. Moe.

V, VI **HILDEBRANDT,** Theophil Henry. Math. — 1909–14 Instructor, '14–20 Assist. Prof., '20–23 Assoc. Prof., '23–58 Prof., '34–57 Chairman of the Departm., '58 Prof. Emer., Univ. of Michigan, Ann Arbor, Mich.; '37 Vice-Pres. of the Math. Assoc. of Amer.; Visiting Prof.: '59 Emory Univ., Ga., '60 Univ. of North Carolina, Chapel Hill, N.C., '60–61 Brown Univ., Providence, R.I., '61 Louisiana State Univ., Baton Rouge, La., '62 Western Michigan Univ., Kalamazoo, Mich., '62–63 Univ. of Utah, Salt Lake City, Ut. — '29 Chauvenet Prize (Math. Assoc. of Amer.).

*1888, Juli 24, Dover, Ohio.

Bildn. Scientific Monthly **42** ('36) 89.

MHZ. American J. Math. **60** ('38) — **64** ('42).

W. Introduction to the theory of integration (New York '63) 385 S.

American math. Monthly A simple continuous function with a finite derivative at no point: **40** ('33) 547f. — Definitions of Stieltjes integrals of the Riemann type: **45** ('38) 265–78. — Remarks on the Abel-Dini theorem: **49** ('42) 441–45. — Compactness in the space of quasi-continuous functions: **73** ('66) Nr. 4, 144f.

Annals Math. On linear functional operations and the moment problem for a finite interval in one or several dimensions[5]): (2) **34** ('33) 317–28.

Bull. amer. math. Soc. On the moment problem for a finite interval: **38** ('32) 269f. — Linear operations on functions of bounded variation: **44** ('38) 75f. — On unconditional convergence in normed vector spaces: **46** ('40) 959–62. — Integration in abstract spaces: **59** ('53) 111–39.

Illinois J. Math. On systems of linear differentio-Stieltjes-integral equations: **3** ('59) 352–73.

Michigan math. J. In memoriam Sumner B. Myers, 1910–1955[1])[2])[3])[4]): **5** ('58) 1–4. — Iterated limits: 79–82.

Trans. amer. math. Soc. On bounded linear functional operations: **36** ('34) 868–75.

Mit: [1]) R. Bott; [2]) R. K. Ritt; [3]) E. H. Rothe; [4]) H. Samelson; [5]) I. J. Schoenberg.

VI **HILDITCH,** Thomas Percy. Chem. (industr.). — 1926–51 Prof., '32–34, '41–44 Chairman of the Faculty of Science, '51 Prof. Emer., Univ. of Liverpool; '39–42 Vice-Pres., Royal Inst. of Chem., London. — '52 Commander of the Order of the British Empire; '62 Lampitt Medal (Soc. of Chemical Industry); '64 Médaille Chevreul (Groupement Technique des Corps Gras); '65 Alton E. Bailey Award (North Central Section of the American Oil Chemists' Soc.).

*1886, Apr. 22, London;

†1965, Aug. 9, Oxton, Birkenhead.

Ehrung Hilditch Medal for research papers on the chemistry and technology of oils and fats (Society of Chem. Industry).

Nekr. F. D. Gunstone, J. amer. Oil Chemists' Soc. **42** ('65) 474A, 530A (m. Bildn.). — J. A. Lovern, Chemistry in Britain **2** ('66) 117. — R. A. Morton, Biographical Mem. Fellows roy. Soc. **12** ('66) 259–89 (m. Bildn., Faks., Schr.verz.). — W. D. Raymond, Chemistry and Industry **1966**, 251. — P. N. Williams, Nature [London] **208** ('65) 730f.

S. Thorpe's dictionary of applied chemistry, Suppl. **I** (London–New York–Toronto '34) 258 ⟨und **2** [4]('36) 422⟩: Fermentation processes. — Proc. 5th Pacific science congress, Canada **1933** (Toronto '34) 3647–61: Some characteristic features of the glycerides present in marine animal oils. — Chemie und Technologie der Fette und Fettprodukte (H. Schönfeld) (zugleich 2. Auflage von G. Hefter, Technologie der Fette und Öle) **1**: Chemie und Gewinnung der Fette (Wien '36) 7–13: Allgemeines; 13–17: Die Fettsäuren der natürlichen Fette[61]); 18–26: Die gesättigten Fettsäuren; 26–52: Ungesättigte Fettsäuren; 60–68: Bestimmung der Einzelbestandteile in Fettsäuregemischen; 68–101: Verteilung der Fettsäuren in den technologisch wichtigeren Fetten; 101–09: Die Alkohole; 144f.: Glucoside und dgl.; 146–49: Kohlenwasserstoffe; 194–216: Die Glyceridstruktur der Fette; 216–29: Die natürlichen Fettglyceride; 316–35: Reaktionsfähigkeit der Fette; 336–74: Das Trocknen der Öle; **2**: Verarbeitung und Anwendung der Fette ('37) 98–135: Die Hydrierung der Fette, 1: Theorie und Chemismus[61]). — C.R. 5e Congrès international technique et chimique des industries agricoles, Schéveningue **1937** **2** (Naarden '37) 367–83: The source of the typical components of milk fats; a hypothesis suggested by recent work on their glyceride structure.

W. Catalytic processes in applied chemistry (m. C. C. Hall) [2](London '37) 22+478 S. (Ser. of Monographs on applied chemistry, 2);

deutsch: Die Katalyse in der angewandten Chemie (Leipzig '32) 19+355 S. — The chemical constitution of natural fats (London–New York '40) 11+437 S.; [2]('47); [3]('56); 4. Auflage m. P. N. Williams [4]('64) 15 + 745 S. — The industrial chemistry of the fats and waxes [2](London '41) 11 + 532 S.; [3]('49) 11 + 604 S.; franz.: Chimie industrielle des corps gras et des cires (Paris '47) 519 S. — Lipides et maladie artérielle, revue des principales données biochimiques (m. H. Jasperson) [Übersetzung] (Paris '61) 56 S.

Advancement Sci. World fat supplies in relation to the needs of Great Britain and the Commonwealth: **5** ('49) 322–28.

Analyst Stability of vitamin A in cod-liver oil emulsions[22)55)]: **58** ('33) 65–68. — Composition of some fatty materials found in ancient Egyptian tombs[5)]: 265–69. — Semiquantitative modification of the elaidin test [22)]: **59** ('34) 312–18. — Less-known constituents of milk and their examination. Some minor component acids of milk fats and their possible significance: **62** ('37) 250–58. — A method for the approximate determination of some of the unsaturated minor component acids of pig and other fats[52)]: **64** ('39) 640–47. — Examination of fatty material taken from an Egyptian tomb at Armant: 867–70. — The use of thiocyanogen values in the determination of linoleic and linolenic acids and their glycerides[46)]: **65** ('40) 437–46. — Spectrographic determination of linoleic, linolenic, and elaeostearic acids[45)58)]: **70** ('45) 68–74. — The spectrophotometric determination of small proportions of linolenic acid in fats[64)]: **72** ('47) 527–31. — The spectrographic determination of linoleic and linolenic acids[48)58)]: **76** ('51) 81–87.

Annual Rev. Biochem. The chemistry of acyclic constituents of natural fats and oils: **5** ('36) 101–16; **11** ('42) 77–102. — Chemistry of the lipides: **22** ('53) 125–40.

Biochemical J. The body fats of the pig, 2: Some aspects of the formation of animal depot fats suggested by the composition of their glycerides and fatty acids[5)]: **26** ('32) 298–308; ∼ 3: The influence of body temperature on the composition of depot fats[15)]: **27** ('33) 1950–56; ∼ 4: Progressive hydrogenation as an aid in the study of glyceride structure[68)]: **29** ('35) 90–99; ∼ 5: Component glycerides of perinephric and outer back fats from the same animal[52)]: **34** ('40) 971–79. — Some further observations on factors which influence the component fatty acids of butter [15)]: **27** ('33) 889–97. — The component fatty acids of rat body fats[5)34)]: 1375–82. — A note on the general interpretation of fatty acid analyses by the ester fractionation method: **28** ('34) 779–85. — The body fats of the hen [34)57)]: 786–95. — The component glycerides of hen body fats[68)]: **29** ('35) 599–605. — The identification of linoleic and linolenic acids[21)]: 1552–63. — Some further observations on the occurrence of an octadecadienoic acid in cow butter fats[21)]: 1564–76. — The effect of certain ingested fatty oils upon the composition of cow milk fat[70)]: **30** ('36) 677–91. — The occurrence and possible significance of some of the minor component acids of cow milk fat[50)]: 1905–14. — The depot fat of Varanus salvator (Laur.)[50)]: **31** ('37) 227f. — The composition of the liver fats of some New Zealand farm animals[63)]: 1499–515. — A further study of the component acids of ox depot fat, with special reference to certain minor constituents[38)]: 1805–19. — The component fatty acids of the phosphatides of soya bean and rape seeds[52)]: 1964–72. — The fat of the green turtle[21)]: **32** ('38) 681–86. — The fat composition of milk-fed rats[38)]: 784–91. — The component fatty acids of some New Zealand fish oils[63)]: 792–96. — The component glycerides of an ox depot fat[51)]: 1775–84. — The influence of low and high planes of nutrition on the composition and synthesis of fat in the pig[37)52)]: **33** ('39) 493–504. — The influence of prolonged starvation on the composition of pig depot fats[52)]: **34** ('40) 40–47. — The component acids of an ox bone marrow fat[46)]: 1299f. — The component acids and glycerides of some Indian ox depot fats[46)]: 1301–11. — The component acids of phosphatides present in cow's milk fat[41)]: **35** ('41) 24–30. — Sheep body fats, 1: Component acids of fats from animals fed on high and low planes of nutrition[52)]: 932–39; ∼ 2: Component glycerides of perinephric and external tissue fats from the same animal[71)]: 940–51. — The component acids of some wild animal and bird fats[65)41)]: **36** ('42) 98–109. — The component fatty acids of some vegetable seed phosphatides[71)]: 815–21. — Influence of dietary fat of varying unsaturation on the component acids of cow milk fats[33)]: **37** ('43) 238–43. — Human milk fat, 1: Component fatty acids[43)]: **38** ('44) 29–34; ∼ 2: Component glycerides[43)]: 437–42. — The component acids of milk fats of the goat, ewe, and mare[33)]: 443–47. — The component acids of herring visceral fat[49)]: **42** ('48) 316–20. — The component acids of some seal blubber and liver fats[49)]: **44** ('49) 218–24. — The component acids and glycerides of a horse mesenteric fat[26)]: **48** ('51) 137–46. — The composition of the depot fats of a pig fed on a diet rich in whale oil[19)43)]: **50** ('52) 517–24.

Biochimica et biophysica Acta The component fatty acids of a yeast fat[64)]: **2** ('48) 80–85 [m. franz. u. deutscher Zusammenfassg.].

British J. Nutrition The chemical constitution of natural fats: **3** ('49) 347–54.

Chemical Age Fatty oils and soaps 1934: **31** ('34) 596f.; ~ 1935: **33** ('35) 599f.; ~ 1936: **35** ('36) 557f.

Chemical Products and chem. News Separation of saturated from unsaturated acids: **3** ('40) 78, 81.

Chemistry and Industry Hydrogenation of fats: **10** ('32) 148. – The fats: new lines in an old chapter of organic chemistry. Jubilee memorial lecture, 1934–1935: **13** ('35) 139–45, 163–67, 184–89. – Oleic acid: 1009. – The Society [of Chemical Industry], the industry, and the University [of Liverpool]: **14** ('36) 949–51. – The annual reports, 1936: **15** ('37) 433f. – Proposed supplemental charter of the Institute of Chemistry: 1120f. – Some factors affecting the control of oxidative rancidity: **1944**, 67–71. – E. F. Armstrong †: **1946**, 22f. – Artificial tung oil[43]): 158. – The fats 1900–1950. An essay in historical chemistry: **1951**, 154–59. – Rational grading of seed oils: 846–49. – The drying oil in the seeds of Mercurialis perennis (Dog's mercury): **1952**, 981. – A century of change in dietary fats: **1960**, 1172–77.

Endeavour The seed and fruit fats of plants: **11** ('52) 173–82.

Fettchemische Umschau Der gegenwärtige Stand unserer Kenntnisse von der Glyceridstruktur natürlicher und gehärteter Fette: **42** ('35) 105–17.

Fette u. Seifen Über die Analyse von Estergemischen, die zwei gesättigte und zwei ungesättigte Fettsäuren enthalten: **34** ('36) 97–100.

Food The chemical structure of fats in relation to their digestibility and palatability: **4** ('35) 350–52.

Fortschr. Chem. org. Naturstoffe [Wien] The component glycerides of vegetable fats: **1** ('38) 24–52. – Recent advances in the study of component acids and component glycerides of natural fats: **5** ('48) 72–100.

Industrial Chemist and chemical Manufacturer Fats and fatty oils, 1841–1941: **23** ('47) 415–22.

J. amer. Oil Chemists' Soc. The component glycerides of soybean oil and of soybean-oil fractions[43])[30]): **24** ('47) 321–25. – Component glycerides of an Indian sheep body fat[64]): **26** ('49) 1–4. – Discussion of the glyceride structure of stearic-rich animal depot fats: 41–45. – Regarding Karthas' communications [On the glyceride structure of natural fats]: **31** ('54) 433f. – Fractional distillation of group esters segregated by crystallization from acetone: **33** ('56) 372f. – The study of natural fat triglycerides – retrospect and prospect: **42** ('65) 745–47.

J. biol. Chemistry Further determination and characterization of the component acids of butter fat[38]): **122** ('38) 497–506.

J. chem. Soc., London The component glycerides of partially hydrogenated fats, 1: Alterations in glyceride structure produced during progressive hydrogenation of olive and cotton-seed oils[34]): **1932**, 805–20. – The interconversion of cis- and trans-modifications of monoethylenic higher fatty acids by nitrogen trioxide [the "elaidin" reaction][22]): 2315–24. – The isomeric 9,10-dihydroxyoctadecyl alcohols produced by oxidation of cis- and trans-$\Delta^{9,10}$-octadecenyl [oleyl and elaidyl] alcohols[12]): **1933**, 246–48. – Experiments on the direct esterification of higher fatty acids with glycerol and with ethylene glycol[56]): **1935**, 1774–78. – The hydrogenation of Δ^9-octadecenyl Δ^9-octadecenoate [oleyl oleate] [50]): **1936**, 664–67. – The seed wax of Simmondsia californica[21])[68]): 1750–55. – The oxidation of some polyhydroxylic and polyethylenic higher fatty acids by aqueous alkaline permanganate solutions[21]): **1937**, 764–67. – The course of hydrogenation in mixtures of mixed glycerides[8]): 1767–74. – The seed fat of the annual masturtium (Tropaeolum var.)[43]): **1938**, 1608–10. – The seed and fruit-coat fats of Neolitsea involucrata[23]): 1610–14. – The seed and fruit-coat fats of Celastrus paniculatus[23]): 1980–85. – The seed fats of Salvadora oleoides and Salvadora persica[23]): **1939**, 1015f. – Migration of acyl groups during hydrogenation of triglycerides [3]): **1941**, 527–35. – Oxidation of hydroxyketostearic acids in the presence of alcoholic alkali[53]): **1942**, 204–06. – Stereochemical relationships of the 9,10-oxidostearic acids and the 9,10-dihydroxystearic acids[3]): **1943**, 204–08. – Union of gaseous oxygen with methyl oleate at 20° and 120° [3]): **1944**, 105–08. – Union of gaseous oxygen with methyl oleate, linoleate and linolenate[24]): **1945**, 836–41. – Autoxidation of methyl oleate in presence of small proportions of methyl linoleate[24]): **1946**, 1022–25. – Structural relationship in the natural unsaturated higher fatty acids: **1948**, 243–52. – Constitution and properties of a conjugated diene acid present in stillingia oil[14]): **1949**, 3353–57. – The component glycerides of Bacury (Platonia insignis, Mart.) seed fat[49]): **1949**, Suppl. Nr. 1, 87–90. – The constitution of some minor unsaturated fatty acids of rape seed oils[4]): 91–95. – Seed fat of Macadamia ternifolia[7]): **1950**, 2396–99. – Component acids of a hippopotamus fat[6]): 3141–44. – Component acids and glycerides of a badger fat[26])[43]): 3145–51. – Constitution of vaccenic acid[26])[51])[64]): 3484–90. – Thermal interchange of acyl groups in triglycerides[6])[13]): **1951**, 1194–200. – The isomerisation of deca-2,4-dienoic acid in presence of alkali at 180° [14]): **1952**, 4613–15.

J. Dairy Res. Comparison of the growth-promoting value for rats of butter fat, of margarine fat, and of vegetable oils[29])[35])[43]): **14** ('45) 45–58.

J. exper. Biology Observations on the fatty constituents of marine plankton, 2: General character of the plankton oils[12])[17])[25]): **11** ('34) 198–202.

J. Oil and Colour Chemists' Assoc. Mechanism of oxidation and reduction of the unsaturated groups in drying oils: **30** ('47) 1–16. — Rational evaluation of drying oils. Possible practical alternatives for linseed oil: **31** ('48) 1–24. — Current work at the University of Liverpool on potential sources of drying oils: **32** ('49) 5–23. — Component glycerides of drying oils, 1: Linoleic-rich oils[6]): **33** ('50) 6–23; ~ 2: Linolenic-rich oils[62]): 24–48; ~ 3: Constitution of solvent-segregated drying oils[62]): 49–58. — Some chemical changes associated with the thermal polymerization of drying oils[6])[13]): **34** ('51) 215–33. — Composition of poppyseed oils[7])[11]): 354–60. — The detection of adulteration in tung oil[44]): **35** ('52) 555–59.

J. roy. Inst. Chem. Schools of chemistry in Great Britain and Ireland, 30: The University of Liverpool: **81** ('57) 190–98.

J. Sci. Food and Agric. Influence of environment upon the composition of sunflower seed oils, 1: Individual varieties of sunflowers grown in different parts of Africa[6]): **1** ('50) 118–21; ~ 2: Composition of the seed oils of sunflowers grown in English gardens from five specimens of different African sunflower seed[6]): 140–44; ~ 3: Oils from sunflower seeds grown in different regions of Australia[7])[14]): **2** ('51) 472f.; Discussion: 473–76. — Component fatty acids of tobacco seed oils[13]): **1** ('50) 230–34. — Component acids of some authentic and commercial stillingia oils[14]): 292–300. — Spontaneous heating and ignition in stored palm kernels, 1: A survey of occurrences of heating and fire[73])[74])[75]): 360–66. — Component fatty acids and glycerides of groundnut oils[13]): 372–79. — Component acids and glycerides of pantaclethra (Leguminosae) and lophira (Ochnaceae) seed fats[43])[48]): **2** ('51) 142–48. — The fatty acids and glycerides of castor oils[26])[58]): 245–51. — The fatty acids and glycerides of okra seed oils[14]): 251–55. — The fatty acids and glycerides of an Indian sesame oil[11]): 255–59. — Variations in composition of some linolenic-rich seed oils: 543–47. — The component fatty acids and glycerides of tung oil[44]): 548–56. — Component glycerides of stillingia oil[14]): **4** ('53) 38–44. — Separation of glyceride concentrates from natural fats by crystallization from solvents [9])[11])[43]): 321–28. — The fats: a story of nature's art: **5** ('54) 557–66.

J. Soc. chem. Industry, Trans. Studies on the nature of antioxygens present in natural fats, 1: Separation of fatty derivatives from "antioxygens" by distillation[66]): **51** ('32) 39–44; ~ 2: Some further observations on the removal of antioxygens from olive and linseed oils[5]): 411–14; ~ 3: The occurrence of antioxygenic compounds in extracted soya-bean oil-cake[21]): **56** ('37) 23–26; ~ 4: The proportions and properties of antioxygenic compounds in various extracted seed cakes[51]): **58** ('39) 21–24. — The fatty acids and component glycerides of some oleo oils[5]): **51** ('32) 111–14. — Some observations on the hydrogenation of fats, 1: The influence of catalyst concentration on the selective hydrogenation of cottonseed oil[16])[57]): 195–98; ~ 2: The course of hydrogenation of cottonseed oil by the Bolton-Lush continuous hydrogenation process (drip method)[57]): 198–202; ~ 3: Note on the relative amounts of solid and liquid oleic acids present at different stages of the hydrogenation of olive and cottonseed oils[34]): 202f. — An examination of certain azelaoglycerides obtained during the oxidation of some simple synthetic and natural glycerides[60]): **52** ('33) 101–05. — The composition of commercial palm oils, 3: Some characteristic differences between the component acids of oils from Liberia or the Ivory Coast and those of native or plantation palm oils from other localities[15]): 165–69; ~ 4: Progressive hydrogenation as an aid in the study of glyceride structure[5])[15]): **54** ('35) 77–82; ~ 5: Partial separation of palm oils by crystallization as an aid to the determination of the component glycerides[41]): **59** ('40) 67–71; ~ 6: The component acids and glycerides of a Belgian Congo plantation palm oil (studied with the aid of low temperature crystallization)[43])[59]): **66** ('47) 284–88. — A note on certain general features common to most fruit-coat fats: **52** ('33) 169–72. — The preparation of aliphatic mercaptans and sulphonic acids of high molecular weight[12])[42])[40]): 272–75. — Regularities in the glyceride structure of some technically important vegetable fatty oils[34]): **53** ('34) 13–21. — The oleic–elaidic acid transformation as an aid in the analysis of mixtures of oleic, linoleic, and linolenic acids[22]): 75–81. — The fatty acids and glycerides of solid seed fats, 2: The composition of some Malayan vegetable fats[68]): 197–203; ~ 3: The seed fat of Madhuca (Bassia) latifolia (Mowrah fat)[32]): **57** ('38) 44–48; ~ 4: The seed fat of Madhuca butyracea (Phulwara butter)[8]): 48f.; ~ 5: Shea butter[21]): 49–53; ~ 6: Borneo tallow[8]): 447–49; ~ 7: Dika fat[8]): **58** ('39) 24–26; ~ 8: The seed fat of Hodgsonia capniocarpa[43])[52]): 26–29; ~ 10: Seed fats of Garcinia morella and Garcinia indica[46]): **60** ('41) 16–18; ~ 11: Shorea robusta kernel fat[71]): **61** ('42) 34–36; ~ 12: Lophira alata kernel fat (Niam fat)[43]): **63** ('44) 114f. — The component glycerides of piqui-a fats[56]): **54** ('35) 109–11. — The condensation of 2,6-dimethylol-p-cresol with esters of higher fatty acids[67]): 111–15. — The component fatty acids and glycerides of partly-hydrogenated rape oil[50]): 331–36. — A note on the rate of formation of fully-saturated glycerides during hydrogenation of different natural fats[50]): 336–38. — The acidic components of wool grease[1]): 398–404. — A note on the polyethenoid acids of the n-octadecane (C_{18}) series present in aquatic animal oils[21]): **55** ('36) 4–8. — The component glycerides of cacao butter[68]): 95–101. — Note on the composition of some solanaceous seed fats[32]): 189f. — The component acids and glycerides of partly-hydrogenated marine animal oils, 1: General review of the analytical procedure employed[28])[69]): **56** ('37) 310–14; ~ 2: Antarctic whale oil[69]): 315–22; ~ 3: North Sea cod-liver oil[28]): 322–29. — Some further observations on the component glycerides of olive and tea-seed oils[70]): 434–38. — The occurrence of traces of hexadecenoic (palmitoleic) acid in vegetable fats[33]): **57** ('38) 84–87. — The progressive hydrogenation of groundnut and sesame oils[32])[33]): 363–68. — The occurrence and structure of hexadecenoic (palmitoleic) acid in soya-bean oil[33]): **58** ('39) 187–89. — The constitution of the linoleic acid of seed fats[33]): 233–41. — Note on polyethenoid acids of the C_{18} series in butter fat [33]): 241–43. — The fatty acids and glycerides of neem (Margosa) oil[46]): 310–12. — The fat of land crabs (Seychelles Islands)[46]): 351–53. — The mixed unsaturated glycerides of liquid seed fats, 1: Some "nondrying" oils[23]): **59** ('40) 47–53; ~ 2: Low-temperature crystallization of cottonseed oil[41]): 162–68; ~ 3: Low-temperature crystallization of olive oil[41]): **60** ('41) 258–62; ~ 4: Low-temperature crystallization of whale oil[41]): **61** ('42) 169–73; ~ 6: Low-temperature crystallization of rape oil[36])[43]): **66** ('47) 19–22. — Component glycerides of a typical cow milk fat[51])[23])[41]): **59** ('40) 138–44. — Component acids of Sterculia foetida seed fat (sterculia oil)[43])[71]): **60** ('41) 198–203. — Milk fats from cows fed on fresh pasture and on ensiled green fodder, 1: Observations on the component fatty acids[33]): 305–10. — Approximate computation of mixed glycerides present in natural fats from the proportions of their component fat acids[43]): **61** ('42) 117–25. — The component acids of various vegetable fats[65])[71])[43]): **63** ('44) 112–14. — Polyethenoid acids of the C_{18} series present in milk and grass fats[33]): **64** ('45) 109–11. — Use of low-temperature crystallization in the determination of component acids of liquid fats, 1: Fats in which oleic and linoleic acids are major components[58]): 204–07; ~ 2: Fats which contain linolenic as well as linoleic and oleic acids[24]): **65** ('46) 8–13; ~ 3: Fats which contain elaeostearic as well as linoleic and oleic acids[58]): 74–81; ~ 4: Marine animal oils; the component acids and glycerides of a grey (Atlantic) seal[49]): **66** ('47) 421–25. — Component acids of the testa and kernel fats of the oil palm[10])[43]): **64** ('45) 207–09. — Component acids and glycerides of Australian lumbang oil[24]): **66** ('47) 205–08. — Component acids of West Indian ben and mango seed oils [18]): 209–11. — African drying oils, 1: The seed oil of Tetracarpidium conophorum[24])[58]): 293–96; ~ 2: Component acids of some linoleic-rich oils: Niger-seed oil[18]): **69** ('50) 13–15; ~ 3: ≈: Safflower seed oil[6]): 15f.; ~ 4: Sunflower seed oil[6])[14]): 16–20; ~ 5: Some Nigerian and Sudanese drying oils[6])[18]): 71–75. — The component acids and glycerides of neat's foot oil[64]): **67** ('48) 139–42. — The composition of seed fats of West Indian citrus fruits[18])[58]): 199–203. — The component acids and glycerides of whale oil[41]): 253–57. — The component acids of rape seed oil[4]): 258–62.

Nature [London] The evolution of natural fats; a general survey[39]): **137** ('36) 478–81. — Rates of oxidation of isomeric dihydroxy- and tetrahydroxy-stearic acids by lead tetra-acetate[33]): **147** ('41) 327. — E. F. Armstrong †: **157** ('46) 154. — Selective hydrogenation of polyethenoid fatty compounds: a possible mechanism: 586. — Autoxidation of oleic (or other mono-ethenoid long-chain) esters: **166** ('50) 558f. — Biosynthesis of unsaturated fatty acids in ripening seed: **167** ('51) 298–301. — The alkali industry of Great Britain: centenary of a chemical community: 581f. — Evolution of animal fats: **170** ('52) 925f.

Obituary Notices Fellows roy. Soc. London Edward Frankland Armstrong † [20]): **5** ('45/48) 619–29.

Official Digest Federat. Paint and Varnish Product. Clubs Drying oils: **1951**, 83–91. — Recent advances in drying oil chemistry: **1959**, 975–90.

Oléagineux La formation des acides gras dans les graines oléagineuses: **10** ('55) 83–88.

Paint Industry Mag. Drying oils: **66** ('51) Nr. 4, 13–16.

Paint Manufacture The chemistry of stand-oil formation – some facts and fancies: **21** ('51) 126, 133.

Paint, Oil and Colour J. The chemistry of stand-oil formation – some facts and fancies: **119** ('51) 403f.

Paint Technol. Current work at the University of Liverpool on potential sources of drying oils: **13** ('48) 398–400.

Proc. chem. Soc., London Thomas Malkin, 1897–1961[72]): **1962**, 161–63.

Proc. roy. Soc., London, Ser. A The catalytic hydrogenation of methyl elaeostearate and of mixtures of elaeostearic with other polyethenoid long-chain esters[49]): **198** ('49) 323–37.

Proc. roy. Soc., London, Ser. B A study of the component glycerides of cow and buffalo milk fats with reference to the possible mechanism of their production during lactation[2]): **137** ('50) 187–211.

Recueil Trav. chim. Pays-Bas The distribution of hexadecenoic acid in natural fats: **57** ('38) 503–08.

Rep. Progr. appl. Chem. Oils, fats and waxes: **19** ('34) 408–; **20** ('35) 400–; **21** ('36) 417–; **22** ('37) 444–; **23** ('38) 416–; **24** ('39) 352–84. — Fats, fatty oils and detergents: **25** ('40) 292–313; **26** ('41) 259–78; **27** ('42) 257–79; **28** ('43) 227–44; **29** ('44) 237–54, 324–54; **30** ('45) 271–92; **31** ('46) 324–. — Fats and fatty oils[54])[31])[27])[47])[24]): **44** ('59) 145–82. — Lipids and arterial disease: 173–82.

Scientific J. roy. College Sci. Selective hydrogenation of the mixed glycerides in natural fats: **5** ('35) 63–69.

Mit: 1) E. E. U. Abraham; 2) K. T. Achaya; 3) D. Atherton; 4) M. N. Baliga; 5) A. Banks; 6) C. Barker; 7) R. E. Bridge(s); 8) W. J. Bushell; 9) J. S. Cama; 10) H. A. Carsten; 11) M. M. Chakrabarty; 12) G. Collin; 13) R. V. Crawford; 14) A. Crossley; 15) H. K. Dean; 16) D. R. Dhingra; 17) J. C. Drummond; 18) H. C. Dunn; 19) G. A. Garton; 20) C. S. Gibson; 21) T. G. Green; 22) H. N. Griffiths; 23) B. G. Gunde; 24) F. D. Gunstone; 25) E. R. Gunther; 26) S. S. Gupta; 27) N. W. Hanson; 28) D. A. Harper; 29) K. M. Henry; 30) J. Holmberg; 31) B. J. F. Hudson; 32) M. B. Ichaporia; 33) H. Jasperson; 34) E. C. Jones; 35) S. K. Kon; 36) P. A. Laurent; 37) C. H. Lea; 38) H. E. Longenecker; 39) J. A. Lovern; 40) A. F. McLeod; 41) L. Maddison; 42) P. Marsh; 43) M. L. Meara; 44) A. Mendelowitz; 45) R. A. Morton; 46) K. S. Murti; 47) L. A. O'Neill; 48) C. B. Patel; 49) S. P. Pathak; 50) H. Paul; 51) S. Paul; 52) W. H. Pedelty; 53) H. Plimmer; 54) J. L. R. Pritchard; 55) J. Rae; 56) J. G. Rigg; 57) A. J. Rhead; 58) J. P. Riley; 59) O. A. Rolls; 60) S. A. Saletore; 61) H. Schönfeld; 62) A. J. Seavell; 63) F. B. Shorland; 64) R. K. Shrivastava; 65) I. C. Sime; 66) J. J. Sleightholme; 67) C. J. Smith; 68) W. J. Stainsby; 69) J. T. Terleski; 70) H. M. Thompson; 71) Y. A. H. Zaky; 72) W. Baker; 73) P. C. Bowes; 74) J. H. Burgoyne; 75) A. Thomas.

VI **HILL,** George Albert. Chem. (org.). — 1919–24 Assoc. Prof., '24–51 Prof., Wesleyan Univ., Middletown, Conn.; '47–55 Highway Commissioner of the State of Connecticut. — '52 Hon. D. Engng. (Worcester Polytechnic Inst., Worcester, Mass.).

*1892, März 22, Worcester, Mass.;
†1965, Dez. 28, Middletown, Conn.

W. Organic chemistry (m. L. Kelley) (Philadelphia, Pa. '32) 8 + 564 S.; ('43) 8 + 919 S.; ('57) 757 S.

Bios [USA] A critique of the objectives of scientific training in pre-medical education: **16** ('45) 141–43.

Genetics The chemical identification of gene-controlled pigments in Platypoecilus and Xiphophorus and comparisons with other tropical fishes[15])[1]): **26** ('41) 573–86.

J. amer. chem. Soc. Some halogenated pinacolones[6]): **55** ('33) 2509–12. — Tribenzylmethane[7])[14])[13]): **56** ('34) 911f. — The toxic principle of the poison ivy[8])[5]): 2736–38. — The omega-benzyl derivatives of acetophenone and their reduction products[2]): **57** ('35) 2426–28. — β-Pivalylpropionic acid and some of its derivatives[12])[11]): **59** ('37) 2385f. — Hexabenzylethane[10])[3])[9]): **63** ('41) 1367f.

J. amer. Oil Chemists' Soc. Chemical investigation of the New England horse chestnut, Aesculus hippocastanum[16]): **28** ('51) 45f.

J. chem. Educat. Ivy poisoning: **24** ('47) 255f.

Rep., New England Assoc. Chem. Teachers Fats – blubber to bananas: **63** ('42) 121–24.

Mit: 1) M. S. Arrick; 2) A. J. Cofrancesco; 3) R. L. Dunnell; 4) E. W. Flosdorf; 5) W. D. Graham; 6) E. L. Kropa; 7) M. H. Little; 8) V. Mattacotti; 9) L. S. Moody; 10) W. C. Nelson; 11) W. T. M. O'Brien, jr.; 12) V. Salvin; 13) R. J. Trimbey; 14) S. Wray, jr.; 15) H. G. Goodrich; 16) V. B. Ehlers.

VI **HILL,** Archibald Vivian. Physiol., Biophysik. — 1923–25 Prof., '26–66 Hon. Research Assoc., University College, London; '26–51 Res. Prof., '51 Prof. Emer., Royal Society, London; '52 Pres., British Assoc. for the Advancement of Science; '52–66 Pres., Soc. for Visiting Scientists; '55–60 Pres., Marine Biological Assoc.; '63 Pres., Soc. for the Protection of Science and Learning; Member and Chairman of many committees; Trustee of museums. — '27 Hon. Fellow of King's College, Cambridge; '41 Hon. Fellow of Trinity College, Cambridge; '48 Hon. Fellow of University College, London. — '29 Hon. LL. D. (Univ. of Edinburgh); '30 Dr. h. c. (Univ. de Louvain); '30 Hon. D. Sc. (Univ. of Pennsylvania, Philadelphia, Pa.); '33 Hon. D. Sc. (Univ. of Bristol); '34 Hon. D. Sc. (Univ. of Manchester); '34 Hon. D. Sc. (Univ. of Oxford); '44 Dr. h. c. (Univ. d'Alger); '49 Dr. h. c. (Univ. de Bruxelles); '49 Dr. h. c. (Univ. de Toulouse); '50 Hon. D. Sc. (Johns Hopkins Univ., Baltimore, Md.); '50 Dr. h.c. (Univ. de Liège); '52 Hon. LL.D. (Univ. of Belfast); '53 Dr. h. c. (Univ. de Brasilia); '54 Hon. D. Sc. (Columbia Univ., New York); '59 Hon. D. Sc. (Univ. of Rochester, Rochester, N.Y.); '62 Hon. D. Sc.

(Rockefeller Univ., New York); '63 Hon. D. Sc. (Exeter Univ.). — '22 Nobel Prize in Physiology and Medicine. — '26 Royal Medal (Roy. Soc. London); '44 Joykissen Mookerjee Gold Medal (Indian Assoc. for the Cultivation of Science); '47 Medal of Freedom with Silver Palm (Governm. of USA); '48 Copley Medal (Roy. Soc. London).

*1886, Sept. 26, Bristol.

Zur Biogr. M. Dubuisson, Ouverture solennelle Cours, Univ. Liège **1950**, 19–21. — R. Robinson, Proc. roy. Soc., London, Ser. A **196** ('49) V f. — British Sci. News **2** ('49) 257f. — Nature [London] **142** ('38) 907; **162** ('48) 872f.; **168** ('51) 273f.

Zur Verleihung des Nobelpreises S. R. Riedman, E. T. Gustafson, Portraits of Nobel laureates in medicine and physiology (New York–Toronto–London '63) 258–61. — L. G. Stevenson, Nobel Prize winners in medicine and physiology, 1901–1950 (New York–Toronto–London '53) (Life of science library) 102–08 (m. Bildn.). — The Nobel Prize winners and the Nobel Foundation 1901–1937 (Zürich '38) S. 205 (m. Bildn. S. 497). — Nobel lectures, Physiology or medicine, 1922–1941 (Amsterdam–London–New York '65) 3–9, 24–26.

S. Biology in education (J. G. Crowther) (London '33) 133–39: Biology as an integral part of science. — What science stands for (London '37) 30–38: The humanity of science. — Perspectives in biology (C. F. Cori, V. G. Foglia, L. F. Leloir, S. Ochoa) (Amsterdam '63) 289–92: On repeating earlier observations. — Nobel lectures, Physiology or medicine, 1922–1941 (Amsterdam–London–New York '65) 10–23: The mechanism of muscular contraction.

W. Chemical wave transmission in nerve (Cambridge '32) 9 + 74 S. — Living machinery: six lectures delivered at the Royal Institution (London '33) 14 + 256 S. (Bell's popular science series). — Physical and chemical changes in nerve during activity (m. W. O. Fenn, R. W. Gerard, H. S. Gasser) (Lancaster, Pa. '34) 29 S. (American Association for the Advancement of Science, Occasional publications, 2). — Scientific research in India (Simla '44) 40 S. — The ethical dilemma of science, and other writings (New York–London '60) 15 + 395 S. — Trails and trials in physiology; a bibliography 1909–1964; with reviews of certain topics and methods and a reconnaissance for further research (London–Baltimore, Md. '65) 374 S. (m. Schr.verz.-Auswahl).

Annual Rev. Physiol. The heat production of muscle and nerve, 1848–1914: **21** ('59) 1–18.

Archivio Sci. biol. Energy exchanges in muscle and nerve. Myothermic and neurothermic experiments: **18** ('33) 3–14.

Biochemische Z. A further challenge to biochemists: **345** ('66) 1–8.

Biochimica et biophysica Acta A challenge to biochemists: **4** ('50) 4–11.

British med. Bull. The design of muscles: **12** ('56) 165f. — The thermodynamics of muscle: 174–76.

Chemical and Engng. News Scientific ethics: **24** ('46) 1343–46.

Chemistry and Industry Science in India: **1944**, 354–58. — Publications of the results of war-time scientific research: **1946**, 42.

Cold Spring Harbor Sympos. quantitat. Biol. Wave transmission as the basis of nerve activity: **1** ('33) 146–51.

Discovery The ethical dilemma of science: **13** ('52) 280–83.

Engineering The ethical dilemma of science: **174** ('52) 310f., 356f.

Fiziologičeskij Ž. SSSR Two time factors in electric stimulation of nerve: **19** ('35) 115–32 [russ. m. engl. Zusammenfassg.]. — On electric excitation of nerve: **24** ('38) 399–403 [russ. u. engl.].

ICSU Review Bernard Katz: **4** ('62) 49–51.

J. exper. Biology Photo-electric records of the colour change in Fundulus heteroclitus [11])[13]): **12** ('35) 397–99.

J. Junior Instn. Engr. Scientific research and development in the Empire: **52** ('42) 201–10.

J. Physiology The action of veratrine on frog's nerve[6]): **77** ('33) 25P. — "Inhibition" in medullated nerve; appendix: **80** ('34) 455f. — The relation between the monophasic and the diphasic electrical response: **81** ('34) 1Pf. — The efficiency of bicycle pedalling: **82** ('34) 207–10. — Repetitive stimulation by commutator and condenser: 423–31. — Myograms from the chromatophores of sepia[13]): **83** ('34/35) 13P f. — Electrotonic effects during high frequency stimulation of nerve: 14P f. — On keeping frogs at a low temperature[11]): 16P. — High-frequency stimulation of nerve and the refractory period[3]): 18P–20P. — Electric excitation of the fin nerve of sepia[3]): 20P f., 425–38. — The intensity-duration relation for nerve excitation: 30P f. — The effect of frequency of excitation on the thermal response of medullated nerve[3]): 383–93. — The effect of frequency of excitation on the total electric response of medullated nerve[3]): 394–406. — A further analysis of the effects of high-frequency excitation of nerve[3]): 416–24. — "Accommodation" in nerve[13]): **84** ('35)

1P f. — Nerve excitation by alternating current[13]): 2P f. — Alternating current stimulation of nerve: **86** ('36) 47P. — Rapid galvanometer system for myothermic experiments: **92** ('38) 43f. — Energy liberation and "viscosity" in muscle: **93** ('38) 4P f. — Recording pointer-galvanometer with photoelectric coupling and thermionic amplification, for muscle heat measurement[4])[12]): **95** ('39) 62P. — Rapid equipment for recording muscle heat[1])[4]): **106** ('47) 31P f. — An ergometer for myothermic experiments: **107** ('48) 27P. — The measurement of pressure by the change of temperature in the adiabatic compression of oil: 27P f. — Heat production in a muscle twitch: 29P. — The pressure developed in muscle during contraction: 518–26. — The "fundamental" mechanical change in muscle: **108** ('49) 43P. — The heat of shortening of muscle[1]): **109** ('49) 7P. — The resting tension of muscle[11]): 8P. — The absence of lengthening during relaxation in a completely unloaded muscle: 8P f. — The absorption of work when a muscle is stretched[1])[2]): **111** ('50) 41P–. — Tension recording by mechano-electronic transducer: **114** ('51) 22P–. — The effect of certain anions on the duration of the active state in skeletal muscle[10]): **125** ('54) 17P f. — Heat production without mechanical response in a muscle twitch: **137** ('57) 57P f. — Alternating relaxation heat in muscle twitches[8]): **139** ('57) 466–73. — The reversal of chemical reactions in contracting muscle during an applied stretch[8]): **147** ('59) 2P f. — The negative delayed heat production in stimulated muscle[14]): **158** ('61) 178–96. — The heat produced by a muscle after the last shock of a tetanus: **159** ('61) 518–45. — An examination of absolute values in myothermic measurements[14]): **162** ('62) 311–33. — Heat and shortening in a twitch: **170** ('64) 18P f.

J. sci. Instruments The intensification of photographic records by subsequent exposure to weak light before development[7]): **9** ('32) 329f. — The speed of response of a thermopile-galvanometer system: **11** ('34) 246f. — The amplification of galvanometer deflections: 281f. — The theory of moving-coil galvanometers: 309–13. — Records of an amplified galvanometer deflection[4]): **12** ('35) 91f. — Moving-coil galvanometers of short period and their amplification: **25** ('48) 225–29. — A method of increasing the speed of response of radiation thermopiles: **26** ('49) 277. — A moving-coil galvanometer of extreme sensitivity[15]): **30** ('53) 40–44. — The Brownian fluctuations of a coupled galvanometer system: 44f.

Lancet Otto Fritz Meyerhof †: **261** ('51) 790f. — The mechanics of voluntary muscle: 947–51.

Lectures sci. Basis Med. Why biophysics?: **4.** 1954/55 ('56) 1–17.

Nature [London] The physical nature of the nerve impulse: **131** ('33) 501–08. — International status and obligations of science: **132** ('33) 952–54; **133** ('34) 290, 615. — Science and politics: 65f. — Galvanometer amplification by photo-cell: 685f.; **134** ('34) 289. — Heat production of muscle and nerve: **135** ('35) 721–24. — Units and symbols: **136** ('35) 222. — Note on: Social relations of science: **141** ('38) 729f. — Science, national and international, and the basis of co-operation: **147** ('41) 250–52. — Scientific research and development in the Empire: **149** ('42) 653–56. — William Hartree †: **152** ('43) 154–56. — Cancelled visit of British men of science to the Academy of Sciences of the U.S.S.R.: **155** ('45) 753. — Publication of war-time research carried out under Government auspices: **157** ('46) 131. — Physiology in horse-racing: **158** ('46) 674. — Adenosine triphosphate and muscular contraction: **163** ('49) 320. — Limit of useful amplification of a galvanometer deflexion: 994f. — "Data": **164** ('49) 410, 890. — Mechanics of the contractile element of muscle: **166** ('50) 415–19. — Is muscular relaxation an active process?: 646. — Thermodynamics of muscle: **167** ('51) 377–80. — The ethical dilemma of science: **170** ('52) 388–93. — Physiology of muscle: **178** ('56) 1278. — F. J. M. Stratton †: **188** ('60) 451.

Naturwissenschaften Über Muskeln und Nerven: **26** ('38) 81–85, 97–102.

Obituary Notices Fellows roy. Soc. London E. J. Allen †: **4** ('43) 357. — A. S. S. Krogh †: **7** ('50) 221.

Observatory F. J. M. Stratton, 1881–1960: **80** ('60) 208.

Physiological Rev. The revolution in muscle physiology: **12** ('32) 56–67.

Proc. Instn. mech. Engr. Muscles and nerves: The maintenance of posture, the development of power and the transmission of messages in the body: **131** ('35) 353–81.

Proc. physic. Soc. The transformations of energy and the mechanical work of muscles: **51** ('39) 1–18.

Proc. roy. Instn. Great Britain The physical nature of the nerve impulse: **27** ('32/33) 692f. — The dimensions of animals and their muscular dynamics: **34** ('50) 450–73.

Proc. roy. Soc. London, Ser. B A closer analysis of the heat production of nerve: **111** ('32) 106–64. — The three phases of nerve heat production: **113** ('33) 345–56. — The steady state of heat production of nerve[5]): 356–65. — The effect of frequency of stimulation on the heat production of frog's nerve[5]): 366–68. — The relation between initial and recovery heat production in frog's nerve[5]): 369–86. — The effect of veratrine on the heat production of medullated nerve: 386–93. — Nerve heat production as a physiological response to excitation: **115** ('34) 200–16. — Discussion on methods of measuring and factors determining the speed of chemical reactions: **116** ('34) 185–90. — Excitation and accommodation in nerve: **119** ('36) 305–55. — The strength-duration relation for electric excitation of medullated nerve: 440–53. — Nerve excitation by alternating current[9])[13]): **121** ('36) 74–133. — Methods of analysing the heat production of muscle: **124** ('37) 114–36. — The heat of shortening and the dynamic constants of muscle: **126** ('38) 136–95. — Recovery heat in muscle: **127** ('39) 297–307. — The mechanical efficiency of frog's muscle: 434–51. — The dynamic constants of human muscle: **128** ('40) 263–74. — On the time required for diffusion and its relation to processes in muscle: **135** ('48) 446–53. — The heat of activation and the heat of shortening in a muscle twitch: **136** ('49) 195–211. — The energetics of relaxation in a muscle twitch: 211–19. — Work and heat in a muscle twitch: 220–28. — Myothermic methods: 228–41. — The onset of contraction: 242–54. — The abrupt transition from rest to activity in muscle: 399–420. — Is relaxation an active process?: 420–35. — A discussion on muscular contraction and relaxation: their physical and chemical basis: **137** ('50) 40–50. — Does heat production precede mechanical response in muscular contraction?: 268–73. — The series elastic component of muscle: 273–80. — The development of the active state of muscle during the latent period: 320–29. — A note on the heat of activation in a muscle twitch: 330f. — The effect of series compliance on the tension developed in a muscle twitch: **138** ('51) 325–29. — The transition from rest to full activity in muscle: the velocity of shortening: 329–38. — The earliest manifestation of the mechanical response of striated muscle: 339–48. — The influence of temperature on the tension developed in an isometric twitch: 349–54. — The absorption of work by a muscle stretched during a single twitch or a short tetanus[1])[2]): **139** ('51/52) 86–104. — The thermodynamics of elasticity in resting striated muscle: 464–97. — The mechanics of active muscle: **141** ('53) 104–17. — The "instantaneous" elasticity of active muscle: 161–78. — Chemical change and mechanical response in stimulated muscle: 314–20. — The "plateau" of full activity during a muscle twitch: 498–503. — A reinvestigation of two critical points in the energetics of muscular contraction: 503–10. — The effect of nitrate, iodide, and bromide on the duration of the active state in skeletal muscle[10]): **143** ('54) 81–102. — The influence of the external medium on the internal pH of muscle: **144** ('55) 1–22. — The effect of potassium on the resting metabolism of the frog's sartorius[8]): **147** ('57) 21–43. — The positive and negative heat production associated with a nerve impulse[1])[8]): **148** ('58) 149–87. — The priority of the heat production in a muscle twitch: 397–402. — The relation between force developed and energy liberated in an isometric twitch: **149** ('58) 58–62. — The initial heat production of stimulated nerve[8]): 167–75. — The reversal of chemical reactions in contracting muscle during an applied stretch[8]): **151** ('60) 169–93. — The effect of load on the heat of shortening of muscle: **159** ('64) 297–318. — The efficiency of mechanical power development during muscular shortening and its relation to load: 319–24. — The effect of tension in prolonging the active state in a twitch: 589–95. — The variation of total heat production in a twitch with velocity of shortening: 596–605.

Proc. roy. Soc. Med. Energy exchanges in muscle and nerve: **25** ('32) 511–16.

Revue canad. Biol. The physical analysis of events in muscular contraction: **10** ('51) 103–18.

Science [USA] The 13th international congress of physiology and Russian physiology: **82** ('35) 240f. — Foreign journals in the USSR: 550; **89** ('39) 246. — "Hypothecate" versus "assume": **85** ('37) 605. — Why biophysics?: **124** ('56) 1233–37. — Production and absorption of work by muscle. Work absorbed in stretching a contracting muscle can reverse the chemical process of activity: **131** ('60) 897–903.

Science Progr. [London] The dimension of animals and their muscular dynamics: **38** ('50) 209–30.

Scientific Monthly Wave transmission as the basis of nerve activity: **37** ('33) 316–24. — The international status and obligations of science: **38** ('34) 146–56.

Siglo méd. La razón física de la vida: **89** ('32) 113–17.

Usp. sovremennoj Biol. The two-time factors in the electric excitation of nerve: **4** ('35) 131–47 [ ].

Mit: 1) B. C. Abbott; 2) X. M. Aubert; 3) L. Bugnard; 4) A. C. Downing; 5) T. P. Feng; 6) H. Fromherz; 7) W. Hartree; 8) J. V. Howarth; 9) B. Katz; 10) L. Macpherson; 11) J. L. Parkinson; 12) O. H. Schmitt; 13) D. Y. Solandt; 14) R. C. Woledge; 15) K. Copeland.

V, VI **HILL,** Arthur Edward. Chem. (physikal.). — 1906–08 Assist. Prof., '08–12 Assoc. Prof., '12–39 Prof., '26–37 Chairman of the Departm. of Chem., College of Arts and Pure Science, New York Univ., New York.

*1880, März 20, Newark, N.J.;

†1939, März 16, New York.

Zur Biogr. Industrial and Engng. Chem., News Edit. **16** ('38) 378–.

Nekr. J. P. Simmons, Science [USA] **89** ('39) 428f. — Industrial and Engng. Chem., News Edit. **17** ('39) 252 (m. Bildn.).

J. amer. chem. Soc. Aqueous solubility of salts at high temperatures, 1: Solubility of sodium carbonate from 50 to 348°[13)][8)]: **54** ('32) 928–36; ~ 2: The ternary system Na_2CO_3–$NaHCO_3$–H_2O from 100 to 200°[13)][8)]: **56** ('34) 43–47. — Ternary systems, 17: Sodium iodide, potassium iodide and water[15)][1)]: **55** ('33) 520–22; ~ 18: Sodium iodide, sodium iodate and water[15)][1)]: 522–26; ~ 19: Calcium sulfate, potassium sulfate and water: **56** ('34) 1071–78; ~ 20: Calcium sulfate, ammonium sulfate and water[16)]: **57** ('35) 645–51; ~ 21: Lead nitrate, ammonium nitrate and water at 25°[5)]: **58** ('36) 1644f.; ~ 22: Formation of solid solutions from alums[5)]: **60** ('38) 550–54; ~ 23: Solid solution among the picromerite double salts at 25°; the zinc, copper and nickel ammonium sulfates[12)]: 1099–104; ~ 24: Calcium sulfate, sodium sulfate and water[14)]: 1647–55; ~ 24 [25]: Solid solutions of alums at 25°[10)][9)]: **62** ('40) 858–66; ~ 25 [26]: Solid solutions of some picromerites at 25°[3)][9)]: 1031–36. — The compounds of sulfur dioxide with various amines[4)]: **57** ('35) 250–54. — The solubility of ammonium oxalate in water[2)]: 2203f. — The reciprocal salt-pair $(NH_4)_2SO_4 + 2KCl \leftrightharpoons K_2SO_4 + 2NH_4Cl$ in water and in ammonia-water at 25°[7)]: **59** ('37) 2094–98. — The transition temperature of gypsum to anhydrite: 2242–44. — The systems magnesiumchromate-water and ammoniumchromate-water from 0 to 75°[11)][9)]: **62** ('40) 2131–34. — Some further solid solutions of picromerites at 25°[11)][9)]: 2717–23. — Distribution of isomorphous salts in solubility equilibrium between liquid and solid phases[3)][9)]: 2723–32.

Mit: [1)] J. A. Bishop; [2)] E. F. Distler; [3)] G. S. Durham; [4)] T. B. Fitzgerald; [5)] N. Kaplan; [6)] –; [7)] C. M. Loucks; [8)] G. Lynn; [9)] J. E. Ricci; [10)] N. O. Smith; [11)] G. C. Soth; [12)] W. J. Taylor, jr.; [13)] W. F. Waldeck; [14)] J. H. Wills; [15)] H. S. Wilson; [16)] N. S. Yanick.

VI **HILL,** Arthur Joseph. Chem. (org.). — 1910 Ph. B., '13 Ph. D., '13–17 Instructor, '17–22 Assist. Prof., '22–25 Assoc. Prof., '25–56 Prof., '27–51 Chairman of the Departm. of Chem., '31–51 Dir. of Sterling Chemistry Labor., '56 Prof. Emer., Yale Univ., New Haven, Conn.; '34 Vice-Pres. of the American Inst. of Chemists.

*1888, Apr. 21, Meriden, Conn.;
†1964, Apr. 21, New Haven, Conn.

Nekr. New Haven Register **1964**, April 22 (m. Bildn.). — New York Times **1964**, April 23.

MH. The chemistry series (Scranton, Pa. '39ff.).

MHZ. (Mitbegründer) J. org. Chemistry **1** ('36) –.

Industrial and Engng. Chem. Catalytic reactions of aromatic amines: Alkylation with alcohols[9)][16)]: **43** ('51) 1579–83; ~: Rearrangement of alkyl groups[9)]: 1583–85.

Industrial and Engng. Chem., Analyt. Edit. Bromination of phenols by means of bromide-bromate solution[7)]: **13** ('41) 357.

J. amer. chem. Soc. Condensation reactions of cyclic ketones, 3: Oxindole-malonic acid derivatives[11)]: **57** ('35) 735–37. — The preparation and cyclization of monoacylethylenediamines[1)]: **61** ('39) 822–25. — Dialkylacetylbiurets[5)]: **62** ('40) 1595f. — Local anaesthetics derived from tetrahydronaphthalene, 1: Esters of 2-dialkylamino-3-hydroxy-1,2,3,4-tetrahydronaphthalene[3)]: 1995–98; ~ 2: Esters of 1-dialkylamino-2-hydroxy-1,2,3,4-tetrahydronaphthalene[3)]: 1998f. — α-Alkylthiol-aliphatic acids[6)]: **65** ('43) 2300f. — Amidines derived from ethylenediamine, 1: Diamidines[10)]: **76** ('54) 920–22; ~ 2: Imidazolines[10)]: 922f. — Nitrogen-substituted 3,4-dihydroxypyrrolidines[13)]: 3548–50. — The conversion of formamides into formamidines[14)]: 3978–82.

J. org. Chemistry Bis-isothiocyanomethyl and bis-1-isothiocyanoethyl ethers[8)][4)]: **2** ('37) 29–35. — Some nucleus alkyl derivatives of phenethylamine[17)]: 139–47. — Thiophan-2,5-dicarboxylic acid and related compounds[18)]: **14** ('49) 476–79. — Synthesis of some new 2-aryloxy and 2-alkyloxy pyridines[12)]: 783–89. — Esters of N-substituted piperidine carboxylic acids[15)]: **19** ('54) 1802–06. — Preparation of some α-(2-thienyl)-β-arylethylamines[2)]: **23** ('58) 1289–92.

Mit: [1)] S. R. Aspinall; [2)] R. A. Brooks; [3)] E. S. Cook; [4)] L. B. Cross; [5)] W. M. Degnan; [6)] E. W. Fager; [7)] A. W. Francis; [8)] H. R. Henze; [9)] A. G. Hill; [10)] J. V. Johnston; [11)] H. G. Lindwall; [12)] W. J. Mc Graw; [13)] M.-G. McKeon; [14)] H. G. Mandel; [15)] R. A. Shepard; [16)] J. H. Shipp; [17)] J. H. Speer; [18)] R. J. Turner.

VI **HILL,** Edward Lee. Theoret. Physik, Math. — 1930–37 Assist. Prof., '37–47 Assoc. Prof., '47–62 Prof. Physics, '62– Prof. Physics and Math., Univ. of Minnesota, Minneapolis, Minn.; '34–35 Research Physicist, Physico-Technical Inst., Leningrad.

*1904, Nov. 3, Hartford, Ark.

MHZ. Physical Rev. 1950.

S. Handbook of physics (E. U. Condon, H. Odishaw) (New York '58) 6·150–6·160: Optics and relativity theory. — Recent advances in atmospheric electricity. Proc. 2nd Conference on atmospheric electricity, Portsmouth, N. H., 1958 (L. G. Smith) (London '59) 469–73: Free electrons in the lower atmosphere. — Current issues in the philosophy of science; symposia of scientists and philosophers. Proc. of Section L of the American Association for the Advancement of Science, 1959 (H. Feigl, G. Maxwell) (New York '61) 429–41: Quantum physics and the relativity theory. — Philosophy of science. The Delaware Seminar 2: 1962–1963 (B. Baumrin) (New York–London–Sydney '63) 259–89: Particles and fields in modern physics. — Mind, matter, and method. Essays in philosophy and science in honor of Herbert Feigl (P. Feyerabend) (Minneapolis, Minn. '66): Classical mechanics as a limiting form of quantum mechanics.

American J. Physics Dependence of thermodynamic functions on the mass of the system: **8** ('40) 168–70. — Rotations of a rigid body about a fixed point: **13** ('45) 137–. — John Torrence Tate, 1889–1950: **18** ('50) 402. — The theory of vector spherical harmonics: **22** ('54) 211–14.

Astrophysical J. On the origin of the solar system[9]): **86** ('37) 470–82.

IRE Trans. The shielding of radio waves by conductive coatings: **AP-3** ('55) 72–76.

J. biol. Chemistry Determination of deuterium oxide by means of the Hill-Baldes vapor tension apparatus[7])[8]): **158** ('45) 219–29. — Behavior of volatile solutes in the Hill-Baldes apparatus with particular reference to ethyl alcohol[7]): **160** ('45) 327f.

J. chem. Physics Determination of adsorption energy heterogeneity of solid surfaces[4]): **22** ('54) 851–54.

J. Franklin Inst. Electromagnetic radiation from lightning strokes: **263** ('57) 107–19.

J. geophysic. Res. Ball lightning as a physical phenomenon: **65** ('60) 1947–52.

Nature [London] Irreversible processes in physical theory[2]): **179** ('57) 1296f.

Observatory On the origin of the solar system[9]): **60** ('37) 109–11.

Physical Rev. Perturbation theory and electron scattering: (2) **43** ('33) 303f. — The theory of fusion: **49** ('36) 406. — The structures of light nuclei and the existence of ^{8}Be [12]): 858. — The virial theorem in nuclear problems: **51** ('37) 370f. — A resonance process in the disintegration of boron by protons[13])[12])[11]): 434–38. — A search for protons from Li bombarded by RaC′ α-particles[10])[3]): **52** ('37) 674–78. — A note on the disintegration of boron by protons[3]): **55** ('39) 147–49. — On the problem of degeneracy in quantum mechanics[5]): **57** ('40) 641–45. — The spin angular momenta of elementary particles: 1184. — On accelerated coordinate systems in classical and relativistic mechanics: **67** ('45) 358–63. — On a type of kinematical "red-shift": **68** ('45) 232f. — A note on the relativistic problem of uniform rotation: **69** ('46) 488–91. — Note on rotational motion in relativity theory: **71** ('47) 318f. — On the kinematics of uniformly accelerated motions and classical electromagnetic theory: **72** ('47) 143–49. — The relativistic clock problem: 236–40. — On the formal extension of Dirac's equation under continuous transformation groups: **73** ('48) 910–15. — A note on the one-electron states of diatomic molecules[1]): **75** ('49) 29–31. — The definition of moving coordinate systems in relativistic theories: **84** ('51) 1165–68. — Relativistic theory of discrete momentum space and discrete space-time: **100** ('55) 1780–83. — Function spaces in quantum-mechanical theory: **104** ('56) 1173–78. — State spaces in scattering theory: **107** ('57) 877–83.

Physics Interaction of light and sound waves: **3** ('32) 119f. — Quantum mechanics and optics: 120–22.

Physikalische Z. Sowjetunion Note on the statistics of electron interaction: **7** ('35) 447–51. — The virial theorem and the theory of fusion: **8** ('35) 401–06. — The virial theorem: **11** ('37) 458–61.

Proc. IRE Very low-frequency radiation from lightning strokes: **45** ('57) 775–77. — The production of whistlers by lightning: **48** ('60) 117.

Review sci. Instruments Superconductivity in metals: **4** ('33) 3–6. — The concept of causality: 8f. — The fine structure constant: 9. — Molecular binding: 114. — Maxwell's field equation: 115. — The quantum theory of semi-conductors: 186–88. — The interaction of electrons and light waves: 426f.; **5** ('34) 4. — The "ether-drift" experiment: **4** ('33) 476–78. — Professor Born's theory of the electron: 524. — Optical properties of the alkali metals: 525f. — Notes on positive electrons and cosmic rays: 570f. — Recent work on the Compton effect [, 1]: **7** ('36) 225–28; ∼ 2: **8** ('37) 405. — Recent work in nuclear physics and quantum dynamics, 1: The primary particles of matter: 269–73; ∼ 2: Non-quantum theories of the elementary particles: 399–404; ∼ 3: The quantum theory of general force fields: **9** ('38) 40–46.

Reviews modern Physics The Dirac electron theory[6]): **10** ('38) 87–132. — Hamilton's principle and the conservation theorems of mathematical physics: **32** ('51) 253–60.

Mit: [1]) H. A. Erikson; [2]) A. Grünbaum; [3]) R. O. Haxby; [4]) J. M. Honig; [5]) J. M. Jauch; [6]) R. Landshoff; [7]) N. Lifson; [8]) V. Lorber; [9]) W. J. Luyten; [10]) W. G. Shepherd; [11]) J. T. Tate; [12]) W. H. Wells; [13]) J. H. Williams.

VI **HILLE,** Carl Einar. Math. (Analysis). — 1919–38 Doz., Stockholms Högskola; '21–22 Instructor, Harvard Univ., Cambridge, Mass.; '22–23 Instructor, '23–30 Assist. Prof., '30–33 Assoc. Prof., Princeton Univ., Princeton, N.J.; '33–62 Prof., '62 Prof. Emer., '62–64 Senior Research Assoc., Yale Univ., New Haven, Conn.; Visitnig Prof.: '28, '41 Stanford Univ., Stanford, Calif., '31 Univ. of Chicago, Ill., '49 Stockholms Högskola, '49, '62 Univ. i Uppsala, '52–53 Univ. de Nancy, '53 Univ. de Paris, '56 Univ. Mainz; '63, '64 Lecturer, Tata Inst. of Fundamental Research, Bombay; '63 Lecturer of the Math. Soc. of Japan; '65, '66–67 Visiting Fellow, Australian Nation. Univ., Canberra; '65 Lecturer, Univ. of Rhode Island, Kingston, R. I.; '65–66 Senior Lecturer, Univ. of California, Irvine, Calif.; '67–68 Visiting Prof., Univ. of Oregon, Eugene, Oreg.; '47–48 Pres. of the Amer. Math. Soc. — '33 Hon. M. A. (Yale Univ., New Haven, Conn.). — '18 Mittag-Leffler Pris (Stockholms Högskola).

*1894, Juni 28, New York.

MHZ. Annals Math. **31** ('30) - **34** ('33). — Mathematical Rev. **11** ('50) - **16** ('55), **22** ('61) - **23** ('62). — Trans. amer. math. Soc. **41** ('37) - **54** ('43).

S. Verhandlungen des internationalen Mathematiker-Kongresses, Zürich 1932, **2** (Zürich–Leipzig '33) 131f.: The summation of Fourier series by Hausdorff means[10]); 133f.: On summability of Fourier series[10]). — Åttonde [8.] skandinaviska matematikerkongressen, Stockholm 1934 (Lund '35) 216–27: On Laplace integrals. — 9. Skandinaavinen matemaatikkokongressi, Helsinki 1938 (Helsinki '39) 135–45: Analytical semi-groups in the theory of linear transformations. — 11te Skandinaviske matematikerkongress, Trondheim 1949 (Oslo '52) 183–94: On the integration problem for Fokker-Planck's equation in the theory of stochastic processes. — Tolfte [12.] skandinaviska matematikerkongressen, Lund 1953 (Lund '54) 79–89: An abstract formulation of Cauchy's problem. — Proc. International congress of mathematicians, Cambridge, Mass., 1950 **1** (Providence, R. I. '52) 435: "Explosive" solutions of Fokker-Planck's equation. — Proc. International congress of mathematicians, Amsterdam 1954 **3** (Amsterdam '56) 109–16: Some aspects of Cauchy's problem; 367–76: Perturbation methods in the study of Kolmogoroff's equations. — Abstracts of short communications to be presented at the International congress of mathematicians, Edinburgh 1958 (Edinburgh '58) 80f.: Green's transforms and singular boundary value problems. — Calcutta Mathematical Society. Golden jubilee commemoration volume, 1958–1959 **1** (Calcutta '60) 65–69: On the inverse function theorem in Banach algebras. — General topology and its relations to modern analysis and algebra. Proc. of a symposium, Prague 1961 (Praha '62) 211–20: Remarks on transfinite diameters. — Proc. International symposium on linear spaces, Jerusalem 1960 (Jerusalem–New York '61) 263–73: Linear differential equations in Banach algebras. — Studies in mathematical analysis and related topics. Essays in honor of George Pólya (Stanford, Calif. '62) (Stanford studies in mathematics and statistics, 4) 140–45: Remarks on differential equations in Banach algebras. — Encyclopaedia Britannica. A new survey of universal knowledge **7** (Chicago–London–Toronto ... '65) 406f.: Ordinary differential equations; **9** ('65) 1005–07: Analytic functions. — Lectures on modern mathematics (T. L. Saaty) **3** (New York '65) 1–57: Topics in classical analysis.

W. Functional analysis and semi-groups (New York '48) 12+528 S.; Neuauflage (m. R. S. Phillipps) ('57) 12+808 S. (American Mathematical Society, Colloquium publications, 31). — Analytic function theory. Introductions to higher mathematics **1** (Boston, Mass.–New York–Chicago, Ill. '59) 11+308 S.; **2** ('62) 12+496 S. — Analysis **1** (Waltham, Mass. '64) 626 S.; **2** ('66) 672 S. — First-year calculus (m. S. L. Salas) (Waltham, Mass. '68) 415 S. — Lectures on ordinary differential equations (Reading, Mass. '68) 723 S.

Acta arithmet. [Warszawa] A problem in "Factorisatio numerorum": **2** ('36) 134–44.

Acta Sci. math. [Szeged] On the differentiability of semi-group operators: **12B** ('50) 19–24.

American math. Monthly On the absolute convergence of polynomial series: **45** ('38) 220–26. — Gelfond's solution of Hilbert's seventh problem: **49** ('42) 654–61.

American Scientist Such stuff as dreams are made on – in mathematics: **41** ('53) 106–12.

Annales Inst. Fourier, Univ. Grenoble Une généralisation du problème de Cauchy: **4.** 1952 ('54) 31–48.

Annales Soc. polon. Math. A note on Cauchy's problem: **25.** 1952 ('53) 56–68.

Annali Mat. pura ed appl. Pathology of infinite systems of linear first order differential equations with constant coefficients: (4) **55** ('61) 133–48.

Annals Math. Remarks on a problem of Toeplitz[1]): **33** ('32) 785f. — On the summability of Fourier series, 2[10]): **34** ('33) 329–48, 602–05. — On a theorem of Paley and Wiener [10]): 606–14. — On the theory of linear integral equations, 2[10]): **35** ('34) 445–55. — On the completeness of Lambert functions, 2[8]): **37** ('36) 801–15. — Notes on linear transformations, 2: Analyticity of semi-groups: **40** ('39) 1–47. — Open additive semi-groups of complex numbers[13]): **44** ('43) 554–61.

Arkiv Mat. Behavior of solutions of linear second order differential equations: **2** ('54) 25–41.

Bull. amer. math. Soc. Summation of Fourier series: **38** ('32) 505–28. — Thomas Hakon Gronwall †: 775–86. — On the theory of Fourier transforms[10]): **39** ('33) 768–74. — Some observations on the theory of Fourier transforms[6])[10]): **41** ('35) 427–36. — On the completeness of Lambert functions[8]): **42** ('36) 411–18. — On the complex zeros of the Bessel functions[9]): **49** ('43) 605–10. — Jacob David Tamarkin. His life and work: **53** ('47) 440–57. — The differentiability and uniqueness of continuous solutions of addition formulas[3]): 799–805. — Remarks on a paper by Zeev Nehari: **55** ('49) 552f. — Lie theory of semi-groups of linear transformations: **56** ('50) 89–114.

Bull. math. Soc. Sci. math. et physiques Républ. popul. roumaine Problème de Cauchy: Existence et unicité des solutions: **1** ('57) 141–43.

Bull. nation. Res. Council A bibliography on orthogonal polynomials[7])[12]): **103** ('40) 9+204 S.

Compositio math. A remark on Fourier transforms and functions analytic in a half-plane[10]): **1** ('34) 98–102. — Bilinear formulas in the theory of the transformation of Laplace: **6** ('38/39) 93–102. — Remarks concerning group spaces and vector spaces: 375–81.

C. R. hebd. Séances Acad. Sci., Paris Sur les séries associées à une série d'Hermite: **209** ('39) 714–16. — Sur les semi-groupes analytiques: **225** ('47) 445–47. — Les semi-groupes linéaires: **228** ('49) 35–37. — Les probabilités continues en chaîne: **230** ('50) 34f. — Sur le problème abstrait de Cauchy: **236** ('53) 1466f.

Duke math. J. The inversion problem of Möbius: **3** ('37) 549–68. — On some generalizations of a theorem of A. Markoff[9])[10]): 729–39. — Contributions to the theory of Hermitian series: **5** ('39) 875–936. — A class of differential operators of infinite order, 1: **7** ('40) 458–95. — Formulations of the Hausdorff inclusion problem[4])[11]): **8** ('41) 193–213. — Laguerre polynomials and Laplace integrals[2]): **12** ('45) 217–42. — On Riemann's localization theorem for Fourier series[5]): **21** ('54) 587–91.

Fundamenta Math. [Warszawa] On the absolute integrability of Fourier transforms[10]): **25** ('35) 329–52.

J. Analyse math. The abstract Cauchy problem and Cauchy's problem for parabolic differential equations: **3** ('54) 81–196. — A note on transfinite diameters: **14** ('65) 209–24.

J. austral. math. Soc. Some geometric extremal problems: **6** ('66) 122–28.

J. London math. Soc. On the complex zeros of the associated Legendre functions: **8** ('33) 216f.

J. Math. pures et appl. Remarques sur les systèmes des équations différentielles linéaires à une infinité d'inconnues: (9) **37** ('58) 375–83. — Sur les fonctions analytiques définies par des séries d'Hermite: **40** ('61) 335–42. — Green's transforms and singular boundary value problems: **42** ('63) 331–49.

Jahresber. dtsch. Mathematiker-Vereinig. Über die Nullstellen der Hermiteschen Polynome: **44** ('34) 162–65.

Kungl. fysiogr. Sällsk. Lund Förh. On the generation of semi-groups and the theory of conjugate functions: **21** ('51) 130–42.

Mathematica scandinav. Some extremal properties of Laplace transforms: **1** ('53) 227–36.

Mathematics Mag. Mathematics and mathematicians from Abel to Zermelo: **26** ('53) 127–46.

Mathematische Ann. On the summability of Fourier series, 3[10]): **108** ('33) 525–77. — On roots and logarithms of elements of a complex Banach algebra: **136** ('58) 46–57.

Mathematische Z. An application of Prüfer's method to a singular boundary value problem: **72** ('59) 95–106.

Proc. nation. Acad. Sci. USA Questions of relative inclusion in the domain of Hausdorff means[10]): **19** ('33) 573–77. — On moment functions[10]): 902–08. — On the theory of Laplace integrals, 1[10]): 908–12; ∼ 2[10]): **20** ('34) 140–44. — On semi-groups of transformations in Hilbert space: **24** ('38) 159–61. — Representation of one-parameter semi-groups of linear transformations: **28** ('42) 175–78. — On the analytical theory of semi-groups: 421–24. — On the theory of characters of groups and semi-groups in normed vector rings: **30** ('44) 58–60. — On the integration of Kolmogoroff's differential equations: **40** ('54) 20–25.

Rend. Mat. e Appl., Univ. Roma Quelques remarques sur l'équation de la chaleur: (5) **15** ('56) 102–18.

Rend. Semin. mat. Univ. Padova On a class of orthonormal functions: **25** ('56) 214–49.

Rend. Semin. mat., Univ. e Politecn. Torino Le problème abstrait de Cauchy: **12** ('52/53) 93–103. — Sur un théorème de perturbation: **13** ('53/54) 169–84.

S.-Ber. Berliner math. Ges. Über eine Klasse Differentialoperatoren vierter Ordnung: **1954/55, 1955/56** ('56) 39–44.

Studia math. [Polonia], Ser. spec. Linear differential equations in Banach algebras: **1** ('63) 53 f.

Studies Math., Math. Assoc. America Studies in real and complex analysis: What is a semigroup?: **3** ('65) 55–66.

Trans. amer. math. Soc. On the summability of Fourier series, 1[10]): **34** ('32) 757–83. — Notes on linear transformations, 1: **39** ('36) 131–53. — Contributions to the theory of Hermitian series, 2: The representation problem: **47** ('40) 80–94. — On the oscillation of differential transforms, 2: Characteristic series of boundary value problems: **52** ('42) 463–97. — Remarks on ergodic theorems: **57** ('45) 246–69. — Non-oscillation theorems: **64** ('48) 234–52.

University California Publ. Math. On the oscillation of differential transforms and the characteristic series of boundary-value problems: **2** ('44) 161–68.

Vesn. Druš. Matematičara i Fizičara Narodne Republ. Srbije Quelques remarques sur les équations de Kolmogoroff: **5** ('53) Nr. 3/4, 3–14.

Mit: [1]) F. Bohnenblust; [2]) W. B. Caton; [3]) N. Dunford; [4]) H. L. Garabedian; [5]) G. Klein; [6]) A. C. Offord; [7]) J. Shohat; [8]) O. Szász; [9]) G. Szegö; [10]) J. D. Tamarkin; [11]) H. S. Wall; [12]) J. L. Walsh; [13]) M. Zorn.

IV–VI **HILLYER,** Homer Winthrop. Chem. (org.). — 1889–1905 Assist. Prof., Univ. of Wisconsin, Madison, Wis.; '07–17 Chemist, Research Departm. of General Chem. Co.; '17–25 Chemist, Nation. Aniline and Chem. Co. (☒)

*1859, Jan. 26, Waupun, Wis.;

†1949, Jan. 3, Farmington, Conn.

Nekr. School and Soc. **69** ('49) 41.

V, VI **HILTON,** seit 1939 **SIMPSON,** Harold. Math., Kristallogr. — 1902–07 Assist. Lecturer, University College of North Wales, Bangor, Wales; '07–44 Head of the Departm. of Math., '12–44 Prof. Math., '44 Prof. Emer., Bedford College for Women, Univ. of London.

*1876, Okt. 22, Ickham, Kent.

W. Plane algebraic curves [2](London '32) 15+390 S. — Mathematical crystallography and the theory of groups of movements. Neuauflage (New York '63) 262 S.

Annals Math. On some properties of rectilinear congruences: (2) **40** ('39) 48–57.

Boll. Unione mat. ital. Sulle superficie armoniche: **12** ('33) 138f.

J. London math. Soc. An extension of Savary's theorem: **14** ('39) 315–18. — A note on two-circuited circular cubics and bicircular quartics: **17** ('42) 31–33.

J. roy. statist. Soc. On a theorem concerning sampling: **106** ('43) 266f.

Mathematical Gaz. A note on symmetric functions: **23** ('39) 82f. — On the loci of the ends of polar subtangent and polar subnormal: 396f. — On the nodes of a rational plane curve: **31** ('47) 161–63. — On plane circular cubic curves: **50** ('66) 370–72.

Nature [London] Measurement of diversity: **163** ('49) 688.

Proc. amer. math. Soc. On F. Supnick's six-conic theorem: **12** ('61) 931.

Rend. Circolo mat. Palermo On the circuits of a plane sextic curve: **60** ('36) 280–85.

Tôhoku math. J. On the affine curvature and projective normal of a plane curve: **35** ('32) 8–18. — On the differential equation of a plane curve: **37** ('33) 169–74.

VI **HINKEL,** Leonard Eric. Chem. (org.). — 1905–11 Assist. Demonstrator, '11–12 Assoc., '12–19 Lecturer, '19–20 Senior Lecturer, King's College, Univ. of London; '20–49 Senior Lecturer, University College of Swansea, Wales; '24 D.Sc., Univ. of London.

*1882, Nov. 15, Croydon;

†1962, Nov. 18, Swansea, Wales.

Nekr. R. H. Davies, J. H. Gorvin, Proc. chem. Soc., London **1964,** 34f.

J. chem. Soc., London The Baeyer-Drewsen reaction[1])[8]): **1932,** 985–87. — Substituted aromatic aldehydes in Hantzsch's pyridine condensation, 3: Nitromethoxy- and nitrohydroxy-benzaldehydes[1])[8]): 1112–18; ~ 4: Derivatives of 3,4-dihydroxybenzaldehyde[1])[8]): **1935,** 816–18. — Conversion of hydroaromatic into aromatic compounds, 5: The influence of the methyl group in 5-phenyl-2-methyldihydroresorcinol[4]): **1932,** 1468–72. — Studies on hydrogen cyanide, 4: Gattermann's hydrogen cyanide aldehyde synthesis[1])[8]): 2793–98; ~ 5: Reactions of iminoformylcarbylamine[1])[2]): **1935,** 674–79; ~ 6: The mechanism of Gattermann's hydrogen cyanide aldehyde synthesis[1])[2]): **1936,** 184f.; ~ 7: Aldehydes from aromatic hydrocarbons[1])[2]): 339–46; ~ 10: The tetrapolymer[9])[11]): **1937,** 1432–37; ~

11: Constitution of the double compound of hydrogen cyanide and aluminium chloride[14]): **1940**, 407–09; ~ 12: Asymmetry of the tetrapolymer of hydrogen cyanide[14]): 1206–08; ~ 14: Formamido dichloride[14])[7]): **1944**, 647f.; ~ 15: Action of hydrogen chloride on methyl cyanide[12]): **1945**, 866f.; ~ 16: Constitution of the "sesquichloride"[6]): **1949**, 1033f.; ~ 17: Alleged resorcylaldimine hydrochloride[6]): 1593–95; ~ 18: The reaction of the sesquichloride of hydrogen cyanide with mesitylene in the presence of aluminium chloride[10]): **1952**, 2813–16. — The chlorination of the aceto-o-xylidides[1])[13]): **1934**, 283–87. — Dichloro-o-xylenes, 2[1])[13]): 1946–48. — Substituted phenyldihydroresorcinols[1])[4]): **1935**, 539f. — N-Benzhydryl-N'-arylformamidines[1])[2]): 1219f. — Hydrogen cyanide synthesis of aromatic aldehydes, 1: Dibenzfuran-3-aldehyde[1])[2]): **1937**, 778–80. — The determination of the nitro-group in organic compounds[1])[13]): **1939**, 403–06. — The constitution of the tetrapolymer of hydrogen cyanide. A reply: **492f.** — p-Aminodimethylaniline, 1: Properties of its diazonium compounds[1])[5]): **1941**, 613–20; ~ 2: The o-chloro and -nitro derivatives[1])[5]): **1942**, 755–58; ~ 3: Orientation of groups in the disubstituted molecule[1])[5]): **1946**, 530–32. — 4,4'- and 2,4'-Dihydroxydiphenyl sulfones[10]): **1949**, 2854–56.

Proc. chem. Soc., London Ernest Edward Ayling, 1900–1960[3]): **1962**, 91.

Mit: [1]) E. E. Ayling; [2]) J. H. Beynon; [3]) R. H. Davies; [4]) J. F. J. Dippy; [5]) J. H. Gorvin; [6]) R. P. Hullin; [7]) K. M. Jones; [8]) W. H. Morgen; [9]) G. O. Richards; [10]) G. H. R. Summers; [11]) O. Thomas; [12]) G. J. Treharne; [13]) T. M. Walters; [14]) T. I. Watkins.

V, VI **HINKS,** Arthur Robert. Astron., Geogr. — 1913–41 Lecturer, Univ. of London; '15–44 Secretary, Royal Geographical Soc., London; '18– Secretary of the Permanent Committee on Geographical Names; '12–13 Vice-Pres. of the Royal Astron. Soc. — '10 Prix Lecomte (Acad. Sci. Paris); '12 Gold Medal (Roy. Astron. Soc.); '20 Commander of the Order of the Brit. Empire; '38 Victoria Medal (Roy. Geogr. Soc.); '43 Cullum Medal (Amer. Geogr. Soc.).

*1873, Mai 26, London;

†1945, Apr. 18, Royston, Hertfordshire.

Nekr. L. Burpee, Canadian geogr. J. **32** ('46) 31. — H. Spencer Jones, H. J. Fleure, Obituary Notices Fellows roy. Soc. London **5** ('45/48) 717–32 (m. Bildn., Faks. u. Schr.-verz.). — H. N. Russell, Monthly Notices roy. astron. Soc. **106** ('45) 30f. — W. M. Smart, Observatory **66** ('45) 89–91. — E. G. R. Taylor, Nature [London] **155** ('45) 537.

HZ. Geographical J. **45** ('15) - **104** ('44).

W. Cambridge four-figure mathematical tables. Compiled and arranged for the Local Examinations Syndicate (Cambridge '32) 12 S. — Maps and survey [3](Cambridge '33) 12+283 S.; [4]('42) 12+301 S.; [5]('44) 12+311 S. — Astronomy [2](London '36) 256 S. (Home university library of modern knowledge, 31); deutsch: Einführung in die Astronomie (Bern '46) 268 S.

Geographical J. The legal status of Eastern Greenland: **82** ('33) 151–56. — Geodesy and geophysics at Lisboa: 442–45. — The Geographical Congress at Warszawa: **84** ('34) 341–48. — Nautical time and civil date: **86** ('35) 153–57. — Notes on scales, grids and contours of Ordnance Survey Maps: **87** ('36) 323–27. — The 5th International Congress of Photogrammetry, Rome 1938: **93** ('39) 240–46. — On some misrepresentations of antarctic history: **94** ('39) 309–30. — The one-to-a-million map of Europe: 404–09. — Maps of the world on an oblique Mercator projection: **95** ('40) 381–83. — Diagram relating the discoveries of Wilkins and Ellsworth to those of the British Graham Land Expedition[1]): **96** ('40) 177–80, 229. — The log of the Hero: 419–30. — Note on dates in the log of the Hero: **97** ('41) 271f. — An early map of the South Shetlands: 332. — More world maps on oblique Mercator projections: 353–56. — Map projections and sun compasses, 4: Murdoch's third projection: 358–63. — The discovery of Torres Strait: **98** ('41) 91–102. — Maupertuis and the flattening of the earth: 291–93. — Making the British Council Map: **100** ('42) 123–30. — The romanization of Chinese placenames: **102** ('43) 67–71. — The observations of Amundsen and Scott at the South Pole: **103** ('44) 160–80.

Geographical Rev. Antarctica discovered: a reply: **31** ('41) 491–97.

Mit: [1]) A. Stephenson.

VI **HINS,** Coert Hendrik. Astron., Astrometrie. — 1918 Dr. Wis- en Sterrekunde, '19–48 Observator, '48–51 wetenschapp. Hoofdambtenaar, Sterrewacht, Univ. Leiden; '49– Dir., Bosscha-Sternwarte, Lembang, Java.

*1890, Juni 24, Dordrecht;

†1951, Okt. 21, Leiden.

Nekr. P. F. Kuiper, Hemel en Dampkring **49** ('51) 209–11 (m. Bildn.). — Observatory **71** ('51) 243f. — Popular Astron. **59** ('51) 553.

Annalen Sterrewacht Leiden General catalogue of positions and proper motions of 1190 standard stars in the areas 2–115 of Kapteyn's plan of selected areas: **15**, Nr. 4 ('34) 86 S. — A catalogue of fundamental declinations derived from azimuth observations at a station on the earth's equator[2]): **18**, Nr. 1 ('38) 79 S.

Astronomical J. Star streaming among faint low-latitude stars[1]): **53** ('48) 113.

Bull. astron. Inst. Netherlands A catalogue of 798 faint zodiacal stars, observed between 1931 and 1935: **9** ('42) 287–302. — Star-streaming among faint low-latitude stars investigated according to the dispersion method [1]): **10** ('48) 365–75.

Mit: [1]) A. Blaauw; [2]) G. van Herk.

VI **HINSHELWOOD,** Sir Cyril Norman. Chem. (anorg., physik.). — 1921–37 Lecturer, Fellow and Tutor of Trinity College; '37–64 Prof., Head of Balliol and Trinity College Laboratories, Fellow of Exeter College, Hon. Fellow of Trinity College, Balliol College and St. Catherine's College, Univ. of Oxford; '64–67 Senior Research Fellow, Imperial College of Science and Technol., London; Delegate of the Clarendon Press; '40–43 Vice Pres., '46–48 Pres., Chemical Soc., London; '50–55 Chairman of Fuel Research Board, British Governm.; '51–55 Member of the Scientific Advisory Council, Ministry of Fuel and Power; '53–56 Member of Advisory Council on Scientific Policy, British Governm.; '55–60 Pres., Royal Soc., London; '55–60 Hon. Councillor, Consejo Superior de Investigaciones científicas, Madrid; '61–62 Pres., Faraday Soc., London; '65 Pres., British Assoc. for the Advancement of Sci. — '47 Hon. D.Sc. (Univ. of London); '52 Hon. D.Sc. (Univ. of Leeds); '54 Hon. D.Sc. (Univ. of Sheffield); '56 Hon. D.Sc. (Univ. of Bristol); '56 Hon. D.Sc. (Univ. of Hull); '60 Hon. D.C.L. (Univ. of Oxford); '64 Hon. D.Sc. (Univ. of Southampton); Hon. Sc.D. (Univ. of Cambridge); Hon. Sc.D. (Univ. of Dublin); Hon. D.Sc. (Univ. of Wales, Cardiff); Hon. D.Sc. (Univ. of Ottawa, Can.). — '56 Nobel Prize for Chem. — '35 Médaille Lavoisier (Soc. Chim. France); '42 Davy Medal (Roy. Soc. London); '47 Royal Medal (Roy. Soc. London); '48 Longstaff Medal (Chem. Soc. London); '52 Guldberg Medalje (Univ. Oslo); '53 Faraday Medal (Chem. Soc. London); '56 Medaglia Avogadro (Accad. dei XL, Roma); '56 Gran Ufficiale dell'Ordine al Merito della Repubblica Italiana; '60 Leverhulme Tercentenary Gold Medal (Roy. Soc. London); '60 Order of Merit; '61 Medal (Soc. of Chem. Industry); '62 Copley Medal (Roy. Soc. London).

*1897, Juni 19, London;

†1967, Okt. 9, London.

Zur Biogr. H. Dale, Proc. roy. Soc. London, Ser. A **181** ('42/43) 219f. — R. Robinson, ibid. **192** ('47/48) VIf. — H. Florey, ibid. **265** ('61) 6f. — Annuario generale, Accademia Nazionale dei XL, Roma (Roma '61) 613f. (m. Bildn., Faks., Schr.verz.-Auswahl). — Nachr. Chem. u. Techn. **4** ('56) 339. — Nature [London] **139** ('37) 226; **150** ('42) 666; **176** ('55) 1101; **192** ('61) 907f.; **196** ('62) 1025; **203** ('64) 958.

Zur Verleihung des Nobelpreises E. Farber, Nobel Prize winners in chemistry, 1901–1961 (New York '63) (Life of science library, 41) 263–74. — H. H. Günthard, Experientia **12** ('56) 487. — A. Ölander, Tidsskr. Kjemi, Bergvesen og Metallurgi **17** ('57) 15–19 (m. Bildn.). — Les Prix Nobel en 1956 (Stockholm '57) 64 (m. Bildn., Faks.). — Nobel lectures, Chemistry, 1942–1962 (Amsterdam–London–NewYork '64) 471–73, 485f.

Nekr. E. J. Bowen, Chemistry in Britain **3** ('67) 534–36. — H. W. Thompson, Chemistry and Industry **1967**, 1993f.; Nature [London] **216** ('67) 832f.

S. Atti X Congresso internazionale di chimica, Roma 1938, **1** (Roma '39) 101–09: The contribution of physical chemistry to scientific thought. — A record of the centenary celebrations 1947 (Chemical Society, London) (London '48) 35–42: Centenary address. — Chemistry and man, based on four lectures delivered under the auspices of the Chemical Council (London '53) 1–14: Chemistry and modern thought. — Gli enzimi (R. Peters, F. Dickens) (Roma '54): Enzimi adattativi. — Les Prix Nobel en 1956 (Stockholm '57) 138–47: Chemical kinetics in the past few decades. — Da Roma a Quaregna. Amedeo Avogadro commemorato nel primo centenario della sua morte (Biella '57): In memoria di Amedeo Avogadro. — Mechanisms of development. Ciba Foundation symposium on drug resistance in microorganisms (G. E. W. Wolstenholme, C. M. O'Connor) (London '57) 4–24: Aspects of the problem of drug resistance in bacteria[27]). — Société chimique de France. Célébration du centenaire de sa fondation (Paris '58) 54–62: Réflexions sur la cinétique (m. Bildn.). — Ciba Foundation symposium on the regulation of cell metabolism (G. E. W. Wolstenholme, C. M. O'Connor) (London '59) 311–29: Automatic adjustment mechanisms in bacterial cells[27]). – Nobel lectures, Chemistry, 1942–1962 (Amsterdam–London–New York '64) 474–84: Chemical kinetics in the past few decades.

W. The kinetics of chemical change in gaseous systems [3](Oxford '33) 6+392 S. – The reaction between hydrogen and oxygen (m. A. T. Williamson) (Oxford '34) 5+108 S. – The kinetics of chemical change (Oxford '40) 6+274 S. – The chemical kinetics of the bacterial cell (Oxford '46) 10+284 S. – Some relations between chemistry and biology (Oxford '50) 14 S. (Robert Boyle lecture Nr. 51). – The structure of physical chemistry (New York–Oxford–London–Toronto '51) 8+476 S. – The vision of nature (Cambridge '61) 33 S. (A. S. Eddington memorial lecture Nr. 15). – Growth, function and regulation in bacterial cells (m. A. C. R. Dean) (Oxford '66) 13+439 S.

Advancement Sci. Chemistry at the mid-century: 8 ('51) 125–30. – Science and scientists: 22 ('65) 347–56.

Anales real Soc. españ. Física y Quím., Ser. B Oxidation reactions: **45** ('49) 429–41 [ ]. – General aspects of kinetic chemistry: **46** ('50) 5–12 [ ].

Angewandte Chem. Reaktionskinetik in den letzten Jahrzehnten. Nobel-Vortrag, Dezember 1956: **69** ('57) 445–49.

Annual Rep. Progr. Chem. General and physical chemistry: **28** ('32) 13–48; ~[13])[84])[92])[106]): **29** ('33) 13–73; ~[7])[13])[92])[106]): **30** ('34) 13–81. – Some physico-chemical aspects of bacterial growth: **41** ('45) 15–31.

Biological Rev. and biol. Proc. Cambridge philos. Soc. Bacterial growth: **19** ('44) 150–63.

British med. Bull. Adaptive enzymes: **9** ('53) 150–53.

Bull. Soc. chim. France Mécanique quantique et cinétique des réactions de la chimie organique: (5) **2** ('35) 1786–98. – Croissance bactérienne et cinétique chimique: **15** ('48) 205–10.

Bull. World Health Organizat. Reaction patterns in bacterial metabolism: **6** ('52) 3–17.

Chemistry and Industry Flame spectrum of carbonic oxide[92])[40]): **10** ('32) 981. – Phosphoric anhydride as drying agent[79])[92]): **11** ('33) 307f. – Chemistry at the mid-century: **1951**, 674–77 (m. Bildn.). – The physical chemistry of drug action. Introductory observations: 918–22. – The mechanism of chemical reactions: **1957**, 1642–46. – Some observations on the physical chemistry of cell mechanisms: **1961**, 1050–55.

Chimica e Industria In memoria di Amedeo Avogadro: **38** ('56) 689–91.

Discuss. Faraday Soc. Labile molecules in the kinetics of hydrocarbon reactions, 1: Introduction: Nr. **2** ('47) 111–14; ~ 3: Low-temperature oxidation of higher paraffins in relation to structure[22]): 117–28. – Hydrocarbon reactions, A: Thermal reactions: The thermal decomposition of hydrocarbons[90]): Nr. **10** ('51) 129–36. – The influence of substituents on the oxidation of hydrocarbons: 266–68.

Endeavour Bacteriology and chemical kinetics: **8** ('49) 151–56. – The chemistry of plant gums and mucilages: **10** ('51) 106–11.

Experientia, Suppl. Réflexions sur la cinétique chimique: Nr. **7** ('57) 9–17.

Gas Times The gas industry and the development of science in the last century: **97** ('63) Nr. 985, 34f.

Gas World The gas industry and the development of science in the last century: **157** ('63) 609, 612, 634 (m. Bildn.).

J. chem. Soc., London The kinetics of two bimolecular reactions in solution and in the vapour phase[59]): **1932**, 230–40. – The interaction of carbon monoxide and nitric oxide[62]): **1933**, 56–59. – The kinetics of reactions in solution: The interaction of potassium hydroxide and the alkyl halides in ethyl alcohol[39]): 258–61. – The homogeneous catalysis of gaseous reactions: The influence of iodine on the decomposition of acids, esters, ketones, and halides[2]): 1147–55; ~: The influence of iodine on the decomposition of simple aliphatic amines and of hexane[2]): 1155–60. – The interaction of benzoyl chloride and aniline in carbon tetrachloride and in hexane solution[39]): 1351–57. – The mechanism of chemical reactions: 1357–60. – On the factors determining the velocity of reactions in solution: Molecular statistics of the benzoylation of amines[102]): **1934**, 1079–84; ~: Molecular statistics of the esterification of carboxylic acids[50]): **1935**, 587–96; ~: The formation of quaternary ammonium salts in benzene solution[105]): 1147–51. – The kinetics of the decomposition of diphenyliodonium iodide[34]): 596–99. – The reaction of hydrogen chloride with methyl alcohol: 599–601. – Considerations concerning the mechanism of chemical reactions: 1111–15. – Polar and non-polar effects in esterification[50]): 1588–91. – The oxidation of cyclic compounds by potassium permanganate[105]): **1936**, 368–70. – On bimolecular reactions in solution[105]): 371–77. – The reaction of nitric oxide with hydrogen and with deuterium[58]): 378–84. – The detection of reaction chains by small amounts of nitric oxide: Thermal decomposition of acetaldehyde and of propaldehyde[87]): 812–18. – The influence of hydrogen on unimolecular reactions involving short chains[87]): 818–20. – The influence of solvents on reaction velocity: The interaction of pyridine and methyl iodide and benzoylation of m-nitroaniline[70]): 1353–57. – The kinetics of the acid and the alkaline hydrolysis of esters[63]):

1357–61. — The functional relation between the constants of the Arrhenius equation[33]): 1937, 538–46. — The transition state method in chemical kinetics: 635–41. — Reaction chains in the decomposition of organic compounds[87]): 1568–73. — The functional relation between the constants of the Arrhenius equation: Solvent effects in the formation of quaternary ammonium salts[33]): 1573–76; ~: Solvent effects in a Diels-Alder addition[33]): **1938**, 236–38; ~: The formation of a series of quaternary ammonium salts in benzene-nitrobenzene mixtures[76]): **1939**, 1378–83. — The activation energy of organic reactions, 1: Electronic theories of organic chemistry from the standpoint of chemical kinetics[48])[93]): **1938**, 848–58; ~ 2: The formation of quaternary ammonium salts[48]): 858–62; ~ 3: The kinetics of acid hydrolysis of esters[93]): 862–69; ~ 4: Transmission of substituent influences in ester hydrolysis[94]): 1801–10. — Physicochemical aspects of bacterial growth, 1: Dependence of growth of Bacterium lactis aerogenes on concentration of medium[23]): 1930–36; ~ 2: Quantitative dependence of the growth rate of Bacterium lactis aerogenes on the carbon dioxide content of the gas atmosphere[23]): 1936–42; ~ 3: Influence of alcohols on the growth of Bacterium lactis aerogenes[23]): 1942–48; ~ 4: Conditions determining stationary populations and growth rates of Bacterium lactis aerogenes in synthetic media[54]): **1939**, 1683–92; ~ 5: Influence of magnesium on the lag phase in the growth of Bacterium lactis aerogenes in synthetic media containing phosphate[54]): 1692–97; ~ 6: Influence of toxic substances on growth rate, stationary population and fermentation reactions of Bacterium lactis aerogenes[71]): **1940**, 1565–72; ~ 7: Influence of phenol on the death rate of Bacterium lactis aerogenes[71]): 1573f.; ~ 8: Growth of Bacterium lactis aerogenes in media containing ammonium sulphate or various amino acids[54]): **1943**, 208–13; ~ 9: Lag phase[54]): 213–19; ~ 10: Variability of growth rate[54]): 219–21. — The kinetics of the esterification of normal fatty acids[33]): **1939**, 593–600. — Some considerations on the nature of catalysis: 1203–12. — Kinetics of the sulphonation of nitrobenzene by sulphur trioxide[97]): 1372–78. — Sensitization of the hydrogen–oxygen reaction by nitrous oxide[24]): **1940**, 464–68. — Kinetics of aromatic sulphonation reactions: Sulphonation of p-nitrotoluene and of chlorobenzene by sulphur trioxide[98]): **1944**, 469–73; ~: Sulphonation by sulphuric acid in nitrobenzene solution[90])[101]): **1948**, 1065–78. — Kinetics of the sulphonation of some aromatic compounds by SO_3[29]): **1944**, 649–52. — Kinetics of absorption of gases from an air stream by granular reagents[24])[26])[32])[54]): **1946**, 918–34. — Mechanism of the Bucherer reaction, 1: Kinetics of the conversation of naphthylamines into naphthols[19]): 1036–41. — Redistribution and desorption of adsorbed gases[4])[24])[26])[87]): **1947**, 401–16. — Present-day chemical kinetics: 694–701. — Spontaneous low-temperature polymerization of acetaldehyde[78])[24]): **1948**, 234–37. — Some aspects of the chemistry of hydrocarbons: 531–38. — Growth of coliform bacteria in media containing nitrate and nitrite, 1: Adaptation to growth with nitrate and nitrite as nitrogenous sources[51]): 824–33; ~ 2: Influence of ammonia and of aeration, and the coupling of the oxidation–reduction systems involved[51]): 833–40; ~ 3: Later stages of reduction of nitrite[51]): 841–45. — Adaptation of bacteria to acridine derivatives: Influence of pH[67]): 1235–44. — Absorption of antibacterial substances by cells of Bacterium lactis aerogenes[67]): 2290–303. — Benzoylation of substituted anilines: Additive effects of substituents[90]): **1949**, Suppl. Nr. 1, S71–S77. — Nitrogen utilization and growth of coliform bacteria, 1: Adaptation to growth in ammonium salt media[60]): **1949**, 372–75; ~ 2: Relation between growth and deaminase activity[60]): 375–79; ~ 3: Nitrogen utilization and lag phase[60]): 380–84. — Reaction of methyl radicals with olefins, 3: Reaction with mixtures of ethylene and higher olefins[75])[24]): 2225–30. — Kinetics of the hydrolysis of some tertiary aliphatic halides[83]): 2412–21. — Conditions for optimum growth rate of Bacterium lactis aerogenes[89]): 2516–22. — Thermal decomposition of n-pentane[66])[90]): 2674–79. — Reaction between paraffin hydrocarbons and sulphur vapour[14]): 3379–87. — Uptake of alkali metals by bacteria[16])[24])[31]): **1950**, 946–49. — Nucleic acid content of Bacterium lactis aerogenes[15]): 1415–18. — Ribonucleic acid content and cell growth of Bacterium lactis aerogenes[15])[109]): 3151–55. — Some observations on an autosynthesis in bacteria[15]): 3156–59. — Kinetics of the oxidation of organic compounds by ceric sulphate, 1: Oxidation of acetone[83]): 3276–83. — Phosphorus metabolism of Bacterium lactis aerogenes[15]): **1951**, 158–66. — Induced and other variations in bacterial cultures, 1: Chemical basis of the changes[27]): 1157–59; ~ 2: General survey of changes produced in Bact. lactis aerogenes (Aerobacter aerogenes) by ultra-violet light and some other mutagenic agents[27]): 1159–68; ~ 3: Recovery of normal growth rates by slow-growing mutants of Bact. lactis aerogenes[27]): 1169–73; ~ 4: Restoration of normal biochemical reactions in fermentative mutants of Bact. lactis aerogenes[27]): 1173–77; ~ 7: The stability of the nutritional requirements of the strains isolated after irradiation of Bacterium coli[27]): **1952**, 2826–31. — The comparative ease of oxidation of various ethers in the gaseous phase[30]): 733–38. — On the chemical kinetics of autosynthetic systems: 745–55. — Losses of (radioactive) sulphur and phosphorus from resting bacterial cells[16][24][27]): 893–99. — Multiple adaptations of Bacterium lactis aerogenes (Aerobacter aerogenes) to various combinations of substrate[81]): 1838–44. — The adaptation of some Bacterium coli strains to utilize sucrose[57]): **1953**, 663–66. — Alternative reaction patterns in autosynthetic systems: 1304–10. — Autosynthesis: 1947–56. — Adaptive behaviour of coliform bacteria to certain sugars[57]): 3167–70. — The kinetics of the reduction by titanous chloride of nitrobenzene and its substitution products[64][90]): 3384–91. — Adaptation of Bacterium lactis aerogenes to resist phenol and various alkylphenols[69]): 3679–83. — The kinetics of the reduction by titanous chloride of azobenzene and 4-aminoazobenzene [49][90]): **1954**, 2736–43. — The resistance of Bacterium lactis aerogenes (Aerobacter aerogenes) to 8-hydroxyquinoline[43]): **1955**, 347–49. — The kinetics of the reduction of azoxybenzene (and some derivatives) by titanous chloride[88]): 1393–400. — The kinetics of the reduction of some azo-compounds[49]): **1956**, 620–27. — The oxidation of hydrocarbons and their derivatives, 2: Structural effects in the ester series[65]): 1799–803. — The kinetics of the rearrangement and oxidation of hydrazobenzene in solution, 1: The rearrangement and spontaneous oxidation[9]): **1957**, 2898–903; ~ 2: The catalyzed oxidation[9]): 2904–06. — The action of two antibacterial agents on the growth of Bact. lactis aerogenes[55]): **1958**, 2269–75. — The kinetics of the decomposition of the addition compounds formed by sodium bisulphite and a series of aldehydes and ketones, 1[9]): 2720–27; ~ 2: General discussion of energy–entropy relations[9]): 2728–34. — The benzoylation of substituted anilines in different solvents[12]): 4085–89. — Influence of structure on the rate of oxidation of gaseous cycloalkanes[42]): **1960**, 3098–101. — Energy-entropy relations in acylations, 1: Effects of structure and of polar substituents[95]): 4977–85; ~ 2: Medium effects[95]): 4986–92.

Nature [London] Kinetics of the decomposition of molecules of intermediate complexity[34]): **131** ('33) 24. — Upper pressure limit in the explosive chain reaction between hydrogen and oxygen[39]): 361f. — Upper pressure limit of ignition: **132** ('33) 567. — The reaction between oxygen and the heavier isotope of hydrogen[104][106]): **133** ('34) 836f. — The thermal decomposition of acetaldehyde: **135** ('35) 67. — Inhibition of homogeneous reactions by small quantities of nitric oxide[87]): **137** ('36) 29f. — Decomposition reactions of organic compounds in the gaseous state: **141** ('38) 1010. — Thermal decomposition of acetone[26]): **144** ('39) 909f. — Chemistry and bacteria: **166** ('50) 1089–92. — Decline and death of bacterial populations: **167** ('51) 666–69. — Thermal decomposition of normal paraffins[24]): **170** ('52) 1029. — Spontaneous and induced mutation: **171** ('53) 270. — Royal Medal to Dorothy M. C. Hodgkin: **178** ('56) 1262. — Davy Medal to R. D. Haworth: 1262f. — Darwin Medal to J. S. Huxley: 1263. — Hughes Medal to Viscount Cherwell: 1263. — Some interactions of the physical and the biological sciences: 1263–66. — Copley Medal to Sir Howard Florey: **180** ('57) 1231. — Royal Medal (A) to W. V. D. Hodge: 1231. — Royal Medal (B) to F. G. Gregory: 1231f. — Buchanan Medal to Sir Neil Hamilton Fairley: 1232. — Davy Medal to Dame Kathleen Lonsdale: 1232. — Hughes Medal to J. Proudman: 1232f. — Some observations on the mechanism of chemical reactions: 1233–36. — Copley Medal to J. E. Littlewood: **182** ('58) 1631. — Rumford Medal to Th. Merton: 1631f. — Royal Medal (A) to H.S.W. Massey: 1632. — Royal Medal (B) to A. L. Hodgkin: 1632. — Davy Medal to R. G. W. Norrish: 1632f. — Sylvester Medal to M. H. A. Newman: 1633. — Some modern scientific themes: 1634–37. — Copley Medal to Sir Macfarlane Burnet: **184** ('59) 1833. — Royal Medal (A) to R. E. Peierls: 1833. — Royal Medal (B) to P. B. Medawar: 1833f. — Hughes Medal to A. B. Pippard: 1834. — Davy Medal to R. B. Woodward: 1834. — The internal and the external worlds: 1834–38. — The Royal Society: **187** ('60) 274–78. — Copley Medal to Sir Harold Jeffreys: **188** ('60) 974. — Rumford Medal to A. G. Gaydon: 974. — Royal Medal to A. C. B. Lovell: 974f. — Royal Medal to Sir Roy Cameron: 975. — Davy Medal to J. M. Robertson: 975. — Darwin Medal to E. J. H. Corner: 975. — Hughes Medal to J. L. Pawsey: 975f. — Observations on cell mechanisms: 976–79. — Integration of cell reactions[27]): **199** ('63) 7–11. — Some basic aspects of cell regulation[27]): **201** ('64) 232–39. — What is heredity?[27]): **202** ('64) 1046–52. — Cell division[27]): **206** ('65) 546–53. — Science and scientists: **207** ('65) 1055–61. — Kinetics of cell growth in conditions of phage infection, substrate imbalance and synchronization[27]): **214** ('67) 1081–84.

Proc., Classical Assoc., London Classics among the intellectual disciplines: **56** ('59) 9–22.

Proc. roy. Instn. Great Britain Chemistry and bacteria: **34** ('51) 648–58.

Proc. roy. Soc. London, Ser. A The thermal decomposition of nitrous oxide, and its catalysis by nitric oxide[62]): **135** ('32) 23–39. — The homogeneous catalysis of gaseous reactions: The catalytic decomposition of nitrous oxide by halogens[62]): **137** ('32) 25–36. — The oxidation of carbon monoxide[40][92]): 87–101. — The explosive oxidation of carbon monoxide at lower pressures[40][92]): **138** ('32) 297–311. — The lower pressure limit in the chain reaction between hydrogen and oxygen[59]): 311–17. — The combination of hydrogen and oxygen in a silver vessel[59])[80]): **139** ('33) 521–25. — The upper pressure limit in the chain reaction between hydrogen and oxygen[39]): **141** ('33) 29–40. — The thermal decomposition of acetaldehyde and the existence of different activated states[34]): 41–55. — The homogeneous catalysis of gaseous reactions by iodine: The decomposition of propionic aldehyde, and a general discussion[2]): **142** ('33) 77–88. — Discussion on energy distribution in molecules in relation to chemical reactions: **146** ('34) 239–42. — The modes of activation of aldehyde molecules in decomposition reactions[34])[96])[105]): 327–33. — The kinetics of the decomposition of chloral and its catalysis by iodine[96]): 334–44. — The thermal decomposition of propionic aldehyde[105])[34]): 345–56. — The reaction between oxygen and the heavier isotope of hydrogen[104])[107]): **147** ('34) 48–57. — The thermal decomposition of acetone vapour[105]): **149** ('35) 340–54. — The thermal decomposition of acetaldehyde[105]): 355–59. — Catalysis and inhibition of a homogeneous gas reaction: The influence of nitric oxide on the decomposition of diethyl ether[87]): **154** ('36) 335–48. — The inhibition of photochemical reactions by nitric oxide[58]): **159** ('37) 32–45. — The inhibition by nitric oxide of the decomposition of ethers[87]): 192–205. — The influence of hydrogen and deuterium on the thermal decomposition of diethyl ether in the low pressure region[58]): **162** ('37) 357–66. — The mechanism of chain breaking in the thermal decomposition of ethane[41]): **167** ('38) 439–46. — Reaction chains in the thermal decomposition of hydrocarbons: A comparison of methane, ethane, propane and hexane[41]): 447–55. — The thermal decomposition of nitrous oxide[52]): **168** ('38) 441–54. — The thermal decomposition of diethyl ether[26]): **171** ('39) 39–54. — Kinetics of thermal decomposition of fully deuterated diethyl ether[26]): **174** ('40) 50–56. — The thermal decomposition of gaseous benzaldehyde[85]): **175** ('40) 131–42. — The kinetics of the thermal decomposition of acetophenone[85]): **176** ('40) 468–73. — The polymerization of olefins induced by free radicals[24]): **179** ('41) 169–93. — The detection and inhibition of free-radical chain reactions[85]): **180** ('42) 237–56. — The thermal decomposition of acetone[85]): **183** ('44) 33–37. — The mechanism of the hydrogen–oxygen reaction, 1: The third explosion limit[100]): **185** ('46) 353–69; ∼ 2: The reaction occurring between the second and third explosion limits: 369–76; ∼ 3: The influence of salts[100]): 376–80; ∼ 4: The activation energy of the initiating process[22]): **186** ('46) 462–69; ∼ 5: The reaction in vessels coated with alkali iodides[22]): 469–72. — The kinetics of the reactions of the steam–carbon system[37])[91]): **187** ('46) 129–51. — The more recent work on the reaction between hydrogen and oxygen: **188** ('46) 1–9. — Influence of chlorine substitution on the rate of oxidation of paraffin hydrocarbons[22])[61]): **196** ('49) 160–71. — The kinetics of the thermal decomposition of normal paraffin hydrocarbons, 1: The inhibition of chains and the nature of the residual reaction[90]): 458–73; ∼ 2: Comparative measurements on the series from propane to n-decane[90]): **201** ('50) 18–26; ∼ 3: Activation energies and possible mechanisms of molecular reactions[44])[90]): **203** ('50) 486–501; ∼ 4: Modes of rupture of the carbon chain[44])[90]): **208** ('51) 285–91; ∼ 5: Order of reaction over extended ranges of pressure[90])[44])[86])[24]): **214** ('52) 20–35. — The slow oxidation of gaseous methyl ethyl ketone[3]): **201** ('50) 26–39. — The cool flame of methyl ethyl ketone[3]): **205** ('51) 375–90. — The kinetics of the oxidation of gaseous methyl ethyl ketone, 1[3]): **207** ('51) 461–70. — The kinetics of the thermal decomposition of branched-chain paraffin hydrocarbons, 1: Iso-butane, iso-pentane and neo-pentane[68])[90])[24]): **214** ('52) 330–38; ∼2: The isomeric hexanes[68])[90])[24]): 339–43. — Activation energies and frequency factors in the thermal decomposition of paraffin hydrocarbons[68])[90]): 471–81. — The influence of nitric oxide on the two opposing reactions of the equilibrium $C_2H_6 \leftrightharpoons C_2H_4 + H_2$[86])[90]): **218** ('53) 439–49. — The irreversible formation of methane in the system ethane–ethylene–hydrogen[24])[86])[90]): 450–64. — Modes of decomposition of n-pentane, 1: Pressure changes and mass spectrometric analysis[24])[86])[90]): **223** ('54) 421–29; ∼ 2: Kinetic considerations[86])[90]): 429–37; ∼ 3: Fate of ethane at low pressures[86])[90])[24]): **225** ('54) 64–70. — The effect of various inhibitors on the thermal decomposition of paraffins[110])[90]): **224** ('54) 283–86. — The formation of CH_3D by the decomposition of n-butane in the presence of deuterium[24])[86])[90]): **228** ('55) 448–54. — Influence of certain foreign gases on the thermal decomposition of paraffins, 1: Further evidence on chain and non-chain reactions[110]): **229** ('55) 143–51; ∼ 2: Relation to the general theory of paraffin decompositions and of unimolecular reactions[110]): **231** ('55) 145–61. — The thermal decomposition of nitrous oxide, 1: Secondary catalytic and surface effects[53]): 162–78; ∼ 2: Influence of added gases and a theory of the kinetic mechanism[53]): 178–97. — The intramolecular isotope effect in the pyrolysis of 1-^{14}C propane[36])[24]): **234** ('56) 301–05. — Address of the President Sir Cyril Hinshelwood at the anniversary meeting 1956: **238** ('56) I–XI; ∼ 1957: **243** ('57) V–XVI; ∼ 1958: **249** ('59) V–XIX; ∼ 1959: **253** ('59) 439–49; ∼ 1960: **259** ('60) 285–96. — The thermal dissociation of tertiary butyl peroxide in the presence of nitric oxide[8])[24]): **239** ('57) 154–64. — The influence of heavy foreign gases on the formation and decomposition of ethane[65])[24]): **240** ('57) 333–39. — The thermal decomposition of diethyl ether, 1: Rate–pressure relations[35])[24]): **245** ('58) 28–39. — The pyrolytic reactions of acetaldehyde in presence of nitric oxide[35][24]): 456–69. — Catalytic influence of certain foreign gases on the thermal decomposition of di-tert.-butyl peroxide[12]): **249** ('59) 173–79. — The homogeneous decomposition reactions of gaseous formic acid[11]): **255** ('60) 444–55. — Address of the President Sir Cyril Hinshelwood, O. M., at the formal opening ceremony of the tercentenary celebrations at the Royal Albert Hall, 19 July 1960: **257** ('60) 421–30. — Inhibition phenomena in the decomposition of di-tert.-butyl peroxide[1]): **261** ('61) 293–302. — Inhibition and acceleration of paraffin decomposition by nitric oxide[10]): **268** ('62) 21–35. — Derivation of rate constants for steps in the free-radical chain decomposition of paraffins [10]): 36–45. — Estimation of the individual rate constants for the steps in the thermal decomposition of ethane[10]): **271** ('63) 34–43. — Some correlations in the kinetics of gas-phase hydrocarbon oxidations[82]): **276** ('63) 324–45.

Proc. roy. Soc., London, Ser. B A physicochemical study of some induced changes in the morphology of Bacterium lactis aerogenes. A theory of the balance and adaptive variation of certain enzyme processes in bacteria[54]): **132** ('44) 47–67. — Adjustments in bacterial reaction systems, 1: The reducing power of Bact. lactis aerogenes under various conditions[51]): **135** ('48) 303–16; ~ 2: Adaptive mechanisms[51]): 316–22. — The changes induced in Bact. lactis aerogenes by irradiation with ultraviolet light[67]): 454–61. — The utilization of carbon sources by Bact. lactis aerogenes, 1: General survey[6]): **136** ('50) 520–35; ~ 2: The significance of the tricarboxylic acid cycle[6]): 536–43. — The utilization of potassium by Bact. lactis aerogenes [31][24]): 544–62. — An investigation of the nature of certain adaptive changes in bacteria[45]): 562–76. — The stability of D-arabinose adaptation of Bact. lactis aerogenes[45]): **137** ('50) 88–95. — Oxidation-reduction processes in cultures of bacteria, 1: Reducing power of Bact. lactis aerogenes[6]): 524–34; ~ 2: Anaerobic growth of Bact. lactis aerogenes[6]): **138** ('51) 75–87; ~ 3: The Pasteur effect with Bact. lactis aerogenes[6]): 88–97. — Alkali-metal ions in the metabolism of Bact. lactis aerogenes, 1: Experiments on the uptake of radioactive potassium, rubidium and phosphorus[31][16][24]): 219–28; ~ 2: Connexion with viability, growth rate and enzyme activity[31]): 228–37; ~ 3: General discussion of their role and mode of action[31]): 237–40. — The utilization of carbon sources by certain yeast strains[47]): 375–85. — The mechanism of the training of Bact. lactis aerogenes to D-arabinose[6]): **139** ('51/52) 58–73. — Adaptation and Mendelian segregation in the utilization of galactose by yeast[47]): 73–85. — The resistance of Bact. lactis aerogenes to proflavine (2,8-diaminoacridine), 1: The applicability of the statistical fluctuation test[27]): 236–50. — An investigation of some adaptive changes in yeast cells[47]): 575–83. — Colony formation by Bact. lactis aerogenes on solid media containing antibacterial agents[27]): **140** ('52) 339–52. — Changes in the growth characteristics of yeast on union of haploids, and segregation of haploids from diploids[47]): 352–61. — Death rate of populations of Bact. lactis aerogenes, 1: Active adjustment of cells to adverse environments[31]): **141** ('53) 118–26. — Further observations on galactose adaptation of yeast strains[31]): **142** ('54) 32–44. — The stability of various adaptations of Bact. lactis aerogenes (Aerobacter aerogenes)[27]): 45–60. — The adaptation of Bact. coli mutabile to lactose[27]): 225–41. — The behaviour in the presence of phenol or thymol of a strain of Saccharomyces cerevisiae[99]): 427–36. — Competitive growth of lactose-positive and lactose-negative strains of Bact. coli mutabile[27]): 471–82. — The development of drug resistance in strains of Saccharomyces cerevisiae: Resistance to 2,4-dinitrophenol and to brilliant green[99]): **144** ('55) 287–97. — The rate of development of colonies of Bact. lactis aerogenes on agar plates containing drugs[27]): 297–314. — The response of yeast cells to the action of inhibitory substances, 1: Sodium azide[99]): **145** ('56) 14–23; ~ 2: Crystal violet[99]): 24–31; ~ 3: Janus black and some other agents[99]): 32–41. — Selective population shifts in mixtures of D-arabinose positive and D-arabinose negative strains of coliform bacteria[20]): 507–16. — The reversion of D-arabinose positive strains of coliform bacteria[21]): 516–22. — Interaction between adapted and unadapted strains of coliform bacteria[21]): 523–30. — The statistics of colony development by Bact. coli mutabile on lactose agar[27]): **146** ('56) 109–28. — Address of the President Sir Cyril Hinshelwood at the anniversary meeting 1956: 155–65; ~ 1957: **148** ('58) V–XVI; ~ 1958: **150** ('59) V–XIX; ~ 1959: **151** ('60) 297–307; ~ 1960: **153** ('61) 433–44. — The formation of papillae on bacterial colonies, 1[27]): **147** ('57) 1–9; ~ 2[27]): 10–20. — Variations in catalase activity during a bacterial growth cycle[55]): **150** ('59) 13–23. — Observations on the drug resistance of bacterial recombinants[5]): 318–35. — The phosphatase activity of Bact. lactis aerogenes[55]): 474–85. — Variations in the nucleic acid content of Bact. lactis aerogenes during the growth cycle[27]): **151** ('59/60) 348–63. — Further observations on the adaptation of coliform bacteria to sugars[27]): 435–45. — Address of the President Sir Cyril Hinshelwood, O. M., at the formal opening ceremony of the tercentenary celebrations at the Royal Albert Hall, 19 July 1960: **153** ('60/61) 145–54. — Chloramphenicol resistance of Bact. lactis aerogenes, 1: Adaptive and lethal processes in liquid media and in agar plates[108]): 321–28. — Colony formation by

Bact. lactis aerogenes on D-arabinose plates[55]): 339–46. — Development of resistance to streptomycin by Bact. lactis aerogenes, 1: The role of mutation and of physiological adaptation[28]): **154** ('61) 449–62; ~ 3: Responsibility of radiation for naturally occurring mutants[28]): **155** ('62) 433–36. — Observations on the β-galactosidase activity of Bact. lactis aerogenes[77]): **154** ('61) 463–77. — Lag, adaptation and ageing in a micro-organism (Bact. lactis aerogenes)[56]): **155** ('61) 195–201. — The stability of an adaptive enzyme formed during growth of Bact. lactis aerogenes in D-arabinose, 1: Complex history of the adaptive changes[56]): 374–83; ~ 2: Reversion phenomena[56]): 384–91. — Gradual stabilization of adaptive β-galactosidase in Bact. lactis aerogenes[77]): **156** ('62) 20–40. — Studies of the enzyme activity of Bact. lactis aerogenes, 1: The effects of cellular disruption on the activities of some typical enzymes[38]): **160** ('64) 25–41; ~ 2: The effects of various adaptations on the enzyme balance[38]): 42–68.

Progress Biophysics and biophysic. Chem. Reaction pattern of a coliform organism[27]): **5** ('55) 1–40.

Rend. Ist. super. Sanità Applicazioni della cinetica chimica ai problemi della crescita dei batteri: **11** ('48) Fasc. spec., 1275–86. — Reaction patterns in bacterial metabolism: **16** ('53) Fasc. spec., 5–23.

Science [USA] Amedeo Avogadro: **124** ('56) 708–10. — Chemical kinetics in the past few decades: **125** ('57) 679–82.

Scientia Chemical kinetics of bacterial growth: 84 ('49) 7–11. — Physico-chemical nature of some fundamental cell processes[47]): 87 ('52) 209–15.

Special Publ., Chem. Soc., London Thermal reactions involving free radicals: **9** ('57) 49–63.

Suomalaisen Tiedeakatemian Toimituksia, Sarja A II Mutations and adaptations in bacteria: **60** ('55) 55–63.

Svensk kem. Tidskr. Thermal decomposition of hydrocarbons: **65** ('53) 195–203.

Symposia Soc. exper. Biol. Adaption of bacteria to resist drug action (with special reference to Bact. lactis aerogenes): **3** ('49) 243–52.

Trans. Faraday Soc. The role of surface adsorption in chain reactions: **28** ('32) 184–91. — The benzoylation of nitroanilines in benzene solution[63])[87]): **30** ('34) 597f. — The effect of hydrogen on the decomposition of acetaldehyde[34]): 614–19. — Kinetics of esterification: Reaction between acetic acid and methanol[80]): 935–44; ~ : The reaction between acetic acid and methyl alcohol catalyzed by hydrions[104]): 1145–49. — Esterification as a gas reaction[105]): **31** ('35) 1739–43. — Mode of action of solvents on chemical reaction velocity: **32** ('36) 970–72. — A discussion of reaction kinetics, 1: The present position of theory of reaction velocity: **34** ('38) 105–12; ~ 2: Some experimental evidence bearing on the discussion of part 1: Experimental investigations on the parameters of the Arrhenius equation: 138–41. — Application of the nitric oxide method to the investigation of reaction chains in the decomposition of hydrocarbons[87]): **35** ('39) 845–49. — Discussion to T. J. Gray and M. W. Travers: On the kinetics of the thermal decomposition of tetramethylmethane (neopentane): 870–. — Some morphological and other variations in a strain of Bact. lactis aerogenes accompanying its adaptation to change of medium[54]): **39** ('43) 420–24. — Adaptation of Bact. lactis aerogenes to growth in the presence of sulfonamides[25]): 431–44. — Studies in the mechanism of bacterial adaptation[25])[73]), 1: Action of 2,8-diamino-acridine (proflavine): **40** ('44) 397–405; ~ 2: Action of methylene-blue: 405–09; ~ 3: Degree of specificity of the adaptive process: 409–12; ~ 4: Theoretical discussion of adaptation: 412–17; ~ 5: Conditions affecting the occurrence and rate of training: 417–19. — Adaptation of Bact. lactis aerogenes to certain changes of medium[54]): 571–79. — Adaptation of Bact. lactis aerogenes to varying concentrations of an antibacterial drug (proflavine)[25])[73]): **41** ('45) 163–69. — Quantitative relation between the adaptations of Bact. lactis aerogenes to two antibacterial agents[73])[25]): 465–71. — Adaptation of Bact. lactis aerogenes to high concentrations of proflavine[25])[73]): 778–85. — Adaptation of Bact. lactis aerogenes and Bact. coli mutabile to various carbohydrates[72]): **42** ('46) 45–56. — Adaptation of Bact. lactis aerogenes to crystal violet and to sulfanilamide[25])[46]): **43** ('47) 138–48. — Effect of adaptation on the activity of the dehydrogenases of Bact. lactis aerogenes[25]): 257–65. — Catalase activity of Bact. lactis aerogenes[17]): 266–74. — Loss of sulfanilamide adaptation induced by growth of Bact. lactis aerogenes in presence of proflavine[46]): 274–76. — Adaptation of Bact. lactis aerogenes to glycerol and to various carbohydrates[18]): 733–42. — Adaptation of Bact. lactis aerogenes to various inhibitors[73]): 742–51. — Stability of the adaptation of Bact. lactis aerogenes to proflavine[73]): 752–57. — Morphology of Bact. lactis aerogenes[46]): 758–62. — Penetration of proflavine into bacterial cells[45]): **44** ('48) 527f. — Training of bacteria to new carbon sources: Bact. lactis aerogenes and D-arabinose[45]): 568–74. — Dehydrogenase activity of Bact. lactis aerogenes[46]): 967–77.

Z. Elektrochem. Die Kinetik explosiv verlaufender Reaktionen: **42** ('36) 445–49.

Mit: [1]) G. Archer; [2]) S. Bairstow; [3]) J. Bardwell; [4]) R. F. Barrow; [5]) G. Bartlett; [6]) A. C. Baskett; [7]) R. P. Bell; [8]) F. W. Birss; [9]) D. A. Blackadder; [10]) D. R. Blackmore; [11]) P. G. Blake; [12]) A. N.

Bose; [13]) E. J. Bowen; [14]) W. A. Bryce; [15]) P. C. Caldwell; [16]) T. C. N. Carroll; [17]) E. H. Cole; [18]) E. G. Cooke; [19]) W. A. Cowdrey; [20]) J. R. Cross; [21]) J. R. Cross; [22]) C. F. Cullis; [23]) S. Dagley; [24]) C. J. Danby; [25]) D. S. Davies; [26]) J. G. Davoud; [27]) A. C. R. Dean; [28]) W. T. Drabble; [29]) E. Dresel; [30]) T. A. Eastwood; [31]) A. A. Eddy; [32]) D. H. Everett; [33]) R. A. Fairclough; [34]) C. J. M. Fletcher; [35]) G. R. Freeman; [36]) H. M. Frey; [37]) J. Gadsby; [38]) D. J. W. Grant; [39]) G. H. Grant; [40]) G. Hadman; [41]) J. E. Hobbs; [42]) R. C. Horscroft; [43]) D. E. F. Hughes; [44]) K. U. Ingold; [45]) S. Jackson; [46]) A. M. James; [47]) B. C. Kilkenny; [48]) K. J. Laidler; [49]) N. R. Large; [50]) A. R. Legard; [51]) P. R. Lewis; [52]) R. M. Lewis; [53]) F. J. Lindars; [54]) R. M. Lodge; [55]) B. J. McCarthy; [56]) J. E. M. Midgley; [57]) N. M. Mims; [58]) J. W. Mitchell; [59]) E. A. Moelwyn-Hughes; [60]) G. A. Morrison; [61]) M. F. R. Mulcahy; [62]) F. F. Musgrave; [63]) W. B. S. Newling; [64]) S. A. Newton; [65]) B. Parsons; [66]) R. G. Partington; [67]) A. R. Peacocke; [68]) M. G. Peard; [69]) L. S. Phillips; [70]) N. J. T. Pickles; [71]) E. A. Poole; [72]) J. R. Postgate; [73]) J. M. G. Pryce; [74]) —; [75]) F. A. Raal; [76]) H. C. Raine; [77]) N. Richards; [78]) H. A. Rigby; [79]) R. Robinson; [80]) A. C. Rolfe; [81]) A. W. Scopes; [82]) M. Seakins; [83]) J. Shorter; [84]) N. V. Sidgwick; [85]) J. R. E. Smith; [86]) B. C. Spall; [87]) L. A. K. Staveley; [88]) M. J. Stephen; [89]) D. Stephens; [90]) F. J. Stubbs; [91]) K. W. Sykes; [92]) H. W. Thompson; [93]) E. W. Timm; [94]) E. Tommila; [95]) H. S. Venkataraman; [96]) F. H. Verhoek; [97]) D. R. Vicary; [98]) K. D. Wadsworth; [99]) D. G. Wild; [100]) A. H. Willbourn; [101]) C. D. Williams; [102]) E. G. Williams; [103]) —; [104]) A. T. Williamson; [105]) C. A. Winkler; [106]) J. H. Wolfenden; [107]) J. A. Wolfenden; [108]) J. B. Woof; [109]) E. L. Mackor; [110]) J. Jach.

VI **HIRATA,** Hideki. Metallogr. — 1924–37 Lecturer, '37–44 Assist. Prof., '44–50 Prof., Kyoto Imperial Univ.
*1897, Aug. 21, Tokyo;
†1950, Dez. 20, Kyoto.

W. X sen kinsogaku [x-ray metallography] (Tokyo '33) 302 S. [japan.].

Bull. chem. Soc. Japan Arrangements of the microcrystals in lead deposited by electrolysis[8])[4]): **10** ('35) 391–96.

Bull. Inst. chem. Res., Kyoto Univ. The precursory recrystallization in copper foils prepared by mechanical rolling[6])[10]): **20** ('50) 50f.

Memoirs College Sci., Kyoto imp. Univ., Ser. A On the arrangement of the microcrystals in copper and gold deposited by electrolysis[8]): **15** ('32) 9–22. — Crystal structure of electrolytic white tin[8]): **17** ('34) 143–52. — Tin plating. The effect of foreign metallic ions in the electrolyte upon the inner structure of electrolytic white tin[5])[7]): **22** ('39) 209–23. — The precursory recrystallization in copper and brass foils prepared by mechanical rolling[6])[10]): **25** ('49) 127–46.

Nippon Kinzoku Gakkai-Shi Effects of foreign metallic ions in the electrolyte on the inner structure of electrolytic metals[5])[3]): **3** ('39) 460–69 [ ].

Review physic. Chem. Japan Structural change of mechanically pulverized iron-powder due to the procedures of annealing[1])[2]): Shinkichi Horiba Comm. Vol. ('46) 86–90.

X-Sen Precursory recrystallization of metals[9]): **5** ('49) 79 [ ].

Mit: [1]) H. Fujihira; [2]) E. Fujii; [3]) M. Hara; [4]) H. Komatsubara; [5]) H. Kotô; [6]) M. Koyama; [7]) E. Simizu; [8]) Y. Tanaka; [9]) M. Yanagisawa; [10]) K. Yasuda.

V, VI **HIRAYAMA,** Kiyotsugu. Astron. — 1919–35 Prof., Imperial Univ. Tokyo.
*1874, Okt. 13, Sendai;
†1943, Apr. 8, Tokyo.

Nekr. Y. Hagihara, Monthly Notices roy. astron. Soc. **107** ('43/47) 42–44 (m. Schr.verz.).

Japanese J. Astron. and Geophysics Libration of the asteroid Hilda[1]): **15** ('38) 137–48.

Proc. imp. Acad., Tokyo An explanation of the quasi-periodic variable stars: **8** ('32) 143–46. — Present state of the families of asteroids: **9** ('33) 482–85. — Improved elements of the orbits of asteroids[1]): **10** ('34) 204–06. — On the motion of the asteroid Hilda (153)[1]): **13** ('37) 191–95.

Ferner 3 astronomische Fachbücher in japanischer Sprache ('31, '32, '33).
Mit: [1]) K. Akiyama.

V, VI **HIRAYAMA,** Shin. Astron., Geophysik. — 1895–1928 Prof., Imperial Univ. Tokyo, '19–28 Dir., Tokyo Astronomical Observat.; '26–43 Chairman of the Geodetic Committee of Japan, Department of Education.
*1867, Sept. 9, Tokyo;
†1945, Juni 2, Suwa.

Nekr. Y. Hagihara, Monthly Notices roy. astron. Soc. **107** ('43/47) 44–46 (m. Schr.verz.).

W. Wireless time signals received at the Mitaka Time Station in the Tokyo Astronomical Observatory, Nr. **6**: 1932 (Tokyo '32) 123 S.; Nr. **7**: 1933 ('33) 101 S.; Nr. **8**: 1934 ('34) 138 S.; Nr. **9**: 1935 ('35) 4 + 22 S.; Nr. **10**: 1936 ('36) 3 + 25 S.; Nr. **11**: 1937 ('37) 2 + 25 S.; Nr. **12**: 1938 ('38) 3 + 30 S.; Nr. **13**: 1939 ('39) 4 + 26 S.; Nr. **14**: 1940 ('40) 4 + 26 S.; Nr. **15**: 1941 ('41) 4 + 27 S.; Nr. **16**: 1942 ('42) 4 + 27 S.; Nr. **17**: 1943 ('43) 4 + 25 S.

Japanese J. Astron. and Geophysics On the apparent distribution of the stars in different longitudes along the galactic equator: **10** ('32) 1–14.

Proc. imp. Acad., Tokyo The centre of the system of the stars of different spectral types: **8** ('32) 228–30.

VI **HIRST,** Sir Edmund Langley. Chem. (org.). — 1926–35 Lecturer, '35–36 Reader, Univ. of Birmingham; '36–44 Prof., Univ. of Bristol; '44–47 Prof. and Dir. of the Chem. Labor., Univ. of Manchester; '47– Prof., Univ. of Edinburgh; '50–55 Chairman of the Chem. Research Board, Departm. of Scientific and Industrial Research; '52–63 Chairman of the Scientific Advisory Committee, Inst. of Seaweed Research; '52–55 Vice Pres., '56–58 Pres., Chem. Soc. London; '59–64 Pres., Roy. Soc. Edinburgh. — '51 Hon. LL. D. (Univ. of Saint Andrews); '59 Hon. Sc.D. (Univ. of Dublin); '60 Hon. LL.D.(Univ. of Aberdeen); Hon. Sc.D. (Trinity College, Glasgow); Hon. LL.D. (Univ. of Birmingham); Hon. LL.D. (Univ. of Strathclyde, Glasgow); Hon. Fellow of the Heriot-Watt College, Edinburgh. — '48 Davy Medal (Roy. Soc. London); '51 Commander of the Order of the British Empire; '57 Longstaff Medal (Chem. Soc. London); '65 Gunning Victoria Jubilee Prize (Roy. Soc. Edinburgh).

*1898, Juli 21, Preston.

Zur Biogr. R. Robinson, Proc. roy. Soc., London, Ser. A **196** ('49) VIIIf. — Nature [London] **159** ('47) 701f.; **162** ('48) 873f.

S. Die Methoden der Fermentforschung (E. Bamann, K. Myrbäck) 1 (Leipzig '41) 116–34: Zucker[78]; 224–34: Glukane und Zytane[78]; 249–58: Askorbinsäure und analoge Stoffe[78]. — Moderne Methoden der Pflanzenanalyse (K. Paech, M. V. Tracey) 2 (Berlin-Göttingen-Heidelberg '55) 275–94: The analysis of plant gums and mucilages[53]. — Handbuch der Pflanzenphysiologie (W. Ruhland) 6 (Berlin-Göttingen-Heidelberg '58) 500–17: The gums and mucilages of plants[53]. — Abstracts 3rd International seaweed symposium, Galway 1958 (Galway '58) 52–: Seaweed mucilages. — Trans. Symposium on the fundamentals of papermaking fibres, Cambridge 1957 (F. Bolam) (Cambridge '58) 93–: Chemical structure in the hemicellulose group. — C.R. 10e Assemblée de la Commission Internationale Technique de Sucrerie de Betterave, Londres 1957 (Tirlemont '59) 12–: Introductory remarks on the chemical reactivity of sucrose. — Proc. 4th International congress of biochemistry, Vienna 1958 (M. L. Wolfrom) 1: Carbohydrate chemistry of substances of biological interest (London '59) 31–51: Plant gums. — Methods in carbohydrate chemistry (R. L. Whistler, M. L. Wolfrom) 2: Reactions of carbohydrates (New York–London '63) 145–50: Methyl ethers of mono- and disaccharides[79]; 349–53: Glycofuranosides from cyclic carbonates[79]; 5: General polysaccharides (New York–London '65) 157f.: Inulin[7].

Advancement Sci. Modern developments in carbohydrate chemistry: **7** ('50) Nr. 26, 131–42.

Advances Carbohydrate Chem. The chemistry of pectic materials[53]): **2** ('46) 235–51. — Walter Norman Haworth †: **6** ('51) 1–9. — James Colquhoun Irvine, 1877–1952: **8** ('53) XI–XVII. — Edmund George Vincent Percival, 1907–1951: **10** ('55) XIII–XX[89]).

Annual Rep. Progr. Chem. Organic chemistry[78]): **31**.1934 ('35) 143–; **32**.1935 ('36) 272–; **33**.1936 ('37) 245–67.

Annual Rev. Biochem. The chemistry of the carbohydrates and the glucosides[46]): **5** ('36) 81–100; **6** ('37) 99–114.

Biochemical J. Ascorbic acid as the antiscorbutic factor[120]): **27** ('33) 1271–78. — Absorption spectra of the metabolic acids of Penicillium charlesii and their relationship to the absorption spectrum of ascorbic acid[47]): **29** ('35) 1881–86. — A water-soluble polysaccharide from barley leaves[46])[57]): **31** ('37) 786–88. — The amylose content of the starch present in the growing potato tuber[43])[53])[93]): **43** ('48) 70–72. — Studies on the metabolism of the Chrysophyceae: Comparative structural investigations on leucosin (chrysolaminarin) separated from diatoms and laminarin from the brown algae[79])[15]): **79** ('61) 531–37. — Seed polysaccharides and their role in germination. A survey of the polysaccharide components of mustard seeds with special reference to the embryos[85])[87]): **95** ('65) 453–58.

Biochemical Soc. Symposia The structure of polysaccharides: **21** ('62) 45–62.

Biographical Mem. Fellows roy. Soc. John Read, 1884–1963: **9** ('63) 237–60.

Chemical Age Carbohydrate chemistry. Some modern developments: **63** ('50) 321–24.

Chemical Trade J. and Chemical Engr. Chemistry of the carbohydrates. Recent development: **127** ('50) 489–91.

Chemistry and Industry The structure of ascorbic acid: **11** ('33) 221f. — Synthesis of ascorbic acid[46]): 645f. — The chemistry of plant gums and mucilages[53]): **15** ('37) 724f. — Multiple-branching in amylopectin[63]): **1954**, 224f. — Periodate oxidation of laminarin[2])[63]): **1957**, 1178. — Barry degradation of laminarin [72])[79]): **1958**, 834. — The presence of L-guloronic acid residues in alginic acid[32])[79]): 1088. — The position of mannitol in laminarin[3])[63]): **1962**, 984f. — Structural studies of alginic acid[79])[111]): **1963**, 257.

Discuss. Faraday Soc. Chromatographic analysis: The application of partition chromatography to the separation of the sugars and their derivatives[53]: Nr. 7 ('49) 268–74.

Endeavour Die Chemie der Pflanzengummi und -schleime: **10** ('51) 106–11.

Ergebn. Vitamin- u. Hormonforsch. The chemistry of ascorbic acid (vitamin C) and its analogues[46]: 2 ('39) 160–91.

Fortschr. Chem. org. Naturstoffe [Wien] The structure and synthesis of vitamin C (ascorbic acid) and its analogues: **2** ('39) 132–59.

Helvetica chim. Acta The primary product of the synthesis of ascorbic acid and its analogues[46]: **17** ('34) 520–23.

J. amer. chem. Soc. Sir James Irvine's view on the constitution of di- and polysaccharides: **54** ('32) 2559f. — Sucrose and other disaccharides. Sir James Irvine's "Correction"[23,46]: **55** ('33) 1084–90. — Sir James Irvine, 1877–1952: **75** ('53) 253–56.

J. chem. Soc., London Optical rotatory dispersion in the carbohydrate group, 1 [44,112]: **1932**, 2108–20; ~ 2: Ascorbic acid[47,112]: **1933**, 1564–67; ~ 3: Tetramethyl α-methylglucopyranoside and tetramethyl α-methylmannopyranoside[47,112]: **1934**, 1151–55; ~ 4: Tetramethyl γ-mannonolactone[44,112]: 1825–29; ~ 5: Tetramethyl α-gluconolactone[47,92,112]: **1935**, 295–99; ~ 6: The amide rotation rule[44,112]: 1658–62; ~ 7: The glucal series[44,47,112,114]: **1936**, 1403–08; ~ 8: Tetramethyl δ-gluconolactone and tetramethyl δ-galactonolactone[44,112]: **1937**, 848–52. — Polysaccharides, 12: Acetolysis products of cellulose[46,5]: **1932**, 2368–71; ~ 14: The molecular structure of amylose and of amylopectin[82,106]: 2375–83; ~ 15: The molecular structure of inulin[46,80]: 2384–88; ~ 17: The constitution and chain-length of levan[24,46]: **1934**, 676–79; ~ 18: The constitution of xylan[46,73]: 1917–23; ~ 19: The molecular structure of waxy maize starch[46,115]: **1935**, 177–81; ~ 20: The molecular size of amylose and the relationship between amylose and starch[11,46]: 1201–05; ~ 21: The constitution and chain-length of some starch dextrins[46,82]: 1214–17; ~ 22: Constitution and molecular structure of α-amylodextrin[46,102]: 1299–303; ~ 23: Determination of the chain-length of glycogen[46,49]: **1937**, 577–81; ~ 24: Yeast mannan[46,49]: 784–91; ~ 25: α-Amylodextrin[46,56,78]: 791–95; ~ 26: Xylan[20,46,78]: 1983–88; ~ 28: The "end-group" method as applied to starch; an improved method for the estimation of tetramethyl glucose in admixture with trimethyl glucose[118]: **1938**, 1247–52; ~ 31: Constitution of wheat starch and horse-chestnut starch[118]: **1939**, 951–55; ~ 32: The molecular constitution of rice starch[118]: 1471–82; ~ 33: The methylation of cellulose in air and in nitrogen[46,74,78,10]: 1885–99; ~ 35: Hydrocellulose[23,46,96]: 1901–04; ~ 38: The constitution of glycogen from fish liver and fish muscle[46,94]: 1914–22. — Methylation of monocarboxylic acids derived from aldoses. Structure of pentamethyl α-glucoheptono-γ-lactone[46,96]: **1932**, 2481–85. — Formation of furfural from methylated pentoses[18]: 2621–24. — The constitution of ascorbic acid[47,80,86,94]: **1933**, 1270–90; ~: Action of sodium hypochlorite on α-methoxy-acid amides[8,46]: **1934**, 1722–26. — Synthesis of D- and of L-ascorbic acid and of analogous substances [8,11,23,46,47,80,94,96]: **1933**, 1419–23. — Ascorbic acid and synthetic analogues[11,46,47,94,96]: **1934**, 62–67. — Conversion of 2-p-toluenesulphonyl β-methylglucoside into methyl epiglucosamine [17,46]: 151–54. — Isolation of a crystalline dimethylanhydromethylhexoside. Characterization of 3,4,6-trimethylglucose[46,77]: 154–57. — Maltal and 4-α-glucosidomannose[46,86]: 302f. — Physiological activity of synthetic ascorbic acid[46,120]: 1155f. — Synthesis of ascorbic acid and its analogues: The addition of hydrogen cyanide to osones[46,53,94]: 1192–97. — Methyl ethers of ascorbic acid[94,46]: 1556–60. — The carbohydrates of grass: Isolation of a polysaccharide of the levan type [24,46]: 1560–64. — Preparation of arabinose from gum acacia (gum kordofan)[23,46]: 1653. — Preparation of D-mannuronic acid and its derivatives[8,46]: **1935**, 517f. — Acetone derivatives of methylglucosides[8,46]: 1012–20. — Absorption spectra in relation to the constitution of derivatives of isatin and carbostyril[8,69]: 1653–57. — Gluco-ascorbic acid [46,53]: **1937**, 549–56. — The ring structure of xylal[46,116]: 780–82. — Degradation of methylated inulin to hexamethyl difructosan[46,49]: 782–84. — Acetone derivatives of gluconic acid[46,25]: 795–97. — Isomerization of 2,3-dimethyl ascorbic acid[46,94,110]: 829–34. — Pectic substances, 1: The araban and pectic acid of the peanut[53]: **1938**, 496–505; ~ 2: Isolation of an araban from the carbohydrate constituents of the peanut[53]: **1939**, 452f.; ~ 3: Composition of apple pectin and the molecular structure of the araban component of apple pectin[53]: 454–60; ~ 4: Citrus araban [16,53]: 1865–68; ~ 6: The structure of the araban from Arachis hypogea[53]: **1947**, 1221–25; ~ 7: The constitution of the galactan from Lupinus albus[53,103]: 1225–29; ~ 8: The araban component of sugar-beet pectin[53]: **1948**, 2311–13. — Analogues of ascorbic acid containing six-membered rings[46,53]: **1938**, 710–15. — The constitution of damson gum, 1: Composition of damson gum and structure of an aldobionic acid (glycuronosido-2-mannose) derived from it[53]: 1174–80; ~ 2: Hydrolysis products from methylated degraded (arabinose-free) damson gum[53]: **1939**, 1482–90; ~ 3: Hydrolysis products from methylated damson gum[53]: **1946**, 506–12. —

The ring structure of methylgalactofuranoside [46,52,114]: **1938**, 1575–77. — Methylation of α-methylglucoside by thallous hydroxide and methyl iodide[12,53]: 1695–98. — Methyl ethers of arabo-ascorbic acid and their isomerism [45,53]: **1939**, 246–48. — Constitution of the mucilage from the bark of Ulmus fulva (slippery elm mucilage), 1: The aldobionic acid obtained by hydrolysis of the mucilage [40,53]: 1469–71; ∼ 2: The sugars formed in the hydrolysis of the methylated mucilage[40,53]: **1946**, 1025–29; ∼ 3: The isolation of 3-monomethyl D-galactose from the products of hydrolysis[48,53]: **1951**, 323–25. — 2,3,4-Trimethyl mannose[46,49,53]: **1939**, 1878–80. — The structure of alginic acid, 1[53,54]: 1880–85; ∼ 2[27,80,89]: **1952**, 1833–37; ∼ 3[32,79]: **1962**, 1208–16; ∼ 4: Partial hydrolysis of the reduced polysaccharide[79,111]: **1964**, 1493–99; ∼ 5: Isolation and unambiguous characterization of some hydrolysis products of the methylated polysaccharide[85]: **1965**, 1182–87. — Recent progress in the chemistry of the pectic materials and plant gums: **1942**, 70–78. — Methylation of β-methylglucopyranoside and αβ-methylxylopyranosides by thallous hydroxide and methyl iodide[12,53]: **1946**, 783f. — The reaction of 1-nitropropane with formaldehyde and ammonia[53,65,71]: **1947**, 924–28. — The quantitative determination of galactose, mannose, arabinose and rhamnose[53,113]: 1048–51. — The synthesis of 3-methyl and 3,5-dimethyl L-arabinose[53,107]: 1062–64. — The constitution of egg-plum gum, 1[53]: 1064–68; ∼ 2: The hydrolysis products obtained from the methylated degraded gum[53]: **1948**, 120–23; ∼ 3: The hydrolysis products obtained from the methylated gum[19,53]: **1949**, 1757–61. — The structure of glycogen. Ratio of non-terminal to terminal glucose residues [43,53]: **1947**, 1399f. — Oxidation of carbohydrates by the periodate ion[43,53]: 1427–32. — The galactomannan of the lucerne seed [53,103]: 1443–46. — The structure of starch. The ratio of non-terminal to terminal groups [19,43,53]: **1948**, 27–32. — The ε-galactan of larch wood (Larix decidua)[22,53]: 774–77. — The galactomannan of carob-seed gum (gum gatto)[53]: 1278–82. — The structure of almond-tree gum, 1: The constitution of the aldobionic acid derived from the gum[19,53]: 1677–79. — Quantitative analysis of mixtures of sugars by the method of partition chromatography, 1: Standardization of procedure[36,53]: 1679–83; ∼ 2: The separation and determination of methylated aldoses[48,53]: **1949**, 928–33; ∼ 3: Determination of the sugars by oxidation with sodium periodate[53]: 1659–62. — Structure of acorn starch[53,90]: **1948**, 1779–83. — Pear cell-wall cellulose[49,50,53]: **1949**, Suppl. Nr. 1, 182–84. — The occurrence and significance of the pentose sugars in nature, and their relationship to the hexoses: **1949**, 522–33. — — The polysaccharides of the Florideae. Floridean starch[13,43,53]: 1468–70. — Cholla gum[19,53]: 1761–66. — The structure of Sterculia setigera gum, 1: An investigation by the method of paper partition chromatography of the products of hydrolysis of the gum[48,53]: 3145–51. — The action of β-amylase on amylopectin and on glycogen[43,48,53]: 3200–07. — On the structure of Knudsen's base and of related compounds, 1[38,53,95,99,100]: **1950**, 624–28; ∼ 2[38,53,95,99,100]: 1691–95. — The constitution of xylan from esparto grass (Stipa tenacissima L.)[27,53,80]: 1289–97. — Studies on fructosans, 1: Inulin from dahlia tubers[60,80]: 1297–302; ∼ 4: A fructosan from Dactylis glomerata[7,80,98]: **1953**, 337–42. — Grapefruit and lemon gums, 1: The ratio of sugars present in the gums and the structure of the aldobionic acid (4-D-glucuronosido-D-galactose) isolated by graded hydrolysis of the polysaccharide[29,42,53]: **1950**, 1696–700. — The constitution of laminarin, 1: An investigation on laminarin isolated from Laminaria cloustoni [29,80]: 3494–500; ∼ 3: The fine structure of insoluble laminarin[2,63,89]: **1958**, 3233–43; ∼ 4: The minor component sugars[3,63]: **1965**, 220–26; ∼ 5: The location of 1,6-glucosidic linkages[3,63]: 885–91. — The constitution of a pear cell-wall xylan[27,80]: **1951**, 1240–46. — Walter Norman Haworth, 1883–1950: 2790–806. — Wood starches, 1[22,39,76,80]: 3489–98. — Edmund George Vincent Percival, 1907–1951: **1952**, 1557–60. — The hemicelluloses of esparto grass (Stipa tenacissima L.): The arabinose-rich fraction[7,67,80]: **1953**, 1631–34. — Protozoal polysaccharides: Structure of a polysaccharide produced by Cycloposthium [37,75]: 2030–33; ∼: Structure of the polysaccharide produced by the holotrich ciliates present in sheep's rumen[37]: 2132–35. — The structure of karaya gum (Cochlospermum gossypium)[33]: 2332–37. — Syntheses of methyl ethers of fructose[66,79,80]: 3170–76. — The mannans of ivory nut (Phytelephas macrocarpa), 1: The methylation of mannan A and mannan B[7,80,109]: 3184–88. — Studies on seed mucilages, 6: The seed mucilage of Plantago arenaria[80,117]: **1954**, 189–98. — Hemicellulose A of beechwood (Fagus sylvatica)[7,62]: 1734–38. — The gum of Acacia pycnantha[81]: 2622–27. — The Hudson memorial lecture: Claude Silbert Hudson: 4042–58. — Physicochemical studies on starches, 2: The oxidation of starches by potassium metaperiodate[1,41]: **1955**, 225–31. — The alkali-soluble polysaccharides of the lichen Cladonia alpestris (reindeer moss)[7,104]: 651–55. — Gum ghatti (Indian gum), 1: The composition of the gum and the structure of two aldobiuronic acids derived from it[7,105]: 1160–65; ∼ 2: The hydrolysis products obtained from the methylated degraded gum and the methylated gum[7,9]: **1958**, 221–30; ∼ 3: Neutral oligosaccharides formed on partial acid hydrolysis of the gum[7,9]: 4408–

14. — The synthesis of methyl ethers of mannuronic and glucuronic acid, and their reaction with periodate[34])[79]): **1955**, 2281–88. — Some problems in the chemistry of the hemicelluloses: 2974–84. — The constitution of a modified starch from malted barley[7])[58]): 3075–81. — Plant gums of the genus Khaya: The structure of Khaya grandifolia gum[7])[64]): **1956**, 989–97. — α-1,4-Glucosans, 4: A re-examination of the molecular structure of floridean starch[35])[63]): 2831–36. — A comparison of isolichenin and lichenin from Iceland moss (Cetraria islandica)[26])[63]): **1957**, 1951–58. — The constitution of larch ε-galactan[7])[83]): **1958**, 593–601. — The structure of Brachychiton diversifolium gum (Sterculia caudata)[79])[108]): 1942–50. — The structure of Acacia pycnantha gum[7])[70]): **1959**, 1697–706. — Studies on the metabolism of the protozoa, 8: The molecular structure of a starch-type polysaccharide from Chilomonas paramecium [6])[63])[91]): **1960**, 556–60. — The acidic sugar components of Cochlospermum gossypium gum[7])[51]): **1962**, 2785–89. — The location of L-rhamnopyranose residues in gum arabic[7])[28])[119]): **1963**, 1696–702. — The water-soluble polysaccharides of Cladophora rupestris and of Chaetomorpha spp., 2: The site of ester sulphate groups and the linkage between the galactose residues[61])[79]): **1965**, 2958–67. — Studies on uronic (acid) materials, 17: Some structural features of Acacia senegal gum (gum arabic)[1])[97]): **C 1966**, 1959–66; ∼ 21: Some structural features of Acacia arabica gum[1])[97]): **C 1967**, 1476–86.

J. Hyg. [London] The role of tobacco-smoking in the production of cancer, 4: Report on the spectrographic examination of three samples of tobacco tar: **32** ('32) 300.

J. roy. Inst. Chem. Schools of chemistry in Great Britain and Ireland, 7: The University of Edinburgh[88]): **77** ('53) Nov.-Nr.

J. roy. Soc. Arts The role of sugars as energy reserves in nature: **114** ('66) 290–305.

J. Sci. Food and Agric. Changes in organic acid content of perennial rye-grass during conservation[84]): 8 ('57) 727–32. — Analytical studies on the carbohydrates of grasses and clovers, 9: Changes in carbohydrate composition during the growth of lucerne[59])[117]): **10** ('59) 19–26.

J. Soc. Dyers and Colourists The chemistry of some plant gums and mucilages[53]): **63** ('47) 249–54.

Manufacturing Chemist Advances in carbohydrate chemistry: **21** ('50) 440–43.

Mémorial Serv. chim. Etat, Paris La structure chimique de l'amidon: Mode de liaison des chaînes latérales de l'amylopectine[43])[53])[90]): **34** ('48) 121–23. — La structure de l'amidon de glands[53])[90]): **35** ('50) 37–44.

Monogr., Soc. chem. Industry Review of the chemistry of water-soluble gums: Nr. **24** ('66) 3–15.

Nature [London] Hexuronic acid as the antiscorbutic factor[86]): **129** ('32) 576f.; ∼[30])[86]): **130** ('32) 888. — The absorption spectrum of hexuronic acid[47]): 205. — Constitution of vitamin C [30]): **131** ('33) 402. — Constitution of ascorbic acid[80])[94]): 617. — Estimation of uronic anhydride residues in polysaccharides [22])[118]): **142** ('38) 912f. — Structure of alginic acid[53])[54]): **143** ('39) 857. — The ε-galactan of larch wood[53])[22]): **147** ('41) 25f. — Linkage between the repeating units in the starch molecule [12])[118]): 296. — Nitrogenous substances synthesized by moulds[21])[38])[53]): **155** ('45) 141. — Application of new methods of end-group determination to structural problems in the polysaccharides[19])[33])[43])[53]): **156** ('45) 785f. — Structure of starch and cellulose[43])[53]): **159** ('47) 97. — Quantitative estimation of mixtures of sugars by the paper chromatogram method [36])[53]): **160** ('47) 86f. — Structure of starch: Mode of attachment of the side-chains in amylopectin[43])[53])[90]): 899f. — Separation and identification of methylated sugars on the paper chromatogram[19])[48])[53])[101]): **161** ('48) 720. — Composition of the gum of Sterculia setigera: Occurrence of D-tagatose in nature[48])[53]): **163** ('49) 177. — Chemical constitution of slippery elm mucilage: Isolation of 3-methyl D-galactose from the hydrolysis products[48])[53]): **165** ('50) 34f. — Sir Norman Haworth †: 587. — Dr. E. G. V. Percival †: **168** ('51) 855f. — W. G. Campbell †: **169** ('52) 524. — Prof. John Read †: **198** ('63) 336f.

Obituary Notices Fellows roy. Soc. London Walter Norman Haworth, 1883–1950: **7** ('50/51) 373–96.

Pharmaceutical J. Chemistry of starch and glycogen: **163** ('49) 478f.

Proc. chem. Soc., London Some aspects of the chemistry of the fructosans: **1957**, 193–204. — Polysaccharides of the marine algae: **1958**, 177–87. — Professor John Read, 1884–1963: **1963**, 353–55.

Proc. roy. Soc. London, Ser. A Molecular structure in the polysaccharide group: **252** ('59) 287–312.

Pure and appl. Chem. The chemical structure of the hemicelluloses: **5** ('62) 53–66.

Research [London] The chemistry of the plant gums[53]): **4** ('51) 411–17.

Talanta Studies on uronic acid materials, 2: The variation in composition of gum nodules from Combretum leonense[1])[55]): **3** ('59) 118–26.

Trans. Faraday Soc. The molecular structure of polysaccharides[46]): **29** ('33) 14–17, 40–60. — The nature of the bonds in starch[14])[118]): **36** ('40) 880–85.

Verhandlungsber. Kolloid-Ges. Structural chemistry of plant polysaccharides with reference to their colloidal character: **18** ('58) 104–14.

Yearb. roy. Soc. Edinburgh Sir James Colquhoun Irvine†: **1951/52** ('53) 22–24.

Mit: 1) D. M. W. Anderson; 2) F. B. Anderson; 3) W. D. Annan; 4) –; 5) O. Ant-Wuorinen; 6) A. R. Archibald; 7) G. O. Aspinall; 8) R. G. Ault; 9) B. J. Auret; 10) F. J. Averill; 11) D. K. Baird; 12) C. C. Barker; 13) V. C. Barry; 14) C. E. H. Bawn; 15) A. Beattie; 16) G. H. Beaven; 17) E. W. Bodycote; 18) H. G. Bott; 19) F. Brown; 20) R. A. S. Bywater; 21) A. H. Campbell; 22) W. G. Campbell; 23) H. C. Carrington; 24) S. W. Challinor; 25) K. A. Chamberlain; 26) N. B. Chanda; 27) S. K. Chanda; 28) A. J. Charlson; 29) J. J. Connell; 30) E. G. Cox; 31) –; 32) D. W. Drummond; 33) S. Dunstan; 34) R. A. Edington; 35) I. D. Fleming; 36) A. E. Flood; 37) G. Forsyth; 38) M. E. Foss; 39) J. L. Frahn; 40) R. E. Gill; 41) C. T. Greenwood; 42) R. M. Hainsworth; 43) T. G. Halsall; 44) T. L. Harris; 45) E. G. E. Hawkins; 46) W. N. Haworth; 47) R. W. Herbert; 48) L. Hough; 49) F. A. Isherwood; 50) M. A. Jermyn; 51) M. J. Johnston; 52) D. I. Jones; 53) J. K. N. Jones; 54) W. O. Jones; 55) N. J. King; 56) H. Kitchen; 57) R. R. Lyne; 58) W. McArthur; 59) D. J. Mackenzie; 60) D. I. McGilvray; 61) W. Mackie; 62) R. S. Mahomed; 63) D. J. Manners; 64) N. K. Matheson; 65) S. Minahan; 66) W. E. A. Mitchell; 67) R. W. Moody; 68) –; 69) R. A. Morton; 70) A. Nicolson; 71) F. W. Ochynski; 72) J. J. O'Donnell; 73) E. Oliver; 74) L. N. Owen; 75) A. E. Oxford; 76) D. F. Packman; 77) L. Panizzon; 78) S. Peat; 79) Elizabeth Percival; 80) Edmund G. V. Percival; 81) A. S. Perlin; 82) M. M. T. Plant; 83) E. Ramstad; 84) S. Ramstad; 85) D. A. Rees; 86) R. J. W. Reynolds; 87) N. G. Richardson; 88) M. Ritchie; 89) A. G. Ross; 90) A. J. Roudier; 91) J. F. Ryley; 92) H. Samuels; 93) F. W. Sansome; 94) F. Smith; 95) H. D. Springall; 96) M. Stacey; 97) F. J. Stoddart; 98) R. G. J. Telfer; 99) A. T. Thomas; 100) T. Urbanski; 101) H. Wadman; 102) A. C. Waine; 103) W. O. Walder; 104) M. Warburton; 105) A. Wickstrøm; 106) M. D. Wilkinson; 107) E. Williams; 108) R. S. W. Williams; 109) I. R. Williamson; 110) W. J. Wilson; 111) J. K. Wold; 112) C. E. Wood; 113) E. A. Woods; 114) H. Woodward; 115) M. D. Woolgar; 116) C. S. Woolvin; 117) C. B. Wylam; 118) G. T. Young; 119) R. Young; 120) S. S. Zilva.

VI **HISSINK,** David Jacobus. Chem., Bodenkunde. — 1903–04 Chemiker, '04–16 Dir., Landwirtschaftl. Reichsversuchsstation ('04–07 in Goes, '07–16 in Wageningen); '16–26 Dir. d. Abteilung f. allg. Bodenuntersuchung, Landwirtschaftl. Reichsversuchsstation, Groningen; '26–39 Dir., Bodenkundl. Inst., Groningen; '24–50 Generalsekretär u. stellvertretender Präsident d. Internationalen Bodenkundl. Ges. — '24 Dr. h. c. (Univ. München).

*1874, Okt. 22, Kampen;
†1956, Jan. 17, Haren b. Groningen.

Zur Biogr. Trans. 4th International congress of soil science, Amsterdam 1950 **4** (Groningen '51) 197–204: Meeting in honor of Dr. D. J. Hissink (mit Ansprachen von R. Bradfield, M. Graçanin u. P. Bruin sowie einer Antwort von D. J. Hissink) (m. Bildn.).

Zum 60. Geb.tag Soil Res. **4** ('34) Nr. 2; darin S. 93–95: Vorwort v. E. J. Russell (m. Bildn., Faks.); 96–106: Biogr. v. F. W. Schucht; 106–12: Schr.verz. v. W. Reinders, J. van der Spek.

Zum 65. Geb.tag F. W. Schucht, Official Communicat. int. Soc. Soil Sci. **1** ('39) 46–49 [deutsch, engl., franz.] (m. Bildn.). — J. van der Spek, Chemisch Weekbl. **36** ('39) 732–37 (m. Bildn., Faks., Schr.verz.).

Zum 80. Geb.tag Chemisch Weekbl. **50** ('54) 737f. (m. Bildn.).

Nekr. P. Bruin, Chemisch Weekbl. **52** ('56) 121f. (m. Bildn.). — S. Tovborg Jensen, Plant and Soil **8** ('56) 1–3 (m. Bildn.). — E. Kivinen, Maataloustieteellinen Aikakauskirja **28** ('56) 77–79 (m. Bildn.). — A. J. Zuur, Landbouwkundig Tijdschr. **68** ('56) 465–67 (m. Bildn.); Soil Sci. **82** ('56) 1f. (m. Bildn.).

HZ. Official Communicat. int. Soc. Soil Sci. **1** ('39) – **3** ('43) (Soil Research Suppl.).

MHZ. Proc. int. Soc. Soil Sci. **3** ('27/28) – **13** ('38). — Soil Res. **1** ('28/29) – **8** ('43/44).

S. Proc. and papers 2nd International congress of soil science, Leningrad 1930 **1** (Moskva '32) 46f.: Die mikroskopische Bestimmung der Größe der Bodenpartikelchen[2]) [ ]; **2** ('33) 20–24: Einige Bemerkungen zu der Methode Kappen [ ]; **5** ('32): Die Methode zur Bestimmung der austauschfähigen Basen in den holländischen Böden, welche mit Seewasser getränkt sind und $CaCO_3$ enthalten [ ]; **6** ('32): Methode zur Bestimmung der Durchlässigkeit des Bodens (nach Kopecký) [ ]; **7** ('35) 57–: Der Abschluß und die Trockenlegung eines Teils der Zuidersee, bodenkundlich betrachtet [ ]. — Trans. 6th Commission of the International Society of Soil Science, Groningen 1932 **A** (Groningen '32) 34–41: Die Bestimmung des mittleren D-Wertes einer Bodenschicht[2]); 177–87: Trockenlegung der Zuider See, **12**: The reclamation of a part of the Zuyder Zee; **B** ('33) 95–102: Die Melioration der Salzböden und der Alkalitonböden[5])[2]); 372–74: Erläuterung zu dem Profil im Carel-Coenraad-Polder (jüngster Dollartpolder, eingedeicht 1924/25); 385–88: Die Knickbildung in West-Groningen und Friesland [deutsch u. franz.]; 405f.: Besuch des Entwässerungsversuchsfeldes in der Nähe von Kolhorn (Wieringermeerpolder), Vorbemerkungen; 408f.: Erläuterungen zu der Bestimmung der Kopecký-Werte usw. — Trans. 2nd Commission and Alkali-Subcommission of the International Society of Soil Science, Copenhagen 1933 **A** (København '33) 23–25: Die Bestimmung der Phosphorsäurebedürftigkeit der Böden mit Hilfe der Zitronensäure- (Lemmermann), Keimpflanzen- (Neubauer) und Salpetersäure-methode (von 'Sigmond)[3]); 185–89: Die Salztonböden und die Alkalitonböden in den Niederlanden; ~ Helsinki 1938 **B** (Helsinki '38) 9–22: Bodenazidität und Bodenadsorption. — Trans. 1st Commission of the International Society of Soil Science, Versailles 1934 (Paris '34) 19–27: Quelques remarques sur la méthode de l'analyse mécanique du sol. — Trans. 3rd International congress of soil science, Oxford 1935 **1** (London '35) 82–84: A study of the adsorption complex of mineral soils[4])[2]); 127–32: Report of the Soil Reaction Committee on the investigation of the glass-electrode method; 343f.: Some general remarks on the work of Commission V; 394–97: Bericht über die Wirkung der Entwässerungsmaßnahmen in den jungen Zuiderseeböden und den Polderböden des Dollartgebietes; **2** ('35) 60–74: Der Basenaustausch im Boden. — Atti X Congresso internazionale di chimica, Roma 1938 **1** (Roma '39) 161–74: Die Chemie und die Bodenkunde. — Trans. 1st Commission of the International Society of Soil Science, Bangor, N.Wales, 1939 **A** (Bangor, N.W. '39) 7-13: Mechanical analysis, especially with a view to an agreed international classification and nomenclature. — Langs gewonnen velden. Facetten van Smedings werk (Wageningen '54) 53–65: De voorgeschiedenis van de verbetering van door zeewater bedorven gronden door een bemesting met gips (zwavelzure kalk).

W. Twintig jaar bodemkundig onderzoek (1916–1936) - Tien jaar Bodemkundig Instituut (1926–1936) (Groningen '36); darin Schr.verz. — Bijdrage tot de kalifixatie door de grond (Bussum '51) 25 S. — De humus- en stikstofgehalten van de ingepolderde gronden in de voormalige Zuiderzee [m. engl. Zusammenfassg.] (Zwolle '54) 30 S. (Van zee tot land. Rapporten en mededelingen inzake de droogmaking, ontginning en sociaaleconomische opbouw der IJsselmeerpolders, No. 10).

Annales agron. Le dessèchement du Zuiderzee au point de vue agronomique: **2** ('32) 10–29. — Problèmes de la science du sol relatifs à la mise en culture des sols jeunes du Zuiderzee: 8 ('38) 644–54.

Annales Fac. Agron. Bucarest Der Bodenbildungs- und der Bodenalterungsprozeß der niederländischen marinen, tonigen Ablagerungen: **1** ('39/40) 12 S.

Bodenkunde u. Pflanzenernähr. Professor Dr. Friedrich Schucht. Ein persönliches Wort: **21/22** ('40) 9–11.

Chemisch Weekbl. De bodemkundige vraagstukken, die zich bij het in-cultuur-brengen van de jonge Zuiderzeegronden voordoen: **30** ('33) 666–71. — Enige herinneringen uit de jaren 1896 tot januari 1900 aan mijn leermeester Prof. Dr. H. W. Bakhuis Roozeboom: **50** ('54) 756f.

Forschungsdienst Die Kultivierung der jungen Zuiderseeböden vom bodenkundlichen Standpunkt aus betrachtet: Sonderheft Nr. **6** ('37) 35–41.

Landbouwkundig Tijdschr. De bodemkundige gesteldheid van den Wieringermeerpolder en die van den toekomstigen Noordoostpolder: **47** ('35) 827–44. — Indeeling en benaming van Nederlandse Landbouwgronden: **51** ('39) 129–47. — Het gehalte aan koolzure kalk van het Dollardslib vanaf 1945 tot heden en de ontkalkingssnelheid van achtereenvolgens ingedijkte Dollardpolders: **64** ('52) 365–71.

Mezőgazdasági Kutatások The course of the weathering processes in the marine clay deposits of Holland: **6** ('33) 467–73.

Nieuwe Veldbode Het verouderingsproces van den grond: **1** ('34) Nr. 42, 907f. — Kalkbemesting op oude, zware kleigronden[4]): **2** ('35) Nr. 26, S. 9. — Kalibemesting van rivierkleigronden: **3** ('35) Nr. 4, S. 8.

Official Communicat. int. Soc. Soil Sci. Jacob Goodale Lipman und die Internationale Bodenkundliche Gesellschaft: **1** ('39) 50–53. — Alexius A.J. von 'Sigmond: **2** ('40/41) 12f. — Professor Jarilov. Eine persönliche Erinnerung: 30f. — Dr. Firman E. Bear: 40. — Friedrich Wilhelm Schucht: 46–48. — Jac. van der Spek: **3** ('43) 45–48.

Počvovedenie Curtis Fletcher Marbut. A personal word: **31** (63') 504–06 [russ. u. engl.].

Proc. int. Soc. Soil Sci. K. K. Gedroiz †: **7** ('32) Nr. 4, 76f.

Recueil Trav. chim. Pays-Bas Das Gesamtbasenbindungsvermögen (T-Wert) des mineralischen Bodenkomplexes und seiner Fraktionen von verschiedenen Bodentypen: **59** ('40) 659–64.

Soil Res. Physical soil constants: **3** ('32) 71–76. — Der mineralische Bodenkomplex. Die Adsorption von Kationen und die chemische Zusammensetzung der verschiedenen Fraktionen des mineralischen Bodenkomplexes von vier typischen niederländischen Böden[2])[4]): **5** ('36) 21–56 [m. engl. Zusammenfassg.]. — Results of the investigation of the seven standard soil samples No. I–VII of the International Society of Soil Science: **7** ('40) 1–21. — Ergebnisse einiger Untersuchungen der Standard-Bodenproben: 8 ('43) 27–41. — Der Sitz des Adsorptionsvermögens für Basen im mineralischen Bodenkomplex: 72–75.

Soil Sci. The reclamation of the Dutch saline soils (Solonchak) and their further weathering under the humid climatic conditions of Holland: **45** ('38) 83–94.

Thomasmeel Fosforzuur- en kalkgehalten van enige Nederlandse hooisoorten: Nr. **9** ('55) 205–08.

Verhandelingen nederl. geol.-mijnbouwkund. Genootsch., Geol. Ser. De landbouwkundige bodemkartering van Nederland. Gedenkboek Dr. Ir. P. Tesch: **14** ('45) 227–31.

Versl. landbouwkund. Onderz., Bodemkundig Inst. Groningen B Bijdrage tot de kennis van eenige natuurkundige grootheden van den grond[2]): **37** ('32) 101–90. — Humusgehalten in verschillende typen grond, bij aanwending van verschillende methoden verkregen[3]): **38** ('32) 45–64. — Het gehalte aan stikstof (N) van eenige Nederlandse cultuurgronden en van de nieuwe Zuiderzeegronden[3]): 105–10. — De bodemkundige gesteldheid van de achtereenvolgens ingedijkte Dollardpolders. Bijdrage tot de kennis van het verouderingsproces van de zware zeekleigronden: **41** ('35) 47–172. — Enkele resultaten van het grondonderzoek van het bemestingsproefveld op zandgrond bij Gebroeders Ter Haar te IJhorst staande onder leiding van de Proefveldcommissie in Overijssel[4]): 617–34. — Kort overzicht van de resultaten van het grondonderzoek in diverse jaren in het tijdvak 1923 t/m 1934 van het vaste bemestingsproefveld in den gemeentelijken proeftuin te Sappemeer[4]): **42** ('36) 187–223. — Onderzoek van grondmonsters uit de Vinkeveense en Proostdijer polders en uit den Noorderpolder of Botshol (provincie Utrecht)[4]): 261–89. — Verslag betreffende proefnemingen met een bekalking op een tweetal perceelen oude zware Dollardklei, gelegen in het Oldambt, gem. Noordbroek (prov. Groningen) en toebehoorende aan den heer E. Louters te Schildwolde[1]) [4]): **44** ('38) 361–92. — Verslag betreffende een proefneming met een bekalking op een perceel laagveengrond, gelegen nabij Harkstede, gem. Slochteren (prov. Groningen) en in eigendom van den heer J. H. Freye[1])[4]): 393–419. — Bijdrage tot de kennis van knikgrond[4]): 755–856. — Verslag van het onderzoek van grondmonsters, genomen van de phosphorzuur- en kaliproefvelden, gelegen op de proefboerderij te Heino[4])[1]): **45** ('39) 495–573. — De beteekenis van de grootheden S, T min S, T en V = 100 S : T in de bodemkunde en voor den practischen landbouw: **47** ('41) 529–632.

Mit: [1]) M. Dekker; [2]) S. B. Hooghoudt; [3]) C. Spithost; [4]) J. van der Spek; [5]) A. J. Zuur.

VI **HITCHCOCK,** David Ingersoll. — Physiol., Biochem., Biophysik. — 1927–30 Assist. Prof., '30–61 Assoc. Prof. Physiol., School of Medicine, Yale Univ., New Haven, Conn.

*1893, Juni 26, Detroit, Mich.

S. Chemistry of the amino acids and proteins (C. L. A. Schmidt) (Springfield, Ill. '38) 596–632 ⟨[2]('44) Addendum, S. 1186–90⟩: Amphoteric properties of amino acids and proteins. — R. Höber, Physical chemistry of cells and tissues (Philadelphia, Pa.-London '45) 1–91: Selected principles of physical chemistry. — W. H. Howell, Textbook of physiology (J. F. Fulton) [15](Philadelphia, Pa. '46) 566–85 ⟨[16]('49) 521–39⟩: Chemical aspects of the physiology of blood; [17]('55) 528–47 ⟨[18]('60) (u. d. T.: Medical physiology and biophysics) (T. C. Ruch, J. F. Fulton) 529–51⟩: Physical chemistry of blood. — Electrochemistry in biology and medicine (T. Shedlovsky) (New York-London '55) (The Electrochemical Society series) 6–17: Membrane potentials in the Donnan equilibrium.

W. Physical chemistry for students of biology and medicine (Springfield, Ill.-London '32) 11+182 S.; [2]('35); [3]('40); [4](Boston, Mass. '53) 266 S.

Annual Rev. Biochem. Chemistry of amino acids and proteins: **9** ('40) 173–98.

Circular, Nation. Bur. Standards Standardization of the pH scale: **524** ('53) 205–12.

Cold Spring Harbor Sympos. quantitat. Biol. Proteins as amphoteric electrolytes: **6** ('38) 24–31.

Industrial and Engng. Chem., Analyt. Edit. An accurate semimicro-Kjeldahl method[1]): **5** ('33) 402.

J. amer. chem. Soc. A measure of acidity obtained from the electromotive force of a cell without liquid junction: **58** ('36) 855f. — The standardization of hydrogen ion determinations, 1: Hydrogen electrode measurements with a liquid junction[5]): **59** ('37) 1812–18; ∼ 2: A standardization of the pH scale at 38°[5]): **60** ('38) 2710–14. — Sodium hydrogen citrates: **68** ('46) 524f. — The measurement and calculation of hydrogen ion concentrations in saline acetate and phosphate buffers[4]): 1753–55.

J. biol. Chemistry Calculation of isoelectric zones and isoelectric points: **114** ('36) 373–79.

J. chem. Educat. Osmotic pressure and molecular weight: **28** ('51) 478f.

J. gen. Physiol. The combination of certain proteins with hydrochloric acid: **16** ('32/33) 357–66. — Freezing points of anti-coagulant salt solutions[2]): **18** ('34/35) 485–90. — Membrane potentials in the Donnan equilibrium, 2: **37** ('53/54) 717–27.

J. physic. Chem. A study of the dilatometric method for following the hydrolysis of sucrose[2]): **39** ('35) 1177–88. — The ionization constants of isocitric acid: **62** ('58) 1337–39.

Trans. electrochem. Soc. A standardization of the pH scale: **72** ('37) 89–93.

Yale J. Biol. and Med. Electronic bridge for use with the glass electrode[3]): **22** ('50) 310–12. — Pilgrimage to a scientific shrine: **28** ('56) 320f.

Mit: [1]) R. C. Belden; [2]) R. B. Dougan; [3]) A. Mauro; [4]) R. Peters; [5]) A. C. Taylor.

VI **HITCHCOCK,** Frank Lauren. Math. — 1910–17 Instructor, '17–23 Assist. Prof., '23–29 Assoc. Prof., '29–45 Prof., '45 Prof. Emer., '45–49 Hon. Lecturer, Massachusetts Inst. of Technol., Cambridge, Mass.

*1875, März 6, New York;

†1957, Mai 29, Los Angeles, Calif.

Todesanzeige Science [USA] **125** ('57) 1240.

W. Differential equations in applied chemistry (m. C. S. Robinson) [2](London–New York '36) 8+120 S.

J. Math. and Physics On S, P, D and F biharmonic polynomials: **14** ('35) 143–78. — Finding complex roots of algebraic equations: **17** ('38) 55–58. — Algebraic equations with complex coefficients: **18** ('39) 202–10. — The distribution of a product from several sources to numerous localities: **20** ('41) 224–30. — An improvement of the G.C.D. method for complex roots: **23** ('44) 69–74.

VI **HIXSON,** Arthur Warren. Chem. Technol. — 1927–49 Prof., '40–49 Head of the Departm. of Chemical Engineering, '49 Prof. Emer., Columbia Univ., New York.

*1880, Juli 7, Mifflinburg, Pa.;

†1963, Aug. 8, Englewood, N. J.

Nekr. Chemical and Engng. News **41** ('63) 162.

American Perfumer and essent. Oil Rev. Soap in the asphalt-emulsion industry[5]): **28** ('33) 96f., 219f.

Chemical and Engng. News A. Cressy Morrison: **20** ('42) 800–02. — New processes for old ones in wartime: 1217–19.

Chemical Engng. Progr. Time of a transfer unit and an agitation number for batch operations involving mass transfer[4])[9]): **50** ('54) 592–96.

Chemical and metallurg. Engng. Emulsified asphalt industry ignores the depression[5]): **40** ('33) 180–83.

Industrial and Engng. Chem. Stabilization of aqueous dispersions of asphalt[5]): **24** ('32) 1336–43. — Hydrated titanium oxide. Thermal precipitation from titanium sulfate solutions[11]): **25** ('33) 262–74. — Performance of agitators in liquid-solid chemical systems[19]): 1196–203. — Absorption of gases in spray towers[13]): **27** ('35) 307–14, 666. — Titanium sulfate solutions. Refractive index and viscosity measurements[15]): **32** ('40) 1009–15. — Mass transfer coefficients in liquid-solid agitation systems[2]): **33** ('41) 478–85. — Agitation. Heat and mass transfer coefficients in liquid–solid systems[2]): 1433–39. — Chlorine and salt cake from salt and sulfur[16]): 1472–84. — Agitation-performance of propellers in liquid–solid systems[2]): **34** ('42) 120–25. — Agitation-power requirements of turbine agitators[2]): 194–208. — Hydrolysis of titanyl sulfate solutions[6]): **37** ('45) 678–84. — Mass transfer in liquid–liquid agitation systems[14]): **41** ('49) 973–78. — Oxygen transfer in submerged fermentation[7]): **42** ('50) 1792–801. — Effect of agitation on rate of growth of single crystals[9]): **43** ('51) 2144–51.

Industrial and Engng. Chem., Analyt. Edit. Accurate determination of dew point[18]): **10** ('38) 235–40. — Apparatus for distillation of corrosive liquids as used for purification of chlorosulfonic acid[16]): **14** ('42) 345.

Industrial and Engng. Chem., News Edit. Francis P. Garvan, 1875–1937: **15** ('37) 539f.

J. chem. Educat. Production of chemicals by minute organisms[12]): **15** ('38) 357–64. — Charles Frederick Chandler: **32** ('55) 499–506.

News Edit., Amer. chem. Soc. Progress report[1])[17])[10]): **19** ('41) 247.

Trans. amer. Inst. chem. Engr. Quantitative evaluation of mixing as a result of agitation in liquid–solid systems[16]): **1934**, Preprint, 15 S. — Extraction of fat acids from rosin acid – fat acid mixtures by means of liquid propane[8]): **37** ('41) 927–57. — Liquid–liquid extraction employing solvents in the region of their critical temperatures[3]): **38** ('42) 891–930.

Mit: [1]) R. Adams; [2]) S. J. Baum; [3]) J. B. Bockelmann; [4]) T. B. Drew; [5]) J. M. Fain; [6]) R. E. C. Frederickson; [7]) E. L. Gaden, jr.; [8]) Arthur Norman Hixson; [9]) K. L. Knox; [10]) W. A. Noyes; [11]) W. W. Plechner; [12]) R. R. Rogers; [13]) C. E. Scott; [14]) M. I. Smith; [15]) J. D. Stetkewicz; [16]) A. H. Tenney; [17]) H. B. Weiser; [18]) G. E. White; [19]) G. A. Wilkens.

V, VI **HJELMSLEV,** Johannes Trolle. Math. — 1917–42 Prof., Københavns Univ. — '29 Dr. techn. h. c. (Polyteknisk Læreanstalt, København). — '07 Guld Medalje (Kgl. Danske Videnskabernes Selsk.).

*1873, Apr. 7, Hørning;

†1950, Febr. 16, København.

Nekr. H. Bohr, Acta math. **83** ('50) VII–IX (m. Bildn.). — D. Fog, Matematisk Tidsskr., A **1950**, 1–20 (m. Bildn. u. Schr.verz. 104 Nrn.). — B. Jessen, Festskr. Københavns Univ. **1950**, 239–43 (m. Bildn., Faks.). — J. Nielsen, Oversigt Selsk. Virksomhed, Kgl. danske Vid. Selsk. **1949/1950** ('50) 89–103 (m. Bildn., Faks., Schr.verz.). — Isis **42** ('51) 146.

S. Åttonde [8.] skandinaviska matematikerkongressen, Stockholm 1934 (Lund '35) 3–12: Die graphische Geometrie. — 9. Skandinaavinen matematikkokongressi, Helsinki 1938 (Helsinki '39) 87–97: Infinitesimale Elemente im projektiven Raum. — Festskrift til Professor Dr. phil. J. F. Steffensen (København '43) 66–71: Eksempler paa geometriske Undersøgelser over Integralkurver i Rummet. — 10. Skandinaviske Matematikerkongres, København 1946 (København '47) 241–44: Berøringsinvarianter. — 11te Skandinaviske matematikerkongress, Trondheim 1949 (Oslo '52) 3–12: Om Geometriens almene Grundlag.

W. Geometrisk Analyse **1**: Vektorgeometri (København '32) 124 S.; **2**: Elementære Funktioner ('33) 116 S.; **3**: Vektoranalyse ('33) 141 S. — Elementær Geometri **1** [4](København '38) 141 S.; **2** [2]('34) 112 S., [3]('40) 112 S. — Grundlag for den projektive Geometri (København '43) 164 S.

Acta math. Ein Satz über monotone Raumkurven im R_n mit einer Anwendung auf elliptisch und hyperbolisch gekrümmte Ovale: **87** ('52) 59–82.

Centaurus [København] Eudoxus' axiom and Archimedes' lemma: **1** ('50) 2–11.

Enseignement math. La géométrie sensible [, 1]: **38** ('39/42) 7–27; ∼ 2: 294–322; ∼ 3: **39** ('53) 210–36.

Matematisk-fys. Medd., Kgl. danske Vid. Selsk. Einleitung in die allgemeine Kongruenzlehre, 3: **19** ('42) Nr. 12, 48 S.; ∼ 4: **22** ('45) Nr. 6, 38 S.; ∼ 5: Nr. 13, 35 S.; ∼ 6: **25** ('48/50) Nr. 10, 25 S. — Die Geometrie der schwachen Figuren: **20** ('43) Nr. 21, 62 S. — Beiträge zur nicht-eudoxischen Geometrie, 1.2: **21** ('44) Nr. 5, 24 S. — Über Archimedes' Größenlehre: **25** ('48/50) Nr. 15, 11 S.

Matematisk Tidsskr., A Nogle Bemærkninger i Anledning af Forslaget verdrørende Gymnasiets Undervisning i Matematik: **1933**, 53–56. — Den pythagoreiske Læresætning: **1934**, 65–68. — Virkelighedsgeometriens Betydning: **1935**, 3–5. — Areallærens principielle Betydning i Euklids Geometri: 45–51. — Om Talstrækninger: **1936**, 1–8. — Ligedannethed som Størrelsesprincip: 29–35. — Descartes' Løsning af Ligningen af 6. Grad: **1937**, 45–54. — Analyse og Syntese: 73–89. — Konstruktion ved Passer med fast Indstilling, uden Brug af Lineal: **1938**, 77–85. — Hieronymus Georg Zeuthen: **1939**, 1–10. — En Forelæsning over ikke-euklidisk Geometri: **1945**, 3–36. — Euclides ab omni naevo vindicatus: **1946**, 73–87. — Kongruenslærens Fundamentalsætning: **1948**, 16–21. — Antik og moderne Størrelseslære: **1950**, 21–52. — Den udvidede ptolemæiske Læresætning og Strehlke's Formel: 73–77.

Matematisk Tidsskr., B Nogle Studier over Produktforhold: **1934**, 1–10. — Exhaustionsbeviset hos Euklid: 33–39. — Ikke-euklidisk Geometri og Projektivgeometri: 40–45. — Exhaustionsbeviser og almindelig Størrelseslære hos Archimedes: 61–67. — En Afbildning af den komplekse Plan med euklidisk Metrik: **1937**, 61–64. — Om Indskydninger: **1943**, 1–8. — Konstruktioner med normeret Lineal: 21–26. — Den pythagoreiske Læresætning: **1945**, 49–57. — Bidrag til den deskriptive Kurveteori: **1948**, 1–23. — Om en Klasse bikvadratiske Kurver: 29–35. — Om Banekurverne for en variabel Trekant: 36–40. — Om Grundlaget for Passerens Geometri: **1949**, 65–84. — Et gammelt problem i ny belysning: **1950**, 1–5.

Norsk mat. Tidsskr. Om Kurverne i et Nulsystem: **1941**, 87–95.

Oversigt kongel. danske Vid. Selsk. Virksomhed Mindeord om C. Juel: **1934/1935**, 115–26.

VI **von HŁASKO,** Marjan. Chem. (anorg.). — 1923–24 Doz., '24– Prof., Leiter des Inst. f. anorg. Chem., Univ. Wilno.
*1889, Kupiel, Wolynien;
†(1942 oder 1943 ?), Pobrade, Litauen.

Bull. int. Acad. polon. Sci. et Lettres, Sér. A Sur la conductibilité électrique de certains acides minéraux et sur la mobilité de l'ion de l'hydrogène[2]): **1932**, 257–66. — Différences entre les coefficients de conductibilité des électrolytes forts dans les mêmes solvants: 336–46. — Sur la conductibilité électrolytique des hydrates des métaux alcalins dans l'eau et sur la mobilité de l'ion oxhydrile[1]): **1933**, 77–86. — Sur le poids atomique du lithium[3]): 523–31. — Sur les mesures de la conductibilité électrolytique des solutions extrêmement diluées[5]): **1935**, 189–200.

Roczn. Chem. Über die elektrolytische Leitfähigkeit von Anilinhalogenhydraten in Anilin[4])[8]): **12** ('32) 35–47. — Die elektrische Leitfähigkeit der Salpetersäure und Perchlorsäure und die Beweglichkeit des Wasserstoffions[2]): 201–12. — Über die elektrolytische Leitfähigkeit der Hydroxyde der Alkalimetalle in Wasser und über die Beweglichkeit des Wasserstoffions[1]): 403–15. — Atomgewicht von Lithium[3]): **14** ('34) 1–9. — Über die unmittelbare Bestimmung der Grenzleitfähigkeit starker Elektrolyte und über die Leitfähigkeit stark verdünnter, schwacher Elektrolyte[6]): 1038–51. — Über die elektrolytische Leitfähigkeit der Alkalihydroxyde in stark verdünnten wässerigen Lösungen[6]): **15** ('35) 153–62. — Über die elektrische Leitfähigkeit der Hydroxyde von Silber, Thallium, Magnesium und Erdalkalimetallen in wässeriger Lösung[6]): 273–82. — Über die Beweglichkeit der Ionen Br^- und J^-[7]): **16** ('36) 92–100. — Die Differenzen zwischen den analogen Leitfähigkeitskoeffizienten der stärksten Elektrolyte in den gleichen Lösungsmitteln: **17** ('37) 11–19. — Über das elektrolytische Leitvermögen von Halogenwasserstoffen in wasserfreier Essig-

und Propionsäure[4]): 18 ('38) 220–27. — Über das elektrolytische Leitvermögen der schwerlöslichen Hydroxyde $Be(OH)_2$, $Mg(OH)_2$, $Zn(OH)_2$, $Cd(OH)_2$, $Hg(OH)_2$ in wässeriger Lösung[6]): **19** ('39) 396–408. — — Alle (?) Arbeiten poln., zum Teil m. deutscher Zusammenfassg.

Mit: [1]) J. Goworecka; [2]) W. Klimowski; [3]) J. Kuszpecińska; [4]) E. Michalski; [5]) A. Salit; [6]) A. Salitówna; [7]) A. Siemaszko; [8]) Szpundar.

VI **HLAVATÝ**, Václav. Math. — 1924–30 Privatdoz., '30–48 Prof., Karlova Univ., Praha; '48–62 Prof., Graduate Inst. for Appl. Math., '62– Distinguished Service Prof., Indiana Univ., Bloomington, Ind.

*1894, Jan. 27, Louny, Böhmen.

Zum 60. Geb.tag C. Truedell, Internationale math. Nachr. Nr. **29/30** ('53) 2–4.

Zur Biogr. Perspectives in geometry and relativity. Essays in honor of Václav Hlavatý (B. Hoffmann) (Bloomington, Ind.–London '66) 11+491 S.

S. Colloque de géométrie différentielle, Louvain 1951 (Liège '51) 157–63: Géométrie différentielle de contact. — Colloque sur la théorie de la relativité, Bruxelles 1959 (Louvain '60) 9–23: Aperçu général de la théorie du champ unifié d'Einstein.

W. Les courbes de la variété générale à n dimensions (Paris '34) 75 S. (Mémorial des sciences mathématiques 63). — Diferenciální geometrie křivek a ploch a tensorový počet (Praha '37) 445 S.; deutsch: Differentialgeometrie der Kurven und Flächen und Tensorrechnung (Groningen '39) 11+569 S. — Miloslav Pelíšek (Praha '41) 34 S. — Diferenciální přímková geometrie 1 (Praha '41) 16+238 S., 2 ('41) 15+203 S.; deutsch: Differentielle Liniengeometrie (Groningen '45) 22+568 S.; engl.: Differential line geometry (Groningen '53) 10+495 S. — Projektivní geometrie [Projektive Geometrie] 1 (Praha '44) 381 S., 2 ('46) 558 S. — Úvod do neeuklidovské geometrie [Einführung in die nichteuklidische Geometrie] [2](Praha '49) 227 S. — Geometry of Einstein's unified field theory (Groningen '57) 32+341 S.

Annales Soc. polon. Math. Courbes dans des espaces généralisés: **10** ('32) 45–75. — Théorie d'immersion d'une W_m dans W_n: **21** ('48) 196–206.

Annali Mat. pura ed appl. Connexion projective et déplacement projectif: (4) **12** ('34) 217–94. — Contributi alla teoria delle connessioni, 1: Connessioni proiettive: Costruzione al finito, classificazione secondo Klein[1]): **15** ('36) 1–45, 129–54. — Einstein-Maxwell fields in the presence of matter and pressure: **53** ('61) 21–39. — Contribution to the theory of general geometrodynamics: **61** ('63) 121–50.

Annals Math. Hypersurfaces in a projective curved space: (2) **39** ('38) 725–61.

Atti reale Accad. nazion. Lincei, Rend. Invariants projectifs différentiels d'une courbe dans l'espace projectif P_{n-1} ($n \geqq 3$): (6) **16** ('32) 109–14, 206–11. — Courbures projectives d'une courbe dans l'espace projectif P_{n-1} ($n \geqq 3$): 299–304.

Canadian J. Math. Spinor space and line geometry, 1: **3** ('51) 442–59.

Čas. Pěst. Mat. a Fysiky Faisceaux de Darboux et questions connexes dans l'espace affine courbe: **66** ('37) 229–60 [m. tschech. Zusammenfassg.].

C. R. Séances Acad. Sci. Roumanie Covariant partial equations admitting explicit solutions: **2** ('38) 210–16.

J. Math. pures et appl. Einstein-Maxwell fields: (9) **40** ('61) 1–41. — Infinitesimal deformation applied to a single minimal curve: **42** ('63) 149–66.

J. ration. Mech. and Analysis Intrinsic deformation theory of subspaces in a Riemann space: **1** ('52) 49–72. — Spinor space and line geometry, 2: 321–39. — The elementary basic principles of the unified theory of relativity, A: 539–62; ~ B_1: **2** ('53) 1–52; ~ B_2: **4** ('55) 247–76; ~ B_3: 653–79; ~ C_1: Introduction: **3** ('54) 103–46; ~ C_2: Applications, 1: 147–79; ~ C_3: ≈ 2: 645–89; ~ C_4: General case: **5** ('56) 419–72. — Uniqueness theorems in the unified theory of relativity[3]): **2** ('53) 523–36.

J. Math. and Mech. Basic principles of the unified field theory of the second kind: **7** ('58) 323–54; ~ 2: 833–66. — The holonomy group, 1: The curvature tensor: **8** ('59) 285–307; ~ 2: The Lie group induced by a tensor: 597–622; ~ 3: Metrisable spaces: **9** ('60) 89–122; ~ 4: The general L_n with symmetric connection: 453–96; ~ 5: Weyl space W_4, 1: **10** ('61) 317–48; ~ 6: ≈ 2: **11** ('62) 35–59. — Proper time, apparent time, and formal time in the twin paradox: **9** ('60) 733–44. — Metric null parameter and conformal null parameter of a minimal geodesic: **12** ('63) 643–53. — Reduction of unknowns in Einstein-Maxwell field equations, 1: Characteristic [1111]: 811–30; ~ 2: Characteristics [112], [(11)11], [(111)1]: **13** ('64) 31–54; ~ 3: Appendix: 909–26. — Absolute parallelism in a conformally flat V_4: **14** ('65) 1–14. — Weierstrass' characteristic and covariant constant vector fields, 1: Preferred vector fields: 161–82; ~ 2: Construction of the fields: 737–68; ~ 3a: Equivalence subclasses: 903–24; ~ 3b: ≈: **15** ('66) 1019–38.

Mathematische Z. Über eine Art der Punktkonnexion: **38** ('33/34) 135–45. — Induzierte und eingeborene Konnexion in den (nicht) holonomen Räumen: 283–300.

Nieuw Arch. Wiskunde Maxwell's field in the Einstein unified field theory: (3) **2** ('54) 103–14.

Prace mat.-fizyczne Zur Theorie der Vektor- und Punktkonnexion[2]): **39** ('32) 119–30.

Proc. amer. math. Soc. Deformation theory of subspaces in a Riemann space: **1** ('50) 600–17.

Proc., Koninkl. Akad. Wet. Amsterdam Zur Konformgeometrie, 1: Eichinvariante Konnexion: **38** ('35) 281–86; ~ 2: Anwendungen, insbesondere auf das Problem der Affinnormale: 738–43; ~ 3: Anwendung auf die Kurventheorie: 1006–11.

Proc., Koninkl. nederl. Akad. Wet. Affine embedding theory, 1: Affine normal spaces: **52** ('49) 505–17; ~ 2: Frenet formulae: 714–24; ~ 3: Integrability conditions: 977–86. — Projective geometrization of a system of partial differential equations, 1: Normal points: **53** ('50) 318–26; ~ 2: Frenet formulae for normal points: 487–93; ~ 3: Projective normal spaces: 835–47; ~ 4: Frenet formulae for projective normal spaces and their integrability conditions: 848–56.

Proc. nation. Acad. Sci. USA The elementary basic principles of the unified theory of relativity: **38** ('52) 243–47. — The Einstein connection of the unified theory of relativity: 415–19. — The Schrödinger final affine field laws: 1052–58. — The spinor connection in the unified Einstein theory of relativity: **39** ('53) 501–06. — Connections between Einstein's two unified theories of relativity: 507–10.

Rend. Circolo mat. Palermo Invariants projectifs d'une hypersurface: **57** ('33) 402–32. — Espaces abstraits courbes de König: **59** ('35) 1–39. — The embedding theory of a W_m in a W_n, 1: (2) **1** ('52) 403–38; ~ 2: **3** ('54) 149–92. — Rigid motion in a Riemannian space V_n, 1: A recurrent V_n: **9** ('60) 51–77; ~ 2: A regular V_n: 125–46. — Classification of space-time curvature tensor, 2: General theory of h-classification[4]): **11** ('62) 319–50; ~ 3: Projective classification[4]): **13** ('64) 82–128.

Rend. Semin. mat. Univ. Padova Report on the recent Einstein unified field theory: **23** ('54) 316–32.

Rend. Semin. mat., Univ. e Politecn. Torino The law of inertia in the unified field theory: **13** ('54) 153–67.

Revista, Univ. nacion. Tucumán, Ser. A Infinitesimal deformation applied to a congruence of minimal curves: **14** ('62) 91–103.

Rozpr. české Akad. Věd a Umění Système de connexions de M. Weyl: **46** ('36) Nr. 33, 15 S. — Zur Lieschen Kugelgeometrie, 2: Kongruenzen (Elementare Eigenschaften): **51** ('41) Nr. 33, 16 S.; ~ 3: Kongruenzen (Grundgleichungen): **52** ('42/43) Nr. 7, 28 S.; ~ 4: Kongruenzen (Integrable Übertragung): Nr. 16, 20 S. — -- Alle Arbeiten tschech. [Französ. bzw. deutsche Zusammenfassg. in d. entsprechenden Bänden von: Bull. int., Acad. tchèque Sci.].

Tensor [Sapporo, Japan] An almost complex space of order p and characteristic (n_1,..., n_p): (N. S.) **10** ('60) 90–124. — Classification of space-time curvature tensor, 1: Introduction[4]): **14** ('63) 138–68.

Trudy Semin. vektorn. i tenzorn. Analizu, Priloženijami Geometrii, Mech. i Fizike Système complet des invariants d'une courbe dans un espace projectif courbe: **2/3** ('35) 119–50. — Espaces de König: **4** ('37) 117f. [auch russ.: 119f.].

Věstn. král. české Spol. Nauk Zur Lieschen Kugelgeometrie, 1: Kanalflächen: **1941**, Nr. 6, 30 S.

Mit: [1]) E. Bortolotti; [2]) S. Gołąb; [3]) A. W. Sáenz; [4]) R. S. Mishra.

VI **HOARE,** Frank Ernest. Chem. (physik.), Thermodyn. — 1928–40 Assist. Lecturer, Univ. of the Southwest of England, Exeter; '32 Ph. D., Univ. of London; '40– Temporary Senior Scientific Officer, Admiralty; '46–52 Lecturer, '52–54 Senior Lecturer, '54–64 Reader, '64–67 Prof., Univ. of Leeds.

*1907, Juni 22, Brighton, Sussex; †1967, Mai 25.

Nekr. E. C. Stoner, Nature [London] **216** ('67) 101.

MH. Experimental cryophysics (London–Washington, D.C. '61); darin eig. Beiträge: 1–13: Low-temperature laboratories; 14–34: Mathematics of gas liquefaction and liquefier design.

W. Correction tables for use with platinum resistance thermometers (m. G. S. Callendar) (London '33) 12 S. — A textbook of thermodynamics [2](London '38) 12+307 S.

Cryogenics Small scale hydrogen liquefaction[24]): **2** ('61) 84–87. — Punched tape recorder for use in calorimetry[1])[10])[17]): **4** ('64) 28–35. — The temperature distribution along a low temperature radiation shield[7])[9]): 374–77.

J. acoust. Soc. America Modifications to standard pulse techniques for ultrasonic velocity measurements[19])[13]): **31** ('59) 161f.

J. forens. Sci. Soc. Estimating the time of death. The rectal cooling after death and its mathematical expression[14]): **7** ('62) 56–81.

J. sci. Instruments Digitized two-dial potentiometer[17]): **39** ('62) 231.

Nature [London] Accuracy of the Curie-Chéneveau magnetic balance: **132** ('33) 514. — Magnetic measurement of ionic deformations in crystals[3]): **135** ('35) 473f. — Diamagnetic susceptibility of heavy water: **137** ('36) 497f. — Magnetic susceptibilities of palladium-rhodium alloys from 20 to 300 °K[12])[15]): **170** ('52) 537f. — Physics of the solid state. Physical Society spring meeting: **171** ('53) 1055–57. — Properties of palladium-rhodium alloys[20]): **180** ('57) 334.

Philosophical Mag. (and J. Sci.) A determination of the Stefan-Boltzmann radiation constant, using a Callendar radio-balance: (7) **13** ('32) 380–92. — Note on the most probable value of the Stefan-Boltzmann radiation constant: **14** ('32) 445–49. — x-Ray and magnetic measurements of KCl powders in relation to lattice distortion and photochemical coloration[3])[21]): **20** ('35) 1041–54. — The radiation correction in calorimetry: **29** ('40) 52–65. — The magnetic and thermal properties of some aluminium-rich binary alloys[1])[11])[7]): (8) **11** ('65) 235–50.

Physics and Chemistry Solids Low-temperature specific heat of dilute Cu-Mn alloys[25]): **17** ('60) 52–56.

Physics Letters The specific heat of magnetite[7])[11]): **14** ('65) 184f. — The specific heat of $ZrZn_2$ [23]): **23** ('66) 402f.

Polymer [London] Thermodynamic functions of linear high polymers[6])[8])[16]), 1: Polyoxymethylene: **3** ('62) 263–70; ∼ 2: Thermodynamic functions of penton: 271–76; ∼ 3: Polyethylene: 277–85; ∼ 4: Stereospecific poly-α-olefines: 286–96; ∼ 5: cis- and trans-1,4-Polybutadiene: 297–309; ∼ 6: Polysulphones: 310–15; ∼ 7: Lexan: 316.

Proc. physic. Soc. The diamagnetic susceptibilities of dissolved and hydrated salts[3]): **49** ('37) 619–28. — An absolute measurement of the susceptibility of tantalum and other metals[22]): **B64** ('51) 337–41. — The elastic constants and density of palladium silver alloys[24]): **B67** ('54) 266f. — The temperature variation of susceptibility of tantalum[12])[15])[20]): 728–30. — Carbon resistor thermometers[15])[24]): **B68** ('55) 388f. — The low-temperature (11–20 °K) specific heat of α- and β-manganese[2])[18]): 830–32. — Heat capacity between 1.8 and 4.2 °K of an iron-chromium alloy in the α- and σ-phases[15]): **71** ('58) 220–24. — The low-temperature specific heat of some dilute platinum-iridium and platinum-gold alloys[7])[11]): **90** ('67) 253–61.

Proc. roy. Soc. London, Ser. A The diamagnetic susceptibilities of salts forming ions with inert gas configurations, 1: The halides of sodium and potassium: **147** ('34) 88–100; ∼ 2: The alkaline halides[3]): **152** ('35) 342–53; ∼ 3: The alkaline earth halides and general discussion[3]): **159** ('37) 395–409. — The magnetic susceptibilities of platinum, rhodium and palladium from 20 to 290 °K[15]): **212** ('52) 137–48. — The thermal and magnetic properties of palladium-silver alloys[15])[22]): **216** ('53) 502–15. — The low-temperature (2–4.2 °K) specific heats of palladium-silver alloys[24]): **240** ('57) 42–53. — The thermal and magnetic properties of some transition element alloys[4])[20]): **257** ('60) 250–62. — The low-temperature specific heats of some pure metals (Cu, Ag, Pt, Al, Ni, Fe, Co)[7])[11])[17]): **285** ('65) 561–80. — The low-temperature specific heats of some nickel-based iron and copper alloys[7])[11]): **303** ('68) 339–54.

Review sci. Instruments Helium temperatures from vapor-pressure measurements[25]): (N. S.) **30** ('59) 184–86.

Suomalaisen Tiedeakatemian Toimituksia, Sarja A VI The specific heats of the alloys Pd-Co, Pt-Co, and Pd-Gd[23]): **210** ('66) 157–62.

Trans. Faraday Soc. A note on the diamagnetism of salts in aqueous solution[3]): **33** ('37) 268–73. — The heat of combustion of citric acid monohydrate[5]): **54** ('58) 367–71. — Heat capacity, enthalpy and entropy of citric acid monohydrate[8])[16]): **58** ('62) 1511–14.

Mit: [1]) H. J. Blythe; [2]) G. L. Booth; [3]) G. W. Brindley; [4]) D. W. Budworth; [5]) F. P. Chappel; [6]) F. S. Dainton; [7]) M. Dixon; [8]) D. M. Evans; [9]) D. Greig; [10]) T. J. Harvey; [11]) T. M. Holden; [12]) J. S. Kouvelites; [13]) L. Mackinnon; [14]) T. K. Marshall; [15]) J. C. Matthews; [16]) T. P. Melia; [17]) D. E. Moody; [18]) B. T. Murphy; [19]) A. Myers; [20]) J. Preston; [21]) F. W. Spiers; [22]) J. C. Walling; [23]) J. C. G. Wheeler; [24]) B. Yates; [25]) J. E. Zimmerman.

IV—VI **HOBBS,** William Herbert. Geol. — 1906–34 Prof., Head of the Departm., '26– Leader of three Greenland expeditions, '34 Prof. Emeritus, Univ. of Michigan, Ann Arbor, Mich.; '17 Pres., Michigan Acad. Sci.; '17 Vice Pres., '36 Pres., Assoc. of Amer. Geographers; '22 Vice Pres., Geol. Soc. of America; '32 Vice Pres., Amer. Assoc. for the Advancement of Science.

*1864, Juli 2, Worcester, Mass.;
†1953, Jan. 1, Ann Arbor, Mich.

Zur Emeritierung u. zum 70. Geb.tag E. C. Case, Hobbs builds Department of Geology: Michigan Alumnus **41** ('34/35) 105f., 112 (m. Bildn.). — Science [USA] **80** ('34) 29.

Zum 85. Geb.tag J. Georgi, Polarforschung **21** ('51) 9–12.

Nekr. H. H. Bartlett, Yearb., Amer. philos. Soc. **1955** ('56) 442–60. — J. D. M. Blyth, Nature [London] **171** ('53) 416f. — L. M. Gould, Geographical Rev. **43** ('53) 423f.; Proc. Vol. geol. Soc. America **1953** ('54) 131–39 (m. Bildn., Faks., Schr.verz.). — R. B. Hall, Annals Assoc. amer. Geographers **43** ('53) 284–88. — G. D. Hubbard, Science

[USA] **117** ('53) 521f. — Z. Gletscherkunde u. Glazialgeol. **3** ('54) 115.

Autobiogr. An explorer-scientist's pilgrimage (Ann Arbor, Mich. '52) 222 S.

H. Reports of the Greenland expeditions, 1926–1931, **2**: Meteorology, physiography, and botany (Ann Arbor, Mich. '41) (Univ. of Michigan studies, Scientific series, 6).

S. C. R. 13e Congrès international de géographie, Paris 1931 **2**, II (Paris '33) 408–11: The origin of the loess associated with continental glaciation based upon studies in Greenland. — Procès verbaux, 5e Assemblée générale de l'Association de Météorologie de l'Union Internationale de Géodésie et de Géophysique, Lisbonne 1933 **2** (Paris '35) 11 S.: The glacial anticyclones. — C. R. 14e Congrès international de géographie, Varsovie 1934 **2**, II (Warszawa '36) 235f.: The morphology of the Greenland continental glacier. — University of Michigan; an encyclopedic survey (W. B. Shaw) **3** (Ann Arbor, Mich. '43) 584–94: The Department of Geology (before 1906). — Report, 18th International geological congress, London 1948 **13** (London '52) 129–34 [oder 134–39 ?]: The glacio-fluvial and glacio-eolian deposits of the continental glaciers. — Proc. 7th Pacific science congress of the Pacific Science Association, Auckland and Christchurch, New Zealand, 1949 **2** (Wellington, New Zealand '53) 346–57: Origin of the lavas of the Pacific region.

W. Peary (New York '36) 15+502 S. — Explorers of the Antarctic (New York '41) 334 S. — The Fortress Islands of the Pacific (Ann Arbor, Mich. '45) 13+186 S. — Glacial studies of the Pleistocene of North America, 1: The glacial history of the Scabland and Okanogan Lobes, Cordilleran continental glacier; ~ 2: The glacial history of Iowa and neighboring portions of Minnesota and Missouri (Ann Arbor, Mich. '48) 12+109 S. — A proposed open-ditch and tunnel sea-level ship canal across Honduras (Ann Arbor, Mich. '52) 10 S.

American J. Sci. The glacial anticyclone and the European continental glacier: **241** ('43) 333–36.

Annals Assoc. amer. Geographers The progress of discovery and exploration within the Arctic region: **27** ('37) 1–22. — Conditions of exceptional visibility within high latitudes, particularly as a result of superior mirage: 229–40. — The pack-ice of the Weddell Sea: **29** ('39) 159–70.

Biographical Mem., Nation. Acad. Sci. USA Frank Leverett, 1859–1943: **23** ('44) 203–15.

Bull. amer. meteorol. Soc. The glacial anticyclones and the continental glaciers of North America: **24** ('43) 389–.

Bull., Connecticut histor. Soc. Palmer's map of the South Shetlands and the Palmer Peninsula: **15** ('50) 25–29.

Bull. geol. Soc. America Glacial anticyclones and Pleistocene glaciations; "Iowan Till" of Iowa, an outwash from the Des Moines Lobe of the late Wisconsin glaciation: **53** ('42) 1848f.

Bull., Union géodés. et géophysique int., Sect. Hydrol. sci. The snow of outstanding mountain peaks: **23** ('38) 715–18.

Geografiska Ann. Visibility and the discovery of Polar lands: **15** ('33) 217–24.

Geographical J. The eastern landfalls of Wilkes within the Australian sector of the Antarctic: **81** ('33) 538–40.

Geographical Rev. Wilkes Land rediscovered: **22** ('32) 632–55. — Discovery of a new sketch of Cape Hudson in the Antarctic: **24** ('34) 115–17.

Imago Mundi [Stockholm] Zeno and cartography of Greenland: **6** ('49) 15–19.

Isis Verrazano's voyage along the North American coast in 1524: **41** ('50) 125f., 268–77.

J. Geology A call for information concerning etched erratic boulders: **43** ('35) 551f. — Wind: the dominant transportation agent within extramarginal zones to continental glaciers: **50** ('42) 556–59. — Nourishment of the Greenland continental glacier: **52** ('44) 73–96. — Crustal movement in the Great Lakes area; a discussion: **57** ('49) 312–14.

J. Meteorology The Greenland glacial anticyclone: **2** ('45) 143–53.

Michigan Alumnus, Quarterly Rev. America in the Antarctic: **45** ('38/39) 324–28. — Early glaciers in North America: **54** ('47/48) 192–201.

Papers Michigan Acad. Sci., Arts and Letters Greenland, the advances of a decade (1921–1931): **18** ('32) 363–411. — Conditions at the front of a retreating ice sheet: **25** ('40) 477–80. — Early maps of Antarctic land, true and false: **26** ('41) 401–05. — The origin of the gumbotils of the Mississippi valley: **30** ('45) 449–54. — New interpretation of the deposits of the Pleistocene continental glaciers: **32** ('48) 287–93.

Precambrian The diamond field of the Great Lakes: **26** ('53) Nr. 3, 16–20.

Proc. amer. philos. Soc. The discovery of Wilkes Land, Antarctica: **82** ('40) 561–82. — The glacial anticyclone and the continental glaciers of North America: **86** ('43) 368–402. — Mountain growth, a study of the southwestern Pacific region: **88** ('44) 221–68.

Proc. (Vol.) geol. Soc. America Memorial of Charles Wilford Cook: **1933** ('34) 181–84. — Memorial to Frank Leverett: **1943** ('44) 183–93.

Proc., United States naval Inst. The problem of a new Trans-Isthmian canal: **76** ('50) 129–35.

Science [USA] The glaciers of mountain and continent: **79** ('34) 419–22. – Peary's discovery of the North Pole: **81** ('35) 361–63. – The discovery of Antarctica: a reply to Professor R. N. Rudmose Brown: **89** ('39) 580–82. – A remarkable example of polar mirage: **90** ('39) 513f. – The growth of an ice sheet: **98** ('43) 217f. – Discovery in eastern Washington of a new lobe of the Pleistocene continental glacier: 227–30. – New volcanoes and a new mountain range: **99** ('44) 287–90. – The boundary of the latest glaciation in Arctic Canada: **101** ('45) 549–51. – The Eurasian continental glacier of the Late Pleistocene: **104** ('46) 105f. – The climate of the Arctic as viewed by the explorer and the meteorologist: **108** ('48) 193–201. – The Pleistocene history of the Mississippi river: **111** ('50) 260–62. – Terraced canyons: **117** ('53) 461–63.

Scientific Monthly John Wesley Powell, 1834–1902: **39** ('34) 519–29. – Admiral Peary, the discoverer of the North Pole: **40** ('35) 391–99. – Centenary celebration of the Wilkes exploring expedition: **50** ('40) 373–77. – Wind and soil: **57** ('43) 289–300. – American and Eurasian glaciers of the past: a picture based on existing ones: **66** ('48) 99–106. – The fourteenth century discovery of America by Antonio Zeno: **72** ('51) 24–31.

Trans. amer. geophysic. Union Errors in the synoptic weather charts which cover the Greenland region[1]: **25** ('44) 482–90. – Rhythm in the Greenland glacial anticyclone: 491–94.

Trans. amer. philos. Soc. The discoveries of Antarctica within the America sector, as revealed by maps and documents: **31**, 1 ('39) 71 S.

Yearb., Amer. philos. Soc. Frank Leverett (1859–1943): **1943** ('44) 403–06.

Z. Gletscherkunde The glaciers of mountain and continent: **22** ('35) 1–19.

Mit: [1]) R. L. Belknap.

VI **HOBORSKI,** Antoni Marja Emil Józef Franciszek. Math. – 1919–39 Ord. Prof., '20 Rektor, Bergakad. Kraków; '21–39 ord. tit. Prof., Univ. Kraków. (⊠)

*1879, Apr. 1, Tarnów;

†1940, Febr. 9, KZ Sachsenhausen.

Zur Biogr. S. Gołąb in: Studia z dziejów katedr Wydziału Matematyki, Fizyki, Chemii Uniwersytetu Jagiellońskiego (S. Gołąb) (Kraków '64) 121–24 (m. Bildn.).

Todesanzeige C. R. hebd. Séances Acad. Sci., Paris **221** ('45) 389. – Nature [London] **145** ('40) 542.

W. Teorja krzywych (Kraków '33) 8+183 S. – Teorja dwójkowych sum wektorjalnych (Kraków '35) 6+75 S. (Bibljoteka matematyczna, 3).

Annales Soc. polon. Math. Une remarque sur les transformations réelles et orthogonales: **11** ('33) 54f. – Über spezielle Ebenen des Raumes R_4: **14** ('36) 135–41. – Über Dyadensummen: **15** ('37) 34–36. – Über Differentialgleichungen in Vektorräumen: 37–39.

Bull. Math. et Physique pures et appl. Ecole polytechn. Bucarest Elementarer Beweis eines planimetrischen Satzes des Herrn D. Pompeïu: **9** ('38) 9–12.

Bull. Soc. math. Grèce Über euklidische Bewegungen: **15** ('35) 11–16 [ ]. – Über die Vertauschbarkeit der Multiplikationen hyperkomplexer Zahlen: 17–23 [ ].

Mathematica [Cluj] Über die Ableitung zusammengesetzter Funktionen: **7** ('33) 32–37. – Über sphärische Kurven: **15** ('39) 5–7.

Opuscula math. [Kraków] Über gleichseitige Dreiecke: **1** ('37) 17–19. – Bemerkungen zur Arbeit des Herrn St. Gołąb: Aus der theoretischen Arithmetik: **2** ('38) 11f.

Prace mat.-fizyczne Über vollständige Systeme partieller Differentialgleichungen: **41** ('34) 55–63. – Contribution à la théorie des équations de Frenet dans l'espace riemannien à n dimensions[1]): 101–04. – Sur les lignes de courbure spéciales[1]): **47** ('49) 17–20.

Trudy Semin. vektorn. i tenzorn. Analizu, Priloženijami Geometrii, Mech. i Fizike Bericht über eine mit Herrn St. Gołąb veröffentlichte Arbeit und Stellung eines neuen Problems: **4** ('37) 354–59 [russ. u. deutsch].

Wiadomości mat. Jan Sleszyński: **36** ('34) 6 S.

Mit: [1]) St. Gołąb.

VI **HOBSON,** Ernest William. Math. – 1910–31 Prof., Univ. of Cambridge. – '02 Hon. D.Sc. (Univ. of Manchester); '09 Hon. Sc.D. (Univ. of Dublin); '10 Hon. D.Sc. (Univ. of Sheffield); '12 Hon. D.Sc. (Univ. of Oxford); Hon. LL.D. (Univ. of St. Andrews); Hon. LL. D. (Univ. of Aberdeen). – '07 Royal Medal (Roy. Soc. London); '20 de Morgan Medal (London Math. Soc.).

*1856, Okt. 27, Derby;

†1933, Apr. 18 [19 ?], Cambridge.

Nekr. G. H. Hardy, J. London math. Soc. **9** ('34) 225–37; Obituary Notices Fellows roy. Soc. London **1** ('34) 237–49 (m. Bildn., Faks., Schr.verz.-Auswahl 12 Nrn.); Nature [London] **133** ('34) 938f. – Boll. Mat. **31** ('35) XXIV. – Monthly Notices roy. astron. Soc. **94** ('34) 376f.

S. Squaring the circle, and other monographs (New York '53) 57 S.: Squaring the circle.

W. Theory of functions of a real variable and the theory of Fourier's series [Neudrucke] **1** (London–Washington, D.C. '50) 752 S., ('58) 736 S.; **2** ('50) 790 S., ('58) 780 S. — Theory of spherical and ellipsoidal harmonics [Neudruck] (London '55) 500 S. — Treatise on plane and advanced trigonometry (New York '58) 383 S. [Neudruck der 7. Auflage (Cambridge '28) von: A treatise on plane trigonometry].

J. London math. Soc. James Mercer: **8** ('33) 79f.

VI **HODGKINSON,** Jonathan. Math. — 1931–36 Lecturer, Univ. of Oxford. (⊠)

*1886, Jan. 4, Barrow-in-Furness;

†1940, Juni 17, Oxford.

Nekr. W. L. Ferrar, J. London math. Soc. **15** ('40) 236–40 (m. Schr.verz.).

MHZ. Quarterly J. Math., Oxford Ser. **5** ('34) – **11** ('40).

J. London math. Soc. Harmonic functions with polyhedral symmetry: **10** ('35) 221–26. — Note on the uniformization of hyperelliptic curves: **11** ('36) 185–92.

Quarterly J. Math., Oxford Ser. A class of triangle-functions, 1: **3** ('32) 142–51; ~ 2: **4** ('33) 21–36. — On conformal representation (Addendum): 240. — The harmonic problem associated with the torsion of prisms: Some soluble cases: **5** ('34) 145–49. — The irrotational motion of a liquid set up by the motion of a prism: **6** ('35) 175–83. — A supposed property of wave-fronts: 316–20. — The transversality of electromagnetic waves: **7** ('36) 161–67. — Note on a theorem of Helmholtz: 300–05. — A note on a two-dimensional problem in electrostatics: **9** ('38) 5–13. — A type of aerofoil[1]): **10** ('39) 136–44.

Mit: [1]) S. D. Daymond.

VI **HODGSON,** Ernest Atkinson. Seismol. — 1914– Seismologist, then till '51 Assist. Dir. and Chief of the Seismol. Division, Dominion Observatory, Ottawa, Can. — Gzowski Gold Medal (Engng. Inst. of Canada).

*1886, Okt. 15, Utica, N.Y.

Annual Rep. Board Regents Smithsonian Instn. The earth beneath, in the light of modern seismology: **1931** ('32) 347–60. — The structure of the earth as revealed by seismology: **1939** ('40) 281–302.

Bull. seismol. Soc. America The P-curve and the S-curve resulting from a study of the Tango earthquake, Japan, March 7, 1927: **22** ('32) 38–49. — Epicentral time and crustal structure determined for the Tango earthquake, Japan, March 7, 1927: 270–87. — Surface-reflected waves of shallow focus earthquakes: **24** ('34) 33–46. — Velocity of elastic waves and structure of the crust in the vicinity of Ottawa, Canada: **32** ('42) 249–55. — Industrial earthquake hazards in eastern Canada: **35** ('45) 151–74.

Canadian Mining and metallurg. Bull. The rockburst problem: **41** ('48) 664–66.

Contributions Dominion Observat., Ottawa The marine clays of eastern Canada and their relation to earthquake hazards: **1**, Nr. 9 ('52) 12 S.

Earthquake Notes, Seismol. Soc. America, Eastern Sect. James Bernard Macelwane, S.J., 1883–1956[1]): **27** ('56) Nr. 2, 9–16.

Engineering J. The structure of the earth as revealed by seismology: **21** ('38) 420–27.

Gerlands Beitr. Geophysik Two probability methods for the determination of earthquake epicenters: **37** ('32) 390–409.

J. appl. Physics [USA] The interior of the earth viewed in relation to earthquake causes, 3: What seismology can tell us about the structure of the earth's interior: **14** ('43) 121–26.

J. roy. astron. Soc. Canada The foundations of earth-structure theory: **27** ('33) 1–10. — Making the world safe by seismology: **28** ('34) 49–57. — The Timiskaming earthquake of November 1, 1935: The location of the epicenter and determination of focal depth: **30** ('36) 113–23. — The structure of the earth as revealed by seismology: **32** ('38) 273–98. — The seismic method of prospecting: **33** ('39) 121–50. — The interior of the earth viewed in its relation to earthquake causes: The viewpoint of seismology: **35** ('41) 321–29. — What is a rockburst?: **38** ('44) 1–6. — The Cornwall-Massena earthquake, September 5, 1944: **39** ('45) 5–13. — British Columbia earthquake, June 23, 1946: **40** ('46) 285–319.

Mining Mag. [London] Rockburst research at Lake Shore: **70** ('44) 116–18.

Proc. roy. canad. Inst. Earthquakes in eastern Canada and adjacent areas: (Ser. 3 A) **2** ('37) 30–34.

Publ. Dominion Observat., Ottawa The Saint Lawrence earthquake, March 1, 1925: **7**, Nr. 10 ('50) 365–436. — Bibliography of seismology: **10**, Nr. 7–14 ('31/32) 103–244; Nr. 16–19 ('33) 265–336; Nr. 20 ('34) 339–68; **12**, Nr. 1–3 ('34) 1–63; Nr. 4–6 ('35) 67–138. — Dominion Observatory rockburst research 1938–1945 [Ontario]: **20**, Nr. 1 ('58) 248 S.

Trans. amer. geophysic. Union Timiskaming earthquake-data and time-distance curves for dilatational waves: **1937,** 116–18.
Mit: [1]) V. J. Blum.

VI **HODGSON,** Herbert Henry. Chem. (org.). — 1918–48 Head of the Departments of General Chemistry and Colour Chemistry and Dir. of Research, Techn. College, Huddersfield; '34–37 Vice-Pres., Roy. Inst. of Chem.; '48–51 Vice-Pres., Soc. of Dyers and Colourists. — '25/26, '29/30 Dyers' Gold Medal for Research; '47 Gold Medal, '58 Bar to the Gold Medal (Soc. of Dyers and Colourists).
*1883, März 7, Bradford, Yorkshire;
†1967, Dez. 5, St. Annes-on-Sea, Lancashire.

Autobiogr. The pilgrimage of a colour chemist: Chemistry and Industry **1951,** 826–30.

Chemical Reviews The Sandmeyer reaction: **40** ('47) 251–77.

Chemistry and Industry Explosive reaction of diazonium compounds with sulfides of sodium: **1945,** 362f., 394; **1946,** 9f. — Evidence for the existence of cis-azobenzene and cis-aryldiazocyanides: **1948,** 270f. — The cis-diazocyanides: 428f. — syn-(cis)-Diazocyanides: 588f. — The fundamental fallacy of the free radical hypothesis as applied to the decompositions of aromatic diazo compounds: 653f. — Structure of the diazocyanides: 780f.; **1949,** 61. — Free radicals and diazo reactions: 77.

J. amer. chem. Soc. The electrolytic condition of aniline hydrochloride, aniline hydriodide and α-naphthylamine hydriodide in aniline solution[23]): **61** ('39) 1592–94. — The preparation of m-halogenophenols: **62** ('40) 230.

J. chem. Soc., London The replacement of bromine in bromophenols by the nitro group, 2: 3-Fluoro-2,4,6-tribromophenol; some cases of group migration[26]): **1932,** 273–75; ~ 3: 2,3,4,6-Tetrabromophenol and 2,4,6-tribromo-3-iodophenol; a review of halogen effect in position 3 [30]): 503–05. — The nitrosation of phenols, 13: o-Chlorophenol: 866–69; ~ 14: Resorcinol isopropyl ether[5]): 869–73; ~ 15: Resorcinol mono-n-butyl ether[5]): **1933,** 660f.; ~ 16: m-Fluorophenol; a new red indophenol [25]): **1939,** 1405–08; ~ 17: o-Fluorophenol and a comparative study of the four o-halophenols [25]): **1940,** 810–12; ~ 18: The synthesis of 3-fluoro-4-nitrosophenol and of 3-fluoro-6-nitrosophenol; a comparison of the stabilities of the 3-halogeno-4-nitrosophenols[25]): 1268–71; ~ 19: Three cresols and their methyl ethers[7]): **1943,** 221–23. — Reactions of nitrophenols, 1: Diazomethane as an agent for detecting nitrosophenolic structure: **1932,** 1395–98. — Nitrous acid as a nitrating agent, 2: The nitration of dimethyl-p-anisidine[6]): 1812–15; Nitrous acid as nitrating and oxidizing agent, 3: The nitration of 4-dimethylaminoaceto-1-naphthalide, of 4-chlorodimethyl-1-naphthylamine, and of dimethyl-β-naphthylamine[6]): **1936,** 1500–03; ~ 4: N,N-Dialkylanilines[25]): **1941,** 470–75; ~ 5: Reactions with the four 3-halo-dimethylanilines [25]): 766–70. — The action of sulfur on amines, 3: The recognition of trithio-o-toluidine as 2,2′-diamino-5,5′-ditolyl trisulfide[16]): **1932,** 1987f. — The nitration of p-dimethylaminoacetanilide by nitrous acid[6]): 2976f. — The reaction between o-toluidine and sulfur[16]): **1933,** 296f. — 3,5-Dinitrobenzaldehyde[30]): 315. — The apparent anomalous lability of the 2-nitro-group in 2,3-dinitrotoluene. An example of the reversed-field effect [30]): 500f. — The four dinitrodimethyl-p-anisidines[6]): 825–27. — The direct dibromination of m-bromophenol and an example of group migration[34])[26]): 1053–56. — The nitration of aceto-α-naphthalide, and the preparation of 2- and 4-nitro-1-naphthylamines[34]): 1205–07. — Preparation of pure 1,5- and 1,8-dinitronaphthalene and of 5-nitro-1-naphthylamine[34]): 1346–48. — The diazotization of aromatic nitroamines and the prevention of diaryl formation in the Sandmeyer reaction[34]): 1620f. — The action of bromine on 2- and 6-chloro- and 2- and 6-iodo-3-bromophenols[26]): **1934,** 137f. — The nitration of some α-naphthalides[34]): 180f. — The reactivity of resorcinol monoalkyl ethers towards diazonium compounds[13])[5]): 629–31. — The dinitration of p-dimethylaminoacetanilide[6]): 873f. — Thio-o-toluidine. Its preparation by synthesis and by the action of sulfur on o-toluidine in the presence of litharge[16]): 1140f. — Studies in the biphenyl series, 3: Cain's supposed 4″,4‴-disubstituted tetranitrobenzerythrenes[20]): 1431–33; ~ 4: The preparation and properties of substituted diaminobiphenyls[20]): **1937,** 37f.; ~ 5: Preparation of asymmetrical biaryl derivatives[23]): **1940,** 208–11. — The direct nitration of 5-chloro-3-hydroxy- and of 5-chloro-3-nitroanisole[2]): **1934,** 1433–35. — The 3-halogeno-1-nitro-, -1-amino-, and -1-hydroxy-naphthalenes[14]): 1705–07. — The tetrazotization of aryldiamines with special reference to o-phenylenediamine[34]): **1935,** 530. — The mononitration of α-naphthol and of α-naphthyl methyl ether, and the monoreduction of 2,4-dinitro-α-naphthol[30]): 671–74. — Bromination of resorcinol monobenzoate and nitration of 4,6-dibromoresorcinol 3-benzoate. An example of group migration[13]): 946–48. — Metallic derivatives of 2-nitroso-5-methoxy- and of 3-chloro-2-nitroso-5-methoxyphenol[2]): 1617–19. — Salt formation of homonuclear naphthalene derivatives[14]): 1850–54. — Estimation and purification of β-naphthylamine in the presence of α-naphthylamine, and properties of some sulfonyl derivatives[30]): 1854–56. — The preparation of certain 2,3-naphthalene derivatives[14]): **1936**, 1151–54. — Some reactions of 8-nitro-1-naphthylamine and its derivatives[6]): 1338–41. — Preparation of 2,6-dinitro-p-phenylenediamine, 2,6-dinitrotetramethyl-p-phenylenediamine, and 4-chloro-2,3-dinitroanisole[6]): 1570. — An improved method for the preparation of the 3-halogeno-4-nitrophenols[6]): 1677f. — The elimination of halogen during the nitration of halogenonaphthylamines[14]): 1762–64. — The nitration of phthalonaphthylimides and the facile preparation of 8-nitro-1-naphthylamine [6]): 1844–48. — The iodination of 3-hydroxy- and of nitrated 3-hydroxybenzaldehydes, and the nitration of certain iodo-3-hydroxybenzaldehydes[30]): **1937**, 76–78. — The application of Ullmann's reaction to the preparation of binaphthyls[14]): 123–25. — The tautomerism of benzoquinoneoxime–p-nitrosophenol systems: 520–27; ∼ 2: 3-Fluoro-4-nitrosophenol: **1943**, 89f. — Synthesis of 8,8′-dinitro-1,1′-binaphthyl and related compounds[6]): **1937**, 571–73. — The reactions of sodium mono- and disulfides with 1-chloro-2-nitro-, 2-chloro-1-nitro-, and 1-chloro-4-nitronaphthalene[21]): 1352f. — The reaction between aniline and iodine[23]): 1365f. — Compounds of p-nitrodiphenyl sulfide and of p-nitrodiphenyl ether with sulfuric acid. An example of thioquinonoid formation[31]): 1634–37. — Anomalous reactions of the sodium salt of 4-nitronaphthalene-1-thiol with 2-chloro-1-nitronaphthalene and with 2-chloro-1-nitrobenzene [21]): **1938**, 1031–34. — The catalytic phenylation of α-naphthylamine[23]): 1181f. — Nitronaphthyl and aminonaphthyl alkyl sulfides[21]): **1939**, 126–28. — The dissociation constants of m-halogenated phenols and of some of their mononitro derivatives[31]): 263f. — A case of simple substitution in the 3-position of a 1,2-disubstituted naphthalene[14]): 345f. — Mononitration of α- and β-naphthylamines in the presence of urea[8]): 348f. — Preparation of 2- and 3-hydroxyfuran[9]): 806–09. — Nitrosation and nitration of 2- and 3-hydroxyfuran[9]): 1013f. — Normal and abnormal reactions of the sodium derivatives of aromatic thiols with halogenonitronaphthalenes and -benzenes [21]): 1094–96. — Absorption spectra of some substituted nitrosobenzenes. Evidence for the mesomeric effect: 1807. — Improved methods for the nitrosation of m-halophenols and their conversion into benzoquinone monoximes[25]): 1808. — Action of nitrosulfuric acid on m-fluorophenol. New red o-quinonimine[25]): **1940**, 205–07. — Replacement of the diazo group by hydrogen[23]): 207f. — Decomposition of p-hydroxybenzenediazonium salts by alcohols[15]): 1150–53. — Coupling of m-fluorophenol with some diazotized amines and the preparation of 2-fluorobenzoquinone[25]): **1941**, 645f. — Cleavage of arylazo-2-naphthylamines by alcoholic hydrochloric acid[15]): 755–57. — Interpretation of the Sandmeyer reaction, 1 [4])[34]): 770–76; ∼ 2: Some corrections[4])[34]): **1942**, 376f.; ∼ 3: Further evidence in favour of a mechanism involving anionoid halogen [4])[34]): 720–23; ∼ 4: Catalyzed decomposition of diazonium kations by anionoid complexes with special reference to those of cobalt and ferric iron[4])[34]): **1944**, 18f.; ∼ 5: Comparative behaviour of CuCl, $CuCl_2$ and $FeCl_3$ as catalysts[29]): 393–95; ∼ 6: The influence of the chloride ion on the decompositions of neutral p-nitrobenzenediazonium chloride and of p-nitrobenzenediazonium cobaltinitrite[29]): **1945**, 545f.; ∼ 7: Formation of complex salts between aryl diazonium chlorides and ferric chloride of general formula, $RN_2^+\}FeCl_4^-$, and the decomposition of p-nitrobenzenediazonium chloride by ferrous salts[29]): 819–21; ∼ 8: Decomposition of diazonium salts by cupric chloride in neutral and acid solution: **1946**, 745f.; ∼ 9: Behaviour of diazotized 2,4,6-trichloro- and 2,4,6-tribromo-aniline towards the Sandmeyer reagent[22]): **1947**, 173f. — Aromatic substitution, 4: Action of fuming nitric acid on 3-fluoroanisole and 3-fluoro-2-, -4- and -6-nitroanisoles[26]): **1941**, 793. — Decomposition of arylazo-2-naphthylamines by sodium nitrite and glacial acetic acid[15]): **1942**, 30–33. — The exchange reactions of 4-nitro-1-naphthyl methyl ether and 4-nitro-1-naphthyl ethyl ether with sodium ethoxide and methoxide respectively, and the reduction of certain 1-nitronaphthalene derivatives[17]): 45–47. — Preparation of 2-iodobenzoquinone[25]): 375f. — Coupling of m-halophenols with diazotized aniline and the existence of chromoisomerism among the 3-halo-4-benzeneazophenols[32]): 433–35. — Some reactions of the diazonium salts of certain arylazo-2-naphthylamines[15]): 435–37. — Decomposition of zinc chloride double salts of diazonium compounds by alcohols and phenol[15]): 581–83. — Preparation of 2,3,5,6-tetrabromobenzoquinone[15]): 583. — Interaction of dimethylaniline and nitric acid[32]): 584f. — Influence of the 5-nitro group on the halogenation and nitration of 5-nitro-1-naphthylamine and of some related naphthalides[33]): 723–25. — Preparation of symmetrical azo compounds, the positional influence of the nitro group on the decomposition of nitronaphthalenediazonium sulfates by cuprous hydroxide, and an improved method for the production of 2-nitronaphthalene[21])[32]): 744–46. — Influence of p-substituents on the decomposition of zinc chloride double salts of diazonium chlorides by acetic anhydride[15]): 747f. — Action of cuprous oxide on diazotized amines [,1: Reactions] in ethyl alcoholic acid solution[33]): 748f.; ∼ 2: Reactions in solutions of various alcohols and organic solvents; preparation of 1,6-dinitronaphthalene[33]): **1943**, 86–89; ~ 3: Action in H_2SO_4 – glacial AcOH [4])[23]): **1944**, 112f. — Catalytic reduction by formic acid under pressure, 1: The preparation of aldehydes from carboxylic acids with titanium dioxide as catalyst[9]): **1943**, 84–86; ~ 2: Comparison of Cu and Ni as catalysts[9]): 281f. — Catalytic dehydrogenation of alcohols to aldehydes in the presence of air[9]): 282–84. — N-Nitroso-aceto-1-naphthalide[23]): 285. — [Preferential reduction of nitro groups in polynitro compounds, 1:] Monoreduction of dinitronaphthalenes in acid solution and of 1,5- and 1,6-dinitronaphthalene by aqueous sodium sulfide [33]): 318f.; ~ 2: Preparation of 3,6-dinitro-1,8-naphthylenediamine from 1,3,6,8-tetranitronaphthalene[35])[36]): **1945**, 454f.; ~ 3: Picric acid and 3,5-dinitro-o-cresol; an almost quantitative preparation of picramic acid[35]): 663–65; ~ 4: Preparation of 4,5-dinitro-2-naphthylamine from 1,3,8-trinitronaphthalene, and a comparison of sodium sulfide reductions of available dinitronaphthalenes[35]): 794–96. — Preparation of diazonaphthols and nitration of 4-bromoaceto-1-naphthalide [4]): **1943**, 321f. — Decomposition of diazo compounds in neutral solution [,1]: Some observations on the diazo-coupling reaction[23]): 379f.; ~ 2: p-Nitrobenzene diazonium sulfate [27]): **1949**, 87–90. — Absorption spectra of some m-substituted phenols and the influence of nucleophilic substituents on electronic mobility: **1943**, 380–82. — Influence of the 6-nitro group on the halogenation, nitration, mercuration and diazo coupling of 6-nitro-1-naphthylamine and of some related compounds[33]): 391–94. — Preparation of 1,3-dinitronaphthalene [4]): 433. — Preparation of 4-halogeno-2-naphthols and 4-nitro-2-naphthol, with a note on the resonance structure of the internal diazo-oxides (diazo-naphthols)[4]): 468f. — Evidence for the sulfite and sulfonate structures of Hantzsch's potassium benzene-syn- and -anti-diazosulfonates[23]): 470–72. — Preparation of 2,3-dinitronaphthalene and of 3-nitro-2-naphthylamine[33]): 635f. — Preparation of p-amino-benzaldehyde and the mechanism of the reactions of sodium polysulfides with p-nitrotoluene[3])[9]): **1944**, 4f. — Preparation of 6-nitro-1-naphthol, improved methods for the decomposition of diazonaphthols and new reactions of nitronaphthols[33]): 8–10. — Decomposition of diazotized 1,6-dinitro-2-naphthylamine by precipitated copper in organic solvents[33]): 10f. — Decomposition of the diazonium salts of 4-nitro-1-naphthylamine by sodium sulfite and sodium acetate [,1]: Preparation of 4,4′-dinitro-1,1′-azonaphthalene[25])[32]): 15–17; Decompositions of diazonium salts by sodium sulfite and sodium acetate, 2: 3-Nitro-1-naphthylamine[18]): **1945**, 451f. — Reactions of 3-nitro-1-naphthylamine [,1]: Anil formation, bromination and the preparation of 1,2,3,4-tetrabromonaphthalene [18]): **1944**, 21f.; ~ 2: Chlorination, mercuration, coupling with diazo compounds, and the preparation of some arsenicals[18]): **1945**, 123–26. — Replacement of the diazonium by the nitro group [,1]: A general method based on the decomposition of the aryldiazonium cobaltinitrites[23]): **1944**, 22–24; ~ 2: Extension of the method to nitronaphthylamines, benzidine, and 3,3′-dichlorobenzidine [35]): **1947**, 127–29; ~ 3: Decompositions by cupro-cupri sulfite[22])[35]): 1392–94; ~ 4: Decompositions involving neutral solutions of diazonium salts, with facile preparations of o- and p-dinitrobenzene[19])[35]): **1948**, 1512–14; ~ 5: New preparations of 2,3- and 2,5-dinitrotoluene from monoamines and the simultaneous introduction of two nitro groups into some homonuclear diamines[19]): **1949**, 1624–26. — Monoreduction of 1,3-dinitronaphthalene and the separation of 3-nitro-1-naphthylamine and 4-nitro-2-naphthylamine [4]): **1944**, 75–77. — [Reactions of 4-nitro-2-naphthylamine, 1:] Separation of 3-nitro-1-naphthylamine and 4-nitro-2-naphthylamine by maleic anhydride, and the monobromination of 4-nitro-2-naphthylamine[18]): 385–87; ~ 2: Mono- and dinitration of 4-nitro-p-toluenesulfono-2-naphthalide and preparation of 4,6-dinitro-1-naphthol[18]): **1945**, 453f. — Evidence for the isonitrile and nitrile structures of Hantzsch's aryl syn- and anti-diazocyanides[23]): **1944**, 395–98. — Preparation and diazotization of p-aminomonomethylaniline[23]): 398–400. — The preparation of m-nitrobenzene sulfonyl chloride[36]): 482. — Preparation of some halonaphthylamines, dihalonaphthalenes, 2-bromo-1-naphthol and related derivatives[18]): 538f. — Diazotization of 1-amino-2-hydroxy-4-cyanonaphthalene and the preparation of 4-cyano-2-naphthol[4]): 539f. — Preparation of 1,2,3-trinitronaphthalene[18]): 561. — Preparation of 1,5- and 1,8-naphthylenediamine and related compounds [36]): **1945**, 202–04. — Evidence for the structural isomerism of Hantzsch's aryl syn- and anti-diazotates[23]): 207–11. — Reactions of Grignard reagents with some zinc chloride double salts of diazonium compounds[23]): 274–76. — Preparation and chromoisomerism of 4,5-dinitro-1-naphthylamine, and some perimidines and perinones from 4-chloro- and 4-bromo-1,8-naphthylenediamine[18]): 543–45. — Preparation of 7-nitro-2-naphthylamine and of 3,6-dinitronaphthalic anhydride[35]): 590f. — Preparation of 2,3-naphthalene derivatives[18]): 841f. — Further nitration of 1,3-, 1,6-, 2,6- and 2,7-dinitronaphthalenes and the preparation of 1,3,6-trinitronaphthalene[35]): **1946**, 533f. — Reduction of 1,1′-azonaphthalene and some 4,4′-derivatives[17]): **1947**, 77f. — Tetrazotization of 1,5- and 1,8-naphthylenediamine and the tetranitration of 1,5- and 1,8-di-p-toluenesulfonamidonaphthalene[36]): 80f. — General method for the preparation of solid aryldiazonium sulfates[22]): 325–27. — Some reactions and derivatives of 6- and 7-nitro-2-naphthylamines, 1: Bromination, halogeno derivatives, and [conversion into] the new 7-nitro-2-naphthol[35]): 327–31; ~ 2: Nitration and diazo coupling[35]): 1060–62. — Preparation and some reactions of 4-nitrosothioanisole[29])[30]): 851f. — Improved preparation of 1,8-dinitronaphthalene[35]): 1109. — Naphthidine transformation involving 2-positions only[17])[24]): 1390–92. — Some 1,1′- and 2,2′-binaphthyl derivatives and a new synthesis of 3,3′-dinitro-1,1′-binaphthyl[17]): 1573f. — Rapid preparation of a solution of sodium hydrogen sulfide[35]): **1948,** 242. — Decomposition reactions of the aromatic diazo compounds in aqueous solution explained on simple electronic theory and without recourse to the current free-radical hypothesis: 348–54. — Decomposition reactions of sodium aryldiazoates, 1: Replacement of the diazo by the nitro group in alkaline solution with sodium nitrite[35]): 556–59. — Some derivatives of benz-1-thia-2,3-diazole; nature of the thiadiazole ring; note on the thiolation of 2-chloro-5-nitroaniline[12]): 870–74. — Elimination of sulfur in certain reductions of the 2,2′,4,4′-tetranitrodiphenyl mono- and disulfides; alternative route to the preparation of 5-substituted benz-1-thia-2,3-diazoles[12]): 1002–04. — Improved preparations of 3,3′-dinitro- and 3,3′-diaminodiphenylamine, together with some derivatives [12]): 1004–06. — Nitration of benzo-1-thia-2,3-diazole and the synthesis of 7-nitro-, 5-methyl- and 7-nitro-5-methyl-benz-1-thia-2,3-diazole, with improved preparation of 1-chloro-2,6-dinitrobenzene and 2-chloro-3-nitroaniline[12]): 1006–09. — Structure of Hantzsch's isomeric diazocyanides. Reaffirmation of the structural as opposed to the geometrical viewpoint; a critical review of the properties of the alleged cis-azobenzene: 1097–104. — Preparation of 2,2′-dichloro-4,4′-dinitrodiphenyl sulfide and 2′-chloro-4,4′-dinitro-2-aminodiphenyl sulfide, with some derivatives and attempts at cyclization to thiazines[12])[30]): 1104–06. — Isolation of the hitherto unknown anti-diazosulfonate in the naphthalene series, with improved preparations of 2- and 4-nitro- and 4-chloro-1-naphthylamine[1]): 1183–87. — Preparation of 4,4′-diamino- and 4,4′-dihydroxy-2,2′-binaphthyl[11]): 1714f. — Preparation of N-(2,4-dinitrophenyl)- and of N-(2,6-dinitrophenyl)-phthalimide[12]): 1995. — Reactions of polynitro aromatic compounds with alkaline sulfides, 1: Aryl monosulfide formation by interaction of sodium thioaryloxides with polynitro aromatic compounds containing labile nitro groups[35]): 2017–23; ~ 2: Three dinitrobenzenes[35]): **1949,** 1316f.; ~ 3: Dinitronaphthalenes[35]): 1187–90. — Replacement of the diazonium by the azido group in acid solution[27]): 762f. — Separation of 6- and 8-nitro-2-naphthylamine[28]): 1040. — Replacement of the diazonium by the cyano group in neutral solution[19]): 1131–33. — Convenient preparation of 8-nitro-1-naphthylamine[28]): 1314f. — Some diazoamino- and aminoazonaphthalenes[17]): 3436f. — Monochlorination of 3-fluoro-6-nitrophenol in the 4-position[26]): 3437. — Preparation of halo compounds by a new modification of the Sandmeyer reaction [27]): **1949,** Suppl. Nr. 1, S181f. — Influence of water on the coupling power of diazotized amines and on diazo-group elimination in aqueous ethanol - sulfuric acid media[28]): S233f. — Action of copper on some aryldiazonium sulfates and the isolation of copper salts[17]): **1950,** 405f. — Some 1,7- and 1,2,7-derivatives of naphthalene[10]): 818–20. — Some derivatives of 5-nitro-2-naphthylamine with a note on its preparation[10]): 820–22. — Bromination of 6-nitro-1-naphthylamine[10]): 822f.

J. Soc. chem. Industry, Trans. A new method for the identification of naphthol yellow S and a suggested mechanism of its fading[30]): **56** ('37) 108. — The catalytic phenylation of α-naphthylamine and of α-naphthylamine-8- and -5-sulfonic acids[23]): **58** ('39) 154–59. — The mechanism of catalytic phenylation and its inhibition by iron[23]): 290–92. — Probable solvation of aniline hydrochloride, aniline hydriodide and α-naphthylamine hydriodide in aniline solution; simple mathematical treatment[23]): **59** ('40) 23f. — Preparation of aldehydes by disruptive oxidation of the ethylene linking[9]): **62** ('43) 90–92. — Conversion of an alcohol into the corresponding aldehyde by a less volatile aldehyde with the aluminium alkoxide as catalyst. Influence of an ethylene linking in the reactant aldehyde[9]): 109f. — Direct reduction of certain carboxylic acids to aldehydes, and preparation of undecaldehyde by a modified Blaise reaction[9]): 128.

J. Soc. Dyers and Colourists Colour and constitution from viewpoint of recent electronic theory, 6: **49** ('33) 213–16. — Chemistry of naphthalene derivatives: **52** ('36) 369–73. — Constitution and affinity for cotton of disazo dyes from substituted diaminobiphenyls[20]): **53** ('37) 175–77. — The electronic effect of the second nucleus on the behaviour of homonuclear naphthalene derivatives[14]): **54** ('38) 264–68. — Positional influence of chlorine and of the nitro group on the colours of certain azo dyes[21]): **57** ('41) 82–86. — Mechanism of the diazo coupling reaction [,1]: **58** ('42) 228–31; ~ 2: Further evidence in favour of the polarization theory[23]): **60** ('44) 16–19; ~ 3: Unusual coupling phenomena and their interpretation[23]): 120–24; ~ 4: The decomposition of diazotized aniline at different pH values[23]): **61** ('45) 20f. — Mechanism of formation of leucotriphenylmethane dyes, and an analogy in the Perkin reaction[9]): **59** ('43) 196–98. — Colour and constitution, 7 [6 ?]: Some observations on the structures of the mono- and dinitronaphthylamines based on their visual colours; the probable constitution of β-naphthaquinone[33]): 218–20; ~ 8 [7 ?]: Coupling of the four m-halogenophenols and the chromoisomerism of the 3-halogeno-4-benzeneazophenols, explained on resonance theory: **60** ('44) 43–45; ~ 8: Some colour problems from the viewpoint of resonance theory: **62** ('46) 237–40; ~ 9: Ufimtzev's coloured compounds; the steric hindrance of resonance and the development of hypsochromic character and non-substantivity; the anomaly of cis-azobenzene; and the substantivity of dyes from the 4,4′-diamino-o-, -m- and -p-terphenyls; with notes on the substantivity of naphthol AS-G, and on the structures of the diazophenols and diazonaphthols: **64** ('48) 184–86; ~ 10: Diazonium salts: 361–64; ~ 11: Aminocoumarins: **65** ('49) 14–17. — Selective monoreduction of aromatic dinitro compounds by alkaline sulfides and by acid stannous chloride: **59** ('43) 246f. — Constitution of the internal diazo-oxides (diazophenols and diazonaphthols)[23]): 271–75. — A theoretical discussion based on resonance theory of the function of the halogen in the 2-halogenobenzoquinones, the 3-halogenobenzoquinone-4-oximes, the melting-point rule for nitrosoquinonoid isomerides, and the nitration of 3-fluoro-anisole and of 3-fluoro-2,4,6-trichloroanisole: **60** ('44) 65–67. — Theoretical study of the interaction of dimethylaniline and nitric acid: 151–53. — An electronic interpretation of substantivity based on dye structure, 1: Azo dyes and their intermediates [23]): 210–14. — Reduction by aqueous sodium sulfide and the application of resonance theory to the selective monoreduction of the α,β-dinitronaphthalenes[4]): **61** ('45) 171f. — A theoretical discussion of further substitution in homonuclear mononitronaphthylamines[18]): 283–85. — Apparent anomalous monoreduction of 2,4-dinitrotoluene explained on the theory of hyperconjugation (the Baker-Nathan effect): **62** ('46) 114f. — Mechanism of the Gomberg reaction [,1]: 199–202; ~ 2: An alternative to the free-radical interpretation: **64** ('48) 99–104; ~ 3: Fallacies of the free-radical theory; a reply to D. H. Hey and W. A. Waters: **65** ('49) 347–52. — A theoretical discussion of further substitution in disubstituted naphthalenes, 2: Heteronuclear mononitronaphthylamines[18]): **62** ('46) 241–; ~ 3: Further nitration of dinitronaphthalenes [35]): **63** ('47) 141–44; ~ 4: Comparison of the sulfonation and nitration of polynitronaphthalenes, naphthalene-polysulfonic acids and nitronaphthalenesulfonic acids[35]): 177f. — Theoretical discussion of positional sulfonation of naphthalene and some of its derivatives, 1: Naphthalene and its sulfonic acids[18]): 46–48; ~ 2: 1- and 2-Naphthols, 1- and 2-naphthylamines, and their common monosulfonic acids [18]): 109–12. — A critical review of the various methods extant for the preparation of the mononitronaphthylamines[18]): 231–33. — A review of the chemistry of the arylthiadiazoles or internal diazosulfides[12]): **64** ('48) 65–71. — Mechanism of diazotization and of nitrosation [27]): **65** ('49) 226–31. — Significance of the absence of geometrical isomerism among the diazoarylsulfonates, -sulfinates, and -sulfones in the structural interpretation of Hantzsch's alleged syn- and anti-diazosulfonates[1]): 231–33. — A review of the various methods extant for the preparation of aromatic nitro compounds, excluding those of direct nitration [19])[35]): **66** ('50) 229–31. — Influence of substituents on (1) the decomposition of diazo compounds in acid and alkaline solution, and (2) the alkaline reduction of aromatic nitro compounds[27])[35]): 471–74.

Organic Syntheses 1,4-Dinitronaphthalene [35])[22]): **28** ('48) 52–54.

Recueil Trav. chim. Pays-Bas Studies in diazo-chemistry. A reply to H. A. J. Schoutissen: **58** ('39) 306f., 928–30. — Dissociation and tautomerism of some quinone monoximes: **70** ('51) 57f.

Trans. Faraday Soc. Absorption spectra of mononitronaphthylamines, with observations on their structures [,1][18]): **41** ('45) 115–21; ~ 2[18]): **43** ('47) 643–48.

Mit: [1]) D. Bailey; [2]) W. E. Batty; [3]) H. G. Beard; [4]) S. Birtwell; [5]) H. Clay; [6]) J. H. Crook; [7]) E.A. C. Crouch; [8]) W. Davey; [9]) R. R. Davies; [10]) R. E. Dean; [11]) S. Dixon; [12]) D. P. Dodgson; [13]) R. J. H. Dyson; [14]) R. L. Elliott; [15]) C. K. Foster; [16]) H. V. France; [17]) J. Habeshaw; [18]) D. E. Hathway; [19]) F. Heyworth; [20]) P. F. Holt; [21]) E. Leigh; [22]) A. P. Mahadevan; [23]) E. Marsden; [24]) P. B. R. Murti; [25]) D. E. Nicholson; [26]) J. Nixon; [27]) W. H. H. Norris; [28]) J. Ratcliffe; [29]) D. D. R. Sibbald; [30]) E. W. Smith; [31]) R. Smith; [32]) G. Turner; [33]) H. S. Turner; [34]) J. Walker; [35]) E. R. Ward; [36]) J. S. Whitehurst.

IV, VI **HÖGBOM,** Arvid Gustaf. Geol., Mineral., Chem., Archäol. — 1897–1922 Prof. Geol. u. Mineral., '22 Prof. Emer., Univ. Uppsala. — Björkenska Pris u. Letterstedtska Pris (Kungl. Vetenskapsakad., Uppsala); '19 Göteborgs Vetenskaps- och Vitterhets-Samhälles Pris.

*1857, Jan. 11, Vännäs, Västerbottens Län;

†1940, Jan. 19, Uppsala.

Zur Biogr. N. von Hofsten in: Hågkomster och livsintryck **19**: Bland professorer och studenter. Uppsalaminnen berättade av gamla studenter och andra (S. Thulin) (Uppsala '38) 172.

Nekr. E. Antevs, Proc. geol. Soc. America **1940** ('41) 201–08 (m. Bildn., Faks., Schr.-verz.). — H. G. Backlund, Mitt. alpenländ. geol. Ver. **33** ('40) 169–72. — P. Geijer, Kungl. svenska Vetenskapsakad. Årsb. **1954**, 271–92 (m. Bildn., Faks.). — A. Hadding, Kungl. fysiogr. Sällsk. Lund Förh. **10** ('40) 43*–45* (m. Bildn., Faks.). — L. Hawkes, Nature [London] **145** ('40) 769. — A. Himmelbauer, Almanach Akad. Wiss. Wien **90** ('41) 208f. — N. Hörner, Quarterly J. geol. Soc. London **1940**, LXII–LXIV. — L. A. Jägerskiöld, Bihang Göteborgs kungl. Vet.- och Vitterhets-Samhälles Handl. **60**.1941 ('42) 55–60. — E. Ljungner, Geologische Rdsch. **31** ('40) 91–93 (m. Bildn.). — W. Credner, ibid. 94–96. — H. Nelson, Svensk geogr. Årsb. **14** ('40) 152–61. — L. v. Post, Ymer **60** ('40) 41–45. — L. Ramberg, Kungl. Vet.-Soc. Årsb., Uppsala **1940**, 17–19 (m. Bildn.). — C. Wiman, Bull. geol. Instn. Univ. Upsala **30** ('39/43) 1–55 (m. Bildn., Faks., Schr.verz. 204 Nrn.).

Zur Biobibliogr. Uppsala Univ. Matrikel **1936** ('37) 166–70 (m. Schr.verz.); **1937–1950** ('53) 268.

S. Ångermanland-Medelpad. Årsbok för Västernorrlands läns hembygdsförbund (Härnösand '34) 121–42: Ur Ångermanlands senaste geologiska historia.

W. Naturbetraktelser i historiska perspektiv (Uppsala '32) 286 S. — Om skogseldar förr och nu och dess roll i skogarnas utvecklingshistoria (Uppsala–Stockholm '34) 101 S. (Norrländskt handbibliotek, 13).

Bull. geol. Instn. Univ. Upsala Die Atlantisliteratur unserer Zeit. Betrachtungen eines Geologen: **28** ('41) 17–78.

Jorden runt Utsikten från Slottsbacken i Uppsala genom tiderna: **7** ('35) 256–72.

Lychnos "Den petridelauniska floden". Omkring ett hundraårsminne: **1** ('36) 1–75.

Ymer Ortnamn och nivåförändringar i Norrlands kustregion: **57** ('37) 103–68.

VI **HOGG,** Frank Scott. Astron., Astrophysik. — 1929 Ph.D., Harvard Univ., Cambridge, Mass.; '30–31 Research Assoc., Amherst College, Amherst, Mass.; '31–34 Astronomer, Dominion Astrophysical Observat., Victoria, B. C.; '34–36 Lecturer, '36–42 Assist. Prof., '42–46 Assoc. Prof., '46–51 Prof., Dir. of David Dunlap Observat., Univ. of Toronto; '41–42 Pres., Roy. Astron. Soc. Canada. — '26 Gold Medal (Roy. Astron. Soc. Canada).
*1904, Juli 26, Preston (County of Waterloo), Ontario;
†1951, Jan. 1, Richmond Hill, Ontario.

Ehrung Frank S. Hogg Memorial Scholarship Fund.

Nekr. C. A. Chant, J. roy. astron. Soc. Canada **45** ('51) 1–3 (m. Bildn.); Nature [London] **167** ('51) 384. — J. F. Heard, Popular Astron. **59** ('51) 173–76 (m. Bildn.); Sky and Telescope **10** ('51) 86, 110. — Observatory **71** ('51) 48. — Publ. astron. Soc. Pacific **63** ('51) 100.

MHZ. J. roy. astron. Soc. Canada **31** ('37) – **44** ('50). — Observer's Handbook **1938** ('37) – **1951** ('50).

Astronomical J. The distribution of light in six globular clusters: **42** ('32) 77–87. — White dwarfs and short-period light variations[1]): **54** ('48/49) 189f. — A search for meteoritic matter in atmospheric dust[3]): 192f.

J. roy. astron. Soc. Canada The opening of the David Dunlap Observatory[5]): **29** ('35) 265–98. — The application of the spectroscope to astronomy: **30** ('36) 35–47. — A new comet - Whipple (1937b): **31** ('37) 142. — Faint proper motion star: 187. — Ursigrams from Wixal: 187f. — Wilk comet (1937c): 188. — Changes in the lunar craters Messier and Pickering: 320. — Comets Finsler and Hubble: 320f. — Recent supernovae in extra-galactic nebulae: 351f. — Tree planting at the David Dunlap Observatory: **32** ('38) 267; **33** ('39) 227. — Error in 1938 Handbook: **32** ('38) 362. — A new publication: 362f. — Astronomical instrument manufacturers: 363, 399. — Two new satellites of Jupiter: 364. — The sixth meeting of the International Astronomical Union: 376–80. — Jupiter's new satellites: 396. — Contact glasses and Sir John Herschel: 396. — Orbits of Jupiter's satellites X and XI: 435. — Observing of amateurs: **33** ('39) 44f. — A new comet - Cosik-Peltier: 74, 117f. — The 82-inch mirror of the McDonald Observatory: 116f. — The Society for Research on Meteorites: 117. — Harvard summer conference on astronomy: 168f.; **34** ('40) 131f. — Preservation of Herschel's Observatory House: **33** ('39) 169. — The Buhl Planetarium at Pittsburgh: 169f. — Comet Väisälä (1939b): 170f., 229f. — Not in Florida: 171. — A new Italian research observatory: 226. — Two new series of publications: 226f. — Comet 1939d (Hassel): 227–29. — David Todd: 262. — John Simon Guggenheim fellowships for Canada: 262f. — Centenary of Pulkova Observatory: 263. — Two new comets [1939h, i]: 263. — The Dresden [Ontario] meteorite: 264. — The Colgrove planet placer: 312. — Rigollet's comet: 336f. — Tuttle's periodic comet: 337. — Moving an observatory: 337f. — Harvard Observatory, 1839–1939: 338f. — Rediscovery of comet Faye: 394. — Comet Friend, 1939: 395. — An appeal for fundamental research: 395. — Rubber in the 200-inch telescope: 395. — The Practical Democracy: **34** ('40) 34. — An honour for a Canadian meteorologist: 34f. — New appointment for Mr. Andrew Thomson: 130. — British expeditions for the solar eclipse of October 1, 1940: 130. — The new observatory for University of Western Ontario: 131. — The Toronto meeting of the American Association of Variable Star Observers: 132, 160f. — For members visiting Toronto: 159. — A wartime "solar eclipse": 159. — The jubilee of the British Astronomical Association: 159f. — Death of Dr. W. E. Harper: 207. — The mirror for the Radcliffe telescope: 207. — Cancellation of anniversary meeting of the Royal Astronomical Society of Canada: 268. — A new astronomical observatory in New Zealand: 268. — Conference on science, philosophy and religion: 269. — British astronomy and the war: **35** ('41) 42. — Nominations for the Chant Medal[2]): 359f. — The British Nautical Almanac: **36** ('42) 36. — Navigation by the stars: 81–96. — A new centre of the Society in Quebec: 218. — The Ottawa Junior Astronomical Club: 218f. — Undergraduate mathematics at the University of Toronto: 220. — Observations of the lunar eclipse on March 2, 1942: [?]. — An eighteen inch reflector available: 337. — Victoria summer course in astronomy: 337. — Recent progress in astronomy: **37** ('43) 81–96. — Tercentenary of the invention of the barometer: 124–. — Simon Newcomb on Nicholas Copernicus: 167. — Memorial to Dr. J. S. Plaskett: 167f. — Binding of volumes of the Journal for members: 168f., 297. — Death of Mrs. C. A. Chant: 346f. — The Carnegie telescope at Lick: **38** ('44) 31. — Dim-out at Los Angeles: 31. — The atmosphere of Titan: 81f. — The faintest star: 83. — The D.D.O. machinist in the navy: 84. — Laboratories and barbed wire: 135f. — Present state of sunspot activity: 173. — The origin of the Carolina Bays: 173. — Post-war astronomical plans in the U.S.S.R.: 174. — Book publishing and the war: 211. — American Astronomical Society meeting: 211. — Photograph of an Australian daylight meteor: 256f. — The Astronomical Journal: 307. — Le Cercle Astronomique de Montmagny: 308. — Dr. Shapley at the Royal Canadian Institute: **39** ('45) 116. — Snowbound: 116. — Staff changes at American planetaria: 116. — Solar observations by amateurs: 158. — Award of the Franklin Medal to Dr. Shapley: 158f. — Request for February Journals: 196. — Accommodation in Saskatchewan for eclipse observers: 196. — Aluminizing mirrors for amateurs: 231. — Prisoner of war liberated: 322. — Minima of Algol, predicted and observed: 409f. — News from Holland: 410f. — The A. Cressy Morrison Astronomical Prize: **40** ('46) 43f. — Comet Timmers: 73f. — Astronomical books at the Windsor Centre: 74. — Nova T Coronae Borealis: 74f. — Astromonical Society's new headquarters: 132. — Optical supplies for Canadian observers: 165. — A new feature in the Journal: 165. — Solar eclipse expeditions to Brazil: **41** ('47) 37. — Astronomically named chemical elements: 364f. — Periodic comets, 1948: **42** ('48) 47. — Wirtanen's asteroid: 98. — The bright southern comet, 1948 l: 285f. — English abstracts of Russian astronomical articles: 287. — New summaries of Canadian weather and climate: 288. — A new telescope for a new project: **44** ('50) 37f. — Mr. Charles E. Apgar †: 247.

Monthly Notices roy. astron. Soc. J. St. Plaskett, 1865, Nov. 17 – 1941, Oct. 17: **102** ('42) 70–73.

Publ., Amer. astron. Soc. Intensity distribution in globular clusters: **7** ('32) 91–.

Publ. astron. Soc. Pacific A test of the constancy of light of the bright stars in Messier 4 [4]): **44** ('32) 258f.

Revista astron. Supernovae recientes en nebulosas extragalácticas: **9** ('37) 391–93.

Mit: [1]) W. R. Hossack; [2]) E. J. A. Kennedy; [3]) D. K. Norris; [4]) H. B. Sawyer; [5]) Helen S. Hogg.

VI **HOGNER,** Einar Gustav Evald. Hydrodyn. — 1925–37 Doz. Mech. u. math. Physik, Univ. Uppsala; '32–37 Lehrer Math., Artilleri- och Ingenjörhögskolan, Stockholm; '37–43 Prof. Mech. u. Math., Chalmers Tekniska Högskola, Göteborg; '43–57 Prof. techn. Hydrodyn., Kungl. Tekniska Högskolan, Stockholm. — '26 Edlund Belöning (Svenska Vetenskapsakad.).

*1892, Aug. 24, Stockholm;
†1957, Aug. 1, Stockholm.

Nekr. G. Weinblum, Schiffstechnik **5** ('58) Nr. 25, S. 1 (m. Bildn.).

S. Hydromechanische Probleme des Schiffsantriebs. Veröffentlichung der Vorträge und Erörterungen der Konferenz in Hamburg 1932 (G. Kempf, E. Foerster) (Hamburg '32) 99–114: Schiffsform und Wellenwiderstand; 384–91: Einige Versuche, achsensymmetrische Zuströmung zur Schiffsschraube zu erzielen. — Proc. 8th International congress of theoretical and applied mechanics, Istanbul 1952 (Istanbul '55 [oder: New York '56 ?]) 288f.: Edge effects in boundary layers.

Årsföreningarna Gränsvetenskapen: **20** ('42) 75f.

Jahrb. schiffbautechn. Ges. Eine Interpolationsformel für den Wellenwiderstand von Schiffen: **33** ('32) 452–56.

Kosmos [Stockholm] Inför C. W. Oseen och hans verk: **24** ('46) 5–16.

Proc. roy. Soc., London, Ser. A Influence lines for the wave resistance of ships, 1: **155** ('36) 292–301.

Skipsmodelltankens Medd. A complementary method for evaluating ship wave resistance: **37** ('55) 7 S. [ ].

Teknisk Tidskr. Några försök att åstadkomma axelsymmetrisk medströmsfördelning kring fartygspropellrar: **62** ('32) 85–88. — Fartygs stabilitet: **83** ('53) 985–89.

Trans. Instn. naval Architects Contribution to the discussion of a paper by W. C. S. Wigley on ship wave resistance: **77** ('35) 241–43.

VI **HOGNESS,** Thorfin Rusten. Chem. (physik., biol.). — 1930–37 Assoc. Prof., '37–63 Prof., '43–46 Dir. of the Chem. Division of the Plutonium Project, '48–51 Dir. of the Inst. of Radiobiol. and Biophysics, '51–63 Dir. of the Chicago-Midway Laboratories, '63 Prof. Emeritus, Univ. of Chicago, Chicago, Ill. — '46 Hon. D.Sc. (Rockford College, Rockford, Ill.). *1894, Dez. 9, Minneapolis, Minn.

S. Proc. 6th Summer conference on spectroscopy and its application, Cambridge, Mass., 1939 (New York '39) 31–37: Spectroscopic studies on enzyme systems. — Symposium on respiratory enzymes, Univ. of Wisconsin 1942 (Madison, Wis. '42) 134–48: Flavoproteins.

W. Qualitative analysis and chemical equilibrium (m. W. C. Johnson) (New York '37) 12 + 417 S.; [2]('40); [3](New York '47, London '49); [4](New York '54) 621 S.; [5]('66) 590 S. — Elementary principles of qualitative analysis (m. W. C. Johnson) (New York '38) 10 + 325 S. — Ionic equilibrium as applied to qualitative analysis (m. W. C. Johnson) (New York '41) 7+306 S.; [2]('47); [3]('54) 381 S. — An introduction to qualitative analysis (m. W. C. Johnson) (New York '57, London '58) 376 S.

Annual Rev. Biochem. Spectrometric studies in relation to biology[16]): **10** ('41) 509–30.

Biological Sympos. Oxidation catalysts: **5** ('41) 119–30.

Chemical Bull. Harold C. Urey, the man: **21** ('34) 87f.

Cold Spring Harbor Sympos. quantitat. Biol. Cytochrome oxidase: **7** ('39) 121–29.

J. amer. chem. Soc. Photochemical polymerization of cyanogen[20]): **54** ('32) 123–29. — The catalytic decomposition of germane[9]): 3583–92. — Preparation of hydrogen compounds of silicon[9]): **56** ('34) 1252. — The thermal decomposition of silane[21])[9]): **58** ('36) 108–12.

J. biol. Chemistry Spectroscopic evidence for different modifications of cholesterol resulting from simple chemical treatment[13])[23])[11])[12]): **109** ('35) LXV f. — Cyanide hemochromogen. The ferriheme hydroxide – cyanide reaction: its mechanism and equilibrium as determined by the spectrophotoelectric method[23])[18])[5]): **118** ('37) 1–14. — The absorption spectra of compounds related to the sterols[18])[23]): **120** ('37) 239–56. — The salt effect on the hemoglobin–oxygen equilibrium[18])[14])[5]): **123** ('38) 335–50. — The spectrophotometric determination of the equilibrium in oxidation–reduction systems; the potential of cytochrome c [19])[18]): **124** ('38) 11–23. — Spectroscopic evidence for the existence of carboxycytochrome c [2]): 25–31. — The role of the cytochromes in the action of "indophenol oxidase"[19])[18]): 733–44. — The cytochrome c – cytochrome oxidase complex [19])[2]): 745–54. — Note on the preparation and properties of hemoglobin[18])[2]): **127** ('39) 123–29. — The promoting effect of aluminum, chromium, and the rare earths in the succinic dehydrogenase – cytochrome system[8])[19]): **128** ('39) 251–56. — The hemoglobin–oxygen equilibrium[2]): **129** ('39) 315–31. — The spectroscopic determination of cytochrome c and its distribution in some mammalian tissues[10]): 569–74; **131** ('39) 187. — The enzymic reduction of cytochrome c; a new enzyme[8])[6]): **130** ('39) 425f. — Soluble cytochrome c oxidase [2])[1]): 427f. — The enzymic reduction of cytochrome c. Cytochrome c reductase[6])[8]): **136** ('40) 747–74; ~ 2: Method of isolation; inhibition and inactivation; reaction with oxygen[6])[7]): **143** ('42) 341–49. — Cytochrome c peroxidase[2])[1]): **136** ('40) 777–94; ~ 2: Peroxidase – hydrogen peroxide complex[1])[2]): **142** ('42) 303–16. — Micro-determination of triphosphopyridine nucleotide[6])[7]): 835–37.

J. chem. Physics The para–ortho hydrogen conversion by the hydrogen iodide reaction and by iodine atoms[17]): **2** ('34) 267–72. — Products and processes of ionization in methyl chloride as determined by a mass spectrometer [3]): **3** ('35) 687–92.

J. physic. Chem. The diffusion of gases through fused quartz[20]): **36** ('32) 2595–600. — The precision and accuracy of a photoelectric method for comparison of the low light intensities involved in measurement of absorption and fluorescence spectra[23])[22]): **38** ('34) 1–11. — Photoelectric spectrophotometry. An apparatus for the ultra-violet and visible spectral regions. Its construction, calibration, and application to chemical problems[23])[18]): **41** ('37) 379–415.

Nucleonics Institutes of the University of Chicago: Institute of Radiobiology and Biophysics: 8 ('51) 64f.

Petroleum Engr. Nuclear fission – a source of competitive energy: 21 A ('49) Nr. 5, 56–70.

Proc. nation. Acad. Sci. USA A search for evidence of the radioactive decomposition of barium[4]): 18 ('32) 528–31.

Science [USA] Enzymic link between dihydro-diphosphopyridine nucleotide and cytochrome c [2])[15]): 94 ('41) 349f. – Cytochrome b_2 [6])[8]): 95 ('42) 406.

World Oil Atomic research may solve important oil problems: 128 ('48) Nr. 8, 42–44, 47.

Mit: 1) R. Abrams; 2) A. M. Altschul; 3) S. H. Bauer; 4) R. R. Comroe; 5) E. S. Guzman Barron; 6) E. Haas; 7) C. J. Harrer; 8) B. L. Horecker; 9) W. C. Johnson; 10) R. Junowicz-Kocholaty; 11) E. M. Koch; 12) F. C. Koch; 13) E. S. Miller; 14) R. H. Munch; 15) H. Persky; 16) V. R. Potter; 17) E. J. Rosenbaum; 18) A. E. Sidwell, jr.; 19) E. Stotz; 20) L. S. Ts'ai; 21) T. L. Wilson; 22) T. F. Young; 23) F. P. Zscheile, jr.

VI **HOLGATE,** Thomas Franklin. Math. – 1893–94 Instructor, 1894–1933 Prof., '33 Prof. Emeritus, College of Liberal Arts, Northwestern Univ., Evanston, Ill. – '37 Hon. LL.D. (Northwestern Univ., Evanston, Ill.).

*1859, Apr. 8, Hastings County, Ont., Canada;

†1945, Apr. 11, Evanston, Ill.

Nekr. D. R. Curtiss, Bull. amer. math. Soc. 52 ('46) 189–91. – E. J. Moulton, Science [USA] 101 ('45) 528f.

IV–VI **HOLLARD,** Auguste. Physik, Chem. (physik.). – 1912–19 Chef de Travaux pratiques (Chim. analyt.), '20–36 Chargé de l'Enseignement de l'Electrochimie, Ecole de Physique et de Chimie industr. de Paris. – '04 Prix Leblanc (Soc. Chim. de France).

*1869, Mai 23, Paris;

†1943, Juli 22, Paris.

Bull. Soc. Encouragement Industrie nation. Les maladies des métaux. Epidémies et contagions: 135 ('36) 593–608.

VI **HOLLCROFT,** Temple Rice. Math. – 1918–19 Assist. Prof., '19–20 Assoc. Prof., '20–54 Prof., Chairman of the Departm., '54 Prof. Emeritus, Wells College, '53– Historian of Wells College, Aurora, N.Y.; '37–50 Assoc. Secretary of the Amer. Math. Soc. – '42 Hon. Sc.D. (Hanover College, Hanover, Ind.).

*1889, Apr. 8, Alton, Ind.;

†1967, Sept. 1, Aurora, N.Y.

S. Verhandlungen des internationalen Mathematiker-Kongresses, Zürich 1932, 2 (Zürich–Leipzig '33) 158: The general web of surfaces and the space involution defined by it.

W. Short history, Scipio lodge no. 110, free and accepted masons at Aurora, Cayuga County, New York State, 1795–1940 (Aurora, N.Y. '40) 79 S.

Bull. amer. math. Soc. Characteristics of multiple curves and their residuals: 39 ('33) 959–61. – The web of quadric hypersurfaces in r dimensions: 41 ('35) 97–103. – The web of quadrics: 42 ('36) 937–44. – Branch-point manifolds associated with a linear system of primals: 43 ('37) 379–83. – The existence of algebraic plane curves: 503–21. – The maximum number of distinct contacts of two algebraic surfaces: 45 ('39) 158–63. – Anomalous plane curve systems associated with singular surfaces: 46 ('40) 252–57.

J. London math. Soc. Tact-invariants of primals in S_r: 11 ('36) 22–24.

Rend. Circolo mat. Palermo Singularities and contacts in a linear system and its linear sub-systems: 61 ('37) 111–21.

Science [USA] The summer meeting of the American Mathematical Society: 86 ('37) 392f.

Tôhoku math. J. Hypersurfaces of order n in n dimensions: 35 ('32) 1–7. – Degenerate algebraic manifolds: 37 ('33) 179–89.

Trans. amer. math. Soc. The general web of algebraic surfaces of order n and the involution defined by it: 35 ('33) 855–68. – The binet of quadrics in S_3: 42 ('37) 32–40.

IV–VI **HOLLEMAN,** Arnold Frederick. Chem. (org.). – 1905–24 Prof., Univ. Amsterdam; '19–26 Vizepräs. d. Naturwiss. Klasse, Koninkl. Nederlandse Akad. van Wetenschappen; '23–30 Dir. d. Nomenklaturkommission f. org. Chemie, Union Internat. de Chim. Pure et Appliquée; '28–39 Sekr., Hollandse Maatschappij der Wetenschappen, Haarlem. – '11 Médaille Nicolas Leblanc (Soc. Chim. de France).

*1859, Aug. 28, Oisterwijk;

†1953, Aug. 11, Bloemendaal.

Zur Biogr. Chemisch Weekbl. 43 ('47) 177 (m. Bildn.).

Zum 80. Geb.tag J. Böeseken, Chemisch Weekbl. 36 ('39) 582f. (m. Bildn.). – J. P.

Wibaut, ibid. 583f. — G. L. Voerman, ibid. 584. — A. Röell, ibid. 584f.

Zum 90. Geb.tag Chemisch Weekbl. **45**('49) 541 (m. Bildn.).

Nekr. N. Campbell, Yearb. roy. Soc. Edinburgh **1952/53** ('54) 12f. — S. Coffey, Nature [London] **172** ('53) 706. — M. Delépine, Bull. Soc. chim. France, Mém. **21** ('54) 1f. (m. Bildn.); C.R. hebd. Séances Acad. Sci., Paris **237** ('53) 533–35. — T. van der Linden, Chemisch Weekbl. **49** ('53) 673–76. — J. P. Wibaut, Jaarb. koninkl. nederl. Akad. Wet. **1954/55**, 280–87 (m. Bildn.); Recueil Trav. chim. Pays-Bas **74** ('55) 1371–75 (m. Bildn.). — Chemical and Engng. News **31** ('53) 4239.

MHZ. Recueil Trav. chim. Pays-Bas **13** (1894) – **53** (1934).

W. Leerboek der chemie **1**: Leerboek der anorganische chemie (Bearb. v. E. H. Buchner) [10](Groningen '32) 12+612 S., [11/13]('42/45), [14/15]('47/50), (Bearb. v. E. H. Buchner u. E. H. Wiebenga) [16]('53), [17]('59) 23+777 S.; deutsch: Lehrbuch der Chemie **1**: Anorganische Chemie [21](Berlin–Leipzig '37) 12+507 S., (Bearb. v. E. Wiberg) [22/23]('43), [24/25]('47), [28/29]('51), [30/31]('54), [32/33]('53), [34/36]('55), [37/39]('56), [40/46]('58), [47/56]('60) 24+703 S.; span.: Tratado de química inorgánica [3](Barcelona '39) 13+485 S.; **2**: Leerboek der organische chemie (Bearb. v. J. P. Wibaut) [12](Groningen '32) 15+677 S.; [13/14]('41/43), [15/16]('46/50) (Bearb. v. J. P. Wibaut u. A. J. P. Wibaut-van Gastel) [17]('55), [18]('60, '64, '67) 40+974 S.; deutsch: Lehrbuch der Chemie **2**: Organische Chemie (Bearb. v. F. Richter) [20](Berlin–Leipzig '35) 12+546 S., [21]('40), [22]('41), [23]('42), [24]('43), [25]('44), [26]('49), [27/28]('51), [29/30]('53), [33/34]('54), [35/36]('60), [37/41]('61) 12+652 S.; engl.: Organic chemistry [8](NewYork–Amsterdam–London '51) 14+660 S.; span.: Tratado de química orgánica [3](Barcelona '36) 24+604 S., [4]('42, '46) 14+707 S.; ukrain.: (Charkov–Kiev '34) 486 S. — Einfache Versuche auf dem Gebiet der organischen Chemie. Eine Anleitung für Studierende, Lehrer an höheren Schulen und Seminaren sowie zum Selbstunterricht (Bearb. v. F. Richter) [4](Berlin '33) 10+92 S., [5]('42), [6]('49), [7]('54), [8]('60), [9]('65) 19+174 S.

Advances Chem. Ser. Letter of greeting: **8** ('53) 3f.

Chemisch Weekbl. Zum 50jährigen Bestehen der Recueil: **29** ('32) 270f. — Über das Ausschütteln von Lösungen: 762. — Einweihung des „Maison de la Chimie" zu Paris, 30. Nov.–2. Dez. 1934: **33** ('36) 18–20. — Amé Pictet †: **34** ('37) 464f. — Bibel und Chemie: 536f. — Johan Pieter Wibaut zum 25-jährigen Doktorjubiläum: 737f. — Prof. George Barger †: **36** ('39) 79. — Molekulargewicht aus Gefrierpunktserniedrigungsbestimmungen: **43** ('47) 44. — Dr. A. I. den Hollander †: **44** ('48) 421. — Dr. J. J. Polak †: **45** ('49) 755. — Erinnerungen an van't Hoff: **48** ('52) 638–40. — — Alle Arbeiten holländ.

J. chem. Educat. My reminiscences of van't Hoff: **29** ('52) 379–82.

Recueil Trav. chim. Pays-Bas Monsieur le Prof. Dr. Ir. Jacob Böeseken: **57** ('38) 489–91. — La substitution dans le noyau benzénique: **66** ('47) 111. — Johan Pieter Wibaut: **69** ('50) 281–83.

VI **HOLM,** Erik Adolf. Physik. — 1913–36 Doz., Univ. Stockholm; '26–30 Prof., Chalmers' Techn. Inst., Göteborg.
*1878, Jan. 12, Stockholm;
†1945, Apr. 10, Stockholm.

Nekr. Bihang Göteborgs kungl. Vet.- och Vitterhets-Samhälles Handl. **65** ('46) 107–10.

VI **HOLM,** Ragnar. Physik. — 1927–45 Physiker, Siemens-Konzern, Berlin; '45–47 Physiker in Stockholm; '47–64 Beratender Physiker, Stackpole Carbon Co., St. Marys, Pa. — '59 Dr. techn. h. c. (Techn. Hochsch. Graz). — '21 Classen's Legat (Kongel. Danske Vid. Selskab); '63 National Award (Amer. Soc. of Lubrication Engineers).
*1879, Mai 6, Skara, Schweden.

S. Festskrift tillägnad J. Arvid Hedvall, den 18 jan. 1948 (Göteborg '48) 271–84: The temperature generated by friction in the contact surface of a sliding contact[3]). — Engineering materials handbook (C. L. Mantell) (New York '58) 19·51–19·62: Materials for electric contacts. — The encyclopedia of electronics (C. Susskind) (New York '62) 148–51: Contacts.

W. Die technische Physik der elektrischen Kontakte (Berlin '41) 10+337 S. (Technische Physik in Einzeldarstellungen, 4); Electric contacts (Stockholm '46, '47) 16+398 S. (Almquist och Wiksells akademiska handböcker); 3. Aufl. (m. E. Holm) u. d. Titel: Electric contacts handbook (Berlin–Göttingen–Heidelberg '58) 18+522 S.

Archiv Elektrotechn. Bemerkungen zu einer Arbeit von O. Mayr über die Berechnung der elektrischen Durchbruchfeldstärke von Gasen mit Hilfe des Nernstschen Wärmetheorems[4]): **26** ('32) 640–42. — Der zeitliche Verlauf der Erwärmung eines metallischen Kontaktes: **29** ('35) 207–10.

Archiv techn. Messen Elektrische Kontakte in Meßgeräten: **J04–4** ('50) T95f.

Arkiv Mat., Astron. och Fysik Über die vom Relais-Lichtbogen erzeugte Stoffwanderung[3]): **34A** ('47/48) Nr. 8, 13 S. — Über die Stromdichte in den ersten Momenten eines gezogenen Bogens: **34B** ('47/48) Nr. 8, 7 S.

ASTM Bull. The fundamentals of the welding of electric contacts under heavy current conditions[3]): Nr. 188 ('53) 39–44.

Chalmers tekn. Högskolas Handl. Über das Wesen der Reibung zwischen festen Körpern: Nr. **23** ('43) 8 S.

Electrical Engng. [USA] Electrical essay: Induced electromotoric force: **73** ('54) 1105.

Elektrotechnische Z. Aus der technischen Physik elektrischer Kontakte: **62** ('41) 633–37. — Theorie der ungleichen Stromverteilung im Kontakt zwischen Kohlebürsten und Schleifringen aus Kupfer oder Stahl in Luft: **A 81** ('60) 570f.

J. appl. Mech. Temperature development in a heated contact, with application to sliding contacts: **19** ('52) 369–74.

J. appl. Physics [USA] Calculation of the temperature development in a contact heated in the contact surface, and application to the problem of the temperature rise in a sliding contact: **19** ('48) 361–66. — Theory of hardness and measurements applicable to contact problems[3])[9]): **20** ('49) 319–27. — The vaporization of the cathode in the electric arc: 715f. — The electric tunnel effect across thin insulator films in contacts: **22** ('51) 569–74, 1217. — Electron cloud outside a metal surface: **30** ('59) 792f.

Kolloid-Z. Aus der Physik der Sintermetallkontakte: **104** ('43) 231–33.

Lubrication Engng. Remarks on boundary lubrication. Fundamentals of friction and lubrication in engineering: **10** ('54) 44–.

Physikalische Z. Über den Widerstand dünnster Fremdschichten in Metallkontakten[4]): **36** ('35) 882–88.

Revue gén. Electr. Etude physique des contacts électriques: **51** ('42) 311–17.

Siemens-Z. Über die Berechnung der Brenndauer von Schaltlichtbögen und über die Wirkung des kapazitiven Löschkreises: **24** ('44) 1–5.

Trans. amer. Inst. electr. Engr., Part 3 Contribution to the theory of commutation on DC machines: **77** ('58) 1124–29. — Comment to paper by Harder and Kerber on brush wear: **80** ('61) 547f. — Theory of the sparking during commutation on dynamos: **81** ('62) 588–94.

Verhandlungen dtsch. physik. Ges. Grundsätzliches zum metallischen Kontakt: (3) **20** ('39) 132f.

Wissenschaftliche Veröff. aus den Siemens-Werken Über Kontakte zweier verschiedener Leiter[10]): **12** ('33) Nr. 1, 61–73. — Überblick über die Physik des Starkstromlichtbogens mit besonderer Berücksichtigung der Löschung in Hochleistungswechselstromschaltern[4])[6]): **13** ('34) Nr. 2, 63–86. — Messungen der Gesamtstrahlung der Säule eines Wechselstrombogens in Luft[7]): 87–93. — Die Materialwanderung in elektrischen Abhebekontakten[2])[10]): **14** ('35) Nr. 1, 30–55. — Die Materialwanderung in elektrischen Ausschaltkontakten, besonders mit Löschkreis[2]): Nr. 3, 53–63. — Über das Haften zweier Metallflächen aneinander im Vakuum und die Herabsetzung des Haftens durch gewisse Gase[4]): **15** ('36) Nr. 1, 122–27. — Über die Stoffwanderung in elektrischen Ausschaltkontakten[2]): **16** ('37) Nr. 1, 81–104. — Über die auf die wirkliche Berührungsfläche bezogene Reibungskraft: **17** ('38) Nr. 4, 38–42. — Eine Bestimmung der wirklichen Berührungsfläche eines Bürstenkontaktes: 43–47. — Über Verschleiß und Reibung in Schleifkontakten, besonders zwischen Kohlebürsten und Kupferringen[1])[2])[5]): **18** ('39) Nr. 1, 73–100. — Die Reibung von Nickel auf Nickel im Vakuum[4]): Nr. 2, 73–77. — Beitrag zur Kenntnis der Reibung: **20** ('41) Nr. 1, 68–84. — Beiträge zur Lehre der Stoffwanderung in Abhebekontakten[1])[2]): Werkstoff-Sonderh. **1940**, 103–23.

Z. angew. Physik Die Stoffwanderung in Abhebekontakten aus Silber und Platin[3]): **6** ('54) 352–61.

Z. Physik Messungen mit Hilfe von flüssigem Helium, 13: Kontaktwiderstand zwischen Supraleitern und Nichtsupraleitern[8]): **74** ('32) 715–35. — Einige Messungen über den Fließdruck von Metallen in tiefen Temperaturen[8]): 736–39. — Bemerkungen zur Theorie der positiven Säule in zweiatomigen Gasen: **75**('32) 171–90. — Einige Kontaktwiderstandsmessungen bei tiefen Temperaturen[8]): **86** ('33) 787–91. — Einige Bemerkungen zu dem Aufsatz „Der elektrische Durchschlag in Gasen nach Untersuchungen mit der Nebelkammer" von E. Flegler und H. Raether: **102** ('36) 138–42.

Z. techn. Physik Die Elektrodenzerstäubung in Abhebekontakten[2])[10]): **15** ('34) 483–87. — Über den Widerstand dünnster Fremdschichten in Metallkontakten[4]): **16** ('35) 488–94. — Grundsätzliches zum metallischen Kontakt: **20** ('39) 332–35.

Mit: [1]) H. P. Fink; [2]) F. Güldenpfennig; [3]) Else Holm; [4]) B. Kirschstein; [5]) H. Körner; [6]) F. Koppelmann; [7]) A. Lotz; [8]) W. Meissner; [9]) E. I. Shobert II; [10]) R. Störmer.

V, VI **HOLMBERG,** Bror Alexander Ludwig. Chem. — 1915–43 Prof., Kungl. Tekn. Högskolan, Stockholm; '44–46 Prof., '45–51 Stellvertretender Vorsteher d. Abteilg. für org. Chem. am Nobelinst., Kungl. Svenska Vetenskapsakad., Stockholm; '25–34 Vorsitzender, Svenska Kemistsamfundet. — '51 Dr. technol. h. c. (Chalmers Tekn. Högskola, Göteborg). — '16 Lindbomska Priset, '18 Wallmarkska Priset, '31 Björkénska Priset (Kungl. Svenska Vetenskapsakad.); '19 Norblad-Ekstrandska Priset (Svenska Kemistsamfundet); '65 Minnesmedalj i guld (Kungl. Fysiografiska Sällskapet i Lund).

*1881, Juli 30, Nättraby;

†1966, Sept. 7, Åkarp.

Zum 60. Geb.tag Festschrift: Svensk kem. Tidskr. **53** ('41) Nr. 7 (S. 179–318); darin Biogr. v. N. Hellström: 179f. (m. Bildn. [Medaillon]).

Nekr. H. Erdtman, Svensk kem. Tidskr. **78** ('66) 600–02 (m. Bildn.); Svensk Papperstidn. **69** ('66) 633f. (m. Bildn.). — E. Larsson, Årsbok, Kungl. fysiogr. Sällsk. Lund **1967**, 63–73 (m. Bildn., Schr.verz.).

S. Hyllningsskrift till Bertil Almgren på sextioårsdagen den 26 dec. 1938 (S. E. Bring) (Stockholm '38) 331–48: Kemiska försök med skifferbensin. — The Svedberg, 1884–1944 (Uppsala '44) 299–310: Thiobenzoylaminosäuren.

Arkiv Kemi, Mineral. och Geol. Methylthioglykolsäure und Quecksilberchlorid[5]): **12A** ('35/38) Nr. 2, 9 S. — Phenacylthioglykolsäure und verwandte Verbindungen: Nr. 9, 11 S. — Sulfidessigsäuren und Dimethylsulfat: Nr. 11, 27 S. — Zur Kenntnis der Phenäthylmercaptane: Nr. 14, 10 S. — Aufspaltungen von Phenäthylthioglykolsäuren: Nr. 28, 15 S. — Die Persulfat-Oxydation der Benzaldehyd-mercaptalessigsäure: **12B** ('35/38) Nr. 2, 4 S. — Über Phenäthylthioacetate: Nr. 47, 3 S. — Styrol, Jod und Dithiodiglykolsäure: Nr. 48, 3 S. — Stereochemische Studien, 20: Optisch aktive Phenäthylthioglykolsäuren und Phenäthylmercaptane: **13A** ('39) Nr. 8, 9 S.; ~ 21: Diastereomere Phenäthylsulfinoessigsäuren: Nr. 15, 8 S.; ~ 22: Uppspjälkningar av optiskt aktiva fenetyltioglykolsyror: **14A** ('40) Nr. 2, 12 S.; ~ 23: Bidrag till kännedomen om de optiskt aktiva dibrombärnstensyrorna: **14B** ('41) Nr. 33, 7 S.; ~ 24: Stereoisomere Benzoylthioäpfelsäuren und Benzoylthiomalamidsäuren: **24A** ('46/47) Nr. 4, 10 S. — Styrol, Jod und organische Disulfide: **13B** ('39) Nr. 14, 6 S. — Omättade syror och tioättiksyra[8]): **14A** ('40) Nr. 7, 22 S. — Om fenylmetansulfinsyran: Nr. 8, 13 S. — Framställning av fenylglyoxal: Nr. 9, 9 S. — Merkaptaler och merkaptoler av tiohydrakrylsyra: **15A** ('41/42) Nr. 8, 15 S. — Om fenyl- och benzyltiohydrakrylsyrorna samt deras oxidationsprodukter[8]): Nr. 20, 14 S. — Om fenetyltiohydrakrylsyror och dem närstående ämnen: Nr. 21, 16 S. — Jodometrisk bestämning av merkaptal- och merkaptolsyror: Nr. 22, 11 S. — Tetinspjälkningar av sulfidosyror[8]): Nr. 23, 31 S. — Persulfatoxidationer av merkaptal- och merkaptolsyror: Nr. 24, 8 S. — Benzylrodanidens kloreringsprodukt: **16B** ('43) Nr. 12, 3 S. — Benzoyl- och tiobenzoyltioglykolsyror samt tiobenzhydrazid: **17A** ('44) Nr. 23, 10 S. — Hydrobromider av benziminotioetrar: **20A** ('45) Nr. 1, 14 S. — Erhitzungsprodukte der Thiohydracrylsäure: **20B** ('45) Nr. 2, 8 S. — Ligninuntersuchungen, 16: Fichtenholz und Thiohydracrylsäure: **21A** ('45/46) Nr. 10, 20 S.; ~ 17: Espenhölzer und Mercaptosäuren: **24A** ('46/47) Nr. 29, 11 S. — Zur Kenntnis der Propiothetine: **21B** ('45/46) Nr. 7, 7 S. — Polyprene und Thioglykolsäure: **23B** ('46/47) Nr. 6, 5 S. — Über Thiobenzamide: **24A** ('46/47) Nr. 3, 17 S. — Zur Kenntnis des Thiobenzhydrazids: **25A** ('47/48) Nr. 18, 18 S. — Zur Kenntnis des Frühjahrssafts der Birke: **26B** ('48) Nr. 15, 6 S.

Arkiv Kemi Über Styrylthioglykolsäuren: **2** ('50/51) 567–79. — Über Thiobenzhydrazide einfacher Zuckerarten: **4** ('52) 33–162. — Zur Kenntnis der Zuckerbenzhydrazide: **7** ('54/55) 501–12. — Hexuronsäuren und Thiobenzhydrazid: 513–15. — Zur Kenntnis der Glykothiodiazoline: 517–28. — Über L-Fucose-thiobenzhydrazid: 529–34. — Versuche mit Methyl- und Methylenthiobenzhydraziden: **9** ('55/56) 47–64. — Oxydationsprodukte einiger Thiobenzhydrazone und Thiosemicarbazone: 65–80. — Ligninuntersuchungen, 19: Zur Kenntnis der Membranbestandteile der Moose: **12** ('57/58) 33–39; ~ 20: Fichtenlignine und Thioglykolsäure: 41–61; ~ 21: Entschwefelungsversuche mit Lignin-Thioglykolsäure: **13** ('58) 199–210; ~ 22: Fichtenlignine und Thiobenzhydrazid: 211–16.

Ber. dtsch. chem. Ges. Synthese des 5-Pseudocumyl-acetons: **65** ('32) 1348f. — Kautschuk und Thioglykolsäure: 1349–54. — Fette und Thioglykolsäure[1]): **66** ('33) 1193–98. — Ligninuntersuchungen, 11: Fichtenholz und Mercaptosäuren: **69** ('36) 115–19; ~ 15: Über Bromlaugenlignine: **75** ('42/43) 1760–64.

Chemische Ber. Cumarone und Thioglykolsäure: **89** ('56) 278–82.

C. R. Trav. Labor. Carlsberg, Sér. chim. Thiazolderivate des Alanins: **22** ('37/38) 211–18.

Finska Kemistsamfundets Medd. Den svenska skifferbensinens sammansättning: **54** ('45) 111–15. — Waldens omlagring inom bärnstensyregruppen: 116–23. — Om granens lignin: 124–33.

Handlingar, Ing. Vet. Akad., Stockholm Ligninuntersuchungen, 8: Thioglykolsäure als Ligninreagens: **131** ('34) 85 S.; ~ 14: Die Stöchiometrie des Fichtenlignins[4]): **162** ('42) 29 S. — Skifferundersökningar, 7[8])[7])[9]): **180** ('45) 103 S.

IVA Svenska lätta bensiner: **1932,** 26–34. — Svensk naturgas: 57 f. — Torvextraktioner: **1940,** 104–07. — Framställning av tioättiksyreanhydrid, tioättiksyra och tioacetater[8]): **1942,** 84–94. — Peter Klasons livsgärning: **1943,** 339–43.

J. prakt. Chem. Aufspaltungen von Mercaptal- und Mercaptolessigsäuren: (2) **135** ('32) 57–100. — Aromatische Alkohole und Thioglykolsäure: **141** ('34) 93–112.

Kongel. norske Vid. Selsk. Forh. Ligninuntersuchungen, 9: Über subfossiles Ulmenholz: **7** ('35) 133–35.

Kungl. fysiogr. Sällsk. Lund Förh. Lennart Smith †: **26** ('56) 59*–63*.

Kungl. svenska Vetenskapsakad. Årsb. Olof Hammarsten †: **1934,** 273–84. — Peter Klasons ligninkemiska arbeten: **1958,** 339–50.

Österreichische Chemiker-Ztg. Lignin und Thioglykolsäure: **43** ('40) 152–58.

Papierfabrikant Ligninuntersuchungen, 13: Fichtenholz und Thioglykolsäure: **36** ('38) 218–23.

Papirjournalen Ligninets konstitution och sulfitcellulosaprocessens kemi: **23** ('35) 81–84, 92–96.

Rubber Chem. and Technol. Polyprene and thioglycolic acid: **20** ('47) 978–81.

Svensk kem. Tidskr. Ligninundersökningar, 10: Etyllignin och tioglykolsyra[2]): **47** ('35) 257–65; ~ 12: Bisulfitkok med aromatiska alkoholer[6]): **48** ('36) 207–11. — Gustaf Komppa †: **61** ('49) 67–69.

Svensk Papperstidn. Sulfitcellulosans extraktivämnen: **36** ('33) 766–71. — Ligninlitterära kommentarer: **38** ('35) 586 f. — Sulfitcellulosaprocessens kemiska förlopp: **39** ('36) Sonder-Nr., 113–18. — Sulfitcellulosaindustriens hartssvårigheter: **40** ('37) 180–82. — Ligninuntersuchungen, 18: Die Alkoholyseprodukte des Fichtenholzes: **50** ('47) 111–16.

Mit: [1]) G. Axberg; [2]) G. A. Berg, jr.; [3]) –; [4]) N. Gralén; [5]) N. Hellström; [6]) S. Hedén; [7]) A. Johansson; [8]) E. Schjånberg; [9]) P. Nylén.

VI **HOLMBOE,** Carl Fredrik. Chem. Technol., Elektrotechn. — 1921–40, '45–46 Chefing. u. Dir., De Nordiske Fabriker De-No-Fa Aktieselskap, Oslo; '34 Vizepräs. u. '35– Präs. d. Math.-Naturwiss. Klasse, Norske Vid.-Akad., Oslo; '53–56 Präs., Norsk Teknisk Museum, Oslo. — '24 Dr. Ing. h. c. (Techn. Hochsch. Berlin). — '32 Fridtjof Nansens Belønning for teknisk-kjemisk Forskning (Norske Vid.-Akad.); Medaille f. Verdienste um die Techn. Hochschule Berlin-Charlottenburg.

*1882, Aug. 25, Kristiania (→ Oslo);
†1960, Jan. 15, Oslo.

Nekr. A. W. Owe, Årbok, Norske Vid.-Akad. Oslo **1960** ('61) 43–47 (m. Bildn., Faks.).

W. Fra Jens Olssøn Hersholmen til Jens Anton Holmboe. Et bidrag til vår slekts historie (Oslo '32) 117 S. — De-No-Fa 1912–1937 (Oslo '37) 40 S. — Michael Faraday (Oslo '43) 190 S. — En norsk innsats i forskning og teknikk. Trekk fra oljeherdningens historie (Oslo '47) 162+2 S. — Ingeniør ser seg tilbake (Oslo '48) 270+2 S.

Årbok, Norske Vid.-Akad. Oslo Minnetale over Museumsdirektør Philip Pedersen: **1951** ('52) 39–41.

Avh. norske Vid.-Akad. Oslo, I Ein Beitrag zu der Entwicklungsgeschichte der elektrolytischen Gaserzeugung für die Großindustrie: **1937,** Nr. 7, 88 S. — Noen eksperimentelle bestemmelser av animalske og vegetabilske oljers og fettarters viskositet og spesifikke varme: **1945,** Nr. 8, 19 S. — A simultaneous esterification and hydrogenation of fatty oils: **1951,** Nr. 5, 15 S.

Ber. dtsch. chem. Ges. Die Energieumsetzung der katalytischen Reaktion von fetten Ölen mit Wasserstoff: **71** ('38) 532–41.

Norsk Hvalfangsttid. Auszüge aus der Geschichte der Fetthärtung: **44** ('55) 249–58.

Z. Elektrochem. u. angew. physik. Chem. Die kathodische und anodische Polarisation in wässerigen Alkalilösungen und der Einfluß des Zeitfaktors: **40** ('34) 366–70.

VI **HOLMES,** Arthur. Geol., Mineral, — 1924–27 Reader, '24–43 Head of the Departm. of Geol., '27–43 Prof., Durham Colleges, Univ. of Durham; '43–56 Prof., '56 Prof. Emer., Univ. of Edinburgh; '46–52 Vice-Pres., Geol. Soc. Edinburgh; '49–52 Vice-Pres., Roy. Soc. Edinburgh. — '60 Hon. LL.D. (Univ. of Edinburgh). — '40 Murchison Medal, '56 Wollaston Medal (Geol. Soc. London); '56 Penrose Medal (Geol. Soc. America); '56 Prix Paul Fourmarier 1947–1956 (Acad. royale Belgique); '64 Vetlesen Prize and Medal (Columbia Univ., New York); '65 Makdougall-Brisbane Medal (Roy. Soc. Edinburgh).

*1890, Jan. 14, Hebburn, near Newcastle-upon-Tyne;
†1965, Sept. 20, Putney, London.

Zur Biogr. H. D. Hedberg, Proc. Vol. geol. Soc. America **1956** ('57) 69–74 (m. Bildn. u.

Schr.verz.). — Nature [London] **151** ('43) 637; **178** ('56) 180.

Nekr. L. Cahen, Bull. geol. Soc. America **77** ('66) P127–P135. — K. C. Dunham, Biographical Mem. Fellows roy. Soc. **12** ('66) 291–310 (m. Bildn., Faks., Schr.verz.). — W. B. Harland, Geographical J. **132** ('66) 175f. — P. H. Kuenen, Jaarb. koninkl. nederl. Akad. Wet. **1965/66** ('66) 380–82. — D. L. Reynolds, American Mineralogist **53** ('68) 560–66. — F. H. Stewart, Nature [London] **208** ('65) 525f.; Quarterly J. geol. Soc. London **120S** ('64) 3–11 (m. Bildn., Faks., Schr.verz.); Yearb. roy. Soc. Edinburgh **1964/65** ('66) 23–25. — J. Tréfouël, C.R. hebd. Séances Acad. Sci., Paris **261** ('65) 5255f. — L. R. Wager, Quarterly J. geol. Soc. London **120S** ('64) 11. — J. Wyart, C.R. hebd. Séances Acad. Sci., Paris **261** ('65) 5288f.

S. The wild life around us and the story of the rocks (I. Cox) (London '39) 182–90: The geologist's clock. — Report 18th International geological congress, London 1948 **14** (London '51) 254–69: The sequence of Pre-Cambrian orogenic belts in south and central Africa. — C.R. Association des Services Géologiques Africains. Réunion de Nairobi 1954 (Paris '55) 59–98: Géochronologie africaine: résultats acquis au 1er septembre 1954 [2]). — The crust of the earth (a symposium) (A. W. Poldervaart) (New York '55) (Geological Society of America, Special paper 62) 26–43: Interpretation of nature; 159–67: The age of the earth. — 20 Congreso geológico internacional, México 1956. Asociación de Servicios Geológicos Africanos. Actas y trabajos de las reuniones (México '59) 21–25: Géochronologie africaine: résultats acquis au 1er juillet 1956 [2]). — The Precambrian (K. Rankama) **1** (New York–London '63) XI–XXIV: Introduction.

W. The age of the earth [Neuauflage] (New York–London–Edinburgh '37) 10+11+287 S. (New Nelson classics); portug.: A idade da terra. Introdução as teorias geológicas (Lisboa '40) 104 S. — The petrology of the volcanic field of Bufumbira, south-west Uganda, and of other parts of the Birunga Field (m. H. F. Harwood) (Uganda '37) 14+300 S. (Geological Survey of Uganda, Memoir 3, 2). — Principles of physical geology (London–Edinburgh '44, New York '45) 12+532 S.; Neuaufl. (London–New York '65) 15+1288 S.; span.: Geología física (Barcelona '52) 519 S.

American J. Sci. The Gordonia uraninite and the upper Pre-Cambrian rocks of southern Africa: **227** ('34) [(5) **27**] 343–53. — Leucitized granite xenoliths from the potash-rich lavas of Bunyaruguru, south-west Uganda: **243A** (Daly vol.) ('45) 313–32. — The age of uraninite from Gordonia, South Africa, with an isotopic analysis of lead[5])[6]): **248** ('50) 81–94.

American Mineralogist Age of uraninite from a pegmatite near Singar, Gaya district, India (with an isotopic analysis)[5])[6]): **35** ('50) 19–28. — Petrogenesis of katungite and its associates: 772–92.

Annual Rep. Board Regents Smithsonian Instn. The age of the earth: **1948**, 227–39.

Annual Rep. geol. Survey Dept., Uganda Protectorate The Toro-Ankole volcanic fields: **1932** ('33) 48–50.

Bull. Commiss. géol. Finlande A front of metasomatic metamorphism in the Dalradian of County Donegal[8]): Nr. **140** ('47) 25–66.

Bull. geol. Soc. America Spitskop carbonatite, eastern Transvaal: **69** ('58) 1525f.

Bull. Soc. belge Géol., Paléontol. et Hydrol. Histoire naturelle du granite: **54** ('45) 260–71.

Bull. volcanol. Report on British volcanological research during the period September 1939 – March 1954, 1: Great Britain and Northern Ireland: (2) **16** ('55) 115–24; ~ 2: British colonial territories: 125–35; ~ 4: Other contributions by British authors: 142–45.

Colonial Geol. and mineral Resources African geochronology, results available to 1 September 1954[2]): **5** ('55) 3–39.

C. R. hebd. Séances Acad. Sci., Paris Sur quelques mesures de géochronologie à Madagascar[1]): **238** ('54) 758–60.

Economic Geol. The origin of primary lead ores: **32** ('37) 763–82; ~ 2: **33** ('38) 829–67.

Endeavour The age of the earth: **6** ('47) 99–108.

Geographical J. Glaciation and continental drift: **80** ('32) 177.

Geological Mag. The origin of igneous rocks: **69** ('32) 543–58. — The genesis of leucite and melilite rocks: **70** ('33) 140–42. — The idea of contrasted differentiation: **73** ('36) 228–38; **74** ('37) 189–91. — The Newry igneous complex: **73** ('36) 334f. — The petrology of katungite (Uganda): **74** ('37) 200–19. — Basaltic lavas of south Kivu (Belgian Congo): **77** ('40) 89–101. — Age determination of Carboniferous basic rocks of Shropshire and Colonsay[11]): **78** ('41) 45–61. — A heteromorph of venanzite: **79** ('42) 225–32. — An estimate of the age of the earth: **84** ('47) 123–26. — The term "magma-type": **86** ('49) 71f. — The age of uraninite and monazite from the post-Delhi pegmatites of Rajputana: 288–302. — Pre-Cambrian formations of India: **87** ('50) 227f. — Evidence of lava formation in situ, south-west Uganda: **88** ('51) 73–87. — Gravity measurements over the northern Pennines: **90** ('53) 221f. — The superposition of Caledonoid folds on an older fold-system in the Dalradians of Malin Head, County of Donegal[8]): **91** ('54) 417–44.

J. Washington Acad. Sci. The thermal history of the earth: **23** ('33) 169–95.

Mémoires, Acad. roy. Sci. coloniales, Cl. Sci. natur. et méd., Collect. in-8° Géochronologie africaine 1956. Résultats acquis au 1er juillet 1956[2]): (1) **5** ('57) 169 S.

Mémoires Inst. sci. Madagascar, Sér. D Premiers mesures de géochronologie à Madagascar[1]): **6** ('54) 191–99.

Mineração e Metallurgia A idade da terra: **13** ('48) 241–48.

Mineralogical Mag. and J. mineral. Soc. Transfusion of quartz xenoliths in alkali basic and ultrabasic lavas, south-west Uganda[4]): **24** ('35/37) 408–21. — A suite of volcanic rocks from south-west Uganda containing kalsilite (a polymorph of $KAlSiO_4$): **26** ('42/44) 197–217.

Nature [London] The measurement of geological time: **135** ('35) 680–83. — Natural history of granite: **155** ('45) 412–15. — Genetic types of manganese deposits: **156** ('45) 87f. — The Giant's Causeway: 425f. — An estimate of the age of the earth: **157** ('46) 680–84. — A revised estimate of the age of the earth: **159** ('47) 127f. — Lead isotopes and the age of the earth: **163** ('49) 453–56. — A. D. Combe †: **164** ('49) 95. — The South Atlantic: land bridges or continental drift?: **171** ('53) 669–71. — The oldest dated minerals of the Rhodesian Shield: **173** ('54) 612–14. — Laterites and bauxites of Antrim: 812. — Harold Rutledge †: 851. — Potassium-argon ages of some Lewisian and Fennoscandian pegmatites[9])[13]): **176** ('55) 390–92. — The earth as a planet: **179** ('57) 334f. — Iron ores of India: 447. — Age of the base of the Cambrian: **187** ('60) 35f. — "Absolute" age: a meaningless term: **196** ('62) 1238.

Pan-american Geologist Geological time and former glaciations in relation to evolution of solar system: **66** ('36) 230f.

Proc. geol. Assoc. Canada Dating the Pre-Cambrian of Peninsular India and Ceylon: **7** ('55) 81–106.

Proc. geol. Soc. London Harold Rutledge †: Nr. **1515** ('54) CXLIIf.

Proc. roy. irish Acad. A record of new analyses of Tertiary igneous rocks (Antrim and Staffa): **43** ('36) 89–94.

Proc. roy. Soc. Edinburgh, Sect. B Monazite from Bodmin Moor, Cornwall: A study in geochronology, 1: Monazite as a geological timekeeper: **63**. 1947/1949 ('50) 115–24.

Proc. roy. Soc., London, Ser. A Helium-ratios of rocks and minerals from the diamond pipes of South Africa[7]): **154** ('36) 385–413.

Proc. Vol. geol. Soc. America Response by Arthur Holmes (to presentation of the Penrose Medal of the Geological Society of America): **1956** ('57) 74–76.

Quarry Managers' J. Natural history of granite: **29** ('45) 168–75.

Quarterly J. geol. Soc. London Petrology of the volcanic fields east and south-east of Ruwenzori, Uganda[3]): **88** ('32) 370–442.

Rep. brit. Assoc. Advancement Sci. [Contribution to] Discussion on the origin of igneous rocks: **1932**, 331f.

Scientific Monthly The age of the rocks: **35** ('32) 107f. — When will Lassen Peak again erupt?: **40** ('35) 21–32.

Trans. Edinburgh geol. Soc. The oldest known minerals and rocks: **14** ('48) 176–94. — The potash ankaratrite-melaleucitite lavas of Nabugando and Mbuga craters, south-west Uganda: **15** ('52) 187–213. — How old is the earth?: **16** ('56) 313–33. — A revised geological time-scale: **17** ('59) 183–216.

Trans. geol. Soc. Glasgow The construction of a geological time-scale: **21** ('47) 117–52.

Trans. geol. Soc. South Africa A contribution to the petrology of kimberlite and its inclusions[10]): **39** ('37) 379–427.

Trans. roy. Soc. Edinburgh The kalsilite-bearing lavas of Kabirenge and Lyakauli, south-west Uganda, 2: Petrology: **61** ('42/49) 364–79.

University Edinburgh J. The age of the earth: **1944**, Herbst-Nr., 12–20.

Verhandelingen nederl. geol.-mijnbouwkund. Genootsch., Geol. Ser. The ejectamenta of Katwe crater, south-west Uganda: **16** ('56) 139–66.

Yearb. roy. Soc. Edinburgh William Whitehead Watts †: **1948/49** ('50) 49f. — Alexander Murray Cockburn †: **1959/60** ('60) 83–86.

Mit: [1]) H. Besairie; [2]) L. Cahen; [3]) H. F. Harwood; [4]) F. Hecht; [5]) W. T. Leland; [6]) A. O. Nier; [7]) F. A. Paneth; [8]) D. L. Reynolds; [9]) H. A. Shillibeer; [10]) L. S. Theobald; [11]) W. D. Urry; [12]) —; [13]) J. T. Wilson.

VI **HOLMES,** Harry Nicholls. Chem. (anorg.), Kolloidchem. — 1914–45 Prof., Head of the Departm., '45 Prof Emeritus, Oberlin College, Oberlin, O.; '19–25 Chairman of the Subcommittee on Colloid Chem., '22–28 Member of the Division of Chem., National Research Council; '26–29, '30–33, '38–41 Councilor, '42 Pres., Amer. Chem. Soc. — '41 Hon. LL. D. (Westminster College, New Wilmington, Pa.). — '45 Oberlin Alumni Medal for Distinguished Service (Oberlin College,

Oberlin, O.); '51 Gold Medal (Amer. Inst. of Chemists); '54 Kendall Award in Colloid Chem. (Amer. Chem. Soc.); '55 James Flack Norris Award in Teaching (Amer. Chem. Soc.); '57 Westminster Alumni Medal (Westminster College, New Wilmington, Pa.).

*1879, Juli 10, Fayette, Pa.;
†1958, Juli 1, Oberlin, Ohio.

Zur Biogr. J. A. Campbell, Chemist **28** ('51) 218. — Ibid. 218f. — D. A. Kohr, jr., ibid. 220f. — H. L. Fischer, ibid. 221. — P. H. Fall, H. N. Holmes and Richard Remsen Holmes: Chemical and Engng. News **20** ('42) 1623f.

Nekr. Chemical and Engng. News **36** ('58) 122f. (m. Bildn.). — J. amer. chem. Soc. **80** ('58) 5899f. (m. Bildn.).

MH. Handbook of chemistry and physics. A ready-reference book of chemical and physical data [24](Cleveland, O. '40), [25]('41), [26]('42).

S. Engineering preview; an introduction to engineering, including the necessary review of science and mathematics (New York '45) 53–151: Chemistry, the science of matter and molecules.

W. Introductory colloid chemistry (New York–London '34) 14+198 S. — Laboratory manual of colloid chemistry [3](NewYork–London '34) 17+229 S., [4]('37), [5]('49) 10+267 S.; russ.: Rukovodstvo k laboratornym rabotam po kolloidnoj chimii (Leningrad '36) 280 S. — Out of the test tube (New York '34) 10+373 S.; [2]('37) 10+11+301 S.; [3]('41); [4]('43); [5]('49, '57) 313 S. — General chemistry [3](New York '36) 8+700 S.; [4]('41); [5]('49) 8+708 S. — Have you had your vitamins? (New York–Toronto '38) 6+60 S.; (Washington, D. C. '47) 15 S. (Personal growth leaflet 101). — Introductory college chemistry [3](New York–London '39) 8+619 S.; [4]('46) 8+590 S.; [5]('51) 8+594 S. — Strategic materials and national strength (New York–Toronto '42) 5+106 S. — Qualitative analysis; a brief outline (New York '45) 7+52 S.

Bull. Oberlin College Labor. Fifty years of industrial aluminium: (N.S.) Nr. **346** ('37) 30 S.

Chemist Some problems – solved and unsolved: 28 ('51) 205–17. — The education of the chemist – cradle to grave: 245–.

Industrial and Engng. Chem. Removal of thiophene from benzene[3]): **26** ('34) 172–74. — Lecithin and hydroquinone as antioxidants for vitamin A [in liver oils][7])[12]): **28** ('36) 133–35. — National survival through science: **34** ('42) 1410–14.

J. amer. chem. Soc. The isolation of carotene[16]): **54** ('32) 716–20. — Preparation of a potent vitamin A concentrate[6])[17])[12]): **57** ('35) 1990–93. — The isolation of crystalline vitamin A[7]): **59** ('37) 2042–47. — Isolation and identification of batyl alcohol and cholesterol from yellow bone marrow[7])[10])[14])[1]): **63** ('41) 2607–09. — Batyl alcohol[14]): **64** ('42) 3045f.

J. Assoc. amer. med. Colleges Undergraduate chemistry in relation to medicine: **11** ('36) 140–44.

J. biol. Chemistry Comparative studies on the adsorption behavior of crude vitamin A, carotene, and cholesterol[15])[8])[6]): **99** ('33) 417–27. — Substances which interfere with the antimony trichloride test for vitamin A[7])[11]): **100** ('33) 657–66. — Bixin solutions as colorimetric standards for the determination of carotene[4]): **112** ('36) 437–41. — Catalytic effects of porous powders on pure vitamin A[7]): **127** ('39) 449–56.

J. chem. Educat. The growth of colloid chemistry in the United States: **31** ('54) 600–02.

J. Labor. and clin. Med. The effect of vitamin C on lead poisoning[2])[5]): **24** ('39) 1119–27. — The determination of vitamin C in urine[5]): 1293–96.

J. Nutrition [USA] Biological activity of some carotene preparations[7])[6])[18])[13]): **7** ('34) 321–29.

J. physic. Chem. The removal of sulphur compounds from petroleum distillates[9])[3]): **36** ('32) 2981–93. — Increasing the solubility of oils in water-soap systems: **43** ('39) 495–98. — A practical model of the animal cell membranes: 1151–53.

Nature [London] Aluminium bells: **137** ('36) 745.

Ohio State med. J. Use of vitamin C in traumatic shock: **42** ('46) 1261–66.

Science [USA] An attempt to isolate vitamin A[6])[12])[17]): **79** ('34) 255f. — The preparation of bixin[4]): **82** ('35) 202. — A great pupil and a great discovery – both supported by a great teacher: **83** ('36) 175–77. — A crystalline vitamin A concentrate[7]): **85** ('37) 103. — An inexpensive surface tensiometer: **88** ('38) 223f. — Vitamin C treatment in lead poisoning[2])[5]): **89** ('39) 322f. — Some crystalline constituents of the non-saponifiable fraction of bone [nonsap] marrow[7]): **90** ('39) 518. — Vitamin C in the war: **96** ('42) 384–86. — National survival through science: 433–39. — Hay fever and vitamin C [1]): 497–99.

Scientific Monthly Fifty years of industrial aluminum: **42** ('36) 236–39.

Southern Med. and Surgery Effect of sulfa drugs on the excretion of vitamin C: **105** ('43) 393f.

Mit: 1) W. Alexander; 2) E. J. Amberg; 3) N. Beeman; 4) W. H. Bromund; 5) K. Campbell; 6) H. G. Cassidy; 7) R. E. Corbet; 8) E. Delfs; 9) A. L. Elder; 10) W. B. Geiger; 11) H. H. Geisinger; 12) E. R. Hartzler; 13) S. I. Jacobs; 14) N. Kornblum; 15) V. G. Lava; 16) H. M. Leicester; 17) R. S. Manly; 18) C. R. Meyer.

IV–VI **HOLMGREN,** Erik Albert. Math. — 1898–1907 Doz., '07–09 außerord. Prof., '09–37 ord. Prof., '37 Prof. emer., Univ. Uppsala.

*1872, Juli 7, Stockholm;

†1943, März 18, Stockholm.

Nekr. T. Carleman, Acta math. **76** ('44) I–III (m. Bildn., Schr.verz. 32 Nrn.). — T. Nagell, Norsk mat. Tidsskr. **26** ('44) 1f. (m. Bildn.).

VI **HOLMYARD,** Eric John. Gesch. d. Naturwiss. — 1919–40 Head of the Science Departm., Clifton College, Bristol; '28–44 Scientific Editor, J. M. Dent & Sons, Ltd.; Vice-Pres., British Soc. for the History of Science.

*1891, Juli 11, Midsomer Norton, Somerset;

†1959, Okt. 13, Clevedon, Somerset.

Zur Biogr. Chemistry and Industry **10** ('32) 393 (m. Bildn.).

Nekr. J. R. Partington, Nature [London] **184** ('59) 1360. — Endeavour **19** ('60) 3 (m. Bildn.).

H. Bell's natural science series **1** (London '22) – **32** ('37). — Dent's modern science series (London–Toronto '29ff.). — J. A. Thomson, Biology for everyman **1.2** (London '34).

MH. Everyman's encyclopedia **1** (London '31) – **12** ('32). — Hutchinson's pictorial encyclopedia **1** (London '36) – **3** ('37). — A history of technology **1**: From early times to fall of ancient empires (Oxford–London '54); **2**: The Mediterranean civilizations and the Middle Ages, c. 700 B. C. to c. A. D. 1500 ('56); **3**: From the Renaissance to the Industrial Revolution c. 1500 to c. 1750 ('57); **4**: The Industrial Revolution, c. 1750 to c. 1850 ('58); **5**: The late nineteenth century, c. 1850 to c. 1900 ('58); ital.: **1** (Torino '61) – **5** ('65).

HZ. (Schriftleiter) Endeavour **1** ('42) – **13** ('54).

W. A text book of theoretical and inorganic chemistry (m. F. A. Philbrick) (London '32) 7+803 S.; Neuauflage (m. F. A. Philbrick u. W. G. Palmer) ('49) 7+854 S., ('56) 9+854 S. — A revision course in chemistry (London '32) 16+256 S. (Dent's modern science series). — A junior chemistry (London '33) 8+376 S.; ('57) 7+440 S. (~). — Mechanics for beginners (m. F. Barraclough) (London '34) 8+214 S. (~). — Chemistry for beginners (NewYork–London–Toronto '34) 11+223 S. (~). — Elementary chemistry [3](London '34) 8+468 S. (~). — Elementary science **1–3** (London '35) (~). — Elementary botany (m. A. P. Graham) (London '35) 232 S. (~). — Elementary chemical calculations (London '35) 8+147 S. (~). — Outlines of organic chemistry [2](London '36) 11+467 S.; [3]('54) 7+492 S. — General science. Neuauflage (London '36) 231 S. — Higher School Certificate inorganic chemistry (London '39) 12+529 S.; Neuauflage u. d. T.: A Higher School inorganic chemistry (m. W. G. Palmer) ('52) 12+532 S. — British scientists (London '51) 8+88 S. — Chemistry (London '52) 109 S. (Foyle's handbooks series). — Alchemy (Harmondsworth, Mddx.–Baltimore, Md. '57) 281 S. (Pelican book A 348).

Ambix Frank Sherwood Taylor †: **5** ('56) 57f.

Endeavour Alchemy in medieval Islam: **14** ('55) 117–25.

Nature [London] An unpublished letter of Lavoisier: **130** ('32) 97. — Thomas Norton and the "Ordinall of alchimy": **131** ('33) 520. — Muhammad Ibn Umail: an early Muslim alchemist: **133** ('34) 937f.

Proc. roy. Soc. Med. Medieval Arabic pharmacology: **29** ('35) 99–108.

V, VI **HOLST,** Gilles. Physik. — 1914–46 Physiker, dann Begründer u. Dir. d. Naturwiss. Laboratoriums, '46–54 wissenschaftl. Berater, NV Philips' Gloeilampenfabrieken, Eindhoven; '29–39 außerplanmäßiger Prof., Univ. Leiden; '46–56 Kurator, '46–53 Präs. d. Kuratoriums, Techn. Hogeschool Delft. — '33 Dr. techn. h. c. (Techn. Hogeschool Delft). — '36 Conrad-Prämie (Koninkl. Inst. van Ingenieurs).

*1886, März 20, Haarlem;

†1968, Okt. 11, Aalst.

Zum 80. Geb.tag P. van Alphen, Nederlands Tijdschr. Natuurkunde **32** ('66) 43.

Nekr. H. B. G. Casimir, TH-mededelingen, maandblad Technische Hogeschool Delft **16** ('68) Nr. 2, S. 3 (m. Bildn.). — B. D. H. Tellegen, Ingenieur ['s Gravenhage] **80** ('68) A683f. (m. Bildn.).

MH. Technische Physik in Einzeldarstellungen **1** (Berlin '39) – **5** ('42).

W. (Mitarb.) Nederlands economische positie. Beschouwingen (Schiedam '46) 60 S. — (Mitarb.) Industrialisatie (Delft '53) 84 S.

Financieel econ. Kwartaaloverzicht, Amsterdamse Bank De waarde van industrieel "Research"-Werk voor de toekomst van ons land: Nr. 87 ('50) 1–7.

Ingenieur ['s Gravenhage] Natriumlampen: 48 ('33) E75–E79. — Eigenschappen van magnetisch materiaal: 54 ('39) A199–A205. — De doorstroming van het intellect en de ingenieursstudie: 66 ('54) A157–A160.

Mededelingen koninkl. vlaamse Acad. Wet., Letteren en schone Kunsten België Het belang van het fundamenteel wetenschappelijk onderzoek tegenover de technische en industriële vooruitgang: 9 ('47) Nr. 7, 13 S.

Nature [London] A photochemical antagonism of radiations: 139 ('37) 285.

Philips' techn. Rdsch. Wie beurteilt man die Güte der Straßenbeleuchtung? [2]): 1 ('36) 353–56.

Physica Photometrie en gezichtsscherpte: 13 ('33) 33–40. — Demonstratieproef over den invloed van de chromatische aberratie van het oog op de gezichtsscherpte[3]): 231–35. — An apparatus for the transformation of light of long wavelength into light of short wavelength[1])[4])[5]): [N. S.] 1 ('34) 297–305. — Ein neues Meßgerät zur Beurteilung der Güte einer Straßenbeleuchtung[2]): 3 ('36) 1159–63.

Proc., Koninkl. Akad. Wet. Amsterdam Sparks in air of atmospheric pressure: 36 ('33) 271f.

Mit: [1]) J. H. de Boer; [2]) P. J. Bouma; [3]) W. de Groot; [4]) M. C. Teves; [5]) C. F. Veenemans.

VI **HOLST,** Helge. Physik, Bibliothekswesen. — 1920–41 Bibliotekar, Tekn. Bibliotek, Polytekn. Læreanstalt, København.

*1871, Juli 4, Ærøeskjøbing;

†1944, Nov. 28, København.

Nekr. A. J. Møller, Ingeniøren 54 ('45) A18f.

S. Alverdens Viden om Naturen og Menneskelivet. Dansk Kulturbibliotek (J. Byskov, Th. Døssing, A. Bindslev) 6 (København '40) 98 S.: Hovedtræk af Fysikkens Udvikling. — Dansk Daad (H. Koch, A. F. Hansen) 2 (København '43) 64 S.: Danmarks Indsats i Naturvidenskab og Teknik.

W. Danmarks Indsats i Teknikkens Udvikling. En Oversigt over de vigtigste Bidrag der fra dansk Side er ydet til Teknikkens Fremgang (København '33) 96 S. (Udvalget for Folkeoplysnings Fremme, Folkelæsning Nr. 356). — Relativitetsteorien set fra et Feltsynspunkt og en herpå grundet Beskrivelse af det statiske Felt (København '43) 124 S. — De bouw der atomen en moleculen (m. H. A. Kramers) (Amsterdam '49) 8+197 S.

Bogens Verden Bør Tidsskrifter indbindes?: 14 ('32) 122–25. — Samarbejdet mellem Bibliotekerne: 15 ('33) 244–46. — Teknisk Bibliotek: 17 ('35) 54f. — Overcentralens Problemer: 213–21.

Fysisk Tidsskr. Et par Bemærkninger om Feltforestillinger hos Aristoteles: 38 ('40) 52f.

Ingeniøren Nogle Bemærkninger om Udnyttelse af Tidsskriftlitteraturen: 41 ('32) A537f. — Teknisk Bibliotek. Dets Udvikling i de sidste Aar: 43 ('34) A103–A105. — Engineering index, Ordningsprincipper og Litteratursøgning: 46 ('37) A157–A159. — Danmarks Tekniske Bibliotek: 50 ('41) A225–A228.

Teknisk Tidskr. Meddelelse om Arbejdet for Litteraturudnyttelse ved Teknisk Bibliotek, Danmarks Tekniske Højskole: 67 ('37) 290–.

Tekniska Litteratursällskapets Skriftser. Meddelelse om Arbejdet for Litteraturudnyttelse ved Teknisk Bibliotek, Danmarks Tekniske Højskole: 1938, Nr. 4, 1–5.

Zbl. Bibliothekswesen Blattkatalog oder Kartothek als systematischer Bibliothekskatalog: 54 ('37) 556–64.

V, VI **HOLTSMARK,** Gabriel Gabrielsen. Physik. — 1920–37 Dir., Städt. Handelsgymnasium, Oslo.

*1867, Febr. 1, Asker;

†1954, Juli 20, Oslo.

Vater von Johan Holtsmark V–VII b

Todesanzeige Norske Vid.-Akad. Oslo Årbok 1954 ('55) 98.

H. D. Isaachsen, Lærebok i fysikk for realgymnasiet [11](Oslo '39) – [13]('52).

MH. D. Isaachsen, Lærebok i fysikk for realgymnasiet og tekniske skoler [3](Oslo '09) – [10]('37) (10. Aufl. u. d. Titel: Lærebok i fysikk for realgymnasiet).

V, VI **HOLTSMARK,** Johan Peter. Physik. — 1923–42 Prof., Norges Tekn. Høgskole, Trondheim; '42–64 Prof., '64 Prof. emer., Univ. Oslo.

*1894, Febr. 13, Kristiania (→ Oslo).

Sohn von Gabriel Holtsmark V–VII b

Zur Biogr. Universitetet i Oslo 1911–1961 1 (Oslo '62) 522f.

Zum 70. Geb.tag S. Westin, Fysikkens Verden 26 ('64) 6–8 (m. Schr.verz.).

H. D. Isaachsen, Lærebok i fysikk for realgymnasiet [15](Oslo '56) ff.

S. Proc. 3rd International congress on acoustics, Stuttgart 1959 (L. Cremer) 2 (Amsterdam '61) 905–09: Das Problem der Schallstreuung in der Raumakustik.

Archiv Math. og Naturvid. A theoretical investigation of sound transmission through horns of small flare, with special emphasis on the exponential horn[6)][13)][8)]: **53** ('56) 139–81.

Avh. norske Vid.-Akad. Oslo, I The absorption and diffusion of sound by resonators: **1946**, Nr. 6, 52 S.

Byggekunst Lydisolasjonen mot bankelyd i gulvkonstruksjoner[1)][2)][17)]: **16** ('34) 132–40.

Elektrische Nachr.-Techn. Ein transportabler Apparat zur Messung von Nachschalldauer und Schallintensität[11)]: **10** ('33) 389–92.

Fysikkens Verden Ernest Orlando Lawrence (Nobelpris i fysikk 1939): **1** ('39) Nr. 4, 1–7. — Morgendagens krav til undervisningen i fysikk: **23** ('61) 7–21. — Fra kontinuumsfysikk til stochastik fysikk og komplementaritet: **27** ('65) 6–12.

Geofysiske Publ., Norske Vid.-Akad. Oslo Die kontinuierliche und die stochastische Beschreibung der Natur: **24** ('62) 281–88.

J. acoust. Soc. America Boundary layer flow near a cylindrical obstacle in an oscillating, incompressible fluid[5)][9)][10)]: **26** ('54) 26–39, 102.

Kongel. norske Vid. Selsk. Forh. Die Herstellung schalldichter Wände für Fernsprechzellen[1)]: **4**.1931 ('32) 9–12. — Die Schallabsorption von Holzfaserplatten bei verschiedenem Abstand der Platte von der reflektierenden Hinterwand[1)]: 82–85. — Der Wirkungsquerschnitt von CCl_4, $CHCl_3$, CH_2Cl_2, CH_3Cl für langsame Elektronen[4)]: 89–92. — Die Berechnung von Atomfeldern mit Hilfe von Wirkungsquerschnittsmessungen: 124–27. — Die Schallisolation einiger Wände und Decken[1)]: 128–31. — Zur Auswertung von Wirkungsquerschnittskurven: **5**.1932 ('33) 69–71. — Die Bedeutung des Luftabstandes für die Schallabsorption von Holzfaserplatten[1)]: 100–03. — Die Ausbreitung des Luftschalls in Gebäuden[1)]: **6**.1933 ('34) 86–89; ∼ 2[1)]: **7**.1934 ('35) 43–46. — Die Schallabsorption von porösen Stoffen[1)]: **6**.1933 ('34) 192–95. — A calculation of the atomic field of neon by means of screening-constants: 196–99. — Elastic electron scattering in argon. Computation of the phase differences from experimental results: 200–02. — Some numerical data to the method of Gauss for the calculation of definite integrals of polynomials to the 25th degree: **7**.1934 ('35) 39–42. — Målinger av lydisolasjonen mot luftlyd i en del gulv- og veggkonstruksjoner utført i Handelsstandens Hus, Trondheim[1)]: 153–56. — Målinger av efterklang og lydabsorpsjon utført i Handelsstandens Hus, Trondheim[1)]: 157–60. — Die Schallisolation von Doppelwänden[1)], 1: Holz-Wände: **8**.1935 ('36) 75–78; ∼ 2: Leichte Wand mit Baumwollfüllung: 118–21; ∼ 3: Doppeltüren: 122–24. — An electrical calculating machine for the calculation of electron scattering curves[16)]: 87–90. — Die Ausführung eines schalldichten Raumes[1)]: **9**.1936 ('37) 180–83. — Radiative capture of protons[12)][15)]: **10**.1937 ('38) 107f. — Die Schalldämmung von Holzdecken[1)]: 173–76; ∼ 2[1)]: **12**.1939 ('40) 149–52. — Die physiologische Lautheit: **11**.1938 ('39) 38–41. — Nuclear photoeffect[12)][15)]: 46–49. — On the resonances in radiative capture of protons by ^{7}Li and ^{19}F [12)][15)]: 89–92. — Zur Theorie der Kompression des Pegelbereiches beim Hören: 151–54. — Die Erregung der Basilarmembran durch Schallschwingungen: 176–80; ∼ 2: 205–08. — Die Breite einer monofrequenten Erregung der Basilarmembran: 209–12. — Zur Theorie der Verdeckung eines reinen Tons durch ein Geräusch: 213–16. — Die Verteilung der Frequenzen auf der Basilarmembran: 221–24; ∼ 2: 225–28. — On the γ-radiation from boron by proton bombardment[12)]: **12**.1939 ('40) 53–56. — Die Verbesserung der Hörsamkeit durch Schallspiegel [1)]: **13**.1940 ('41) 65–68. — Eine akustische Wandbekleidung mit erhöhtem Schluckvermögen für tiefe Töne[1)]: 91–94. — Gammastrahlen bei der Anlagerung von Protonen an Aluminium[3)][12)]: 143–46. — Die Schallschluckfähigkeit von zusammengesetzten Wandbekleidungen[1)]: 199–202. — Die Schallschluckung einer schwingungsfähigen Wand: **14**.1941 ('42) 25–28. — Die Schallschluckfähigkeit einiger Wandbeläge[1)]: **16**.1943 ('44) 12–15; ∼ 2[1)]: 16–19. — Versuche mit Taschenresonatoren, 1[14)]: 121–24; ∼ 2[14)]: 133–36. — A remark on the theory of optical images: **23**.1950 ('51) 113–15. — On the calculation of optical images: 116–21.

Kongel. norske Vid. Selsk. Skr. A high-voltage plant for nuclear investigation[12)][15)]: **1938**, Nr. 6, 18 S.

Naturen Historisk oversikt over temperatur- og varmembegrepet: **86** ('62) 519–28.

Naturwissenschaften γ-Strahlen bei der Anlagerung von Protonen an Beryllium[3)][12)]: **28** ('40) 335. — γ-Strahlen bei der Anlagerung von Protonen an Magnesium[3)][12)]: 399. — γ-Strahlen bei der Anlagerung von Protonen an Phosphor[3)][12)]: 668f.

Review sci. Instruments Measuring of pumping speeds of oil diffusion pumps[7)][16)]: **8** ('37) 90f.

Teknisk Ukeblad Lydisolasjonen mot bankelyd i gulvkonstruksjoner[1)][2)][17)]: **52** ('34) 391–97. — Kunstig radioaktivitet: **53** ('35) 28–30.

Tidsskr. Kjemi og Bergvesen Ernest Orlando Lawrence (Nobelpris i fysikk 1939): **19** ('39) 159f.

Z. Physik Die Gammastrahlung der leichten Elemente bei Protonenbestrahlung[3)][12)]: **118** ('41) 48–57.

Mit: [1]) R. Berg; [2]) F. Berner; [3]) N. Hole; [4]) W. Holst; [5]) I. Johnsen; [6]) J. Lothe; [7]) W. Ramm; [8]) W. Romberg; [9]) T. Sikkeland; [10]) S. Skavlem; [11]) V. Tandberg; [12]) R. Tangen; [13]) S. Tjøtta; [14]) C. Vibe; [15]) H. Wergeland; [16]) S. Westin; [17]) E. Harboe.

VI **HOLWECK,** Fernand. Physik, Biophysik. — 1913–41 Chef de Travaux (Maître de Conférences adjoint), Inst. du Radium, Fac. des Sci., Univ. de Paris; '33–38 Maître de Recherches, '38–41 Dir. de Recherches, Centre National de la Recherche Scientifique, Paris. — '23 Prix Danton (Acad. Sci. Paris); '23 Prix Ancel (Soc. Franç. de Physique); '27 Prix Pierson-Perrin (Acad. Sci. Paris); '32 Médaille Mascart (Soc. Franç. des Electriciens); '36 Grand Prix du Prince Albert Ier de Monaco (Acad. Sci. Paris).
*1890, Juli 21, Paris;
†1941, Dez. 2, Paris.

Ehrung '54 Prix en hommage aux savants français assassinés par les Allemands en 1940 à 1945: Henri Abraham, Eugène Bloch, Georges Bruhat, Louis Cartan, Fernand Holweck (Acad. Sci. Paris). — Médaille Holweck (Soc. Franç. de Physique). — Holweck Prize (Physical Soc. London).

Nekr. C. Fabry, Cahiers Physique Nr. 8 ('42) 1–16. — A. Thomas, Le martyre de Fernand Holweck: Pensée **27** ('49) 21–28. — Comité à la mémoire des savants français, victimes de la barbarie allemande (Paris '47) S. [9] (m. Bildn.). — Nature [London] **149** ('42) 163.

S. Journées internationales de chronométrie et de métrologie, Paris 1937 (Paris '39): Etude précise de l'élasticité au moyen du pendule inversé.

C.R. hebd. Séances Acad. Sci., Paris Etude d'un pendule élastique sensible. Contribution à l'établissement du réseau gravimétrique français: **196** ('33) 44–46. — Contribution à la compensation du réseau gravimétrique européen[1]): 532–34. — Perfectionnements au pendule élastique. Liaisons gravimétriques récentes entre la station de référence du réseau français et celles des pays voisins: **200** ('35) 44–46. — Mesure des dimensions élémentaires des virus par la méthode d'ultramicrométrie statistique: **207** ('38) 380–82. — Recherches sur le mode d'action des radiations sur les bactériophages[2])[3]): **210** ('40) 639–42, 799.

J. Observateurs Mesures relatives de la gravité au moyen du pendule élastique inversé [1]): **17** ('34) 109–45.

J. Physique et Radium Perfectionnements au pendule de gravité. Contribution à l'établissement de la carte gravimétrique de France [1]): (7) **8** ('32) 178S–182S.

Nature [London] Effect of radiations on bacteriophage C_{16} [3])[2]): **145** ('40) 935f.

Radiophysiologie et Radiothérapie Le problème des quanta en radiobiologie (Point de vue physique): **3** ('34) 235–54.

Mit: [1]) P. Lejay; [2]) S. Luria; [3]) E. Wollman.

VI **HOMÈS,** Georges Armand Jean. Physik. — 1929–33 Prof. extraord., '33– Prof. ord., Dir. de l'Inst. de Radiol., Univ. de Bruxelles, et Prof., Fac. Polytechn. de Mons; Chef de la Commission de Mesure et Test, Inst. Internation. de Soudure; Chef du Comité Nation. de Cristallographie; Chef du Comité Technique, Centre Nation. de Recherches Métallurgiques. — Silver Medalj (Ingeniörsvetenskapsakad., Stockholm); Award (Amer. Soc. for Non Destructive Testing). (⊠)
*1904, März 28, St. Josse, près de Bruxelles.

H. Vocabulaire photométrique (Bruxelles '34) (Association belge de standardisation, Rapport 61).

S. Congrès de l'Association française pour l'avancement des sciences, 56e session, Bruxelles 1932 (Paris–Bruxelles '32) 3 S.: Réalisation d'un étalon rationnel d'intensité lumineuse.

W. Réalisation d'un étalon primaire d'intensité lumineuse (Bruxelles '33) 112 S. — Analyse des modifications structurales par la spectroradiographie. Introduction physique (Bruxelles '36) 25 S. (Association belge pour l'étude, l'essai et l'emploi des matériaux. Procès-verbal de la 3e séance de 1936). — Le processus physique de la déformation plastique des métaux (Bruxelles '38) 32 S. (∼ 4e séance de 1938). — La mesure radiographique de la compacité des soudures à l'arc et les relations entre cette compacité et l'endurance (Bruxelles '39) 21 S. (∼ 1e séance de 1939). — Problèmes de physique interne des matériaux **1**: Appareils et méthodes de radiologie industrielle; Tensions internes dans les métaux; Ecrouissage; Fluage; Fatigue et porosité des soudures autogènes (m. M. Brunin, P. Duwez) (Mons '41) (Publications du Laboratoire de physique interne des matériaux de la Faculté polytechnique de Mons). — Leçons sur la physique interne des matériaux **1**: Initiation à la physique structurale; Réseaux cristallins; Ondes et corpuscules; Physique atomique; Radiologie; Spectroradiographie (Mons '41) 388 S.; [3]('45) 8 + 369 S.; **2**: Doctrine (Mons '45) 369 S. (Cours de la Faculté polytechnique de Mons). —

Travaux pratiques de physique interne des matériaux (Mons '46) 175 S. (~). — Rapport sur l'évolution aux Etats-Unis de la physique appliquée à l'art de l'ingénieur et en particulier à la connaissance des matériaux (Bruxelles '46 [?]) 62 S. (polygraphié).

Arcos [Bruxelles] Die Mikroröntgendurchstrahlung. Ein neues Mittel zur Untersuchung des Gefügezustandes der technischen Werkstoffe: **1950,** 2397–409, 2429–44 [franz.].

Bull. Cl. Sci., Acad. roy. Belgique Sur l'état de dislocation des cristaux métalliques écrouis [3])[4]): (5) **23** ('37) 653–58. — Phénomènes superficiels dans l'écrouissage et la recristallisation des métaux: **24** ('38) 147–58. — Distinction entre le mécanisme cristallin de la rupture statique et celui de la rupture dynamique[4]): 159–62. — Sur le mécanisme structural du comportement des métaux aux températures élevées: **25** ('39) 224–42. — Sur une méthode spectroradiographique précise pour déterminer directement en valeur absolue un paramètre cristallographique: **32** ('46) 185–93. — Sur la formation de fissures internes dans le chlorure de polyvinyle soumis à des contraintes[1]): **46** ('60) 486–89.

Bull. Soc. belge Electriciens Note sur la photométrie des phares d'auto: **49** ('33) 8 S. — Die Methoden der zerstörungsfreien Prüfung von Schweißstellen: **59** ('43) 174–82 [franz.].

Bull. Soc. roy. belge Ing. et Industriels Analyse von Strukturänderungen in Werkstoffen durch Spektroradiographie: **1939,** 681–704 [franz.].

Chimie et Industrie Über Beziehungen zwischen der Reinheit von Zink, seinem Gefüge und seiner Beständigkeit gegenüber chemischen Reagenzien: **41** ('38) No. spéc. 4bis, 240f. [franz.].

C.R. hebd. Séances Acad. Sci., Paris Sur l'opacité aux ultrasons des milieux poreux: **228** ('49) 1695–97. — Note sur la localisation de l'origine de la rupture, dans la traction de l'acier doux[5]): **232** ('51) 596–98. — Fibre N du polyéthylène[12]): **242** ('56) 2557–60. — Comparaison entre les résultats des essais de résilience et ceux des essais de traction, relatifs au fer vieilli après déformation[11]): **248** ('59) 3167–69. — Corrélation entre la direction de la déformation préalable et la réapparition des accidents à la limite élastique dans les courbes de traction des fers vieillis après déformation[11]): 3304–06. — Sur l'amorce des bandes de déformation dans les matériaux homogènes et isotropes[1])[11]): **250** ('60) 290–92. — Sur le vieillissement sous tension après traction à froid du chlorure de polyvinyle[1]): 1853f. — Fibres naturelles et forme des chaînes de polyéthylène[12])[6])[9]): 2027f. — Sur l'apparition de fissures superficielles dans le chlorure de polyvinyle soumis à la traction[1]): 2203–05. — Un critère d'amorce de rupture fragile dans les métaux réputés ductiles[11])[1]): 2368–70. — Sur la viscosité des hauts polymères[1]): **255** ('62) 3409f. — La fermeture par recohésion des fissures superficielles dans le polyméthacrylate de méthyle[2]): **257** ('63) 2990–92. — La déformation plastique du polyméthacrylate de méthyle dans le domaine vitreux[2]): **259** ('64) 3434–36.

C.R. hebd. Séances Acad. Sci., Paris, Sér. C Le mécanisme de déformation de l'acier considéré comme résultant de deux processus d'activation[11])[5]): **263** ('66) 367–70. — Prédétermination du comportement mécanique du polyester armé[1])[15]): **264** ('67) 1909–12.

J. Soc. non-destructive Testing Survey on the activity of commission V of the International Institute of Welding: **16** ('58) 171f.

Mémoires Centre nation. Rech. métallurg., Sect. Hainaut Verschiedene Nutzanwendungen der Mikroradiographie in der Metallurgie [5]): **1950,** Dez.-Nr., 35–44 [franz.]. — Gase in Eisenmetallen: **1953,** Nr. 3, 159 S. [franz.].

Métaux La méthode belge de contrôle ultrasonoscopique des matériaux[10])[14]): **27** ('52) 24–33.

Minería y Metalurgia [Madrid] El método belga de control ultrasonoscópico de las materiales[10])[14]): **1951,** Nr. 123, 30–36.

Physica Suggestions concerning intercrystalline junction processes during recrystallization[8]): **15** ('49) 107–10.

Revue Métallurgie [Paris] Problèmes de physique interne des matériaux: **33** ('36) 641–45. — Recherches sur le mécanisme structural du comportement mécanique des métaux aux températures élevées: **36** ('39) 373–87. — Sur les limites du diagnostic radiographique dans l'examen des soudures[13]): **40** ('43) 97–107. — Contribution à l'étude des mécanismes de rupture des métaux[5]): **47** ('50) 678–92. — Les ressources de la microradiographie dans les problèmes métallurgiques[5]): **48** ('51) 251–61. — Nouvelles recherches microcinématographiques sur la déformation et la rupture de l'acier [5]): **49** ('52) 707–19. — Recherche d'une méthode nouvelle de déchiffrement des diagrammes de Debye-Scherrer[5]): **51** ('54) 749–57. — Le contrôle radiospectrographique de l'état structural des chaînes de levage[11]): **55** ('58) 865–71.

Revue Opt. théor. et instrument. Contribution au problème de l'étalon primaire d'intensité lumineuse: **13** ('34) 273–79.

Revue Soudure L'emploi des ultrasons pour l'auscultation des soudures[7]): **9** ('53) 214–25. — L'auscultation automatique de soudures à l'aide des ultrasons: **10** ('54) 229–33. — La détection ultrasonore de la pénétration dans les soudures autogènes en T: **11** ('55) 204–13. — Le progrès scientifique des problèmes traités par la commission V [de l'Institut International de Soudure]. Essais, mesures et contrôles des soudures: **18** ('62) 157–63.

Revue univ. Mines, Métallurgie, Trav. publ., Sci. et Arts appl. Industrie Conclusions des rapports et des discussions: **105** ('62) 476–78.

Science et Techn. Les mécanismes physiques de la rupture des métaux: **12** ('54) Nr. 11/12, 3 S.

Suppl. Nuovo Cimento Le contrôle de l'imprégnation des matériaux feuilletés à l'aide des ultra-sons: (9) **7** ('50) 385–91.

Welding J. Inspection and measurement of properties of welds in plastics: **40** ('61) 223s–228s.

Wis- en natuurkund. Tijdschr. De kleur van het licht: **6** ('32) 104–30.

Mit: 1) J.-C. Bauwens; 2) C. Bauwens-Crowet; 3) M. Brunin; 4) P. Duwez; 5) J. Gouzou; 6) A. Keller; 7) J. van Leemput; 8) M. Maquestiau; 9) A. O'Connor; 10) Y. Ots; 11) R. Pankowski-Fern; 12) J. J. Point; 13) A. Portevin; 14) E. Symon; 15) J.-P. Delit.

VI **HONDA,** Kanji. Elektrotechn. — 1923–29 Assist., '29–44 wiss. Mitarbeiter, '44–47 leitender wiss. Mitarbeiter am Physikal.-Chem. Forschungsinst., Tokyo; '31 Dr. Ing., '31–37 Doz. Elektrotechn., '37–39 außerord. Prof. Physik, '39–59 ord. Prof., '59 Prof. Emer., Univ. Tokyo; '59– Prof., Tokyo Electrical Engineering College. — '51 Asano Preis (Inst. f. Elektrotechn., Japan).

*1899, Jan. 21, Liyama, Nagano.

W. Electron and its behavior (m. M. Hoshiai) (Tokyo '36). — Electrical discharge in gases (m. M. Hoshiai) (Tokyo '36). — High voltage phenomena (Tokyo '37). — Discharge phenomena in gases (Tokyo '64). — — Alle Bücher japan.

Applied sci. Res., Sect. B On the breakdown potential of highly ionized gases: **5** ('55) 47–52.

J. Inst. electr. Engr. Japan A crest-voltmeter for impulse voltage[5][11][1]: **57** ('37) 487–. — Suppression of surface creapage effect with resistance[6]: **60** ('40) 119–. — Effect of series resistance upon surface discharge[7][6]: 395–. — Measurement of the reignition voltage of gas-discharge tubes[9]: **67** ('47) 160–; Suppl. **1** ('49) 8–10. — Reignition voltage of argon gas: **67** ('47) 185–; Suppl. **1** ('49) 106–11. — Current wave form of point corona in atmospheric air[10]: **67** ('47) 207f.; Suppl. **2** ('50) 7–10. — Pulsating current in the initial stage of point corona in atmospheric air[10]: **67** ('47) 230f.; Suppl. **1** ('49) 162–65. — Sparking criterion for high-frequency discharge: **68** ('48) 92–96. — Comparison of the criterion for high-frequency spark with experiments: 296–. — Energies, mobilities, etc. of ions and electrons in high-frequency field[9]: **69** ('49) 47–51. — Relation between anode- and filament-currents of x-ray tubes[3]: **70** ('50) 421f.; Suppl. **1** ('49) 29–34. — Breakdown of highly ionized gas: **70** ('50) 436–41. — Streamer breakdown criterion for a uniform air gap: **85** ('65) 1394–401. — — Alle Arbeiten japan.

J. physic. Soc. Japan On the nature of silent electric discharge[4]: **10** ('55) 1007–11. — On the properties of long-gap streamers: **12** ('57) 1403–12.

Nippon Butsuri Gakkaishi High-frequency discharge[8][9][2]: **5** ('50) 75–82 [japan. m. engl. Zusammenfassg.].

Res. Rep. Tokyo electr. Engng. College Geometrical shape of the breakdown-streamer head in gases: Nr. **11** ('63) 1–11. — Some theoretical aspects about hot-cathode low pressure discharge: Nr. **12** ('64) 1–19. — Luminous plasma of hot-cathode low pressure discharge: 21–47. — Behavior of dielectric cathode as a γ-electron source in void discharge: Nr. **13** ('65) 1–10. — Behavior of a dielectric gap: 11–24. — Properties of a needle electrode viewed from streamer breakdown: Nr. **14** ('66) 9–25. — Streamer velocity and photoionization of the gas: 27–41.

Mit: 1) Y. Gosho; 2) T. Kihara; 3) H. Mishima; 4) Y. Naito; 5) T. Nishi; 6) K. Sunaga; 7) H. Takahashi; 8) S. Takeda; 9) H. Tamagawa; 10) Y. Terada; 11) H. Ueda.

V, VI **HONDA,** Kôtarô. Physik, Metallurgie. — 1911–33 Prof. Physics, '19 Founder and '19–33 and '44–47 Dir. of the Research Inst. for Iron, Steel and other Metals, '31–40 Pres., Tôhoku Imperial Univ., Sendai; Member of the Nation. Research Council of Japan; Member of the Board of Directors of the Foundation for the Promotion of Science and Industry in Japan; Member of the Tokyo Inst. of Physical and Chemical Research. — '33 Dr. phil. h. c. (Univ. Göttingen). — '16 Imperial Acad. Prize; '22 Bessemer Gold Medal (Iron and Steel Inst. of Great Britain); '31 Elliot Cresson Medal (Franklin Inst., Philadelphia, Pa.); '37 Cultural Order (Japan Government); '39 Japan Institute of Metals Prize.

*1870, Febr. 23, Yahagi Machi, Aichi; †1954, Febr. 12, Tokyo.

Zur Biogr. Festgabe: Anniversary volume dedicated to Professor Kôtarô Honda on the completion of 25 years of his professorship by his friends and pupils (Sendai '36) [Sonderband von: Science Rep. Tôhoku imp. Univ., Ser. I] 3 + 8 + 8 + 1126 S.; darin: 1–3: Biogr. (m. Bildn.); 1109–26: Schr.verz. — H. Sugiyama, Kôtarô Honda, ein großer Eisen-Chemiker: Nippon [Tokyo] **1936**, Mai-H., S. 30 (m. Bildn.). — G. Tammann, Metallwirtsch., Metallwiss., Metalltechn. **13** ('34) 1.

Nekr. S. Kaya, J. physic. Soc. Japan **9** ('54) Nr. 3, I–IV. — M. Masima, J. sci. Res. Inst. [Tokyo] **49** ('55) I–III (m. Bildn.). — Engineering **177** ('54) 260f. — Nature [London] **173** ('54) 335, 755.

S. Proc. 1st World metallurgical congress, Cleveland, O., 1951 (Cleveland, O. '52) 707–16: An interpretation of the hysteresis loops in A_3 and A_4 transformations of pure iron[10]. — Proc. International symposium on the reactivity of solids, Gothenburg 1952, **2** (Göteborg '54) 847–57: Theory of transformation stress[10].

W. An investigation of bullet resisting steels (m. G. Takemae, N. Watanabe) (Sendai '32) 162 S. [japan.].

Bull. Inst. physic. and chem. Res. Tokyo Internal stress due to cooling in steel ingots[1]: **14** ('35) 525–34. — On the phenomenon of incubation of alloys[13]: **15** ('36) 315–19. — Change of electric resistance due to magnetization of single crystals of iron and nickel[1][16]: **19** ('40). — — Alle Arbeiten japan.

J. Inst. electr. Engr. Japan Sparking criterion: **67** ('47) 9–12 [japan.].

J. Japan Inst. Metals Magnetic alloys: **1** ('37) 3–7. — On Young's modulus of elasticity of single crystal of nickel[12]: 217–19. — On the relation between the shielding efficiency and physical properties of metals[17]: **2** ('38) 3–8. — On the theory of age-hardening: **3** ('39) 359–65. — On the behaviours of enormously large internal stress accompanying the transformation of a substance: **13** ('49) 13–16. — — Alle Arbeiten japan.

J. physic. Soc. Japan On the properties of long-gap streamers: **12** ('57) 1403–12.

J. Sci. Res. Inst. [Tokyo] Ein Zusammenhang zwischen der Schmelzpunktsänderung und der Änderung der spezifischen Wärme bei Schmelzen einiger metallischer Elemente[10]: **44** ('50) 114f.

Japan Nickel Rev. Japans Fortschritte in der Wissenschaft von Eisen und Stahl: **4** ('36) 238–52 [japan.]. — Die Verwendung von Nickel in Magnetlegierungen: **5** ('37) 430–39 [japan.].

Kinzoku no Kenkyu A theory of the change of electric resistance in metals caused by cold-working[1]: **9** ('32) 315–20. — On the nature of tetragonal and cubic martensites[8]: **10** ('33) 1–25. — On the tensile strength of rocksalt[4]: 468–70. — On the true specific heat of some metals and alloys[15]: **12** ('35) 267–79. — On the internal stress in steel caused by dissolved hydrogen gas[1]: **13** ('36) 121–26. — On the variation of diamagnetic susceptibility of water due to temperature[11]: 365–69. — On the phenomenon of incubation of alloys[13]: **14** ('37) 41–45. — — Alle Arbeiten japan.

Metal Progr. Nature of a solid solution: **26** ('34) Sept.-Nr., 42f. — Austenite → martensite → pearlite: the classical view: **28** ('35) Aug.-Nr., 34f. — The "incubation" of alloys: **31** ('37) 536, 546f.

Metallwirtsch., Metallwiss., Metalltechn. Fortschritte auf dem Gebiete der Dauermagnete: **13** ('34) 425–27.

Nature [London] A new alloy, "stainless-invar": **131** ('33) 587. — Change of magnetic susceptibility of platinum, copper and silver caused by cold-working[11]: **132** ('33) 565f. — Magnetism of tin[11]: **135** ('35) 108. — Change of magnetic susceptibility of metals during melting and allotropic transformation[11]: **136** ('35) 393. — An atomic theory of the magneto-caloric effect[1]: **137** ('36) 492. — Formation of frozen rain-drops and the condition of ice-crusted trees: **164** ('49) 180. — Mechanism of the formation of pearlite in steels: 229f.

Nihon Gakujutsu Kyôkai Hôkoku On the quenching of steels and its mechanism: **9** ('34) 625–31[ ].

Proc. imp. Acad., Tokyo A theoretical consideration on magnetic properties of ferromagnetic crystals: **17** ('41) 186–90. — Heat phenomena accompanying the magnetization: 241–43. — A theory of magnetostriction in single crystals of iron and nickel[1]: **18** ('42) 237–45. — Magnetostriction of cobalt single crystals[1]: **23** ('47) 85–87.

Proc. Japan Acad. The behaviours of enormously large internal stress accompanying the transformation of a substance: **25** ('49) 11–21. — Effect of transformation stress on melting points of some metals[10][14]: 21f. — Effect of transformation pressure on latent heat of fusion of metals[10]: **26** ('50) 29–31. — Effect of transformation pressure on the difference of specific volumes in liquid and solid states of metals at melting points[10]: 32f.

Science Rep. Res. Inst., Tôhoku Univ., Ser. A On the behaviours of enormously large internal stress accompanying the transformation of a substance: **1** ('49) 1–6. — On the mechanism of the formation of pearlite in steels: 7. — On Young's modulus of elasticity of single crystals of nickel and cobalt[12]: 9–15. — On the magnetostriction of iron–aluminium alloys and a new alloy "Alfer" [6][12][5]: 341–47.

Science Rep. Tôhoku imp. Univ., Ser. I On the nature of the tetragonal and cubic martensites[8]: **21** ('32) 299–331. — On the Weiss' molecular field: 332–43. — On the measurement of the shrinkage of castings by means of an extensometer[3]): 575–84. – A theory of the change of electric resistance in metals caused by hydrostatic pressure[7][1]): 851–68. – On the tensile strength of rocksalt[4]): **22** ('33) 375–79. – A new K.S. permanent magnet[6][12]): **23** ('34/35) 365–73. – On the true specific heat of some metals and alloys[15]): 816–34. – On the magnetization of single crystals of nickel at various temperatures[6][12]): **24** ('35) 391–410. – On the quenching of steels and its mechanism: 551–64. – On the phenomenon of incubation of alloys[13]): Anniv. Vol. Honda ('36) 677–85. – On the stability of cementite [2][9]): **25** ('36/37) 202–06. – On the so-called temperature dependency of spontaneous magnetization[7]): 480–88. – On the formation of flakes in steel ingots[1]): 713–25. – On the variation of diamagnetic susceptibility of water due to temperature[11]): 939–45.

Scientific Papers Inst. physic. and chem. Res. [Tokyo] A further study on the theory of the change in electric resistance in metals due to hydrostatic pressure[1]): **34** ('38) 1292–98.

Trans. amer. Soc. Steel Treating On the nature of the tetragonal and cubic martensites [8]): **20** ('32) 464–70.

Z. Physik Über das Weisssche molekulare Feld: **75** ('32) 352–62. – Eine Theorie der durch hydrostatischen Druck verursachten Änderung des elektrischen Widerstandes in Metallen[7][1]): **76** ('32) 80–90. – Über die diamagnetische Suszeptibilität des Wasserstoffmoleküls[1]): **84** ('33) 208–11; **88** ('34) 414. – Über die sogenannte Temperaturabhängigkeit der spontanen Magnetisierung[7]): **98** ('36) 657–65. – Der magnetokalorische Effekt nach der Honda-Okuboschen Theorie des Ferromagnetismus[1]): **102** ('36) 132–37. – Über die Temperaturabhängigkeit der Magnetisierungsintensität der ferromagnetischen Substanzen im schwachen magnetischen Felde [7]): **103** ('36) 728–37. – Über den Knick der Magnetisierungskurve des Eiseneinkristalls im schwachen magnetischen Felde[7]): **109** ('38) 758–61. – Über die magnetische Anisotropie des Eisens, Nickels und Kobalts[1]): **111** ('39) 477–83.

Ferner in japan. Sprache ein Lehrbuch der Physik (m. K. Kawakita, 16. Aufl. 1933).

Mit: 1) T. Hirone; 2) K. Iwasé; 3) R. Kikuchi; 4) R. Kimura; 5) T. Kobayashi; 6) H. Masumoto; 7) T. Nishina; 8) Z. Nishiyama; 9) K. Sano; 10) M. Satô; 11) Y. Shimizu; 12) Y. Shirakawa; 13) K. Tamaru; 14) J. Tino; 15) M. Tokunaga; 16) N. Hori; 17) S. Higuchi.

VI **HONDL,** Stanko. Experimentalphysik. — 1899 Dr. phil., 1903– Doz., '11–15 außerord. Prof., '15–46 ord. Prof., Vorstand d. Physikal. Inst., '35–37 Rektor, '37–40 Prorektor, '46 Prof. emer., Univ. Zagreb; '32–39 Vizepäs. d. Jugoslaw. Akad. d. Wiss., Zagreb.

*1873, Okt. 22, Zagreb.

Zur Biogr. Ljetopis jugoslav. Akad. Znanosti i Umjetnosti **38** ('24) 32f.

S. Hrvatska enciklopedija (Encyclopaedia Croatica) (M. Ujević) **3** (Zagreb '42) 174 f.: Boškovićev duh; **5** ('45) 188–91: Dominis, Markantun de; 503–05: Dvořák, Vinko.

W. Fizika. Za više razrede srednjih škola [3](Zagreb '40) 388 S., [4]('44) 510 S.

Bošković Stativ nach Bošković: **1951**, 167–71 [kroat. m. deutscher Zusammenfassg.]. – Das mit Wasser gefüllte Fernrohr nach Bošković: **1952**, 187–227; **1953**, 81–91 [kroat.]. – Das Kreismikrometer von Bošković: **1955**, 98–123 [kroat. m. deutscher Zusammenfassg.]. – Bemerkungen zu einigen Urteilen des Frh. v. Zach über Bošković: 124–32 [~]. – Bošković und die Photometrie: **1956**, 81–108 [kroat.]. – Zwei sonderbare Annahmen von R. J. Bošković: **1961/62**, 203–10 [kroat. m. deutscher Zusammenfassg.].

Glasn. hrvatsk. prirodoslovn. Druš. Die Autonomie der physikalischen Wissenschaft: **41/48** ('29/36) 1–16 [kroat.].

Glasn. mat.-fizičke i astron. The attraction of a uniform spherical surface: (2) **3** ('48) 97–113 [kroat. m. engl. Zusammenfassg.]. – Bošković' calculations concerning the density of light: 193–201 [~]. – Stay and Bošković on absolute motion: **5** ('50) 21–32 [~]. – Über das mit Wasser gefüllte Fernrohr nach Bošković: **7** ('52) 48–51; **8** ('53) 49–51. – Osvrt na jednu raspravu M. Katalinića: 301f. – Bošković über Photometrie: **12** ('57) 121–24.

Nastavni Vjesnik Faraday o Boškovićevoj atomistici: **40** ('31/32) 257–66. – Utjecaj gibanja na prividnu težinu tjelesa: **46** ('37/38) 1–6.

VI **HONIG,** Pieter. Physikal. Chem., chem. Technol. — 1927–41 Dir. d. Versuchsinst. d. Java-Zuckerindustrie, Pasoeroean, Java; '41–49 Dir. d. Kautschuk-Forschungsinst., Bogor, Java; '41–49 Hauptberater f. ökon. Angelegenheiten b. d. Niederländ.-Indischen Regierung; '49 Vorstand d. Amtes f. wiss. u. industr. Forschung in Niederländ. Indien; '49–58 Dir. f. Forschung u. Entwicklung, West Indies Sugar Corporation, New York; '58–65 Berater in d. Landwirtschaftsindustrie, New York. — '48 Bosscha-Medaille (Naturwiss. Rat, Indonesien).

*1899, Febr. 17, Schermerhorn, Niederlande; †1965, Mai 15, New York.

Zur Biogr. J. J. A. Blekkingh, Ingenieur Nederl.-Indië **1941**, Nr. 9, 98–. — K. Douwes Dekker, Archief Suikerindustrie Nederland en Nederl.-Indië **2** ('41) 301–. — H. J. Hardon, Chronica Naturae [Batavia] **105** ('49) 129–. — V. J. Koningsberger, G. J. van der Bie, H. J. de Boer, H. R. Sinia, ibid. 157–71 [4 einzelne Artikel]. — J. E. van Hoogstraten, Economisch Weekbl. Nederl.-Indië **15** ('49) 441–. — Bergcultures **18** ('49) 154–.

Nekr. J. H. de Boer, Jaarb. koninkl. nederl. Akad. Wet. **1965/66** ('66) 383–86.

H. Principles of sugar technology **1**: Properties of sugar and nonsugars, the purification of juices (Amsterdam–New York–London '53, '58, '60); **2**: Crystallization ('59); **3** ('63).

MH. Handboek ten dienste van de suikerrietcultuur en de rietsuikerfabricage op Java **1,2**: Toepassing, eigenschappen en onderzoekingsmethoden van hulpstoffen in gebruik bij de Javasuikerindustrie (Amsterdam '38). — Science and scientists in the Netherlands Indies (Waltham, Mass. '45) (Natuurwetenschappelijk Tijdschr. Nederl.-Indië, Bd. 102, Special suppl.).

MHZ. Archief Suikerindustrie Nederland en Nederl.-Indië 1940–1942. — Economisch Weekbl. Nederl.-Indië 1941–1949. — Mededelingen, Nederl.-indisch Inst. Rubberonderzoek 1941–1948; Mededelingen, Indones. Inst. Rubberonderzoek 1949. — Natuurwetenschappelijk Tijdschr. Nederl.-Indië 1940–1946; Chronica Naturae [Batavia] 1947–1949.

S. Report of the proceedings of the 8th session of the International Commission for Uniform Methods of Sugar Analysis (ICUMSA), Amsterdam 1932 (London '32): Le dosage de l'acide sulfureux dans les sucres; On the properties of raw sugar; Le dosage des cendres par la méthode conductométrique; Colorimetry in the sugar industry. — Handelingen 7e Nederlandsch-Indisch natuurwetenschappelijk congres, Batavia 1935 ('s Gravenhage '37) 586–: Het verband tussen electrische geleidbaarheid en viscositeit van suikeroplossingen; ~ 8e ~, Soerabaja 1938 ('s Gravenhage '39) 91–: Natuurwetenschappelijk onderzoek en autarkisch streven; 330–: Het streven naar de toepassing van binnenlandse hulpstoffen bij de Java-suikerindustrie. — C.R. 5e Congrès international technique et chimique des industries agricoles, Schéveningue 1937 (Naarden '37) 564–77: La cristallisation du sucre envisagée théoriquement et technologiquement; 674–86: Nouveaux matériaux de construction dans l'industrie sucrerie de canne. — G. L. Spencer, G. Meade, Cane sugar handbook; a manual for cane sugar manufacturers and their chemists 8(New York '45) 115–19: The carbonation process. — New crops for the new world (C. M. Wilson) (New York '45) 248–61: Cane sugar productions. — V. R. Deitz, Bibliography of solid adsorbents (Charlestown, Mass. '45) LVI–LIX: The European carbon adsorbents. — Proc. 1951 Meeting of British West Indies sugar technologists, Georgetown, B.G., 1951 (Kingston, Jamaica '51) 26–39: Determination and recording of the pH in the [cane sugar] factory. — Anales de la segunda convención de tecnólogos azucareros de la Asociación Peruana de Tecnólogos Azucareros, Trujillo, Perú, 1951 (– '–) 137–47: Sistemas de enfriamiento en los cristalizadores. — Proc. 6th Technical bone char session, Montreal, Can., 1959 (Charlestown, Mass. '61) 101–16: The significance of nonsugars for the manufacture of refined sugars. — International conference on the chemistry and technology of sugar, Łódź 1962 (Łódź '62): The application of electrical conductivity control of the crystallization process.

W. Phosphates in clarified cane juices (New York '52) 44 S. (West Indies Sugar Corporation, Report no. 1). — Calcium and magnesium in cane juices and sugars (New York '52) 43 S. (~ 2). — Determination of the cryst of sugars (New York '54) (~ 3). — The presence of lecithins in cane juices and its effect on clarification (New York '54) 12 S. (~ 4). — Manual for analyses and technical control for the sugar factories of the West Indies Sugar Corporation (New York '54).

Advances Chem. Ser. Literature resources for chemical process industries: Sugar production: Nr. **10** ('54) 297–306.

Archief Suikerindustrie Nederl.-Indië Onderzoek der Java-suikercampagne 1931[21]): **40 II** ('32) 97–. — Houdbaarheid en opslag van suikers[21]): 167–. — Controlemethoden bij het kristallisatieproces: 1041–47. — Proeven met continue carbonatatie en automatische vacuumfiltratie[24]): **40 III** ('32) 1141–80. — Onderzoekingen over het kookproces[1]): 1182–[1224 ?]. — Eenvormige methoden van suikeronderzoek: **41 I** ('33) 181–215. — Vuilsapverwerking op defequerende fabrieken[24]): 233–48. — Klaring volgens Horne van oplossingen van suikers, I[21]): 425–29; ~ 2[6]): **42 I** ('34) 116–19. — Verschillen tussen de methoden van directe witsuikerfabricage in de biet- en rietsuikerindustrie: **41 I** ('33) 514–17. — De ontwikkeling van de verwerking van ampas: 545–54. — Filtratie in de rietsuikerindustrie: Specificatie van de filtreerbaarheid van neerslagen[24]): **41 III** ('33) 803–83; ~: Filtratie van de carbonatatiesappen[24]): 1289–342. — Het aanstaande internationale rietsuikercongres te Brisbane 1935: **42 I** ('34) 10–.

— Over de optredende reactieveranderingen van ongefiltreerd eerste carbonatatiesap[24]): 181–85. — Over de niet-suikers in ruwsap: 249–57. — H. C. Prinsen Geerligs [zum 70. Geb.tag]: 669–71. — De asbestanddelen van suikerriet: **42 II** ('34) 435–526. — De verwijdering van niet-suikers bij de ruwsapzuivering in de rietsuikerindustrie, 1: 561–86. — Onderzoekingen over het kookproces in campagne 1933[1]): 789–859. — Over de viscositeit en het geleidingsvermogen van onverzadigde suikeroplossingen[19])[5]): 1053–110.

Archief Suikerindustrie Nederland en Nederl.-Indië De ontwikkeling van het centrifugebedrijf: **1** ('40) 60–67. — De fabricage van hoogwaardige melasse op Cuba: 234–. — Over een correlatie tussen eigenschappen van dun- en diksap[8]): 307–. — Bedrijfscontrole in de Javasuikerfabrieken (Doel, geschiedenis en ontwikkeling): 401–09. — Over het keuren van producten, van suiker in het bijzonder: 437–44 [oder 481– ?]. — Suikerindustrie en onderzoek: 459–63. — Goenigaren [Jutegarn]. Eigenschappen en onderzoek[2]): 503–. — Bedrijfsregeling in de Javasuikerfabrieken: 512–. — Bombay koking: 561. — Bespreking van de molen- en ketelhuisresultaten der laatste campagnes. Ervaringen over het vermalen van verschillende rietsoorten, beschouwd aan de hand van de antwoorden, binnengekomen op de fabrieksenquete: 601–. — Het verstoken van melasse: 617–. — Begrippen en eenheden in gebruik bij stoom- en brandstofcontrole: 627–. — Het laboratorium der suikerfabrieken, 1: **2** ('41) 60–63; ~ 2: 84–89. — Eigenschappen, bereiding en verbruik van melassehoudende veevoeders: 109–13. — Het zien van kleuren en het autonome zenuwstelsel: 203f. — Gewoonte en verandering in het suikerverbruik: 241–. — De laatste ontwikkeling van het centrifugeproces: 255–68. — Over "upward sludge filtration": 497–.

Australian Sugar J. The present situation of the Java sugar industry: **27** ('35/36) 644–. — Process in sugar technology. Clarifications in mills over 50 years, 1: **42** ('50/51) 687–90; ~ 2: 776–82.

Azúcar La eficiencia de los evaporadores y el problema de la incrustación: **2** ('51) Nr. 3, 9–24. — Las incrustaciones en los evaporadores: Nr. 5, 35–47.

Boletín ofic., Asoc. Técnicos azucareros Cuba Progresos en la producción de azúcar de caña desde 1938: **9** ('50) 335–38. — La limpieza de los aparatos evaporadores: **10** ('51) Nr. 4.

Bull., Netherlands Chamber Commerce United States The future of Netherlands New Guinea: Nr. **56** ('50) 2f. [ ].

Chemisch Weekbl. De bepaling van het verzepingsgetal van smeeroliën[15]): **31** ('34) 643–46. — De kwaliteit van koloniale producten: **32** ('35). — Het streven naar de toepassing van binnenlandse hulpstoffen bij de Java-suikerindustrie: **36** ('39) 99–101. — Synthetische rubber in Amerika: **41** ('45) Nr. 15/16, 87–. — Incrustatie en warmteoverdracht in verdampingen der rietsuikerfabrieken, 1: **48** ('52) 301–05; ~ 2: 317–23.

Chronica bot. Future of export agriculture in the Netherlands East Indies: **7** ('43) 328–.

Deutsche Zuckerindustrie Konduktometrische Aschebestimmung[19]): **57** ('32) 919–.

Economisch Weekbl. Nederl.-Indië De suikerproductie en de suikeruitvoer gedurende de laatste jaren: **2** ('33) Sonder-Nr., S. 8–. — De classificatie van suiker en de op Java gangbare handelsassortimenten: 17–. — De invoerrechten op suiker in verschillende landen: 25–. — De kwaliteit van koloniale producten: **4** ('35) Nr. 51/52. — De momentele positie van natuurrubber: **12** ('46) Nr. 1, S. 3–. — De rubberprijs (Prijsverschil natuurrubber en synthetische rubber): Nr. 3, S. 22–; ~ 2: Nr. 4, S. 30–. — Rubber en wereldhandel: Nr. 9, S. 71–. — Inleiding tot de nijverheidsontwikkeling in Nederlands-Indië in 1946 en 1947: **13** ('47) Nr. ... [?], S. 49–. — Kanttekeningen bij de rehabilitatie van den ondernemingslandbouw: **13** ('47) Sonder-Nr. — De economische ontwikkeling in Nederlands-Indië gedurende de laatste eeuw: **14** ('48) 660–. — Overheid en nijverheid: 694–96. — Vraaggesprek over Kina: 935–37.

Empire J. exper. Agric. The use of fertilizers in the Netherlands Indies: **13** ('45) 54–.

Far eastern Survey Future of export agriculture in the Netherlands East Indies: **12** ('43) 38–.

Ingenieur ['s Gravenhage] De reconstructie van Nederlands-Indië: **58** ('46) A179–. — Technische reconstructie van Nederlands-Indië: A499–. — Westerse techniek en oosterse maatschappij: **59** ('47) A385–. — Enige aantekeningen ter gelegenheid van de bijwoning van het eeuwfeest van het Massachusetts Institute of Technology: **73** ('61) A278f.

Ingenieur Nederl.-Indië Schommelingen bij chemisch-technologische processen: **8** ('41) Chem. en Technol., Nr. 2, VII. 9–VIII. 18. — Het beroep en de maatschappelijke plaats van den chemicus: Nr. 5. — Viscositeit en electrisch geleidingsvermogen: Nr. 8, VII, 78–83.

International Sugar J. Conductivity ash determination [for sugars][19]): **34** ('32) 272f. — Methods of controlling crystallization [in sugar solutions]: 426–28. — Viscosity and conductivity of supersaturated sugar solutions [19])[5]): **37** ('35) 232. — The Java sugar industry. Developments in recent years: **44** ('42) 206–08. — Developments in cane sugar production since 1938: **52** ('50) 356f. – Determination of water in molasses[22]): **58** ('56) 92–95. – Continuous processing of C-boilings[11])[12]): **64** ('62) 168–71.

Korrosion u. Metallschutz Messingrohre in der Java-Rohrzuckerindustrie: **12** ('36) 310–12.

Memoria Conf. anu., Asoc. Técnicos azucareros Cuba La purificación de los guarapos en el ingenio. Sus problemas y resultados: **23** ('49) 177–86. – Las incrustaciones en los evaporadores: **24** ('50). – Elementos estructurales del bagazo de la caña y su significado para los productos que se habran de manufacturar: **25** ('51) 373–88. – Las lecitinas en los guarapos y sus efectos sobre la clarificación: **27** ('53) 131–39. – The use of the cuitometer as operational control instrument[18]): **30** ('56) [ ]. – The benefits of high speed centrifugals in the reduction of nonsugar circulation and increased exhaustion of the final molasses [18]): ibid. [ ]. – Determinación de la transmisión de calor en los evaporadores como un método de medir las relaciones y la eficiencia de las operaciones de limpieza[18]): **31** ('57) 69–79. – Efecto que produce en la fabricación de azúcar el incremento en CaO en el guarapo clarificado[18]): **33** ('59) 35–41. – Investigaciones realizadas sobre agotamiento y miel final: **34** ('60) 51–58.

Mundo azucarero Technical progress in the sugar industry: **42** ('54) Nr. 11, 20–23 [span.]. – Perspectiva para la expansión de la industria azucarera en Africa: **43** ('55) Nr. 10, 17–.

Nature [London] Research in the Netherlands Indies: **151** ('43) 242–44.

Natuurkundig Tijdschr. Nederl.-Indië Problemen en methoden van onderzoek bij de technologie der suikerfabricage: **97** ('37) Nr. 2, 35–48. – De sociale betekenis van natuurwetenschappelijk onderzoek: **100** ('40) Nr. 2, S. 82–.

Natuurwetenschappelijk Tijdschr. Nederl.-Indië Schommelingen bij technologische processen: **101** ('41) Nr. 2, 37–45.

Chronica Naturae [Batavia] Selectie van hevea[25])[16]): **103** ('47) Nr. 5, S. 63–. – De sociale belangstelling voor natuuronderzoek: Nr. 7, S. 118–. – De natuuronderzoeker en de moderne maatschappij: Nr. 12, S. 211–. – De natuuronderzoeker in Indonesië: **104** ('48) Nr. 4. – Grensgebieden van den chemicus: S. 121–. – De ingenieur en het wetenschappelijk onderzoek: Nr. 7, 211–. – Over de maatschappelijke plaats van de natuuronderzoeker: Nr. 10, 266–70. – Vitaminen in suikerriet en suikerrietproducten: Nr. 11, 303–06. – Moderne ionen-uitwisselaars, een nieuw hulpmiddel in de chemische technologie: **105** ('49) Nr. 3, 65–74. – De indische voortbrengselen in het huidige wereldbestel: **105** ('49). – Klei in de rietsuikerindustrie: **106** ('50) 101–04. – Sociologie van de grootcultures: 397–400.

Proc. annu. Convent. Sugar Technologists' Assoc. India Cleaning of evaporators: **22** ('53) Pt. 1, 56–63. – The viscosity of sugar-house products: **23** ('54) Pt. 1, 80–91.

Proc., Int. Soc. Sugar Cane Technologists On controlling methods for the crystallization process: **4** ('32). – A summary of the experiments on viscosity and electrical conductivity of sugar solutions at the Java Sugar Experiment Station: **5** ('35) 313–23. – Relation between the composition of sugar solutions and produced sugar: **6** ('38) 1066–68. – Developments in cane sugar production since 1938: **7** ('50). – Scaling of evaporators in raw-sugar mills: **7** ('50) 529–49. – The lipides in cane-sugar manufacture: **8.** **1953** ('54) Paper No. 115, 8 S. – Boiling-house efficiency and the purity of final molasses: **9** ('56). – Introduction to the symposium on clarification: ibid. – Chemical reactions in the settling of limed cane juices: **9** ('56) Pt. 2, 583–94. – The presence of phosphates in cane juice: **10** ('59) 356–61.

Proc., Koninkl. nederl. Akad. Wet., Ser. B The heat conductivity of scales in evaporators: **54** ('51) 110–19.

Publ. techn. Papers and Proc. annu. Meeting Sugar Industry Technicians On filtrability: **11** ('51). – Calcium, magnesium and phosphates in the refining process: **12** ('52). – Determination of the cryst of sugars: **13** ('54). – Evaluation of the efficiency of multiple evaporators in the sugar industry: **17** ('58). – Incrustation and cleaning of heat transfer elements in the sugar industry. Heaters and evaporators: **18** ('59). – The present status of color determinations in refineries with color standards: **19** ('60) 58–73. – Color development in process operations[3])[13]): 74–94. – The application of electrical conductivity control of the crystallization process: **20** ('61). – Rapid analysis and classification of refined, granulated sugars: **21** ('62) 25–31. – Standardization of Peruvian raw sugars[4]): **22** ('63) Nr. 1, 54–64.

Recueil Trav. chim. Pays-Bas La présence et la détermination de traces d'alcool méthylique dans des produits de parfumerie: **57** ('38) 770–75.

Sharkara Opinions and statements about sugar technology and scientific research: **1** ('58) Nr. 1, 25–27.

South african Sugar J. Revival of Java Sugar Experiment Station: **38** ('54) 863–. – Progress and invention in the sugar industry. The need for objective appraisal: **39** ('55) 45–48.

South african Sugar Yearb. Progress and invention in the sugar industry. The need for objective appraisal: **1954/55,** 23–25.

Sugar How war hit the Java sugar industry: **37** ('42) Nr. 6, S. 18–. — The development of the middle juice carbonation: **45** ('50) Nr. 2, S. 39–. — Developments in cane-sugar production since 1938: Nr. 9, S. 23f. — Removal of nonsugars in the carbonation process: 35–37. — The chemistry of the carbonation process applied to raw sugar liquors: **46** ('51) Nr. 4, 37–39. — Fluctuations in pH readings in the liming of mill juices: Nr. 9, 30–34. — The clarification of cane sugar juices: **47** ('52) Nr. 6, 31–36. — Eighth congress of the International Society of Sugar Cane Technologists meets in Barbados: **48** ('53) Nr. 6, 37–40. — H. C. Prinsen Geerligs †: Nr. 11, S. 63–. — Revival of Java Sugar Experiment Station: **49** ('54) Nr. 8, S. 56–. — Technical progress in the sugar industry: Nr. 10, 33–36. — Cornelis van Dillewijn †: **51** ('56) Nr. 5, S. 37–. — Tribute to a teacher of technology - Grover Cleveland Kaar: Nr. 7, S. 37–.

Sugar J. Progress in the sugar industry: **1** ('38/39) Nr. 6, S. 15–. — The technology of crystallizers, 1: The heat transfer in crystallizers: **14** ('51/52) Nr. 5, 11–15, 30f.; ~ 2: ≈: **15** ('52/53) Nr. 4, 16–22; ~ 3: ≈: **16** ('53/54) Nr. 6, 138–; ~ 4: The effect of speed of rotation of cooling elements and of the viscosity of the massecuite on heat transfer and power consumption: **18** ('55/56) Nr. 2, 38–44. — Sugar areas: Java: Annual Nr. **1953** [15. Juni] 70–78.

Sugar News Boiling-house efficiency and the purity of final molasses: **32** ('56) 301–06, 308.

Tijdschr. algemeene techn. Vereen. Beetwortelsuikerfabrikanten en Raffinadeurs Suikeropbrengsten bij riet en biet: **33** ('38) 112–.

Trans. New York Acad. Sci. Operational control and instrumentation in the sugar industry today: (2) **22** ('60) 399–407.

Verhandelingen Proefstat. Java Suikerindustrie De ontsluiting van ampas, 1[20]): **1933**, Nr. 3; De opensluiting van ampas, 2: De eigenschappen van opengesloten ampas als grondstof voor emballagepapier[20]): Nr. 8. — Onderzoek van ampas als grondstof voor papieren en kartons[20]): Nr. 3. — Onderzoek der Java-suiker, campagne 1932; de fabricage van ruwsuiker[21]): Nr. 4. — De filtreerbaarheid van de Java-ruwsuiker[19]): Nr. 5. — De bereiding en opslag van stroopsuikers[9])[21]): Nr. 7. — Resultaten van het onderzoek der Java-suiker, campagne 1933[6]): **1934**, Nr. 2, S. 19–. — Vochtdoorlatendheidsmetingen van goedangvloeren[17]): Nr. 4. — De invloed van enkele zuren op de snelheid van inverteren en de kleur van suiker- en invertstropen[9]): Nr. 5, S. 83–. — De kwaliteit der Java-witsuiker: Nr. 6. — Over het malen van suikers tot fijngreinige suikers, welke geschikt zijn voor de bereiding van soft sugar[9]): Nr. 7, S. 107–. — De verwijdering van nietsuikers bij de ruwsapzuivering in de rietsuikerindustrie (Sulfitatiesapzuivering): **1935**, Nr. 3, S. 27–. — De asbestanddeelen van suikerriet, 2: Nr. 9, S. 259–. — Enige bijzondere toepassingen der carbonatatiesapzuivering (Carbonatatie en defecatie-schoonsap)[24])[9]): Nr. 11, S. 283–. — Onderzoek en eigenschappen van filterdoeken: Nr. 12, S. 331–. — Continue sapzuiveringsmethoden bij de witsuikerfabricage[24]): **1936**, Nr. 2, S. 37–. — Over witte en bruine kristalsuikers: Nr. 4, 109–. — De defecatiewerkwijze en de werking van continue bezinksystemen[19]): Nr. 5, S. 153–. — De beoordeling van sapzuiveringswerkwijzen: Nr. 7, S. 319–. — De fabrieken der Australische suikerindustrie: Nr. 12, S. 603–. — De werking van ontkleuringskool op suikeroplossingen: Nr. 14, S. 707–. — Over het sinteren en smelten van ampasas: Nr. 15, S. 769–. — Normalisatie van messingpijpen te gebruiken bij voorwarmers, verdampingen en kookpannen in de Java-suikerindustrie: Nr. 17, S. 819–. — Eigenschappen en beoordeling van entkleuringskool: Nr. 19, S. 889–. — Bereiding van superieure suiker door volledige omkristallisatie: Nr. 23, S. 1029–. — Behandeling van melassekooksels voor het centrifugeren. Vergelijking van den invloed van aanwarmen en verdunnen op het centrifuge-effect[14]): Nr. 26, S. 1167–. — Samenstelling en smelttemperatuur van ampasas: **1937**, Nr. 6, S. 179–. — De menselijke arbeid in de Tsjecho-Slovaakse bietsuikerindustrie: Nr. 9, S. 198–. — De kalkbepaling in technische rietsuikersappen met een gestelde zeepoplossing[19]): Nr. 14, S. 287–. — De toepassing van collectiviet in de Java-suikerindustrie[19]): Nr. 23, S. 575–. — Het voorkomen van zware metalen in suikeroplossingen: Nr. 24, S. 633–. — Rietkwaliteit en verwerkbaarheid: Nr. 29, S. 903–. — De beoordeling van de verwerkbaarheid van ruwsap: **1938**, Nr. 3, S. 41–. — Hoogwaardige melasse: Nr. 6, S. 81–. — Onderzoekingen over het centrifugeproces: Het voordraaien van A-suiker[6])[2]): Nr. 16, S. 463–. — Ontwikkeling der sapzuiveringstechniek in de Java-suikerindustrie (1927–1937): Nr. 18, S. 567–. — Normalisatie van kijkglazen in kookpannen en verdamplichamen[23]): Nr. 27, 705–. — De rendementsfactor van suikerriet[20]): Nr. 34, S. 1001–. — Amerikaanse reisindrukken, 1: **1939**, Nr. 19, S. 611–; ~ 2: Nr. 20, S. 635–; ~ 3: Nr. 23, S. 721–; ~ 4: Nr. 25, S. 787–. — Continue kristallisatie: Nr. 21, S. 677–. — Het branden van kalksteen met generatorgas[26]): Nr. 23, S. 713–. — Berekening van de tuinopbrengsten[17]): **1940**, Nr. 4, 87–. — De kwaliteit der Java-witsuiker: Nr. 12, S. 483–. — Winbaar kristal in riet: Nr. 15, S. 639–. — De technologie van de 2e carbonatatie: Nr. 21, S. 813–. — Eigenschappen van adsorptiekool: **1941**, Nr. 3, S. 367–. — De organisatie der vakliteratuur: Nr. 18, S. 1017–.

— De ontwikkelingstendens der chemische technologie: Nr. 20, S. 1067–. — De kristallografie van saccharose[10]): Nr. 21, S. 1101–. — Een studie over het verband tussen het electrisch geleidingsvermogen en de viscositeit van geconcentreerde melasse[7]): Nr. 28, S. 1325–. — De bodemafsluiter van kookpannen: Nr. 31, S. 1405–.

Versl. Vergad. Vereenig. Proefstat. Personeel Cooperatie tussen universiteit en proefstation: **14** ('34) 22–38. — Temperatuur en vochtigheid van lucht in besloten ruimten en de betekenis hiervan voor de opslag en de houdbaarheid van tropische producten: **15** ('35) 58–. — Het wetenschappelijk onderzoek voor de landbouwindustrieën in Nederlands-Indië: **16** ('36) 14–. — Eigenschappen en verwerking van suikerriet: 32–. — Standaardisatie van suikerassortimenten, beschouwd in verband met verbruiksgewoonten: **17** ('37).

Wagenings Hogeschoolbl. De reconstructie van den landbouw in Nederlands-Indië: **8** ('46) Nr. 8, 2–.

Z. Zuckerindustrie Entwicklung und Kapazität der Zuckerindustrie seit 1946: **1954,** 528.

Zeszyty Probl. Postępów Nauk rolniczych Application to electrical conductivity control of the crystallization process: **62b** ('66) 383–94.

Weitere Beiträge in Kongreßberichten u. in Berichten von Fachkommissionen; ferner Berichte für verschiedene Fachorganisationen der Zuckerindustrie. 2 Artikel in der Fachzeitschrift „Riet en Biet".

Mit: [1]) W. F. Alewijn; [2]) J. F. Bogtstra; [3]) F. Chapman; [4]) J. C. P. Chen; [5]) J. T. Corver; [6]) K. Douwes Dekker; [7]) W. Elbers; [8]) H. E. Everard; [9]) H. W. Goslings; [10]) H. A. Gravestein; [11]) M. G. Hartley; [12]) R. H. Huibers; [13]) J. M. Hutson; [14]) R. H. Kilian; [15]) P. J. Klokkers; [16]) J. Kortleven; [17]) J. Marchés; [18]) F. de Miguel; [19]) P. C. Nicola; [20]) E. L. Ritman; [21]) A. Rooseboom; [22]) L. Sattler; [23]) H. J. Spoelstra; [24]) W. Thomson; [25]) J. S. Vollema; [26]) P. H. Wijtman.

VI **HOPE,** Edward. Chem. — 1909 M. Sc., '15 D. Sc., Univ. of Manchester; '19 M. A., Univ. of Oxford; '19–52 Fellow and '19–33 Tutor of Magdalen College, '19–52 Lecturer and Demonstrator, Univ. of Oxford.

*1886, Dez. 19, Lowton, Lancashire; †1953, Febr. 7, Caterham, Surrey.

Nekr. S. G. P. Plant, J. chem. Soc., London **1953,** 3730–32; Nature [London] **171** ('53) 417f.

MHZ. (Redakt.) Chemists' Yearb. 1936–1954.

Chemistry and Industry Some reactions of aromatic amine-oxides and of phenyl hydroxylamine in the light of modern theory: **12** ('34) 425.

J. chem. Soc., London Benzoyl derivatives of indigotin[3]): **1932,** 2783–87; ~ [2])[3]): **1933,** 1000–03. — Complex benzoylation products of indigotin. Höchst Yellow U.[1]): **1936,** 1474–78.

Mit: [1]) J. S. Anderson; [2]) R. W. R. Kersey; [3]) D. Richter.

VI **HOPFIELD,** John Joseph. Physikal. Chem., Astrophysik. — 1923–25 Instructor, '25–30 Assist. Prof., Univ. of California, Berkeley, Calif.; '30–31 Prof., Purdue Univ., Lafayette, Ind.; '32–33 in charge of the Physics Exhibits at the Century of Progress Exhibition in Chicago, Ill.; '34–42 Physicist, Libby-Owens Ford Glass Company, Toledo, O.; '42–46 Physicist, Bio-Physics Labor., Silver Springs, Md.; '47–50 Physicist, Applied Physics Labor., Johns Hopkins Univ., Baltimore, Md.; '51–52 Physicist, Naval Research Labor., Washington, D.C.

*1891, Juli 8, Plock, Polen; †1953, Jan. 8.

Astrophysical J. Ultraviolet absorption spectrum of air in the region $\lambda\lambda$ 600–2000: **104** ('46) 208–10.

J. amer. chem. Soc. Raman spectra of two forms of allo-ocimene[6])[5]): **66** ('44) 115–18.

J. opt. Soc. America A simplified method of preparing Schuman plates[2]): **22** ('32) 488–95. — Refraction of tempered plate glass[7]): **26** ('36) 24f. — Light-and-shadow box as visual aid in measuring spectra: **33** ('43) 113–15.

Mémoires Soc. roy. Sci. Liège Preliminary report on atmospheric ozone measurements from rockets[1]): (4) **12** ('52) 179–83.

Nature [London] A high-frequency water jet, and ultrasonic flame: **134** ('34) 737f. — "Convergent" sunbeams: **141** ('38) 333. — Spiral cracks in glass tubes: **158** ('46) 582f.

Physical Rev. Use of argon in the ionization method of measuring cosmic rays[4]): (2) **41** ('32) 539. — Use of argon in the ionization method of measuring cosmic rays and gamma-rays: **43** ('33) 675–86. — The ultraviolet spectrum of the sun from V-2 rockets[3]): **73** ('48) 877–84. — Absorption spectrum of water vapor between 900 and 2000 Å: **77** ('50) 560f.

Review sci. Instruments An improved cosmic-ray meter[4]): **4** ('33) 491–95. — Glass variable microleaks for gases: **21** ('50) 671f.

Mit: [1]) J. A. van Allen; [2]) E. T. S. Appleyard; [3]) H. E. Clearman, jr.; [4]) A. H. Compton; [5]) L. A. Goldblatt; [6]) S. A. Hall; [7]) G. B. Watkins.

VI **HOPKINS,** Arthur John. Chem., Gesch. d. Naturwiss. — 1891–95 Assist. Prof., 1895–1907 Assoc. Prof., '07–34 Prof., '34 Prof. Emeritus, Amherst College, Amherst, Mass. — '34 Eminent Service Medal (Amherst College, Amherst, Mass.).

*1864, Sept. 20, Bridgewater, Mass.; †1939, Nov. 10, Amherst, Mass.

Nekr. Industrial and Engng. Chem., News Edit. **17** ('39) 711.

W. Alchemy, child of Greek philosophy (New York '34) 10+262 S.

Isis A defence of Egyptian alchemy: **28** ('38) 424–31. — A study of the Kerotakis process as given by Zosimus and later alchemical writers: **29** ('38) 326–54.

VI **HOPKINS,** Sir Frederick Gowland. Biochem. — 1914–43 Prof., Dir. of the Departm. of Biochem., Univ. of Cambridge; '21 Vice-Pres., Chem. Soc., London; '30–35 Pres., Roy. Soc. London; '33 Pres., Brit. Assoc. for the Advancement of Science. — Hon. D.Sc. or Hon. Sc.D. (Univ. of Cambridge; Univ. of Dublin; Univ. of Glasgow; Univ. of Leeds; Univ. of London; Univ. of Manchester; Univ. of Oxford; Univ. of Reading; Univ. of Sheffield; Harvard Univ., Cambridge, Mass.); Hon. LL.D. (Univ. of Aberdeen; Univ. of Birmingham; Univ. of Saint Andrews); Hon. D.C.L. (Univ. of Durham); further honorary degrees (Univ. de Bruxelles, Univ. Budapest, Univ. de Lausanne, Univ. de Louvain). — '25 Knighthood. — '29 Nobel Prize for Physiol. and Med. — '15 Baly Medal (Roy. College of Physicians, London); '18 Royal Medal (Roy. Soc. London); '22 Cameron Prize (Univ. of Edinburgh); '26 Copley Medal (Roy. Soc. London); '34 Albert Medal (Roy. Soc. of Arts); '35 Order of Merit; '37 Harben Medal (Roy. Inst. of Public Health).

*1861, Juni 20, Eastbourne, Sussex; †1947, Mai 16, Cambridge.

Zur Biogr. W. B. Bett, Chemist and Druggist **166** ('56) 517f. — S. R. Riedman, E. T. Gustafson, Portraits of Nobel laureates in medicine and physiology (NewYork–London–Toronto '64) 151–56. — L. G. Stevenson, Nobel Prize winners in medicine and physiology, 1901–1950 (NewYork–London–Toronto '53) 134–42 (m. Bildn.). — H. Wieland, Nature [London] **141** ('38) 989–93 (m. Bildn., Faks.). — The Nobel Prize winners and the Nobel Foundation, 1901–1937 (Zürich '38) 220 (m. Bildn. S. 506). — Nature [London] **151** ('43) 415f. — People; a volume of the good, bad, great and eccentric who illustrate the admirable diversity of man (G. Grigson, C. H. Gibbs-Smith) (Toronto '54) 196f. — Lives of the Fellows of the Royal College of Physicians of London, 1826–1925 (G. H. Brown) (London '55) 535f. — Nobel lectures, Physiology or medicine, 1922–1941 (Amsterdam–London–NewYork '65) 193–98, 223–25.

Zum 75. Geb.tag Festgabe: Perspectives in biochemistry. Thirty-one essays presented to Sir Frederick Gowland Hopkins by past and present members of his laboratory (J. Needham, D. E. Green) (Cambridge '37) 8+361 S. (m. Bildn.).

Nekr. Erinnerungsband: Hopkins and biochemistry, 1861–1947. Papers concerning Sir Frederick Gowland Hopkins, O. M., P. R. S., with a selection of his addresses and a bibliography of his publications (J. Needham, E. Baldwin) (Cambridge '49) 9+361 S. (m. Bildnissen, Autobiogr. S. 3–25, Schr.verz.). — G. R. Cowgill, J. Nutrition [USA] **40** ('50) 3–7. — H. H. Dale, Obituary Notices Fellows roy. Soc. London **6** ('48/49) 115–45 (m. Bildn., Faks., Schr.verz.). — M. Dixon, C. Rimington, Nature [London] **160** ('47) 44–48. — J.-P. Dustin, Rapport Année acad., Univ. libre Bruxelles **1947/48** ('49) 143f. — J. I. Joaquín, Gaceta méd. México **77** ('47) 265–71 (m. Bildn.). — G. Kimpflin, Nature [Paris] **1947,** 244. — E. Mellanby, J. chem. Soc. **1948,** 713–22. — M. Stephenson, Biochemical J. **43** ('48) 161–69 (m. Bildn.). — H. Wieland, Jahrb. bayer. Akad. Wiss. **1944/48,** 280f. — Chemical Age **56** ('47) 689. — Chemical and Engng. News **25** ('47) 1751. — J. roy. Soc. Arts **95** ('47) 471.

Zum 100. Geb.tag B. C. Guha, Science and Culture **27** ('61) 535f. (m. Bildn.). — J. Needham, Notes and Rec., Roy. Soc. London **17** ('62) 117 (m. Bildn., Faks.); Perspectives Biol. and Med. **6** ('62) 2 (m. Bildn., Faks.).

Schriftenverzeichnis Revista Asoc. argentina Dietol. **5** ('47) 244–46.

S. Chemistry at the centenary (1931) meeting of the British Association for the Advancement of Science (Cambridge '32) 79–81: Discussion on vitamin-A and the carotenoids: Introduction. — Nobel lectures, Physiology or medicine, 1922–1941 (Amsterdam–London–New York '65) 211–22: The earlier history of vitamin research.

W. Vitamins as necessities for life (London '32) 27 S. (Broadcast national lecture, 10). —

Chemistry and life (London '33) 21 S. (S. M. Gluckstein memorial lecture, 1932). — The pace of science (London '36) 20 S. (Birkbeck College, Foundation oration 1936). — Memorial to Walter Morley Fletcher (London '37) 13 S.

Annual Rep. Board Regents Smithsonian Instn. Some chemical aspects of life: **1934** ('35) 129–52. — Discovery and significance of vitamins: **1935** ('36) 265–73.

Biochemical J. William Bate Hardy (1864–1933): **28** ('34) 1149–52. — The effect of incomplete diets on the concentration of ascorbic acid in the organs of the rat[9])[6]): **29** ('35) 2803–19. — Some relations between ascorbic acid and glutathione[7]): **30** ('36) 1446–62. — The influence of thiol-groups in the activity of dehydrogenases [, 1][7]): **32** ('38) 611–20; ~ 2 (with an addendum on the location of dehydrogenases in muscle)[7])[4]): 1829–48. — Further observations on the system ascorbic acid - glutathione - ascorbic acid oxidase[1]): 1356–63. — On the distribution of glyoxalase and glutathione[7]): **39** ('45) 320–24. — Studies on glyoxalase, 1: A new factor[7]): **42** ('48) 23–27.

British med. J. The study of human nutrition: the outlook today: **1935** I, 571–77. — Sir Archibald Garrod †: **1936** I, 775f. — Food value of alcohol: **1937** II, 1183f. — Importance of laboratory effort in cancer research: **1939** II, 1–5.

Chemical News Vitamine als lebenswichtige Stoffe: **144** ('32) 84–87 [engl.].

Chemistry and Industry Some chemical aspects of life: **11** ('33) 719–29.

C. R. Trav. Labor. Carlsberg, Sér. chim. On lactoflavin as a sensitizer in the photocatalytic oxidation of ascorbic acid: **22** ('38) 226–34.

Forschungen Alkoholfrage The relation of alcoholic beverages to nutrition: **46** ('38) 50–57.

Irish J. med. Sci. Some aspects of biochemistry. The organizing capacities of specific catalysts: **1932**, 333–50.

J. chem. Soc., London Arthur Harden †: **1943**, 334–.

J. Hyg. [London] On refection in rats and on the nature of the growth promoted by the addition of small quantities of milk to vitamin-free diets[3]): **44** ('45) 149–57.

J. roy. Soc. Arts The study of human nutrition: the outlook today: **83** ('35) 572–91.

Lancet Chemical organization in the living cell: **225** ('33) 573–75. — Introduction to: H. C. Corry Mann, An experiment in first-class protein: **228** ('35) 145f. — Preparation of the pharmacist: **229** ('35) 797–99. — Biological thought and chemical thought: A plea for unification: **234** ('38) 1147–50, 1201–04. — Importance of laboratory effort in cancer research: **237** ('39) 33–.

London Naturalist The naturalist in the laboratory: **1936**, 40–.

Medical Press Justification of experimental investigation of cancer: **201** ('39) 609–.

Nature [London] Mrs. Huia Onslow †: **129** ('32) 859. — Atomic physics and vital activities: **130** ('32) 869–71. — Some chemical aspects of life: **132** ('33) 381–94. — A survey of progressive science: 878–80. — Sir William Hardy †: **133** ('34) 281f. — Discovery and significance of vitamins: **135** ('35) 708–12. — Science in modern life: **136** ('35) 893–95. — Sir Archibald Garrod †: **137** ('36) 770f. — Note on: Social relations of science: **141** ('38) 725. — Activity of the succinic dehydrogenase[4])[7]): **143** ('39) 556f. — Appearance of glutathione during the early stages of the germination of seeds[7]): **152** ('43) 288–90.

Obituary Notices Fellows roy. Soc. London William Bate Hardy, 1864–1933[10]): **1** ('32/35) Nr. 3, 327–33. — Archibald Edward Garrod, 1857–1936: **2** ('36/39) Nr. 6, 225–28. — Arthur Harden, 1865–1940[5]): **4** ('42/44) 3–14.

Orvosi Hétilap The spirit of modern biochemistry (A modern biochemia szelleme): **79** ('35) 1045–47.

Pharmaceutical J. The ideals and realities of pharmacy: **135** ('35) 347–.

Proc. Nutrition Soc. Inaugural address to Nutrition Society at Cambridge: **1** ('41) 3–.

Proc. roy. Soc., London, Ser. A Address of the President, Sir Frederick Gowland Hopkins, at the anniversary meeting 1931: **134** ('32) 533–53; ~ 1932: **139** ('33) 1–25; ~ 1933: **143** ('34) 242–71; ~ 1934: **148** ('35) 1–31; ~ 1935: **153** ('36) 247–72.

Proc. roy. Soc., London, Ser. B Address of the President, Sir Frederick Gowland Hopkins, at the anniversary meeting 1931: **109** ('32) 404–24; ~ 1932: **112** ('33) 159–83; ~ 1933: **114** ('34) 181–210; ~ 1934: **116** ('35) 403–33; ~ 1935: **119** ('36) 88–113. — Introduction to: Discussion on recent advances in the study of enzymes and their action: **111** ('32) 280–82. — A contribution to the chemistry of pterins: **130** ('42) 359–79. — The effect of hypoxanthine on the growth of an avian tissue in vitro[8]): **132** ('44) 253–57.

Quarterly J. geol. Soc. London William Hyde Wollaston memorial plaque: **90** ('34) CII–CVIII.

Rep. annu. Meeting, Brit. Assoc. Advancement Sci. Some chemical aspects of life: **103** ('33) 1–24.

Science [USA] Some chemical aspects of life: **78** ('33) 219–31. — The influence of chemical thought on biology: **84** ('36) 255–60.

Mit: [1]) E. M. Crook; [2]) —; [3]) V. R. Leader; [4]) C. Lutwak-Mann; [5]) C. J. Martin; [6]) G. A. Millikan; [7]) E. J. Morgan; [8]) I. Simon-Reuss; [9]) B. R. Slater; [10]) F. E. Smith.

VI **HOPKINS**, B. Smith. Chem. (anorg.). — 1912–13 Instructor, '14–16 Assoc., '17–18 Assist. Prof., '19–22 Assoc. Prof., '23–41 Prof., Head of the Division of General and Inorg. Chem., Univ. of Illinois, Urbana, Ill.; '32 President of the Urbana Board of Education; '33–34 President of the Illinois Acad. of Sci. — '26 Hon. Sc.D. (Albion College, Albion, Mich.).
*1873, Sept. 1, Owosso, Mich.;
†1952, Aug. 27, Urbana, Ill.

Zur Biogr. L. F. Yntema, News Edit., Amer. chem. Soc. 18 ('40) 590 (m. Bildn.). — Fathers and sons in American chemistry: The two Hopkins: Industrial and Engng. Chem., News Edit. **15** ('37) 458–.

Nekr. L. F. Audrieth, Yearb., Amer. philos. Soc. **1952**, 319–21. — Chemical and Engng. News **30** ('52) 3761 (m. Bildn.).

W. Essentials of college chemistry (Boston, Mass. '32) 6+544 S. — General chemistry for colleges [2](Boston, Mass. '37) 6+758 S.; [3]('42); (4. u. 5. Aufl. m. J. C. Bailar) [4]('51); [5]('56) 701 S. — Laboratory exercises and problems in general chemistry (m. M. J. Copley) [3](Boston, Mass. '37) 12+234 S. — Chemistry and you; a textbook for high school (m. H. R. Smith, M. V. McGill, G. M. Bradbury) (Chicago, Ill. '39) 9+802 S.; [2]('44); [3]('47); [4]('49) 9+772 S. — Chapters in the chemistry of the less familiar elements (Champaign, Ill.-London '40) 193 S. (Neuauflage von: Chemistry of the rarer elements). — Chemistry and you in the laboratory (mit anderen) (Chicago, Ill. '45) 318 S. — Laboratory and classroom exercises in general chemistry (m. T. Moeller, M. Tamres) (Boston, Mass. '46) 8+244 S. — Essentials of general chemistry (m. J. C. Bailar) (Boston, Mass. '46) 5+520 S.

American J. Sci. Chemical stability of the terminal faces of acicular crystals[13])[15]): (5) **30** ('35) 116–20.

Chemical and Engng. News Study problem of the teaching of chemistry in the high schools: **21** ('43) 676f. — Clarence Balke – the man. On occasion of Perkin Medal award 1948: **26** ('48) 156–.

Chemical Trade J. and Chemical Engr. Cerium compounds as catalysts in industrial processes[20]): **100** ('37) 377.

Educational Screen Visual education in college chemistry[2]): **11** ('32) Mai- u. Juni-Nr., 5 S.

Industrial and Engng. Chem., Analyt. Edit. Microabsorption spectra[12]): **5** ('33) 358. — Observations on the rare earths: Quantitative estimation of the rare earths by means of their arc spectra[7])[17])[6]): **10** ('38) 184–87.

Inorganic Syntheses Anhydrous rare earth chlorides: $R_2O_3+6NH_4Cl \rightarrow 2RCl_3+3H_2O+6NH_3$[16])[1]): **1** ('39) 28–33.

J. amer. chem. Soc. Observations on the rare earths, 33: Studies in basicity[19]): **55** ('33) 3117–21; ∼ 33a: The basicity of illinium and yttrium[4]): 3121–23; ∼ 39: Transference numbers of the chlorides of neodymium, samarium and gadolinium, 1: The purification of materials[4]): 3236f.; ∼ 41: Electrolytic preparation of rare earth amalgams, 3: Amalgams of lanthanum, neodymium, cerium, samarium and yttrium; metallic lanthanum, neodymium and cerium by thermal decomposition of their amalgams[5])[1]): **56** ('34) 303f.; ∼ 43, 1: The atomic weight of europium; ≈ 2: The specific gravity of europium chloride[10]): **57** ('35) 241–43; ∼ 44: Preparation of anhydrous rare earth compounds by the action of fused and solid "onium" salts on the oxides[16])[1]): 1159f.; ∼ 45: Preparation of rare earth amalgams by displacement[21]): 2185f.; ∼ 46: The atomic weight of gadolinium[12]): 2183f. — William Albert Noyes †: **66** ('44) 1045–56.

J. chem. Educat. Symposium on laboratory notebooks, records, and reports, 2: In the college: **10** ('33) 405–. — The cultural value of chemistry in general education: **12** ('35) 418–22. — An outline of essentials for a year of high school chemistry[8])[18])[3]): **13** ('36) 175–79. — Recent developments in the chemistry of the rare earth group: 363–68.

J. electrochem. Soc. Electrochemistry of indium[11]): **93** ('48) 84–93.

J. Washington Acad. Sci. The scientific work of Charles James: **22** ('32) 21–25.

J. western Soc. Engr. The periodic table: **38** ('33) 307–18.

New int. Yearb. Annual survey on chemistry: **1944, 1945, 1946, 1947, 1948.**

Paint, Oil and chem. Rev. Interior paints for the use in chemical laboratories[22])[23]): **104** ('42) 7–.

Proc. nation. Acad. Sci. USA The use of non-aqueous solvents in the study of the rare earth groups[14]): **19** ('33) 64–68.

Register Phi, Lambda, Upsilon Why the metal shortage?: **28** ('42) 47–.

School Sci. and Math. An experiment in visual education in elementary college chemistry: **32** ('32) 353–. — The chemistry teacher and the reduced budget: **34** ('34) 172–. — The wisdom of trying to teach the Brönsted nomenclature: **39** ('39) 39–45. — Some wartime developments in chemistry: **46** ('46) 404–11, 533–39, 617–27, 708–, 825–.

Science [USA] The expanding horizon of inorganic chemistry: **93** ('41) 553–57.

Science Counselor Illinium, element number 61 [14]): **5** ('39) März-Nr., 15f., 20f.

Science Teacher The metals as vital war materials: **9** ('42) 5–, 14–.

Scientific Monthly Untangling one of nature's puzzles: **34** ('32) 172–75. — The extremes of nature: **35** ('32) 193–202.

Trans. electrochem. Soc. Electrolysis of rare earth metal salts in non-aqueous solvents[1]): **66** ('34) 139–46. — Europium, a rare member of the rare earth group: 167–74. — Observations on the rare earths, 42: Studies in the electrolytic reduction of ytterbium[13])[12]): **69** ('36) Preprint 11, 8 S. — The rare earths as catalysts[20]): **71** ('37) Preprint 6, 45–51. — Electrochemistry of the rare earth group: **89** ('46) Preprint 8, 113–18. — The electrochemistry of indium: **93** ('48) 84–.

Trans. Illinois State Acad. Sci. Magneto-optic method of analysis[4]): **26** ('33/34) 76. — Recent developments in the chemistry of the rare earth group: **27** ('34/35) 5–17. — Progress in the analysis of the rare earth group[20]): **31** ('38/39) 136f. — The chemistry of europium[20]): **32** ('39/40) 132f. — Some new sources of Al and Mg: **36** ('43/44) 124–26.

Z. anorg. u. allg. Chem. Beobachtungen an den seltenen Erden, 38: Elektrolytische Herstellung der Amalgame der seltenen Erden, 2: Zersetzung des Lanthanamalgams zur Gewinnung der freien Metalle[9])[1]): **211** ('33) 237–40; ~ 47: Darstellung der wasserfreien Jodide seltener Erden[20]): **235** ('37) 62–64.

Mit: [1]) L. F. Audrieth; [2]) H. G. Dawson; [3]) N. E. Gordon; [4]) G. Hughes; [5]) E. E. Jukkola; [6]) M. Lawrenz; [7]) C. N. McCarty; [8]) L. W. Matern; [9]) R. E. Meints; [10]) E. L. Meyers; [11]) T. Moeller; [12]) C. R. Naeser; [13]) D. W. Pearce; [14]) L. L. Quill; [15]) T. T. Quirke; [16]) J. B. Reed; [17]) L. R. Scribner; [18]) W. Segerblom; [19]) G. R. Sherwood; [20]) W. A. Taebel; [21]) D. H. West; [22]) D. G. Nicholson; [23]) L. Kemp.

VI **HOPWOOD,** Frank Lloyd. Physik (med.). — 1920–49 Physicist, '49–54 Consulting Physicist to St. Bartholomew's Hospital, London; '24–49 Prof. Physics, '49 Prof. Emer., St. Bartholomew's Hospital Medical College, Univ. of London; '18 Cofounder, '26–30 Member of Board, Inst. of Physics, London; '23–54 Member, '36–54 Member of the Scientific Advisory Committee, '45–54 Vice Chairman, '46–54 Hon. Secretary, British Empire Cancer Campaign; '25–50 Hon. Secretary, British Committee for Radiol. Units; '32–33 Pres. of British Inst. of Radiol.; Pres. of Röntgen Soc., London. — '40 Hon. M. A. (Univ. of Cambridge); '40 Hon. Fellow (Queens' College, Cambridge). — '40 Silvanus Thompson Medal (Brit. Inst. of Radiol.).

*1884, Jan. 3, Buckley, Cheshire;
†1954, Mai 2, Sidmouth, Devonshire.

Zur Biogr. Nature [London] **164** ('49) 819.

Nekr. J. Rotblat, Proc. physic. Soc., Sect. A **67** ('54) 1127f.; ~ B 915f. — G. Stead, British J. Radiol. **27** ('54) 317 (m. Bildn.). — A. Wormall, J. Rotblat, St. Bartholomew's Hospital J. **58** ('54) 222 (m. Bildn.). — British med. J. **1954,** 1157. — Lancet **266** ('54) 1037. — Nature [London] **173** ('54) 1167f.

Acustica Production of liquid vortex tones and some associated phenomena: **2** ('52) 39–44.

Biochemical J. Studies on mustard gas (2,2'-dichlorodiethyl sulphide) and some related compounds, 1: General introduction and acknowledgements[1])[2])[5])[19]): **40** ('46) 734–36; ~ 4: Their action on proteins (studied with the aid of radioactive sulphur)[1])[2])[5])[19]): 745–56.

British J. Radiol. The irradiation of liquids: **13** ('40) 221–26.

British med. J. The storage of radium in war time: Nr. **4123** ('40) 65. — Physics in medicine[13])[15])[18]): **1947** I, 261f.

Nature [London] Selective transmission of gamma radiation by lead[1])[4]): **130** ('32) 506. — Liberation of neutrons from beryllium by x-rays: Radioactivity induced by means of electron tubes[3])[7])[17])[1])[4])[16]): **134** ('34) 880. — Induced radioactivity produced by neutrons liberated from heavy water by radium gamma rays[1])[4]): **135** ('35) 99. — Directed diffusion or canalization of slow neutrons[4]): 341f. — Chemical action caused by neutrons and gamma rays and the effects of these agents on colloids[11]): **136** ('35) 1026. — Some new phenomena produced by sound vibrations: **138** ('36) 1059. — Canalization of gamma rays[1]): **141** ('38) 687. — Polymerization of liquids by irradiation with neutrons and other rays[11]): **143** ('39) 640. — Apparent existence of a very penetrating radiation from radium and (radium+beryllium)[10])[1])[12])[6]): 1065f. — Effect of ultrasonic vibration on vaccinia virus[14])[9]): **144** ('39) 377. — Serological properties of extracts of haemolytic streptococci prepared by ultrasonic vibrations[8]): **145** ('40) 858f. — Novel methods of producing edge tones with liquids: **164** ('49) 454.

Naturwissenschaften Auslösung von Neutronen aus Beryllium durch harte Röntgenstrahlen. Erzeugung radioaktiver Elemente[3])[7])[17])[1])[4])[16]): **22** ('34) 839.

Proc. physic. Soc. Some effects produced by the irradiation of liquids and gels with alpha, beta, gamma rays and neutrons[11]): **50** ('38) 438–40. — Water bells: **65** ('52) 2–5.

St. Bartholomew's Hospital Rep. Method of employing radium in treatment of toxic goitre at St. Bartholomew's Hospital: **67** ('34) 180f.

Science Progr. [London] Experiments with sound vibrations of high intensity: **40** ('52) 233–44.

Mit: [1]) T. E. Banks; [2]) J. C. Boursnell; [3]) A. Brasch; [4]) T. A. Chalmers; [5]) G. E. Francis; [6]) L. G. Grimmett; [7]) F. Lange; [8]) H. Loewenthal; [9]) A. S. McFarlane; [10]) M. E. Nahmias; [11]) J. T. Phillips; [12]) W. H. Rann; [13]) J. Read; [14]) M. H. Salaman; [15]) F. W. Spiers; [16]) L. Szilard; [17]) A. Waly; [18]) C. W. Wilson; [19]) A. Wormall.

VI **HORÁK,** Zdeněk František Karel. Physik. — 1920 Assist. am Physikal. Inst. d. Handelshochsch., '21–34 Assist. am Inst. f. sphär. Astron. u. Math. u. '30–39 Privatdoz., Hochsch. f. spezielle Fächer, '23 Dr. d. Naturwiss. (RNDr.), '30 Dr. habil., '30–39 Privatdoz. u. '35–39 Assist. am Physikal. Inst., Hochsch. f. Maschinenwesen u. Elektrotechn., '45– ord. Prof. u. '54– Leiter d. Physikal. Inst., Hochsch. f. Maschinenwesen (→ '51 Fakultät f. Maschinenwesen), Tschech. Techn. Hochsch., Praha; '40–45 wiss. Mitarbeiter, Staatl. Radiol. Inst., Praha. — '56 Dr. Sc. (Tschechoslovak. Wissenschaftl. Komitee); '66 Verdienter Lehrer (ČSSR).

*1898, Okt. 6, Praha.

Zum 60. Geb.tag V. Goldbach, Československý Čas. Fysiku **9** ('59) 219f. (m. Bildn.).

Zum 70. Geb.tag M. Brdička, Československý Čas. Fysiku **A 18** ('68) 713–17. — I. Pacáková, J. Machalický, Pokroky Mat., Fysiky a Astron. **13** ('68) 255f. — Elektrotechnický Obzor **57** ('68) 609 f. (m. Bildn.).

S. Verhandlungen des internationalen Mathematiker-Kongresses, Zürich 1932, **2** (Zürich–Leipzig '33) 292f.: Sur le principe d'Hamilton dans le cas des liaisons non holonomes; 325f.: Sur la ligne d'univers des systèmes conservatifs. — Matematika sborník prací. Zprávy o druhém sjezdu matematiků zemí slovanských, Praha 1934 (Praha '35) 191f.: Sur une forme des équations d'Euler; 229f.: Sur les équations absolues du mouvement. — C.R. Congrès international des mathématiciens, Oslo 1936, **2** (Oslo '37) 239f.: Sur l'égalité de la masse inerte et de la masse pesante. — C.R. 6e Congrès international de mécanique appliquée, Paris 1946 (Paris '–): Deux notes sur le choc, relatives à la formule de Hodgkinson et aux expériences de Howland et Dickson. — C.R. et communications du 64e congrès de l'Association française pour l'Avancement des Sciences, Paris 1945 (Paris '47/48): Recherches nouvelles sur le choc des corps rugueux. — Proc. 7th International congress on theoretical and applied mechanics, London 1948 (London '49): On the impact of a spinning ball on to a rough plane; Theory of rotational friction and its experimental verification. — Sborník k sedmdesátinám profesora Zdeňka Bažanta (F. Loskot) (Praha '52) 63f.: Allgemeine Methode zur Bestimmung des Stoßverlaufes bei rauhen Körpern [tschech.]. — Věstník 1. vědecké konference fakulty strojního inženýrství. České vysoké učení technické (ČVUT), Praha 1955 (Praha '56) 1·1–1·4: Der Einfluß von Schub- und Torsionsdeformationen auf den Verlauf des Stoßes des harmonischen Modells [tschech.]; 19·1–19·6: Neue Ausgleichsmethode für äquidistante Messungen [tschech.]. — Book of abstracts, 9th International congress of applied mechanics, Brussels 1956, Sect. 2 (Bruxelles '57) II/169-c: General static theory of impact of rough bodies. — Sborník 2. vědecké konference fakulty strojního inženýrství ČVUT, Praha 1957 (Praha '58): Experimentelle Bestätigung der statischen Theorie des Drehstoßes [tschech.]; Allgemeine statistische Methode, begründet auf den Prinzipien der Boltzmannschen Statistik [tschech.]. — Výtahy referátů, 1. Sjezd československých fyziků, Praha 1957 (Praha' 57): Gültigkeitsbereich der Prinzipien der physikalischen statistischen Theorien [tschech.]; Statische Theorie des Stoßes der unvollkommen elastischen rauhen Körper [tschech.].

W. Praktická fysika (Praha '47) 700+32 S.; ²('54) 709+32 S.; ³('58) 621 S. — Impact of a rough ball spinning round its vertical diameter on to a horizontal plane (Praha '48) 16 S. (Sborník, České vysoké učení technické v Praze. Vysoká škola strojního a elektrotechnického inženýrství. 1). — Theorie vrtného tření a její experimentální ověření (Praha '50) 33 S. [m. engl. u. russ. Zusammenfassg.] (~ 4). — Technický přístroj k měření tepelné vodivostí ocelí do 500 °C (m. F. Krupka) (Praha '51) 31 S. (~ 5). — Fysika hmoty a záření (Praha '51) 228+3 S.; ²('54) 3+491+38 S. — Laboratorní cvičení z fysiky (Praha '53) [84] S. (Učební texty vysokých škol). — Početní zpracování fysikálních měření (Praha '53) 117 S. — Základy technické fysiky. Přehled technické fysiky v celém rozsahu (m. F. Krupka, V. Šindelář) (Praha '54) 920 S., ²('55) 921 S. (Strojnicka příručka pro techniky a zlepšovatele, 2); auch in Einzelteilen erschienen **1**: Mechanika, akustika, termika (Praha '59) 116 S., ('63), ('64) 245 S., slovak.: (Bratislava '53) 380 S.; **2**: Elektřina a magnetismus (Praha '54) 260 S., ('59), ('62), ('63) 267 S., slovak.: (Bratislava '54) 264 S.; **3**: Optika, kvantová fysika, atomistika (Praha '64) 227 S., slovak.: (Bratislava '56) 528 S. — Úvod do molekulové a atomové fysiky (Praha '55) 471 S.; [2]('57) 535 S. — Technická fysika (m. F. Krupka, V. Šindelář) [2](Praha '60) 1436 S.; [3]('61) 1434 S. — Tenzory v elektrotechnice a ve fysice (m. J. Kučera) (Praha '63) 795 S.

Annals Physics Second-order Z-dependent theory of many-electron atoms[3])[8])[9]): **29** ('64) 101–24.

Aplikace Mat. Les planimètres comme systèmes mécaniques non holonomes: **7** ('62) 282–91 [tschech. m. russ. u. franz. Zusammenfassg.].

Astronautica Acta [Wien] Cosmological importance and appropriate methods of spacecraft measurement of the optical metagalactic radiation: **13** ('67) 131–36.

Astronomische Nachr. Sur la théorie de la réfraction astronomique: **247** ('33) 345–50, 403f. — Sur une formule des réfractions normales: **248** ('33) 405–10.

Bjul. astron. Inst. Čechoslovakii Distant cosmic matter and relativity: **14** ('63) 117f. — Cosmic potential – a fundamental physical constant: 119–23.

Buletinul Politehn. „Gh. Asachi" Iaşi Formule théorique des coefficients de restitution des corps imparfaitement élastiques: **3** ('48) Nr. 1, 218–25.

Čas. českoslov. Inženýrův a Architektův Die Abhängigkeit der Wärmeleitfähigkeit des Zements von der Temperatur: **44** ('36) 200–04 [tschech.].

Čas. Pěst. Fysiky Eine Verallgemeinerung des normalen Fehlergesetzes: **3** ('53) 348–65 [tschech.].

Čas. Pěst. Mat. a Fysiky Détermination expérimentale du coefficient apparent de restitution tangentielle: **66** ('37) 131–51 [m. tschech. Zusammenfassg.]. — Sur la détermination du radiant d'un courant météorique observé: **67** ('38) 222–32 [tschech. m. franz. Zusammenfassg.]. — Das Fehlergesetz bei physikalischen Messungen: **74** ('49) 283–85 [tschech.].

Československý Čas. Fysiku Eine Verallgemeinerung des allgemeinen Fehlergesetzes: **5** ('55) 482f. [tschech.]. — Bestimmung der spezifischen Wärme von Flüssigkeiten im elektrischen Kalorimeter aus dem zeitlichen Verlauf der Temperatur[2]): **6** ('56) 536–41 [~]. — In Diagrammen nicht festgehaltene Linien der Röntgenspektren: 562–71 [~]. — Zur Berechnung von angeregten Atomzuständen: **8** ('58) 158–70 [~]. — 5. Konferenz der Deutschen Physikalischen Gesellschaft über Spektroskopie (14.–16. November 1957 in Jena)[5]): 276 [~]. — Analytische Wellenfunktionen des K-Zustandes von Neon: 734 [~]. — Correlation effects in atoms and molecules: **A 14** ('64) 247–54 [tschech. m. engl. Zusammenfassg.].

C. R. hebd. Séances Acad. Sci., Paris L'effet du frottement de pivotement sur le choc de corps élastiques: **200** ('35) 897–99.

Czechoslovak J. Physics A generalization of the normal error law: **4** ('54) 187–203 [m. russ. Zusammenfassg.]. — The determination of the specific heat of a liquid in an electric calorimeter from the time dependence of the temperature[2]): **6** ('56) 612–19 [~]. — Calculations of the excited states of atoms: **8** ('58) 271–77 [~]. — Analytic wave functions of the K-state of neon: 745. — Origin of the $K\beta'$-line according to the angular momentum coupling hypothesis: **10** ('60) 405f. — The theory of the spinning impact of imperfectly elastic bodies[6]): **11** ('61) 46–65 [m. russ. Zusammenfassg.].

Elektrotechnický Obzor Das erste Atomkraftwerk der UdSSR: **45** ('56) 276–81 [tschech. m. russ., franz., deutscher u. engl. Zusammenfassg.]. — Moderne Synchrotrons: 496–504 [~]. — Elektromagnetisches Feld und Gravitationsfeld: **51** ('62) 505–09 [~]. — Die Geschwindigkeit elektromagnetischer Wellen und das Gravitationspotential des Weltalls: **52** ('63) 157–62 [~]. — Heaviside field: **57** ('68) 356–63 [m. russ., franz. u. deutscher Zusammenfassg.]. — Ansprache: 611f. [tschech.].

J. chem. Physics Simple orbitals for molecular one-layer puffs[1]): **43** ('65) 874–79. — Atomic Z expansions and electronic structure of molecules[1]): **47** ('67) 1211–17.

Matematicko-fysik. Čas. Boltzmann-Statistik und normales Fehlergesetz: **7** ('57) 67–73 [tschech.].

Pokroky Mat., Fysiky a Astron. Zur Terminologie der physikalischen Grundbegriffe: **5** ('60) 337–39. — Aufgaben und Ziele des Physikunterrichts unter dem Gesichtspunkt der Perspektivplanung für die Entwicklung von Fachberufsschulen: **6** ('61) 24–29. — Neue Methoden zur Messung der Zeitdilatation: 304–14. — — Alle Arbeiten tschech.

Práce ČVUT, Řada 2 Die Ruhmasse des Gravitons: Nr. **4** ('64) 51–56 [tschech.]. — Neues Konstruktionselement für Meßinstrumente: Nr. **6** ('64 [oder '65 ?]) 5–10 [tschech.].

Prace mat.-fizyczne Sur la dynamique absolue des systèmes rhéonomes: **41** ('34) 25–37. — Mécanique absolue et sa représentation dans l'espace-temps des configurations: **42** ('35) 64–112. — Sur le calcul absolu des variations: **43** ('36) 119–49.

Přírodní Vědy ve Škole Zur Terminologie der physikalischen Grundbegriffe: **10** ('60) 417f. [tschech.].

Proc. physic. Soc. On the identification of the $K\alpha$ satellites, 1: LS region: **77** ('61) 980–86.

Review sci. Instruments Technical apparatus for determining thermal conductivity of steels up to 500 °C [2]): **21** ('50) 827–30.

Říše Hvězd Einfache graphische Methode zur Radiantenbestimmung: **25** ('44) 82–85, 96–98.

Rozhledy mat.-fysik. Über den Ursprung der Trägheitskräfte: **46** ('68) 281–84, 315–18 [tschech.].

Sborn. Masarykovy Akad. Práce Theorie der Bohrreibung: **17** ('43/44) 150–69 [tschech.]. — Restitutionskoeffizient und dynamische Elastizität: **20** ('46) 255–78 [tschech.].

Sborn. vysokého Učení techn. v Brně L'état actuel de solution du problème de choc des corps rugueux et imparfaitement élastiques: **1960,** 233–39 [tschech. m. russ. u. franz. Zusammenfassg.].

Strojírenství Technisches Rotationsviskosimeter mit eliminiertem Randeffekt[7]): **3** ('53) 928–31 [tschech.].

Strojnický Obzor Einfache Methode zur Messung der Wärmeleitfähigkeit von Flüssigkeiten: **15** ('35) 233–38. — Die Wärmeleitfähigkeit von pulverförmigen Stoffen: **16** ('36) 145–49. — Technische Modifikation der Couette-Methode zur Messung der Viskosität von Flüssigkeiten: **17** ('37) 181–85. — Der Einfluß der Schubelastizität auf den Verlauf des Stoßes von rauhen Körpern: **18** ('38) 9–12, 65–69. — Technisches Rotationsviskosimeter: **19** ('39) 8–12. — Einfache Vorrichtung zur Erhöhung der Genauigkeit der Despretzschen Methode der Messung der Wärmeleitfähigkeit von Metallen: 105–11. — Vergleichsmethode zur Messung der Wärmeleitfähigkeit von Metallstäben: 241–43, 302–07. — — Alle Arbeiten tschech.

Technický Obzor Die Abhängigkeit der Wärmeleitfähigkeit des Zements von der Temperatur: **44** ('36) 200–04. — Die Temperaturkoeffizienten der Wärmeleitfähigkeit von pulverförmigen Stoffen: **45** ('37) 68–71, 85–89. — Experimentelle Bestimmung des Schüttwinkels von Sand und seine Abhängigkeit von der Korngröße: **47** ('39) Nr. 6. — — Alle Arbeiten tschech.

Vesmír Der Mensch sieht die Atome: **37** ('58) 255–58. — Die Sterne und die irdische Physik: **44** ('65) 271f. — Warum ist es in der Nacht dunkel?: **45** ('66) 109–12. — Joannes Marcus Marci, Physiker und Techniker[4]): **46** ('67) 271–73. — — Alle Arbeiten tschech.

Věstn. král. české Spol. Nauk Détermination du radiant d'un courant météorique par le calcul et par construction: **1944,** Nr. 16, 23 S.

Mit: [1]) Z. Dvořáček; [2]) F. Krupka; [3]) D. Layzer; [4]) J. Machalický; [5]) M. Malkovská; [6]) I. Pacáková; [7]) V. Goldbach; [8]) M. N. Lewis; [9]) D. P. Thompson.

VI **HORI,** Takeo. Physik (Optik, Spektroskopie). — 1928–34 Prof., Ryojun College of Engineering, Port Arthur, Manchuria; '35–61 Prof., Dir. of Low Temperature Science Inst., '62 Prof. Emer., Hokkaidô Univ., Sapporo, Hokkaidô; '62–67 Prof., Kwansei Gakuin Univ., Nishinomiya; '68– Prof., Industrial Univ., Kyoto.

*1899, Dez. 7, Takaoka, Toyama.

H. Studies on fogs, in relation to fog-preventing forest (Sapporo '53).

Annual Studies, Kwansei Gakuin Univ., Nishinomiya On the polarizing angle of calcite crystal cut parallel to the optic axis: **16** ('67) 125–38.

Electrotechnical J. [Tokyo] Spectroscopic investigation of ultra-high-frequency discharges[1])[4])[2]): **4** ('40) 141f.

Japanese J. Physics Über das wellige Emissionskontinuum des Kaliumhydrids: **8** ('33) 151–63.

Low Temperature Sci. [Sapporo] Figures manifested by extremely thin films of oil, rubber, paraffin, polystyrene etc.[3]): **9** ('53) 107–12.

Low Temperature Sci. [Sapporo], A Supercooling and evaporation of thin water films: **15** ('56) 33–42.

Memoirs Ryojun College Engng. Über das Bandenspektrum des Kaliumhydrids: **6** ('33) 1–33. — Über das wellige Emissionskontinuum des Kaliumhydrids: 115–27.

Nature [London] Pure Stark effect observed in metallic arcs[2]): **142** ('38) 535. — Spectrum of the torch discharge[1]): **144** ('39) 981f.

Polar Rec. Hokkaidô University Institute of Low Temperature Science: **7** ('54) 194f.

Z. Physik Über die Kohlenstoffbande bei 2313 Å. (Die Möglichkeit der Existenz eines C_3-Moleküls von der gleichseitigen Dreieckgestalt): **88** ('34) 495–510. — Der Isotopieeffekt des ionisierten Quecksilberhydrids (Hg^+H / Hg^+D)[2]): **101** ('36) 279–84.

Mit: [1]) Y. Asami; [2]) J. Huruiti; [3]) K. Ito; [4]) T. Katayama.

VI **HORIBA,** Shinkichi. Physikal. Chem. — 1913–24 Assist. Prof., '24 D.Sc., '24–47 Prof., '39–41 Dir. of Science Departm., Head of Inst. for Chem. Research, '47 Prof. Emer., Kyoto Univ.; '39–45 Prof., Inst. of Technol., Tokyo [or Kyoto ?]; '49–51 Dir., Engineering Departm., Dôshisha Univ., Kyoto; '52 Pres., Naniwa Univ., Sakai, Ôsaka. — '37 Imperial Prize (Imperial Acad., Japan).

*1886, Nov. 29, Kyoto;
†1968, Febr. 16.

Zum 60. Geb.tag Festgabe: Review physic. Chem. Japan **20** ('46); darin I–XV: Biogr. (m. Schr.verz.).

HZ. (Editor in chief) Review physic. Chem. Japan **1** ('25/27) – **21** ('47).

W. Theory of catalytic actions (–'38) [japan.].

Proc. imp. Acad., Tokyo A study of the enzyme action by thermal analysis of reaction velocity, 1: The action of saccharase[4]): **11** ('35) 232–34. — On explosive reactions of gases, 1: Thermal explosion of oxyhydrogen gas at low pressures[2]): **16** ('40) 218–22.

Recueil Trav. chim. Pays-Bas Taylor's theory of active centres and the kinetics of heterogeneous gaseous reactions[6]): **51** ('32) 641–47.

Review physic. Chem. Japan On the efficiency of a simple glass calorimeter[9]): **6** ('32) 16– [japan.]. — Thermal analysis of reaction velocity by the simple calorimeter, 1[1]): 47– [japan.]. — Thermal analysis of chemical reaction velocity[8])[3])[1])[5])[4])[7]): **11** ('37) 189–201.

Science [Tokyo] Yûkichi Ôsaka †: **21** ('51) 47f.

Science Rep., Tôhoku imp. Univ., Ser. I Thermal analysis of chemical reaction velocity: Honda Anniversary Volume ('36) 430–43.

Ferner 3 weitere Arbeiten in japan. Sprache in japan. Fachzeitschriften.

Mit: [1]) H. Baba; [2]) R. Gotô; [3]) W. Jono; [4]) T. Kosaki; [5]) Y. Nakanishi; [6]) T. Ri; [7]) E. Suito; [8]) M. Tamura; [9]) K. Sato.

IV–VI **van HORN,** Frank Robertson. Geol., Mineral. — 1897 Instructor, then Assist. Prof., 1902–33 Prof., Case School of Applied Science, Cleveland, O. (☒)

*1872, Febr. 7, Johnsonburg, N.J.;
†1933, Aug. 1.

Nekr. J. E. Hyde, Ohio J. Sci. **34** ('34) 245f.; Proc. geol. Soc. America **1933** ('34) 273–87 (m. Bildn., Faks., Schr.verz.).

American Mineralogist Proceedings of the twelfth annual meeting of the Mineralogical Society of America at Tulsa, Oklahoma: **17** ('32) 108–19. — Proceedings of the thirteenth annual meeting of the Mineralogical Society of America at Cambridge, Massachusetts: **18** ('33) 106–20. — x-Ray study of pyrite or marcasite concretions in the rocks of the Cleveland, Ohio, quadrangles[1]): 288–94.

Bull. geol. Soc. America Proceedings of the twelfth annual meeting of the Mineralogical Society of America at Tulsa, Oklahoma, December 29 and 30, 1931: **43** ('32) 305–11. — Proceedings of the thirteenth annual meeting of the Mineralogical Society of America, held at Cambridge, Massachusetts, December 28 and 29, 1932: **44** ('33) 235–42.

Mit: [1]) K. R. van Horn.

VI **HORN,** David Wilbur. Chem. (org., physikal.). — 1900–01 Assist. Prof., Johns Hopkins Univ., Baltimore, Md.; '01–04 Assist. Prof., '04–07 Assoc. Prof., Bryn Mawr College; '08–55 Chemist and Bacteriologist for the Lower Merion Township (Pa.) Board of Health and for similar groups in the area; '08–10 Consulting Practice, '10–54 Owner of a Private Consulting Labor., Bryn Mawr, Pa.; '11–22 Lecturer Hyg., '11–42 Head of the School of Science, '16–21 Head of the Departm. of Hyg. and Publ. Health, '22–42 Prof. Med. and Publ. Health, Hahnemann Medical College and Hospital, Philadelphia, Pa.; '12–54 Prof. Inorg. Chem. and Physical Chem., '43–57 Dean of the Faculty, Wagner Free Inst. of Sci., Philadelphia, Pa.; '21–37 Prof. Physics and Physical Chem., Philadelphia College of Pharm. and Sci.; President of the Community Health and Civic Assoc., Bryn Mawr, Pa.; Director of the Main Line Chapter of the American National Red Cross; '05 Cofounder and first Pres. of the Philadelphia Branch of the American Chem. Soc.

*1877, Mai 7, Carlisle, Pa.;
†1962, Aug. 3, Norristown, Pa.

Zur Biogr. The national cyclopaedia of American biography **49** (New York '66) 225 (m. Bildn., Faks.).

Nekr. The Main Line Chronicle, Ardmore, Pa. **1962**, Aug. 9 (m. Bildn.).

American J. Pharm. Is germ chlorination fatal?: **104** ('32) 651–55. — Transition points of mixtures of cow's butter and cacao butter [1]): **106** ('34) 59–61. — Unsuspected copper in domestic water supplies: 262f.; ∼ 2: **108** ('36) 320–23. — A new lactometer, reading total solids: **107** ('35) 212–14. — Positive reaction of glass on o-tolidine: **108** ('36) 324f. — Observations upon the phosphatase test of milk: **13** ('41) 142–48.

Bull. Wagner Free Inst. Sci. Philadelphia A rational lactometer: **10** ('35) 1–10.

Hahnemannian Monthly Is germ chlorination fatal?: **67** ('32) 776–80. — Survey of certified milks: **69** ('34) 401–21.

Milk Dealer New lactometers for use in routine milk analysis: **24** ('35) Nr. 11, 33–35. — The biochemistry of milk secretion: **26** ('37) Nr. 11, 36.

Publ. Wagner Free Inst. Sci. Philadelphia Tests for formaldehyde in milk: **4** ('44) 1–12.

Mit: [1]) M. A. Wilson.

VI **HORN-D'ARTURO,** Guido. Astron. — 1921–54 Dir. dell'Osservat., '28–54 Prof. ord., Univ. di Bologna.

*1879, Febr. 13, Trieste.

MHZ. Coelum 1('31) - **33** ('65).

S. La più grande superficie riflettente del mondo nelle Grotte de Castellana. Specchio a tasselli di metri 5,10 di diametro (Putignano '57): Storia dello specchio a tasselli.

W. Piccola enciclopedia astronomica (m. P. Tempesti) (Bologna '60) 8 + 365 S.

Astronomische Nachr. Über den Bau des sichtbaren Universums: **245** ('32) 263.

Atti Soc. ital. Progr. Sci. Specchio a tasselli per uso astronomico: **21,** 2 ('33) 159f.

Coelum Telescopi dell'avvenire e specchi a tasselli: **2** ('32) 5 S. — Impressioni d'America: 9 S. — La nuova stazione astronomica dell'Osservatorio di Bologna: **3** ('33) 193. — La luce delle stelle cadenti: **4** ('34) 49–55. — G. V. Schiaparelli, 1835–1935: **5** ('35) 49–51. — La fusione del disco di cristallo (pyrex) per lo specchio parabolico di 5 m. d'apertura: 105–07. — Nuova stazione astronomica appeninica sul monte Orzale di Lojano: 161. — Il cielo fotografato con lo specchio a tasselli: 233–36. — Bolide multiplo: 242f. — La nuova stazione astronomica di Lojano, figlia dell'Osservatorio di Bologna: **6** ('36) 185–88. — Elogio di Nicolò Copernico: 205–10. — La deformazione delle immagini stellari generate dagli specchi parabolici: **7** ('37) 67f. — Terza assemblea degli astrofili convenuti a Bologna nei giorni 16–17 settembre 1950: **18** ('50) 137–40. — CAELVM o COELVM: **19** ('51) 29f. — L'età di Cacciaguida: 91–98, 171–73. — Per l'imminente riforma della legge sugl'Istituti Astronomici: 122f. — Lo specchio a tasselli dell'Osservatorio astronomico universitario di Bologna: **20** ('52) 65–68. — Niccolò Copernico: **22** ('54) 33–38. — Il compiuto specchio a tasselli di metri 1.80 d'apertura collocato nella torre dell'Osservatorio astronomico universitario di Bologna: **23** ('55) 65–68. — Astri e cannocchiali in paesaggi dipinti da Donato Creti (1671–1749): **25** ('57) 65f. — La cometa Arend-Roland (1956h): 97–101. — La figura di diffrazione circondante le immagini stellari fotografate con lo specchio a tasselli: 102–06. — Riflessioni sulla data memorabile del 4 ottobre: 165f. — Ultimi messaggi del Razzo vettore: **26** ('58) 2f. — Progetto d'un viaggio alle Isole Canarie per l'osservazione dell'ecclisse solare totale del 2 ottobre 1959: **27** ('59) 65f. — Elogio di Vincenzo Cerulli, 1859–1927: 97–100. — L'ecclisse solare totale del 15 febbraio 1961: **29** ('61) 33. — Sull'ingrandimento degli astri all'orizzonte: **31** ('63) 97f. — Astronomia e politica: 105–09. — Interferometro stellare costituito da due soli tasselli speculari distanti tra loro quanto si voglia: **33** ('65) 33–39.

J. brit. astron. Assoc. The tessellated mirror: **63** ('53) 71–74.

Memorie R. Accad. Sci. Ist. Bologna, Cl. Sci. fisiche Osservazioni meteorologiche dell'annata 1931. Eseguite e ridotte all'Osservatorio della R. Università di Bologna[1]): (8) **9.** 1931/32 ('32) 7–15; ~ 1932[2]): **10.** 1932/33 ('33) 75–84.

Memorie Soc. astron. ital. L'uso d'una lente conica nella spettrografia delle stelle cadenti: **7** ('34) 363–68. — La diacaustica d'una lente conica obbiettiva: 369–92. — Primi esperimenti con lo specchio a tasselli: **9** ('36) 133–45. — Specchio a tasselli per uso astronomico: **21** ('50) 100.

Optik [Stuttgart] Über eine neue Art von Teleskopspiegeln: **13** ('56) 254–58.

Pubbl. Osservat. astron. (R.) Univ. Bologna Immagini stellari extrassiali generate dagli specchi paraboloidici, sferici ed a tasselli: **3,** Nr. 5 ('37) 49–60. — La deformazione delle immagini stellari, detta "coma", scomposta nei snoi elementi: Nr. 6 ('37) 61–68. — La curva trifoliare generata dagli specchi paraboloidici nelle immagini stellari: Nr. 7 ('38) 69–76. — Altri esperimenti con lo specchio a tasselli: **5,** Nr. 11 ('50) 11 S. — L'aggiustamento dello specchio a tasselli effettuato dal centro di curvatura: Nr. 17 ('52) 8 S. — Mitologia delle costellazioni: **6,** Nr. 2 ('53). — Lo specchio a tasselli di metri 1.80 d'apertura collocato nella torre dell'Osservatorio astronomico universitario di Bologna: Nr. 6 ('55) 1–8. — Variazioni luminose di quattro stelle, scoperte fotograficamente con lo specchio a tasselli[3]): Nr. 7 ('55) 9–16. — Variazioni luminose di altre sette stelle fotografate con lo specchio a tasselli[3]): Nr. 13 ('55) 1–14. — La figura di diffrazione circondante le immagini stellari fotografate con lo specchio a tasselli: Nr. 18 ('57) 6 S.

Sterne Der Facettenspiegel-Plan: **33** ('57) 129–33.

Weitere Beobachtungsmitteilungen veröffentlicht in „Circulaire, Union astron. int. [København]".

Mit: [1]) F. Dominico; [2]) L. Jacchia; [3]) G. B. Lacchini.

V, VI **HORTON,** Frank. Physik. — 1914–46 Prof., '47 Prof. Emer., Royal Holloway College, '32–51 Member of the Univ. Court, '39–45 Vice-Chancellor, '45–

51 Member of the Univ. Senate, Univ. of London. (⊠)

*1878, Aug. 20, Handsworth, Birmingham;

†1957, Okt. 31, Cambridge.

Zur Biogr. Nature [London] **159** ('47) 122f.

Nekr. C. J. Smith, Nature [London] **180** ('57) 1320f. — R. Whiddington, Biographical Mem. Fellows roy. Soc. **4** ('58) 117–27 (m. Bildn., Faks., Schr.verz.).

S. C.R. Congrès international d'électricité, Paris 1932, **2** (Paris '33) 391–425: Recherches récentes sur les potentiels d'ionisation et de résonance[1]).

Nature [London] Post-war university education: **154** ('44) 414–16. — C. G. Barkla †: 790f.

Proc. roy. Soc., London, Ser. A The ionization of helium by neutral helium atoms[2]): **185** ('46) 381–98.

Mit: [1]) A. C. Davies; [2]) D. M. Millest.

VI **HOSKINS,** Leander Miller. Math. (angew.), Mech., Geophysik. — 1892–1925 Prof. Appl. Math., '25 Prof. Emer., Stanford Univ., Stanford, Calif.

*1860, Mai 10, near Evansville, Wis.;

†1937, Sept. 8, Palo Alto, Calif.

Todesanz. Nature [London] **140** ('37) 716.

Nekr. Palo Alto Times **1937**, Sept. 9.

Bull. seismol. Soc. America Water pressure in a tank caused by a simulated earthquake[1]): **24** ('34) 1–32.

Mit: [1]) L. S. Jacobsen.

VI **HOSMER,** George Leonard. Geodäsie, Astron. — 1897–1900 Assist., '00–07 Instructor, '07–16 Assist. Prof. Civil Engng., '16–20 Assoc. Prof. Topographic. Engng., '20–25 Assoc. Prof. and '25–34 Prof. Geodesy, Massachusetts Inst. of Technol., Cambridge, Mass.

*1874, Dez. 31, Lynn, Mass.;

†1935, Jan. 10, Woburn, Mass.

Nekr. Technology Rev. **37** ('34/35) Nr. 5, 184.

W. Practical astronomy; a textbook for engineering schools and a manual of field methods [3](New York–London '37) 11 + 270 S.; 4. Aufl. überarbeitet von J. M. Robbins [4]('48) 15+355 S. — Principles and practice of surveying (m. C. B. Breed) **1**: Elementary surveying [7](New York–London '38) 22+717 S.; [8]('45); 9. Aufl. überarbeitet von A. J. Bone [9]('58) 717 S.; **2**: Higher surveying [4]('34) 9 + 603 S.; [5]('38); [6]('47); [7]('53); 8. Aufl. überarbeitet von A. J. Bone [8]('62) 543 S.

V, VI **HOSTINSKÝ,** Bohuslav. Physik (theoret.), Math. — 1920–51 Prof., Mitbegründer der Naturwiss. Fak., Mitbegründer u. Leiter d. Inst. f. theoret. Physik, Univ. Brno.

*1884, Dez. 5, Praha;

†1951, Apr. 12, Brno.

Nekr. J. Beránek, Československý Čas. Fysiku **1** ('51) 90–95 (m. Bildn., Schr.verz.). — Czechoslovak math. J. **1** ('51) 55 (m. Bildn.).

HZ. Spisy vydávané přírod. Fak. Masarykovy Univ., Brno Nr. **1** ('21) - Nr. **189** ('33); Nr. **276** ('46) - Nr. **283** ('47).

S. Atti, Congresso internazionale dei matematici, Bologna 1928, **6** (Bologna '32) 61f.: Sur les probabilités des effets qui dépendent d'une suite de transformations successives prises au hasard. — Verhandlungen des internationalen Mathematiker-Kongresses, Zürich 1932, **2** (Zürich–Leipzig '33) 241f.: Valeurs moyennes des quantités qui varient avec le temps. — Zprávy o druhém sjezdu matematiků zemí slovanských (C.R. 2e Congrès des mathématiciens des pays slaves), Praha 1934 (Praha '35) 94–106: Sur les progrès récents de la théorie des probabilités; 193: Sur les quatre sommets d'un ovale; 230f.: Principe d'Huygens. — Otisk ze Slavnostního listu 19. sjezdu Elektrotechnickehó Svazu Československého, Praha 1937 (Praha '37) 137: Šíření elektromagnetických vln a pravidla o indukci; 137f.: Statistické otázky o stáří předmětů, které se po opotřebení hned nahrazují novými. — Colloque consacré à la théorie des probabilités **4**: Le principe ergodique et les probabilités en chaîne (Paris '38) (Actualités scientifiques et industrielles, 737. Conférences internationales de sciences mathématiques organisées à l'Université de Genève, 4) 17–28: Les fluctuations (Changements aléatoires du nombre de points ou d'objets dans un compartiment). — Sbornik, posvjaščennyj pamjati akademika Dmitrija Aleksandroviča Grave [Sammelband, dem Akademiemitglied D. A. Grave zum Gedenken] (Moskva–Leningrad '40) 48–51: Sur le coefficient de corrélation.

W. Václav Posejpal (Praha '36) 47 S. — Opérations infinitésimales linéaires. Applications aux équations différentielles et fonctionnelles (m. V. Volterra) (Paris '38) 7 + 238 S. (Collection de monographies sur la théorie des fonctions, publiée sous la direction de Emile Borel). — Équations fonctionnelles relatives aux probabilités continues en chaîne (Paris '39) 48 S. (Actualités scientifiques et industrielles, 782. Exposés d'analyse générale,

10). — (Bearb.) O. Hostinský, Bedřich Smetana a jeho boj o moderní českou hudbu ²(Praha '41) 19 + 502 + 3 S. — Diferenciální geometrie křivek a ploch ²(Praha '42) 8 + 161 + 1 S.; ³('50) 217 + 4 S. (Knihovna spisů matematických a fysikálních, 1). — O mnohoúhelnících a mnohostěnech (Praha '47) 64 S. (Cesta k vědění, 33). — Počet pravděpodobnosti 1 (Praha '50) 124 + 3 S.; 2 ('50) 96 + 3 S. (~ 51. 57).

Acta Univ. Asiae mediae, Ser. 5 A Probabilités relatives aux tirages de deux urnes avec l'échange des boules extraites: **21** ('39) 10 S. [m. russ. Zusammenfassg.].

Aktuárské Vědy O výpočtu pravděpodobností, které se vztahují k časovému vývoji souborů: 8 ('49) 61–67.

Annales Inst. Henri Poincaré Application du calcul des probabilités à la théorie du mouvement brownien: **3** ('32/33) 1–74. — Sur les probabilités relatives aux variables aléatoires liées entre elles. Applications diverses: **7** ('37) 69–119.

Atti reale Accad. nazion. Lincei, Rend. Sur l'intégration des transformations fonctionnelles linéaires: (6) **16** ('32) 25–27. — Sur l'intégration des substitutions linéaires: **22** ('35) 221–25.

Bull. int., Acad. tchèque Sci. Chaînes de Markoff inverses[1]): **36**.1935 ('35) 60–67. — Sur les oscillations forcées des systèmes mécaniques ou électriques: **40**.1939 ('40) 139–46. — Sur les probabilités relatives aux changements dans un système qui évolue au cours du temps: **41**.1940 ('41) 8 S. — Sur la courbure des surfaces: **42**.1941 ('42) 13 S. — Über Mittelwerte der Energie einer schwingenden Luftmasse, welche in einem Kasten eingeschlossen ist: **43**.1942 ('43) 24–36. — Das akustische Spektrum einer Saite: **44**.1943 ('44) 23–32. — Über die Verteilung der Energie in akustischen Spektren: 393–98. — Influence des chocs transversaux sur le mouvement vibratoire d'une corde: **45**.1944 ('45) 317–23.

Bull. Soc. math. France Résolution d'une équation fonctionnelle considérée par M. Hadamard: **62** ('34) 151-66.

Čas. Pěst. Mat. a Fysiky Sur la théorie des chaînes de Markoff et sur l'intégration des transformations linéaires: **63** ('33) 167–87 [tschech. m. franz. Zusammenfassg.]. — Sur les progrès récents de la théorie des probabilités: **64** ('34) 94–106. — Sur les quatre sommets d'un ovale: 193. — Principe d'Huygens: 230f. — Sur la solution de l'équation généralisée de Chapman: **68** ('39) 8–14 [tschech. m. franz. Zusammenfassg.]. — Vito Volterra: **70** ('41) D 138 f. [tschech.]. — Emile Picard: **71** ('46) D 100–D 102 [tschech.]. — Revue des travaux publiés en 1935–1948 sur les chaînes de Markoff et problèmes voisins: **74** ('49) 48–61 [tschech. m. franz. Zusammenfassg.].

C.R. (Dokl.) Acad. Sci. URSS Sur une équation fonctionnelle considérée par Chapman et par Kolmogoroff: (2) **1934** II, 393–97 [russ. u. franz.].

C.R. hebd. Séances Acad. Sci., Paris Sur une équation fonctionnelle qui se présente dans la théorie des équations linéaires aux dérivées partielles du type hyperbolique: **197** ('33) 733–35. — Sur les probabilités en chaîne: **202** ('36) 1000–02. — Sur les mouvements qui dépendent du hasard: 2029–31; **203** ('36) 216. — Sur la superposition de deux sinusoïdes: 918f. — Résolution d'un problème général de la théorie de la diffusion: **206** ('38) 1452–55. — Sur une équation générale de la mécanique statistique: **207** ('38) 522–24. — Sur le spectre acoustique d'une corde: **222** ('46) 438–40. — Sur la répartition d'énergie dans les spectres acoustiques: 1328f. — Sur le mouvement asymptotique d'un pendule après un grand nombre de chocs successifs du pendule avec des corpuscules: **226** ('48) 990–92.

Elektrotechnický Obzor Über das sogenannte Elementarquantum der Energie: **24** ('35) 291–. — Statistische Frage der Auswechslung hölzerner Maste in elektrischen Netzen: **27** ('38) 229–32. — Über die Ausbreitung akustischer Wellen in einem abgeschlossenen Raum: **29** ('40) 269–72. — Die Energieverteilung in mechanischen Spektren: **33** ('44) 97–101, 119–22. — Mechanische Analogien zu elektrischen Erscheinungen: **36** ('47) 16–19. — — Alle Arbeiten tschech.

Giorn. Ist. ital. Attuari Sulla teoria degli errori: **3** ('32) 139–46. — Sulle successioni di variabili casuali: **7** ('36) 8–13.

J. Math. pures et appl. Sur une classe d'équations fonctionnelles: **16** ('37) 267–84.

J. Physique et Radium Sur les principes généraux des théories statistiques en physique: (7) **5** ('34) 106Sf.

Mathematica [Cluj] Sur quelques applications de l'analyse infinitésimale à l'étude des phénomènes physiques discontinus: **9** ('35) 61–72. — Sur les produits de composition de deux ou de plusieurs fonctions: 215–17. — Sur la notion d'intégrale d'une substitution linéaire: **10** ('35) 191–93. — Sur la densité d'énergie d'une corde vibrante: **17** ('41) 30–33.

Naše Věda Jan Bašta: **17** ('36) 256–58.

Prace mat.-fizyczne Une équation fonctionnelle relative au problème de Dirichlet: **42** ('35) 49–53.

Rozpr. české Akad. Věd a Umění Umgekehrte Markovsche Ketten: **45** ('35) Nr. 6, 5 S. — Beitrag zu Markovs Kettentheorie[1]): Nr. 20, 5 S. — Über mechanische und elektrische erzwungene Schwingungen: **49** ('39) Nr. 19, 16 S. — Über die Wahrscheinlichkeit von Änderungen in einem System, das sich im Zeitverlauf entwickelt: **50** ('40) Nr. 26, 9 S.

— Über die Krümmung von Flächen: **51** ('41) Nr. 4, 14 S. — Über Mittelwerte der Energie einer schwingenden Luftmasse, welche in einem Kasten eingeschlossen ist: **52**.1942 ('43) Nr. 2, 19 S. — Das akustische Spektrum einer Saite: **53**.1943 ('44) Nr. 3, 29 S. — Über die Verteilung der Energie in akustischen Spektren: Nr. 31, 17 S. — Über den Einfluß transversaler Stöße auf die Vibrationsbewegung einer Saite: **54**.1944 ('45) Nr. 24, 24 S. — — Alle Arbeiten tschech.

Spisy vydávané přírod. Fak. Masarykovy Univ., Brno Sur une équation fonctionnelle de la théorie des probabilités, 1: Nr. **156** ('32) 36 S.; ~ 2: Nr. **194** ('34) 1–13; ~ 3: Nr. **261** ('38) 26 S. — Le problème de Cauchy pour les équations différentielles linéaires: Nr. **230** ('36) 12 S. [tschech. m. französ. Zusammenfassg.]. — Nouveaux problèmes relatifs à la résonance: Nr. **282** ('46) 28 S. [~]. — Sur le spectre acoustique de la corde de Lagrange: Nr. **297** ('47) 19 S.

Statistický Obzor Stacionární posloupnosti veličin závislých na náhodě a Siutského věta o limitním rozdělení podle sinusoidy: **22** ('41) 141–60.

Strojnický Obzor O resonanci: **25** ('45) 218–22.

Vesmír Purkyňovy objevy ve fysice: **16** ('38) 113–18.

Věstn. král. české Spol. Nauk Mechanisches Modell der Maxwellschen elektrostatischen Spannung: **1947**, Nr. 14, 7 S. [tschech. m. franz. Zusammenfassg.].

Außerdem einige historische, kritische und populärwissenschaftliche Aufsätze in verschiedenen Zeitschriften.

Mit: [1]) J. Potoček.

V, VI **HOTELLING,** Harold. Math. Statistik. — 1931–46 Prof. Math. Econ., '42–45 Organizer and Head of the Statistical Research Group, Columbia Univ., New York; '46–66 Prof. Math. Statistics, '46–52 Assoc. Dir. of the Inst. of Statistics, '66 Prof. Emer., Univ. of North Carolina, Chapel Hill, N.C.; '31 Founder, '36–37 Pres., '55–58 Council Member, Econometr. Soc.; '35 Founder, '41 Pres., '57–60 Council Member, Inst. Math. Statistics; '41 Vicepres., Amer. Statist. Assoc.; '45–47 Member, Board of Directors, Social Science Research Council; '54–55 Pres., Elisha Mitchell Scientific Soc.; Visiting Lecturer: Calcutta, Paris, London, Bruxelles, Stockholm; '64 Visiting Prof., Univ. of Buenos Aires; Consultant to several government departments and corporations. — '55 Hon. LL. D. (Univ. of Chicago, Ill.); '63 Hon. Sc. D. (Univ. of Rochester, N. Y.). — '51 Médaille en Bronze (Univ. Libre de Bruxelles).

*1895, Sept. 29, Fulda, Minn.

Zum 65. Geb.tag Festschrift: Essays in economics and econometrics. A volume in honor of Harold Hotelling (R. W. Pfouts) (Chapel Hill, N.C. '60) 12 + 240 S. — Festschrift: Contributions to probability and statistics. Essays in honor of Harold Hotelling (I. Olkin u. a.) (Stanford, Calif. '60) 517 S. (Stanford studies in mathematics and statistics, 2); darin eig. Beitr.: S. 11–24: The teaching of statistics.

S. Selected techniques of statistical analysis for scientific and industrial research and production and management engineering (New York '47) 111–84: Multivariate quality control illustrated by the air testing of sample bombsights. — Proc. Berkeley symposium on mathematical statistics and probability, Berkeley, Calif., 1945/1946 (J. Neyman) (Berkeley, Calif. '49) 21–40: The place of statistics in the university; 275–93: Practical problems of matrix calculation. — Proc. 2nd ~ 1950 (~) ('51) 23–41: A generalized T test and measure of multivariate dispersion. — Proc. 4th ~ 1960 (~) **1** ('61) 319–59: The behavior of some standard statistical tests under nonstandard conditions. — Statistical inference in dynamic economic models (T. C. Koopmans) (New York '50) (Cowles commission for research in economics monograph Nr. 10) 323–25: Some computational devices. — Readings in price theory selected by a committee of the American Economic Association (Homewood, Ill. '52) (Ser. of republished articles on economics, 6) 467–84: Stability in competition. — Readings in the economics of taxation selected by a committee of the American Economic Association (Homewood, Ill. '59) (~ 9) 139–67: The general welfare in relation to problems of taxation and of railway and utility rates. — Statistics and mathematics in biology (O. Kempthorne u. a.) (Ames, Ia. '54) 67–80: Multivariate analysis. — Collection of papers, Colloquium in statistical design of laboratory experiments, U.S. Navy Ordnance Laboratory, White Oak, Md. (White Oak, Md. '55) 84–91: Multivariate methods in testing complex equipment. — Encyclopedia Americana (L. P. Dudley) **9** (Chicago, Ill. '55) 556 <('66) 556a>: Econometrics. — Saggi sulla moderna "economia del benessere" (F. Caffè) (Torino '56) (Biblioteca di cultura economica, 19): Il benessere generale in rapporto ai problemi della tassazione e delle tariffe ferroviarie e dei servizi pubblici. — International encyclopedia of the social sciences (D. L. Sills) 10 (New York '68) 545–53: Correlation. — Wettbewerb und Monopol (H.-H. Barnikel) (Darmstadt '68) (Wege der Forschung, 48) 241–62: Stabilität im Wettbewerb. — Precursors in mathematical economics; an anthology (W. J. Baumol, S. M. Goldfield) (London '68) 355–86: Edgeworth's taxation paradox and the nature of demand and supply functions. — Readings in welfare economics (American Economic Association) (Homewood, Ill. '69) 284–308: The general welfare in relation to problems of taxation and of railway and utility rates.

American J. Econ. and Sociol. Why we have the two-party system: **10** ('50) 13–15.

American J. Math. Tubes and spheres in n-spaces, and a class of statistical problems: **61** ('39) 440–60.

American J. Obstetrics and Gynecol. A new analysis of duration of pregnancy data[3]): **23** ('32) 643–57.

American J. physic. Anthropol. Measurements and correlations on pelves of Indians of the Southwest[6]): **21** ('36) 91–106.

American J. Sociol. Problems of prediction: **48** ('42) 61–76.

American Statistician The training of statisticians: **1** ('47) Nr. 3, 8f. — Abraham Wald: **5** ('51) Nr. [?], 18f. — The statistical method and the philosophy of science: **12** ('58) Nr. 5, 9–14.

Annals math. Statistics The limits of a measure of skewness[5]): **3** ('32) 141f. — Rank correlation and tests of significance involving no assumption of normality[4]): **7** ('36) 29–43. — The transformation of statistics to simplify their distribution[2]): **9** ('38) 87–96. — The selection of variates for use in prediction with some comments on the general problem of nuisance parameters: **11** ('40) 271–83. — The teaching of statistics: 457–70. — Experimental determination of the maximum of a function: **12** ('41) 20–45. — Some new methods in matrix calculation: **14** ('43) 1–34. — Further points on matrix calculation and simultaneous equations: 440f. — Some improvements in weighing and other experimental techniques: **15** ('44) 297-306. — Note on a matric theorem of A. T. Craig: 427–29. — The teaching of statistics; report of Institute of Mathematical Statistics Committee: **19** ('48) 95–115. — The moments of the sample median[1]): **26** ('55) 593–606.

Biometrics Discussion of a paper of Georges Teissier: **4** ('48) 50.

Biometrika Relations between two sets of variates: **28** ('36) 321–77. — Foreword to W. L. Deemer and I. Olkin "The Jacobians of certain matrix transformations useful in multivariate analysis": **38** ('51) 345f.

British J. statist. Psychol. The relations of the newer multivariate statistical methods to factor analysis: **10** II ('57) 69–79.

Colloques int. Centre nation. Rech. sci. Les rapports entre les méthodes statistiques récentes portant sur des variables multiples et l'analyse factorielle: **58** ('55) 107–19. — Discussion à Dugué: "Extension de la loi d'Hotelling": **87** ('59) 87. — Different meanings of experimental design: **110** ('63) 39–49.

Econometrica [USA] Note on Edgeworth's taxation paradox and Professor Garver's additional condition on demand functions: **1** ('33) 408f. — Demand functions with limited budgets: **3** ('35) 66–78. — The general welfare in relation to problems of taxation and of railway and utility rates: **6** ('38) 242–69. — The work of Henry Schultz: **7** ('39) 97–103. — The relation of prices to marginal costs in an optimum system: 151–55; A final note: 158–60. — Selection of variates for use in prediction: 185–. — Income tax revision as proposed by Irving Fisher: **11** ('43) 83–87. — Mathematical statistics and econometrics at the University of North Carolina: **16** ('48) 125f. — Stochastic processes: **17** ('49) 66–68. — Discussion of a paper of René Roy: Suppl., S. 188f. — The mathematical training of social scientists: **18** ('50) 198f. — Discussion at Innsbruck meeting: **20** ('54) 102, 105, 108f.

Estadística [Washington] El método estadístico y la filosofía de la ciencia: **17** ('59) 14–27.

J. amer. statist. Assoc. Impact of R. A. Fisher on statistics: **46** ('51) 35–46.

J. dent. Res. Effects of pregnancy, mouth acidity and age on dental caries[7]): **16** ('37) 507–19.

J. educat. Psychol. Analysis of a complex of statistical variables into principal components: **24** ('33) 417–41, 498–520. — The most predictable criterion: **26** ('35) 139–42.

J. educat. Res. Dr. Peters' criticism of Fisher's statistics: **36** ('43) 707–10.

J. polit. Economy Edgeworth's taxation paradox and the nature of demand and supply functions: **40** ('32) 577–616.

J. roy. statist. Soc., B New light on the correlation coefficient and its transforms: **15** ('53) 193-232.

Mathematics Teacher Some little-known applications of mathematics: **29** ('36) 157–69. — The teaching of statistics: **46** ('48) 76f.

Psychometrika Simplified calculation of principal components: **1** ('36) Nr. 1, 27–35.

Revista Econ. polít. El bienestar general: 8 ('57) 914–54.

Revue Inst. int. Statistique Comments on the report "Furtherance of statistical education": 18 ('50) 69f.

Sankhya Presidential address to Indian Statistical Congress: **5** ('41) 127–29.

Science [USA] Rotations in psychology and the statistical revolution: **95** ('42) 504–07. — C. F. Roos, econometrician and mathematician: **128** ('58) 1194f.

Vortragsreferate in einigen weiteren Kongreßberichten.

Mit: [1]) J. T. Chu; [2]) L. R. Frankel; [3]) F. Hotelling; [4]) M. Richards Pabst; [5]) L. M. Solomons; [6]) W. W. Howells; [7]) D. E. Ziskin.

IV–VI **HOULLEVIGUE,** Louis Aimé Charles. Physik, Astrophysik. — 1905–34 Prof., '34– Prof. hon. Physique, Ecole d'Ingénieurs de Marseille, Univ. d'Aix-Marseille, Aix-en-Provence. — Prix de Parville (Acad. Sci. Paris).

*1863, Jan. 21, Honfleur, Calvados;
†1944, Apr. 12, Marseille.

Nekr. P. Rouard, Annales Fac. Sci. Marseille (2) **18** ('46) 129–40 (m. Bildn., Schr.verz.).

W. Problèmes actuels de l'astrophysique. Les appareils et les méthodes. Le système solaire. La nature et la vie des étoiles. L'atmosphère d'univers (Paris '35) 12 + 268 S.

VI **HOUSTON,** William Vermillion. Physik. — 1925–27 Nation. Res. Fellow, '27–29 Assist. Prof., '29–31 Assoc. Prof., '31–46 Prof., California Inst. of Technol., Pasadena, Calif.; '46– Prof., '46–61 Pres., '61– Hon. Chancellor, Rice Inst. (the later Rice Univ.), Houston, Tex.; '54–66 Member of the National Science Board. — '50 Hon. D. Sc. (Ohio State Univ., Columbus, O.); '56 Hon. LL. D. (Univ. of California, Berkeley, Calif.).

*1900, Jan. 19, Mt. Gilead, O.

S. Verhandelingen, op 25 Mei 1935 aangeboden aan P. Zeeman ('s Gravenhage '35) 71–79: The determination of e/m from the Zeeman effect. — Scientists look at our world (Philadelphia, Pa. '52) (Pennsylvania University Benjamin Franklin lectures) 5–32: Description of the physical world. — Modern physics for the engineer (L. N. Ridenour, W. A. Nierenberg) 2nd ser. (New York '61) 83–107: Electrons and nuclei in ideal crystals. — Encyclopaedic dictionary of physics (J. Thewlis) 6 (Oxford–London–New York–Paris '62) 430f.: Secular equation. — Progress in fast neutron physics. International conference on fast neutron physics (New York–London '63) 351–55: Commemoration of T. W. Bonner. — Encyclopaedia Britannica. A new survey of universal knowledge 8 (Chicago–London–Toronto ... '65) 240–44: Electron; **23** ('65) 637: Harold Albert Wilson.

W. Principles of mathematical physics (New York '34) 11 + 265 S., [2]('48) 12 + 363 S. (International series in pure and applied physics). — Principles of quantum mechanics; non-relativistic wave mechanics with illustrative applications (New York '51) 7 + 288 S., ('59) 288 S. (∼). — Waves and particles (Columbus, O. '60) 18 S. (Alpheus W. Smith lecture, 1).

American Physics Teacher The role of positrons and neutrons in modern physics: **2** ('34) 53–62. — The physical content of quantum mechanics: **5** ('37) 49–. — The laws of electromagnetic induction: **7** ('39) Dez.-Nr.

American J. Physics Physics in engineering: **23** ('55) 610–14. — Are electrons real?: **34** ('66) 351–57.

Biographical Mem., Nation. Acad. Sci. USA Tom Wilkerson Bonner†: **38** ('65) 17–32.

Bull. Inst. int. Froid Motion of the nuclei in liquid helium[8]): **1955**, Suppl., 129–32.

Circular, Nation. Bur. Standards Studies on oscillating superconducting spheres[7])[4]): **519** ('52) 81–84.

Engineering and Sci. Trends of research in physics: **9** ('46) Nr. 1.

J. appl. Physics [USA] Electron theory of thermoelectric effects: **12** ('41) 519–29.

J. Petroleum Technol. Objectives of engineering education: **1956**, Jan.-Nr., 12–14.

J. Proc. and Addresses annu. Conf. Assoc. amer. Univ. Higher education in science and engineering: **38** ('36) 75–82.

Physical Rev. A new determination of e/m from the Zeeman effect[1]): (2) **39** ('32) 601–15. — The Raman effect in ammonia and some other gases[5]): **44** ('33) 903–10. — The value of e/m from the Zeeman effect[3]): **45** ('34) 104–08. — The fine structure of the Balmer lines[2]): 263–72. — Zeeman effect in helium[3]): **46** ('34) 533f. — A nuclear model: **47** ('35) 942–46. — A new method of analysis of the structure of H_α and D_α: **51** ('37) 446–49. — The viscosity of air: **52** ('37) 751–57. — The surface photoelectric effect: 1047–53. — Resonance broadening of spectral lines: **54** ('38) 884–88. — Conservation of momentum in electrical conductivity: **55** ('39) 1255–61. — Acceleration of electrons in a crystal lattice: **57** ('40) 184–86. — Electromagnetic induction in a superconductor[10]): **76** ('49) 685f. — Electromagnetic forces on a superconductor[6]): **79** ('50) 967–70. — Gyromagnetic effect in a superconductor[7])[4]): **86** ('52) 905–07. — The temperature dependence of electrical resistance: 88 ('52) 1321–23. — Motion of nuclei in liquid helium[8]): **100** ('55) 1003–07.

— Motion of magnetic flux through superconducting strips[9]): **163** ('67) 431–34.

Physical Rev. Letters Mechanical forces on a superconducting film[9]): **16** ('66) 516f.

Physics Teacher Particles and fields in physics: **4** ('66) 158–60.

Physics today Physics for adventure: **3** ('50) Nr. 6, 20f. — On the spirit of physics: **4** ('51) Nr. 2, 9f. — Theory and practice in engineering: **5** ('52) Nr. 9, 4f. — Some observations on the theory of electrons and atomic nuclei in solids: **16** ('63) Nr. 9, 26–36.

Proc. amer. philos. Soc. Electrons in metals: **81** ('39) 525–32. — Electric and magnetic forces on superconductors: **94** ('50) 453–58.

Proc. philos. Soc. Texas Philosophy in the twentieth century: **1955,** 7–15.

Reviews modern Physics Normal vibrations of a crystal lattice: **20** ('48) 161–65.

Rice Inst. Pamphlet Application of group theory to the normal vibrations of a cubic crystal: **32** ('45) Nr. 4. — The influence of science on history: **33** ('46) Nr. 4.

Science [USA] The philosophy of physics: **85** ('37) 413–19. — Eddy current damping of a superconductor[6]): **111** ('50) 461.

Scientific Monthly Nobel Prize award in physics for 1939 to E. O. Lawrence: **50** ('40) 277f.

Yearb., Amer. philos. Soc. Robert Andrews Millikan (1868–1953): **1954,** 440–44.

Z. Naturforsch. Lattice vibrations and specific heat of diamond: **3a** ('48) 607–11.

Mit: [1]) J. S. Campbell; [2]) Y. M. Hsieh; [3]) L. E. Kinsler; [4]) A. L. Lathrop; [5]) C. M. Lewis; [6]) N. Muench; [7]) R. H. Pry; [8]) H. E. Rorschach; [9]) D. R. Smith; [10]) C. F. Squire.

V,VI **HOUSTOUN,** Robert Alexander. Physik (Optik). — 1907–48 Lecturer, '48– Hon. Research Fellow, Univ. of Glasgow. — '16 Makdougall-Brisbane Medal (Roy. Soc. Edinburgh).

*1883, Mai 23, Glasgow.

W. Vision and colour vision (London '32) 7 + 238 S. — A treatise on light [7](London '38) 11 + 528 S. — An introduction to mathematical physics [2](London '52) 10+262 S. — Physical optics (London-Glasgow '57, New York '58) 6 + 300 S.

Bull., Inst. Physics Kepler and the law of refraction: **9** ('58) 3–.

Edinburgh math. Notes Horatio S. Carslaw: Nr. **40** ('56) 26.

J. opt. Soc. America Theory of color vision: **45** ('55) 589–92. — New chromaticity diagram: **47** ('57) 670f. — Nature of light: **55** ('65) 1186–88.

Nature [London] A simple method of heterochromatic photometry: **135** ('35) 1000f. — Time lag of the vacuum photocell: **139** ('37) 29f. — A new method of measuring the velocity of light: **142** ('38) 833. — Kepler's law of refraction: **144** ('39) 441. — A relativity query: **150** ('42) 25. — A simple way of photographing spectra: **161** ('48) 973f. — A measurement of the velocity of light: **164** ('49) 1004.

Optica Acta [Paris] Note on the theory of optical activity: **6** ('59) 216–21.

Philosophical Mag. (and J. Sci.) A new method of colorimetry: (7) **16** ('33) 945–53. — Colorimetry with a spectrometer: **17** ('34) 1047–57; ∼[2]): **23** ('37) 49–63. — The personal error in colorimetry[2]): **19** ('35) 1107–15. — Variations in colour vision and colour measurement: **21** ('36) 505–08. — The characteristic curve of the photographic plate: 1113–19. — Dark bands in spectra of double diffraction gratings: **30** ('40) 68–78. — The drift of the selenium barrier-layer photocell: **31** ('41) 498–506. — The formula of the selenium barrier-layer photocell: **33** ('42) 226–37. — Note on Einstein's theory of gravitation: 899–903. — The ultrasonic diffraction grating: **35** ('44) 192–202. — Electromotive force of the selenium barrier-layer photocell[1]): **36** ('45) 279–87. — Fatigue in selenium barrier-layer photocells: **37** ('46) 13–17. — On an interpretation of the quantum: **38** ('47) 479–88. — Efficiency of the barrier-layer photocell: **39** ('48) 902–10.

Proc. physic. Soc. The interpretation of Cornu's spiral: **92** ('67) 493–96.

Proc. roy. Soc. Edinburgh, Sect. A The time lag of the vacuum photocell: **57** ('36/37) 163–71. — A new way of measuring the velocity of light: **61** ('41/43) 102–14. — A measurement of the velocity of light in water: **62** ('43/49) 58–63. — A measurement of the velocity of light: **63** ('49/50) 95–104.

Trans. opt. Soc. Absorption of light: **33** ('32) 63–65. — A new trichromatic colorimeter: 199–208.

Mit: [1]) A. F. Howatson; [2]) A. J. Younger.

VI **van HOVE,** Theodoor. Chem. Technol. — 1919–23 Repetitor, '23–28 Dozent, '29–46 ord. Prof., Univ. Gent. — '28 Prix De Potter (Acad. Roy. Belgique).

*1879, Okt. 10, Brugge;

†1946, Aug. 28, Gent.

Nekr. G. Goethals, Bull., Soc. chim. Belgique **56** ('47) 5f. (m. Schr.verz., 7 Nrn.).

Zur Biogr. G. Goethals in: Liber Memorialis der Rijksuniversiteit te Gent 1913–1960 (T. Luykx) 4 (Gent '60) 380f. (m. Bildn., Schr.verz.). — Gedenkboek van de Rijksuniversiteit te Gent na een kwarteeuw vervlaamsing, 1930/31 - 1955/56 (Gent '57) 264f. (m. Bildn.).

MHZ. (Secrétaire) Bull., Soc. chim. Belgique **33** ('24) - **54** ('45).

VI **HOVGAARD,** George William. Physik, Mech. (Schiffsbau). — 1901–33 Prof. Naval Design and Construction, '33 Prof. Emer., '33–34 Hon. Lecturer, Massachusetts Inst. of Technol., Cambridge, Mass.; '34– Engineering Consultant, Brooklyn, N.Y.; '35–38 Consulting Naval Architect for the Bureau of Yards and Docks, U.S. Navy Department; '12–50 Trustee and Vice-Pres. of the American-Scandinavian Foundation. — '29 Dr. techn. h. c. (Polytekn. Læreanstalt, København); '34 Hon. D. Eng. (Stevens Inst. of Technol., Hoboken, N.J.). — '17 Gold Medal (British Instn. of Naval Architects); '43 David W. Taylor Medal (Amer. Soc. of Naval Architects and Marine Engrs.); '48 Gold Medal (American-Scandinavian Foundation).

*1857, Nov. 28, Aarhus, Dänemark;

†1950, Jan. 5, Morristown, N.J.

Nekr. W. F. Gibbs, Biographical Mem., Nation. Acad. Sci. USA **36** ('62) 161–91 (m. Bildn., Faks., Schr.verz.).

S. Atti Congresso internazionale dei matematici, Bologna 1928, **6** (Bologna '32) 239–46: Determination of the stresses in a beam by the method of variation.

W. Structural design of warships [2](Annapolis, Md. '40) 14+410 S.

American-scandinavian Rev. The Kensington Stone: **1932,** 224–30. — The united world: **1948,** 109–12.

Biographical Mem., Nation. Acad. Sci. USA George Fillmore Swain, 1857-1931: **17** ('37) 331–47.

J. appl. Mech. Torsion of rectangular tubes: **1937,** A131–A135.

J. Math. and Physics Ritz's electrodynamic theory: **11** ('32) 218–54. — The stress distribution in longitudinal welds and adjoining structures: **13** ('34) 195–248.

Proc. nation. Acad. Sci. USA An investigation of the stresses in longitudinal welds: **20** ('34) 17–23. — Torsion of rectangular tubes: **22** ('36) 362–67.

Proc. United States naval Inst. The strategic situation in the Baltic: **1935,** 1281–83. — Airships for naval service: **1936,** 362–66. — Is war inevitable?: **1937,** 1423–25.

Trans. amer. Soc. mech. Engr. Stresses in three-dimensional pipe bends: **1935,** 401–15. — Further studies of three-dimensional pipe bends: **1937,** 647–50.

Trans. Soc. naval Architects and Marine Engr. Theory of elasticity. Solution of problems by trial: **41** ('33) 61f. — Ship structural design: **42** ('34) 56f. — Ground tackle: 169. — The battle cruiser: 270–72. — Engineering education in England and Germany: **43** ('35) 99f. — Determining anchor holding power from model tests: 114f. — Strength of plating in compression: 128. — Medium-sized fast liners: **44** ('36) 252f. — Alloys in shipbuilding: **45** ('37) 197. — Design and construction of ship interiors: 229. — Care of cargo at sea: **46** ('38) 153. — Bending theory of ship bottom structure: 191f. — Ship plating under compression and hydrostatic pressure: **47** ('39) 111. — Graphical analysis of pipe stresses: 152–54. — Notes on rolling and lurching: **48** ('40) 88f. — Calculation of motion and stresses of a pitching and heaving ship: 110. — The effect of an added weight on longitudinal strength: 123. — Investigation of structural characteristics of the destroyers "Preston" and "Bruce": 160–63. — Feed systems for naval vessels: 316f. — The growing importance of small models for studies in naval architecture: **49** ('41) 109f. — Precision in naval architectural calculations: 148f. — Design curves for cross-stiffened plating under uniform bending load: 179. — Subdivision of ships as a protection against foundering: **50** ('42) 260f. — Aspects of large passenger liner design: **54** ('46) 358f.

VI **HOWARD,** Joseph Whitney. Chem. — 1915–18 Instructor, '18–22 Assist. Prof., '22–24 Assoc. Prof., '24–59 Prof., '52–59 Chairman of the Departm., '59 Prof. Emer., Montana State Univ., Missoula, Mont. (⊠)

*1899, Juni 18, Dixon, Ill.;

†.

Industrial and Engng. Chem. New chemistry-pharmacy building at Montana State University: **12** ('40) 441f.

J. amer. chem. Soc. The addition of chloroform and bromoform to o-chlorobenzaldehyde [2]): **57** ('35) 376f. — The addition of chloroform and bromoform to p-chlorobenzaldehyde: 2317f. — Cyclohexyltrichloromethylcarbinol[1]): **58** ('36) 1657. — The addition of chloroform and bromoform to m-chlorobenzaldehyde and p-tolualdehyde[4]): **60** ('38) 228f.

J. chem. Educat. Agates: **10** ('33) 67–70. — Garnets: 713–16. — Emeralds: **11** ('34) 323–27. — Topaz: **12** ('35) 153–56. — Opals: **13** ('36) 553–56. — Zircon: **17** ('40) 265–67.

Organic Syntheses Bromal[3]): **17** ('37) 18f.
Mit: [1]) R. J. Brown; [2]) I. Castles; [3]) F. A. Long; [4]) G. N. Stephens.

VI **HOWE,** George William Osborn. Elektrotechn. — 1921–46 Prof., '46 Prof. Emer., Univ. of Glasgow; '25–58 Dir., Mullard Radio Valve Co. Ltd.; '46–58 Dir., Philips Hamilton Works Ltd.; '24 Pres. of Sect. G (Engineering) of the British Assoc. for the Advancement of Science. — '14 Hon. D. Sc. (Univ. of Adelaide); '47 Hon. LL. D. (Univ. of Glasgow). — '56 Faraday Medal (Instn. of Electrical Engrs.).

*1875, Dez. 4, Charlton, Kent;
†1960, Nov. 7, Glasgow.

Zur Biogr. Wireless Engr. **33** ('56) 76 (m. Bildn.). — Wireless World **62** ('56) 106 (m. Bildn.).

Nekr. J. Greig, Nature [London] **189** ('61) 183f. — R. L. Smith-Rose, Proc. physic. Soc. **77** ('61) 1229f. — A. J. S., J. Instn. electr. Engr. (N.S.) **7** ('61) 180. — Wireless World **66** ('60) 593.

HZ. Wireless Engr. 1926–1955.

W. The generation and distribution of electric power (Greenock '33) 19 S. (Papers of the Greenock Philosophical Society).

Electrical Rev. The magnetic field: **116** ('35) 481. — The field of luminous flux: **123** ('38) 679f.

Electrician Magnetic field of a rotating cylindrical bar magnet: **113** ('34) 329f. — Electromagnetic induction: **114** ('35) 5–7, 155. — Some magnetic misconceptions. Flux refraction. Lateral pressure: **115** ('35) 601f. — Fundamental dimensions. An injustice to Maxwell: **119** ('37) 601f. — Fundamentals of electromagnetism. Some criticisms of a restatement of principles: **123** ('39) 289f.

Engineer [London] The concepts and language of electrical engineering: **166** ('38) 262–64. — Genesis of the thermionic valve: **198** ('54) 745f.

Engineering Fundamental dimensions in electrical science: **141** ('36) 129. — Electrical dimensions and units: **143** ('37) 145.

J. brit. Instn. Radio Engr. Radio waves and the ionosphere: **7** ('47) 36–42. — The inaugural Clerk Maxwell memorial lecture: **11** ('51) 545–54.

J. Instn. electr. Engr. The genesis of the thermionic valve: (N.S.) **1** ('55) 158.

Nature [London] Magnetic and electrical dimensions: **139** ('37) 473, 844. — The theory of dimensions: 513. — Alexander Graham Bell and the invention of the telephone: **159** ('47) 455–57.

Proc. Instn. electr. Engr., Part 1 Some electromagnetic problems: **97** ('50) 129–35.

Science Progr. [London] Symbols, units and nomenclature: **30** ('35) 268–71.

Wireless Engr. Acoustic nomenclature and definitions: **9** ('32) 307–09. — A new method of modulation: 367f. — High selectivity tone-corrected circuits: 605–07. — Valve data diagrams: 665f. — Iron powder compound cores for coils: **10** ('33) 1–3. — Capacitive or capacitative?: 3. — The principles of electromagnetism: 61–64, 179–82. — Editorial: 121f. — Interference with broadcast reception: 237f., 645–47; **11** ('34) 404. — Iron core tuning coils: **10** ('33) 293–95. — The cathode ray oscillograph in radio research: 351–53. — Electromagnetic induction: 409–12. — Iron-powder cores: 467f. — Some new types of broadcast transmitting aerials: 525f. — The tilt of radio waves and their penetration into the earth: 587–91. — What is demodulation?: **11** ('34) 1f. — Reflection of waves at earth's surface: 59f. — The effect of screening cans on the effective inductance and resistance of coils: 115–17. — Television cables: 173f. — Band-pass filters in receiver design: 231–33. — Recent developments in insulating materials: 291f. — Electromagnetic screening: 347–50. — Radio interference from luminous gas tubes: 403f. — An interesting experiment in the removal of interference: 404f. — Second channel and harmonic reception in superheterodynes: 461–63. — Recent developments in frequency-changing valves: 581f. — The operation of several transmitters on the same wavelength: 639–41. — Electrically maintained tuning forks: **12** ('35) 1f. — The Tellegen effect: 57f. — The production of ultra-short waves: 119–21. — The broadcasting of sound and vision on ultra-short waves: 177f., 237. — The glow discharge potential divider: 235–37. — The behaviour of high resistances at high frequencies: 291–95, 374. — Electric lines of force and Faraday tubes: 355f. — A further note on high resistances at high frequencies: 413f. — A common defect in cone loudspeakers: 467f. — An interesting problem in acoustics: 581. — The temperature coefficient of inductance: 637f. — The nature of atmospherics: **13** ('36) 1f., 118. — Radiation resistance of aerials: 57f. — A new superheterodyne principle: 117f. — The magnetic recording of sound: 175–78. — Iron cores for radio coils: 235f. — A new type of wave transmission: 291–93. — Cathode-ray oscillography: 403–05. — Hyper-frequency wave guides: 459–61. — Side-band phase distortion: 517f. — Magnetron oscillators: 573–75. — A new high efficiency power amplifier for broadcast transmitters: 627–29. — Electrical and magnetic dimensions: **14** ('37) 1–4. — Broadband television cables: 111f. — The invention of the telephone: 165–67. — Bridge for direct impedance measurement: 227f. — The design of coupling filters in broadcast receivers: 289–92. — Some further points in the design of coupled circuit filters: 347–50. — Standardization in science: 401f. — Guglielmo Marconi: 465f. — The physical reality of Zenneck's surface wave: 525f. — The validity of the fundamental laws of electromagnetism: 526. — Symbols in electromagnetism with special reference to incremental magnetization: 585f. — An interesting complex coupling: 586f. — Some new methods of measuring magnetic field strength: 639f. — The magnetron and the generation of ultra-short waves: **15** ('38) 1–3. — The propagation of electromagnetic waves in water: 67f. — Short-wave transmitters with spherical circuits: 125–27. — Accurate measurements of the Luxemburg effect: 187f. — A Faraday discovery: 245f. — A new type of gas-filled amplifying valve: 301f. — Maxwell's equations in terms of the flux-cutting concept: 355–57. — Absolute permittivity: 357. — Should the rationalized M. K. S. system of units be adopted?: 411–13. — Distribution of magnetic flux in an iron powder core: 471f. — The scale of loudness: 533f. — Reflection and absorption of electromagnetic waves by dielectric strata: 593–95. — Two new loudspeakers: 649f. — Applying transmission line theory to aerials: **16** ('39) 1f. — Heinrich Rudolph Hertz – fifty years after: 55f. — The reception of ultra-short waves by metal horns: 109f. — The use of supersonic waves as a light-relay in television: 167f. — The measurement of the "quality" of coils: 221–23. — A classic experiment: 271–73. — Another classic experiment: 327–29. — A band-pass filter of variable width with constant form-factor and middle-frequency: 381f. — Permeability at very high frequencies: 541f. — Directive acoustic pick-ups: 589–91. — Coercive force: **20** ('43) 469–72. — The network theorem of Pleijel: 472. — Early radio inventions: 521–23. — Phase and group velocity in the ionosphere: 577–80. — The effect of the earth's magnetic field in the ionosphere: **21** ('44) 1–3. — A problem of two electrons and Newton's third law: 105–07, 511. — Resonance in quarter-wave lines: 509–11. — Aerial resistance and cable impedance: **23** ('46) 65f. — Effective length of a half-wave dipole: 95f. — Electromagnetic problems: 181f. — Problem of two electrons: [?]. — The unit-pole definition of magnetic field strength: 207–10. — Simple transmission formula: 235f. — Is rotation relative or absolute?: 263f. — Permeability of iron-dust cores[2])[1]): 291f., 313–15. — Stresses in magnetic and electric fields: 319–21. — Use of analogies: **24** ('47) 1–3. — Permeability of dust cores: 33f. — Use of standard terms and symbols: 34. — Alexander Graham Bell, born 3rd March 1847 – died 2nd August 1922: 65–67. — On the use of equivalent circuits to represent the valve: 97–99. — Electric-magnetic analogy[3]): 131f. — Experimental basis of electromagnetism: 161f. — Amplitude and frequency modulation: 191. — Vicalloy – a workable alloy for permanent magnets: 192. — The velocity of light: **28** ('51) 99f. — Cavity resonator regarded as a transmission line: **29** ('52) 29f. — Duality between triode and transistor: 57f. — Mechanical force on the short side of a long rectangular circuit: 83 f. — Effect of torsion on a longitudinally-magnetized iron wire: 115f., 173. — Further details of the Droomgole effect: 117f. — The gyrator: 143–45. — The microwave gyrator: 171–73. — Ionic bombardment of silicon: 199f. — Electric force and potential gradient: 225. — Dr. H. C. Pocklington: 255f. — A novel form of D.C. motor: 285–87. — Photoelectric properties of ionically-bombarded silicon: 311f. — The Geiger-Müller counter: **30** ('53) 27f. — Folded dipoles: 51–53. — Microstrip: 75f. — Transmission-line formulae: 101f. — Double-slug transformers: 131f. — The quartz tuning fork: 161–63. — Germanium: 185f. — Dimensional analysis, units and rationalization: 209f. — Sintered magnetic materials: 235–37. — The quantum: 263f. — What is the meaning of total rationalization: 293f. — Negative ions in cathode-ray beams: **31** ('54) 195–97. — The teaching of electromagnetism: 253–55. — Solar field strength: **34** ('57) 31f. — — Zahlreiche weitere Artikel (Editorial), zum Teil anonym, vor allem in den Jahrgängen **9** ('32) und **16** ('39)ff.

Mit: [1]) R. E. Burgess; [2]) H. W. Lawson; [3]) G. H. Livens.

IV–VI **HOWE,** James Lewis. Chem. (physikal. u. anorg.). — 1894–1938 Prof., Head of the Departm. of Chem., '21–32 Dean of School of Appl. Sci., '38 Prof. Emer., '38– Univ. Historian, Washington and Lee Univ., Lexington, Va.; 1893–94 Secretary and 1900–01 Vice-Pres. of the Chemical Section, 1894–95 Secretary, 1895–96 General Secretary, Amer. Acad. Arts and Sci.; 1924–25 Pres., Virginia Acad. Sci. — '46 Hon. Sc. D. (Washington and Lee Univ., Lexington, Va.). — '37 Herty Medal for Advancem. of Chem. in the Southeastern States (Amer. Chem. Soc., Southeastern Sect.).

*1859, Aug. 4, Newburyport, Mass.; †1955, Dez. 20, Lexington, Va.

Ehrungen Howe Hall (Building of the chemistry and geology departments of Washington and Lee Univ.). — Howe Award (Amer. Chem. Soc., Blue Ridge Section).

Nekr. G. B. Kauffman, J. chem. Educat. **45** ('68) 804-11 (m. Bildn. u. Literaturangaben). — Chemical and Engng. News **34** ('56) 482.

W. Bibliography of the platinum metals 1918–1930 (m. anderen) (Newark, N.J. '47) 138 S.; ~ 1931–1940 ('49) 248 S.; ~ 1941-1950 ('56).

VI **HOWELL,** Owen Rhys. Physikal. Chem. — 1926–57 Lecturer and Senior Lecturer, '50–52 Head of the Chemistry Departm., later Assist. Dir. of the Chemistry Laboratories, Manchester College of Technology; '26– Lecturer, Victoria Univ., Manchester. — D. Sc. (Univ. of Manchester).

*1892, Febr. 22, Narberth, Pembrokeshire;
†1964, Okt. 21, Narberth, Pembrokeshire.

Nekr. A. F. H. Ward, Chemistry in Britain **1** ('65) 208.

J. chem. Soc., London The electrical conductivities of liquid mixtures of phenol–aniline, phenol–p-toluidine, and phenol–m-cresol[4]): **1933**, 1032–37. — The absorption spectrum of cobalt chloride in the presence of magnesium chloride in aqueous solution[1]): **1936**, 1268–73. — The absorption spectrum of potassium cobaltous thiocyanate[1]): **1937**, 621–26. — The absorption spectrum of solid anhydrous cobalt chloride[1]): 973–79. — The available surface of cellulose[1]): 979–82. — Bernard Mouat Jones, 1882–1953: **1955**, 1638f.

Proc. roy. Soc., London, Ser. A A study of the system water–phenol, 1: Densities: **137** ('32) 418–33. — The change in the absorption spectrum of cobalt chloride in aqueous solution with increasing concentration of hydrochloric acid[1]): **142** ('33) 587–97. — The dielectric constants of liquid mixtures of phenol–water, phenol–m-cresol, phenol–aniline, and phenol–p-toluidine[2]): **145** ('34) 539–51. — The change in the absorption spectrum of cobalt chloride in aqueous hydrochloric acid solution with change of temperature[1]): **155** ('36) 33–41. — The electrical conductivities of aqueous solutions of sodium dodecyl sulphate and sodium hexadecyl sulphate at different temperatures[4]): 386–406. — The transport numbers of the ions in solutions of silver dodecyl sulphate[5]): **160** ('37) 440–54.

Trans. Faraday Soc. A study of the system water–phenol, 2: Viscosities: **28** ('32) 912–28; ~3: Electrical conductivities[3]): **29** ('33) 640–53.

Mit: [1]) A. Jackson; [2]) W. Jackson; [3]) C. Handford; [4]) H. G. B. Robinson; [5]) H. Warne.

VI **HOWES,** Horace Leonard. Physik. — 1910–15 Assistant, Cornell Univ., Ithaca, N.Y.; '15–18 Research Assist., Carnegie Institution of Washington; '18–52 Prof., '52 Prof. Emer., Univ. of New Hampshire, Durham, N.H. (⊠)

*1882, Okt. 19, Syracuse, N.Y.

American J. Physics Clement Moran, 1884–1940: 8 ('40) 201–.

J. opt. Soc. America On temperature crests in cando-luminescence[1]): **22** ('32) 170–89. — Clement Moran †: **31** ('41) 465.

Mit: [1]) E. L. Nichols.

VI **HOWLAND,** Raymond Clarence James. Math. — 1921–31 Lecturer, City and Guilds Engineering College; '30 D. Sc., London Univ.; '31–36 Prof., Univ. College, Southampton, Hampshire.

*1896, Juni 5, Fulham;
†1936, Aug. 16, Southampton.

Nekr. L. N. G. Filon, J. London math. Soc. **12** ('37) 158–60 (m. Schr.verz.-Auswahl); Nature [London] **138** ('36) 790f. — Wessex 4 ('37) Nr. 1, 82f.

S. Proc. 4th International congress for applied mechanics, Cambridge 1934 (Cambridge '35) 192f.: Periodic solutions of the harmonic and biharmonic equations[1]).

Mathematical Gaz. The equations of the foci of a conic: **18** ('34) 267f.

Philosophical Mag. and J. Sci. The inverse method for tapered and twisted wings[3]): (7) **22** ('36) 1–29. — Methods for the calculation of lift distributions of aerofoils: **23** ('37) 731–44.

Philosophical Trans. roy. Soc. London, Ser. A Biharmonic analysis in a perforated strip[4]): **232** ('33) 155–222. — Stress functions for a plate containing groups of circular holes[1]): **238** ('39) 357–92.

Proc. Cambridge philos. Soc. Slow rotation of a circular cylinder in a viscous fluid bounded by parallel walls[1]): **29** ('33) 277–87. — Potential functions with periodicity in one coordinate: **30** ('34) 315–26. — Potential functions related to groups of circular cylinders[2]): **32** ('36) 402–15.

Proc. roy. Soc., London, Ser. A Stresses in a plate containing an infinite row of holes: **148** ('35) 471–91.

Mit: [1]) R. C. Knight; [2]) B. W. McMullen; [3]) B. S. Shenstone; [4]) A. C. Stevenson.

VI **HOYT,** Frank Clark. Physik. — 1924–26 Res. Associate, '27–28 Assist. Prof., '28–47 Assoc. Prof., Univ. of Chicago, Chicago, Ill.; '48–50 Dir. of the Division of Theoret. Physics, Argonne National Labor., Chicago, Ill.; '50–56 Research Physicist, Los Alamos Scientific Labor., Los Alamos, N. Mex.; '56– Senior Consulting Scientist, Lockheed Aircraft Corporation, Palo Alto, Calif.
*1898, Sept. 12, Chicago, Ill.

MUe. (aus d. Deutschen) W. Heisenberg, Physical principles of the quantum theory (New York '49) 183 S.

S. Nuclear engineering handbook (H. Etherington) (New York '58): Nuclear physics.

AIAA Journal On stationary earth orbits: 2 ('64) 1470f.

Physical Rev. On the penetrability of a simple type of potential barrier: (2) **53** ('38) 673. — The determination of force fields from scattering in the classical theory: **55** ('39) 664f. — On the calculation of force fields from scattering[1]): **58** ('40) 784–86.

Mit: [1]) W. E. Frye.

VI **HOYT,** Ray Stevens. Elektrotechn. — 1905 B. S., Univ. of Wisconsin, Madison, Wisc.; '10 M. S., Princeton Univ., Princeton, N. J.; '07–09, '10–11 Engineer, Western Electric Co., New York; '06–07 Transmission Engineer, '11–19 Engineer for theoret. Investigations, '19–34 Research and Developm. Engineer, American Telephone and Telegraph Co., Boston, Mass.; '34–40 Engineer of Transmission Theory, '40–47 Engineer in the Techn. Consulting Staff, Bell Telephone Laboratories, New York.
*1882, Juli 24, Auburn, N.Y.;
†1958, März 16.

Bell System techn. J. Probability theory and telephone transmission engineering: **12** ('33) 35–37. — Mutual impedances of parallel wires[1]): **14** ('35) 509–33. — Probability functions for the modulus and angle of the normal complex variate: **26** ('47) 318–59.

Mit: [1]) S. P. Mead.

VI **HRONEC,** Jur(aj) Georg. Mathematik. — 1906–22 Dir. d. Gymnasiums, Kesmark; '23 Habil., Karls-Univ., Praha; '24–28 außerord. Prof., '28–38 ord. Prof., Leiter des Math. Inst., Tschech. Techn. Hochsch., Brno; '38 Mitbegründer u. erster Rektor (in Košice), '39 Rektor (in Martin), '39– Prof., '46 Rektor, Slovak. Techn. Hochsch., Bratislava; '39–50 Prof., Univ. Bratislava. — '49 Dr. h. c. (Univ. Bratislava); '56 Dr. d. math. u. physikal. Wiss. — '26 Staatspreis, '48 Nationalpreis, '55 Orden d. Arbeit (ČSR).
*1881, Mai 17, Gočov;
†1959, Dez. 1, Bratislava.

Zur Biogr. St. Schwarz, Czechoslovak math. J. **5** ('55) 576. — Vajcík, Jednotná Škola 4 ('49) 226f.

Nekr. M. Kolibiar, M. Švec, Čas. Pěst. Mat. **85** ('60) 218–25 (m. Bildn., Schr.verz.); Matematicko-fyzik. Čas. **10** ('60) 123–31 (m. Bildn., Schr.verz.). — Pokroky Mat., Fysiky a Astron. **5** ('60) 114f.

Schriftenverzeichnis Acta Fac. Rerum natur. Univ. Comenianae, Math. **1** ('56) 145–48.

W. Algebraické rovnice a ich použitie na analytickú geometriu (Brno '32) 264 S.; ²(Martin '49) 263 S. — Lineárne diferenciálne rovnice obyčajné (Praha '38) 110 S. — Diferenciálny a integrálny počet **1** (Martin '41) 268 S.; ²('46) 279 S.; ³(Bratislava '57) 287 S.; **2** (Martin '46) 350 S. — Diferenciálne rovnice **1**: Obyčajné diferenciálne rovnice (Bratislava '56) 370 S., ('60) 380 S.; **2**: Parciálne diferenciálne rovnice ('58) 407 S.

Acta Fac. Rerum natur. Univ. Comenianae, Math. Sur la théorie du système différentiel général à coefficients variables: **1** ('56) 3–19; **2** ('57) 1–11. — Normalformen von Gleichungen mit partiellen Ableitungen 2. Ordnung von n unabhängigen Variablen: 165–73 [russ.]. — Die Bewegungen mit n Freiheitsgraden, wo die kinetische und die potentielle Energie mit der quadratischen Form gegeben ist: **3** ('58) 1–13. — Die doppelten Integrale der Fundamentalsysteme zwischen den singulären Punkten einiger Differentialsysteme: **4** ('59) 105–31 [m. tschech. u. russ. Zusammenfassg.].

Bratislava Kvadratická plocha so stredovou osou v nekonečnosti: **7** ('33) Nr. 2.

Čas. Pěst. Mat. a Fysiky Nutné a postačujúce podmienky bodov určitosti u diferenciálnych systémov: **74** ('49/50) 187–96 [mit franz. Zusammenfassg.]. — Pevné singulárne body nelineárnych diferenciálnych rovníc: 196–99 [~].

Čas. Pěst. Mat. Nutné a postačujúce podmienky, aby diferenciálny systém nemal body neurčitosti: **81** ('56) 107f. — Normálne tvary parciálnych diferenciálnych rovníc 2. rádu o n nezávislých premenných: 108f.

Jednotná Škola O význame pedagogickej fakulty: **2** ('47) 152–57. — Aký má byť' dobrý učitel': **3** ('48) 288–92. — Základné zásady metodiky vyučovania a pedagogická fakulta: **3** ('48) [oder **4** ('49) ?] 384f.

Kultúrny Život Matematika a prírodné vedy: **1** ('46).

Sborn. odborne-vědeck. Prác slovensk. vysok. Školy techn. v Bratislave K teórii diferenciálnych systémov: **1** ('48) 95–99. — Konvergencia radov určených pri riešení Fuchsovej diferenciálnej rovnice: **2** ('50) 41–43.

Slovenské Pohl'ady Vysokoškolské požiadavky Slovenska: **51** ('35) 665–71.

Technický Obzor Fuchsova diferenciálna rovnica, ked' determinujúca rovnica má viacnásobné korene, líšiace sa v celých číslach: **46** ('38).

VI **HRUŠKA,** Václav. Math. — 1931– ord. Prof. angew. Math., Tschech. Techn. Hochsch., Praha. (⊠)
*1888, Juni 14, Holice;
†1954, Aug. 15.

Nekr. V. Pleskot, Čas. Pěst. Mat. **79** ('54) 375–78 (m. Schr.verz.).

H. Matematické stroje (Praha '53). — Stroje na zpracování informací **2**: Matematické stroje. Metody samočinného počítaní. Theorie matematických strojů (Praha '54).

S. Technický slovník naučný. Ilustrovaná encyklopedie věd technických (Teyssler-Kotyška) **10** (Praha' 33): Planimetr; Počet grafický a numerický.

W. Theorie a praxe numerického počítání (m. V. Láska) (Praha '34) 495 S. (Knihovna spisů matematických a fysikálních, 15). — Venkovní elektrická vedení, počítaná jako pružná řetězovka (Praha '40) 59 S. (Elektrotechnická knihovna, 12). — Konstrukce omezenými prostředky a geometrické aproximace (Praha '40) 58 S., ²('50) 101 S. (Cesta k vědění, 7). — Nomogramy s průsvitkou (Praha '47). — Počet grafický a graficko-mechanický ²(Praha '52) 1072 S.

Bull. int., Acad. tchèque Sci. Lösung von Gleichungssystemen durch das Iterationsverfahren: **44** ('43) 239–304, 399–422. — La chaînette élastique: **45** ('44) 85–114. — Note sur la construction des nomogrammes à points alignés: 249–62.

Čas. Pěst. Mat. a Fysiky Lineare Interpolation der logarithmischen Tafeln: **64** ('34/35) R1–R6 [tschech.]. — Bemerkung betreffend die Division von Zahlen: R59–R62 [tschech.]. — Über die Interpolation: 146f. [tschech.]. — Les formules de quadrature approchée de M. Karel Petr: **66** ('36) 26–33. — Une note sur les fonctions aux valeurs intermédiaires: **71** ('46) 67–69 [m. tschech. Zusammenfassg.].

Czechoslovak math. J. Remarque sur la note de M. Jiří Seitz dans le no 4, 1950, p. 137 des „Aktuárské vědy": **1** ('51) 3f.

Elektrotechnický Obzor Universální nomogram pro výpočet venkovních elektrických vedení¹): **25** ('36). — Počítací pravítko k určení průhybů venkovních elektrických vedení¹): ibid.

Fysika v Techn. Bushův integraf: **1** ('46) Nr. 1.

Rozpr. české Akad. Věd a Umění Beiträge zur Lösung von Gleichungssystemen durch das Iterationsverfahren: **53** ('43) Nr. 6, 38 S.; Nr. 17, 68 S.; Nr. 32, 25 S. — La chaînette élastique: **54.**1944 ('45) Nr. 10, 83 S. — Une note à la construction des nomogrammes à alignement: Nr. 21, 14 S. — — Alle Arbeiten tschech.

Mit: ¹) V. Kelbich.

VI **HRYNAKOWSKI,** Konstanty. Chem., Pharmaz. Chem. — 1920–38 Prof. pharm. Chem., Kristallogr., '20–32 Dir. d. pharm. Abteilung, Univ. Poznań. — '29 Dr. h. c. (Univ. Poznań). — '14 Mendeleev-Gold-Medaille; Butlerov-Gold-Medaille.
*1878, Mai 21, Smela, Ukraine;
†1938, Sept. 4, Poznań.

Nekr. F. Adamanis, Roczn. Chem. **19** ('39) 297–306 (m. Bildn., 301–06: Schr.verz.). — Acta Poloniae pharm. **2** ('38) IIf. — Kronika farm. **37** ('38) 250–53 (m. Bildn.).

Zum 25. Todestag K. Kalinowski, Farmacja polska **20** ('64) 355–57 (m. Bildn.). — Ibid. 541.

S. Trabajos IX Congreso internacional de química pura y aplicada, Madrid 1934, **4** (Madrid '35) 267–80: Les systèmes ternaires des composés organiques et leur classification¹). — Atti X Congresso internazionale di chimica, Roma 1938, **3** (Roma '39) 197–202: Das Verhalten von Azoverbindungen und ihrer Derivate in Systemen fest–flüssig im Zusammenhang mit dem Bau der Azogruppe¹⁴); 202–06: Das Verhalten der Aminogruppe in Systemen fest–flüssiger organischer Komponenten¹).

W. Przewodnik do analizy jakościowej anjonów i katjonów (m. W. Wiśniewski) (Poznań '32) 6+96 S.

Archiv Pharm. u. Ber. dtsch. pharm. Ges. Die Schmelzdiagramme der Zweistoffsysteme von Bromural und Veronal mit Salol und Phenazetin¹⁰): **273** ('35) 163–69. — Die heterogenen Gleichgewichte in Zweistoffsystemen mit Thymol als einer Komponente¹⁰): 418–27. — Das gegenseitige Verhalten von Substanzen mit pharmakodynamischen Eigenschaften in

Dreistoffsystemen, 1. System: Sulfonal–Salipyrin–Azetanilid[9]): **274** ('36) 519–26.

Ber. dtsch. chem. Ges. Über die Assoziation einiger Fettsäuren auf Grund ihrer Molekularpolarisation[12]): **70** ('37) 1739–43. — Das Verhalten einiger organischer Verbindungen in Zweistoffsystemen auf Grund ihrer dielektrischen Eigenschaften[13]): **71** ('38) 1415–21.

Bull. Soc. Chim. biol. L'influence du pH sur la vitesse de diffusion de l'ion Cl^- à travers les membranes de collodion: **15** ('33) 1146–53.

Bull. Soc. chim. France Equilibre thermique dans les systèmes binaires de la phénacétine, de l'urée, de l'éthyluréthane, de l'antipyrine, du menthol, du salol et de la quinine[1]): (4) **53** ('33) 1168–75. — Notice sur la vie et les travaux de Julien Flatau (1870–1935): (5) **2** ('35) 2033f. — Contribution à la réalisation d'un composé moléculaire organique ternaire, 1: Système antipyrine–hydroquinone–pyrocatéchine[1]): **4** ('37) 1815–25.

C. R. hebd. Séances Acad. Sci., Paris Sur l'association de quelques dérivés de l'acide salicylique et sur la déformation de leurs molécules, déduites des mesures de la polarisation moléculaire diélectrique[4]): **197** ('33) 483f.

Kronika farm. Zakład chemji farmaceutycznej Uniwersytetu Poznańskiego: **32** ('33) Nr. 8, 14 S. — Les pellicules de collodion[7]): Nr. 16/19, 54 S. [poln. m. franz. Zusammenfassg.]. — Układy trójskładnikowe. Wskazówki do analizy termicznej: **33** ('34) Nr. 15/16, 46 S. — W sprawie muzealnictwa w związku z rozwojem przemysłu chemicznego i farmaceutycznego w Polsce: **36** ('37) Nr. 3, 11 S. — Ocena działalności Emila Krzysztofa Barella z okazji 40-lecia jego pracy naukowej i przemysłowej: **36** ('37) 129. — Untersuchungen über Löslichkeit und Leitfähigkeit von Chinin, Cinchonin und einiger ihrer Salze, sowie die Bestimmung der Bitterkeit von Chinin[2])[12]): 317–21; **37** ('38) 1–4 [poln. m. deutscher Zusammenfassg.].

Nowiny lekarskie Die Rolle und Bedeutung der Anionen und Kationen im menschlichen Organismus und ihr Zusammenhang mit der biologischen Oktave: **9** ('32) 1–11 [poln.].

Przemysł chem. Gustav Tammann: **20** ('36) 304–. — Wiktor Grignard: **21** ('37) 62–.

Roczn. Chem. Über die Bestimmung der Dielektrizitätskonstante flüssiger Dielektrika nach der Heterodynmethode[4]): **12** ('32) 225–31. — Kollodiummembranen, ihre Struktur und ihre Durchlässigkeit[7]): **13** ('33) 256–63. — Das thermische Gleichgewicht in Systemen von Acetanilid mit einigen organischen Substanzen[1]): 448–53. — Über die Möglichkeit der Existenz einer periodischen Reihe biogenetischer Elemente im periodischen System der Elemente: 541–45. — Thermische Analyse der Zweikomponentensysteme des Sulfonals mit einigen organischen Verbindungen[1]): 736–39. — Der Einfluß der Wasserstoffionenkonzentration auf die Diffusionsgeschwindigkeit des Chlorions durch Kollodiummembranen: **14** ('34) 53–59. — Das Gleichgewicht in binären und ternären Systemen aus mehrfach nitrierten Verbindungen[5]): 115–24. — Thermische Analyse binärer Systeme von Resorcin und Schwefel mit verschiedenen organischen Verbindungen[1]): 189–96. — Dreistoffsysteme organischer Verbindungen und ihre Klassifizierung: 451–65. — Das thermische Gleichgewicht in ternären Systemen, 1: Phenacetin–Antipyrin–Sulfonal[1]): 466–73; ~ 2: Phenacetin–Antipyrin–Chinin[1]): 1488–98; ~ 3: Phenacetin–Antipyrin–Urethan[1]): **15** ('35) 44–51; ~ 4: Antipyrin–Phenacetin–Salol[1]): 173–79; ~ 5: Phenacetin–Acetanilid–Sulfonal[1]): 184–90; ~ 6: Phenacetin–Antipyrin–Menthol[1]): 311–17; ~ 7: Phenacetin–Urethan–Menthol[1]): 318–24; ~ 8: Resorcin–Brenzcatechin–Hydrochinon[1]): 325–30; Zersetzung einer binären Verbindung im ternären System, 11: Salicylsäure–Salipyrin–Thymol[10]); ~ 12: Salicylsäure–Antipyrin–Thymol[10]): **16** ('36) 57–63; Das thermische Gleichgewicht in ternären Systemen, 13: Tetramorphie des Ammoniumnitrates im ternären System mit Harnstoff und Resorcin[10]): 181–86; Gleichgewicht der Phasen fest–flüssig in ternären Systemen, 14: Das ternäre System der Acetotoluidinisomeren[9]): 542–50; ~ 15: Harnstoff–Urethan–Phenacetin[1]): **17** ('37) 132–39. — Thermische Analyse binärer Systeme von Antipyrin und Resorcin mit einigen organischen Verbindungen[1]): **15** ('35) 163–72. — Thermisches Gleichgewicht im System β-Naphthol–β-Naphthylamin[10]): 180–83. — Molekularverbindungen des Benzidins mit einigen Phenolen und Säuren. Benzidin–Resorcin[9])[10]): 391–99. — p-Toluidin in binären Systemen mit einigen Phenolen[9])[10]): **16** ('36) 113–18. — Aktivität der Carboxylgruppen von α,β-Diketo-α,β-diphenyläthan in binären Gemischen[9]): 388–94. — Verhalten von p-Anisidin in binären Systemen gegenüber einigen Phenolen[9])[11]): **17** ('37) 20–29. — Die Anwendung der thermischen Analyse zur Bestimmung von Wärmeeffekten in Zwei- und Dreistoffsystemen, 1: Messungen der spezifischen Wärme flüssiger und fester Stoffe[8]): 140–45; ~ 2: Messungen der Schmelzwärme fester Stoffe[8]): 165–68; ~ 3: Messungen der Schmelzwärme von Eutektoiden[8]): 181–85. — Die Aktivitätskoeffizienten des Nitrobenzols in binären Systemen mit einigen Benzolderivaten[9])[10]): 189–95. — Das Verhalten von Phenolen gegenüber gewissen Aminen[1]): **18** ('38) 538–49. — Das Verhalten von Pyridin in Zweistoffsystemen mit gewissen Phenolen und Ketonen[3]): **19** ('39) 156–66. — — Alle Arbeiten poln., meist m. deutscher oder französ. Zusammenfassg.

Sprawozd. poznańsk. Towarz. Przyjaciół Nauk Rola najważniejszych pierwiastków chemicznych biotwórczych i zachodzący między niemi związek (oktawa biologiczna) w świetle nowoczesnych teoryj budowy materji: **1932**, Nr. 1/2, 1–16.

Wiadomości farm. Die Anwendung der thermischen Analyse binärer Systeme auf die Lösung von Problemen der pharmazeutischen Chemie[1]): **60** ('33) 191–94, 203–05, 215–19, 231–34 [poln.]. — Konduktometrische Analyse und ihre Anwendung in der Pharmazie[6]): **62** ('35) 427–29, 441–43, 457–60 [poln. m. deutscher Zusammenfassg.]. — Farmacja współczesna. Odczyt wygłoszony na Ogólnem Zgromadzeniu członków P.P.T.F., Okręg w Lublinie, w dn. 15 lutego 1936r.: **63** ('36) 259f.

Z. Kristallogr., Mineral. u. Petrogr., Abt. A Das Verhalten der Modifikationen des Ammoniumnitrats im Dreistoffsystem Ammoniumnitrat–Harnstoff–Resorcin[10]): **94** ('36) 358–66.

Z. physik. Chem., Abt. A Arbeitsmethoden zur thermischen Analyse von Dreistoffsystemen organischer Komponenten, sowie eine Zusammenstellung bearbeiteter Systeme: **171** ('34) 99–118. — Beitrag zur Kenntnis der Gleichgewichtsverhältnisse fest–flüssig im Zweistoffsystem β-Naphthol–β-Naphthylamin[10]): 234–38. — Kristallisationsvorgang in einem Dreistoffsystem, das ein Peritektikum und ein Eutektikum aufweist. System: Antipyrin–Harnstoff–Urethan[1]): **172** ('35) 33–48. — Die Gleichgewichtsverhältnisse fest–flüssig im Dreistoffsystem Naphthalin–α-Naphthol–β-Naphthol[10]): **173** ('35) 58–66. — Die Gleichgewichtsverhältnisse fest–flüssig in einigen Dreistoffsystemen organischer Komponenten, 1[10]): 150–63; Die Gleichgewichtsverhältnisse fest–flüssig in Dreistoffsystemen, in denen kongruent schmelzende Zweistoffverbindungen auftreten, 2[10]): **174** ('35) 60–72; $\sim$ 3[10]): **175** ('35) 83–98; Die Gleichgewichtsverhältnisse fest–flüssig in Zwei- und Dreistoffsystemen mit Mischkristallbildung, 4,1: Campher–Bromcampher; $\approx$ 2: Campher–Bromcampher–Borneol[9])[10]): **177** ('36) 95–102; Die Gleichgewichtsverhältnisse fest–flüssig in Systemen organischer Komponenten, 5: Die Systeme der drei Stellungsisomeren ortho-, meta- und para-Aminophenol[10]): 306–16; $\sim$ 6: Dreistoffsysteme mit beschränkter Mischbarkeit im flüssigen Zustande[9])[10]): **178** ('37) 293–305; $\sim$ 7: $\approx$[10]): **181** ('37) 113–23. — Die Aktivität des Nitrobenzols in Zweistoffsystemen mit einigen aromatischen Halogenverbindungen[10]): **182** ('38) 110–16. — Die Aktivität des Nitrobenzols in Zweistoffsystemen mit einigen aliphatischen Halogenverbindungen[10]): 405–12.

Weitere Mitteilungen in Kongreßberichten, sowie einige Beiträge in polnischen Apothekerzeitschriften.

Mit: [1]) F. Adamanis; [2]) S. Chwojka; [3]) H. Ellert; [4]) K. Kalinowski; [5]) Z. Kapuściński; [6]) F. Modrzejewski; [7]) W. Nowatke; [8]) A. Smoczkiewiczowa; [9]) H. Staszewski; [10]) M. Smyt (Szmytówna); [11]) B. Szulc; [12]) A. Żochowski; [13]) J. Jeske; [14]) W. Wiśniewski.

VI **HUBBARD,** John Charles. Physik. — 1927–46 Prof., '46 Prof. Emer., Johns Hopkins Univ., Baltimore, Md.; '48–54 Research Prof., Catholic Univ., Washington, D.C. — '38 Hon. LL. D. (Loyola College, Baltimore, Md.). — '46 Mendel Medal (Villanova College, Villanova, Pa.). (☒)

*1879, Apr. 16, Boulder, Colo.;
†1954, Aug. 2, Washington, D.C.

Nekr. K. F. Herzfeld, J. acoust. Soc. America **27** ('55) 182f. (m. Schr.verz.).

Zur Biogr. The national cyclopaedia of American biography **44** (New York '62) 143f.

American J. Physics Ultrasonics – a survey: 8 ('40) 207–21.

Chemical Engng. Progr., Sympos. Ser. Ultrasonics in the study of matter: **47** ('51) Nr. 1, S. 41.

J. acoust. Soc. America A brief survey of supersonics: **4** ('32/33) 99–107. — The methods and results of supersonic interferometry: 172f. — Crevasse phenomenon in piezoelectric quartz and its application in physical measurements: **10** ('38/39) 87f. — Ultrasonic study of phase transition near the critical point[7]): **12** ('40/41) 467. — Ultramicrometer as a vibration meter[6]): 468f. — Ultrasonic velocity, dispersion, and absorption in dry, carbon dioxide free air[3])[5]): **24** ('52) 474–77. — Note on thermal relaxation of carbon dioxide in presence of H_2O and D_2O molecules[13]): **25** ('53) 994–97. — Ultrasonic dispersion in 1,1- and 1,2-dichloroethane vapors[12]): **27** ('55) 321–25.

J. appl. Physics [USA] A high-intensity short-duration spark light source[4])[16]): **21** ('50) 1269–71.

J. chem. Physics Ratio of specific heats of air, N_2, and CO_2 as a function of pressure, by the ultrasonic method[8]): **5** ('37) 978f. — Energy transfer by collisions in cis- and trans-dichloroethylene vapors[13])[2]): **20** ('52) 1899–902. — Ultrasonic dispersion in methyl alcohol vapor[3])[2]): **23** ('55) 155–58. — Energy transfer by collisions in vapors of chlorinated methanes[13])[2]): 787–93.

J. opt. Soc. America Optical study of acoustic fields near diffracting edges[17])[10]): **37** ('47) 832–36.

Physical Rev. The acoustic resonator interferometer, 2: Ultrasonic velocity and absorption in gases: **41** ('32) 523–35; **46** ('34) 525. — Ratio of specific heats of air, N_2 and CO_2

as a function of pressure, by the ultrasonic method[8]): **49** ('36) 194. — A piezoelectric ultramicrometer: 865. — Field current emission from metals into gases at high pressures[1])[11]): **51** ('37) 63. — Fixed-path acoustic interferometer for the study of matter[17]): **53** ('38) 944f. — Ultrasonic study of CO_2 near its critical point[7]): 945. — Sound velocity and absorption by ultrasonic interferometry: **59** ('41) 935. — Ultrasonic dispersion and absorption in hydrogen[14])[15]): **68** ('45) 231. — Distortion of progressive ultrasonic waves[4])[9])[16]): **74** ('48) 107f. — Study of turbulence by light diffraction[4])[14])[19])[18]): 708f. — Ultrasonic dispersion and absorption in the vapors of cis- and trans-dichlorethylene[13]): **87** ('52) 233f.

Review sci. Instruments A fixed-path acoustic interferometer for the study of matter[17]): **10** ('39) 382–86.

Science [USA] A piezoelectric ultramicrometer: **83** ('36) 472.

Mit: [1]) J. B. Adams; [2]) A. Busala; [3]) C. Ener; [4]) J. A. Fitzpatrick; [5]) A. F. Gabrysh; [6]) P. Hambleton; [7]) C. M. Herget; [8]) A. H. Hodge; [9]) B. T. Kankovsky; [10]) C. R. Larkin; [11]) R. T. K. Murray; [12]) T. S. Rao; [13]) D. Sette; [14]) E. S. Stewart; [15]) J. L. Stewart; [16]) W. J. Thaler; [17]) I. F. Zartman; [18]) R. J. Beeber; [19]) L. Cheng.

VI **HUBBLE,** Edwin Powell. Astron. — 1919–53 Astronomer, Mount Wilson Observat., Pasadena, Calif.; '33 Pres. of the Astronomical Soc. of the Pacific. — '34 Hon. D. Sc. (Univ. of Oxford); '36 Hon. D. Sc. (Univ. of Princeton, N.J.); '36 Hon. LL. D. (Occidental College, Los Angeles, Calif.); '37 Dr. h. c. (Univ. de Bruxelles); '49 Hon. D. Sc. (Univ. of California, Berkeley, Calif.). — '25 Prize (Amer. Acad. Arts and Sci.); '35 Barnard Medal (Columbia Univ., New York); '37 Donohoe Comet Medal; '38 Bruce Medal (Astron. Soc. of the Pacific); '39 Benjamin Franklin Medal (Franklin Institute, Philadelphia, Pa.); '40 Gold Medal (Roy. Astron. Soc.); '46 Medal for Merit (U.S. Government).

*1889, Nov. 20, Marshfield, Mo.;
†1953, Sept. 28, Pasadena, Calif.

Entdeckung Komet 1937 g Hubble.

Zur Biogr. H. D. Babcock, Publ. astron. Soc. Pacific **50** ('38) 87–96 (m. Bildn.). — B. Joffe, Men of science in America (New York '44) 467–504; deutsch: Männer der Forschung in Amerika (New York '44) 407–38. — H. C. Plummer, Monthly Notices roy. astron. Soc. **100** ('40) 342–50. — M. Wood, Coronet **25** ('48) 99–104. — A. S., Scientific Monthly **49** ('39) 184–86 (m. Bildn.). — Observatory **57** ('34) 231; **61** ('38) 92; **63** ('40) 61–67. — Popular Astron. **48** ('40) 394. — Publ. astron. Soc. Pacific **47** ('35) 236; **49** ('37) 270; **51** ('39) 128, 186; **52** ('40) 49. — Revista astron. **11** ('39) 228. — Velhagen u. Klasings Monatsh. **60** ('52) 305.

Zum 60. Geb.tag W. v. Bezold, Sternenwelt **1** ('49) 241–43.

Nekr. W. S. Adams, Griffith Observer **18** ('54) 10f.; Observatory **74** ('54) 32–35. — W. Becker, Orion [Schaffhausen] **4** ('53) 195–97 (m. Bildn.). — I. S. Bowen, Science [USA] **119** ('54) 204. — C. A. Chant, J. roy. astron. Soc. Canada **47** ('53) 225f. — F. Escalante, Universo [México] Nr. **28** ('53) 30–33 (m. Bildn.). — E. Esclangon, L'Astronomie (BSAF) **68** ('53) 346f. (m. Bildn.); C.R. hebd. Séances Acad. Sci., Paris **237** ('53) 677f., 1586. — J. Hopmann, Almanach österr. Akad. Wiss. **104** ('54) 411–17. — M. L. Humason, Monthly Notices roy. astron. Soc. **114** ('53/54) 291–95. — B. Lindblad, Populär astron. Tidskr. **35** ('53) 80. — N. U. Mayall, Sky and Telescope **13** ('54) 78–81, 85 (m. Bildn.). — H. P. Robertson, Publ. astron. Soc. Pacific **66** ('53) 120–25 (m. Bildn.). — F. J. M. Stratton, Nature [London] **172** ('53) 793. — Irish astron. J. **2** ('53) 239. — J. brit. astron. Assoc. **64** ('53) 40f. — J. opt. Soc. America **43** ('53) 1227f. — Nordisk astron. Tidsskr. **1953,** 159. — Revista astron. Nr. **133** ('53) 75–80 (m. Bildn.).

W. Red shifts in the spectra of nebulae (Oxford–London '34) 17 S. (Halley lecture 1934). — The realm of the nebulae (New Haven, Conn.–London '36) 13+210 S., (New York '58) 207 S. (Mrs. Hepsa Ely Silliman memorial lecture 1935); deutsch: Das Reich der Nebel (Braunschweig '38) 10+192 S. (Die Wissenschaft, 91). — Observational approach to cosmology (Oxford–London '37) 6+68 S. (Rhodes memorial lecture 1936). — The nature of science and other lectures (San Marino, Calif. '54) 8+83 S.

American Scientist The problem of the expanding universe: **30** ('42) 99–115.

Annual Rep. Board Regents Smithsonian Instn. The nature of the nebulae: **1938** ('39) 137–48. — The problem of the expanding universe: **1942** ('43) 119–32. — The 200-inch Hale telescope and some problems it may solve: **1949** ('50) 175–88.

Astronomische Nachr. Mitteilungen über Kometen: **263** ('37) 379f.

Astrophysical J. Nebulous objects in Messier 31 provisionally identified as globular clusters: **76** ('32) 44–69. — The surface brightness of threshold images: 106–16. — The distribution of the extra-galactic nebulae: **79** ('34) 8–76. — Angular rotations of spiral nebulae: **81** ('35) 334f. — Two methods of investigating the nature of the nebular red shift[5]): **82** ('35) 302–37. — The luminosity function of nebulae, 1: The luminosity function of resolved nebulae as indicated by their brightest stars: **84** ('36) 158–79; ∼ 2: The luminosity function as indicated by residuals in velocity–magnitude relations: 270–95. — Effects of red shifts on the distribution of nebulae: 517–54. — The direction of rotation in spiral nebulae: **97** ('43) 112–18. — The brightest variable stars in extragalactic nebulae, 1: M 31 and M 33[4]): **118** ('53) 353–61. — — Alle Arbeiten auch gesondert als "Contributions from the Mount Wilson Observatory" erschienen.

J. Franklin Inst. The motion of the galactic system among the nebulae: **228** ('39) 131–42.

Leaflet, Astron. Soc. Pacific Adventures in cosmology: **115** ('38) 4 S.

Monthly Notices roy. astron. Soc. Red shifts and the distribution of nebulae: **97** ('37) 506–13. — The law of red shifts: **113** ('53) 658–66.

Naturwissenschaftliche Rdsch. Fünf historische Himmelsphotographien vom Mt. Palomar: **7** ('54) 137–40.

Popular Astron. The exploration of space: **54** ('46) 183–86.

Proc. amer. philos. Soc. Explorations in space. The cosmological program for the Palomar telescopes: **95** ('51) 461–70.

Proc. nation. Acad. Sci. USA The velocity-distance relation for isolated extragalactic nebulae[2]): **20** ('34) 264–68. — Effects of red shifts on the distribution of nebulae: **22** ('36) 621–27.

Publ., Amer. astron. Soc. Barred spirals: **9** ('39) 249f.

Publ. astron. Soc. Pacific Award of the Bruce Gold Medal to Prof. A. Fowler: **46** ('34) 87–93. — A super-nova in the Virgo cluster[3]): **48** ('36) 108–10. — The nature of the nebulae: **50** ('38) 97–110. — The new stellar systems in Sculptor and Fornax[1]): **51** ('39) 40–44. — Supernovae: **53** ('41) 141–54. — The 200-inch telescope and some problems it may solve: **59** ('47) 153–67. — First photographs with the 200-inch Hale telescope: **61** ('49) 121–24.

Publ., Carnegie Instn. Washington Explorations in the realm of the nebulae: Nr. **501** ('38) 91–102. — The Hubble atlas of galaxies: Nr. **618** ('61) VIII + 51 S.

Science [USA] The distribution of extragalactic nebulae: **75** ('32) 24f.

Science in Progr. The problem of the expanding universe: **3** ('45) 22–44.

Scientific American Five historic photographs from Palomar: **181** ('49) 32–39.

Scientific Monthly The realm of the nebulae: **39** ('34) 193–202. — Our sample of the universe: **45** ('37) 481–93. — Problems of nebular research: **51** ('40) 391–408. — The problem of the expanding universe: **56** ('43) 15–30.

Supplementary Publ., Carnegie Instn. Washington Our sample of the universe: Nr. **33** ('37) 13 S.

Mit: [1]) W. Baade; [2]) M. L. Humason; [3]) G. Moore; [4]) A. Sandage; [5]) R. C. Tolman.

VI **HUBER,** Maksymilian Tytus. Mech. — 1928–39 ord. Prof. u. Leiter d. Lehrstuhls f. Techn. Mech., '48 Prof. hon., Polytechnikum Warszawa; '45–49 Prof., Leiter d. Inst. f. Festigkeitslehre, Polytechnikum Gdańsk; '49–50 Prof., Inhaber eines persönl. Lehrstuhls für Höhere Mech., Berg- und Hüttenakademie, Kraków. — '45 Dr. techn. h. c. (Berg- und Hüttenakademie, Kraków); '50 Dr. h. c. (Polytechnikum Gdańsk). — '33, '36, '48 Staatl. Goldenes Verdienstkreuz; '49 Staatspreis f. Wissenschaft, 1. Klasse.

*1872, Jan. 4, Krościenko nad Dunajcem;

†1950, Dez. 9, Kraków.

Ehrung '61 Benennung eines polnischen 19000-BRT-Schiffes „Profesor M. T. Huber".

Zur Biogr. Festschrift: Księga jubileuszowa dla uczczenia zasług naukowych prof. dr. inż. M. T. Hubera okazji 50-lecia pracy naukowej (Gdańsk '50) 476 S. (m. Bildn., Schr.verz.-Auszug S. 17–20). — M. Damasiewicz, Wspomnienie o M. T. Huberze: Zeszyty nauk., Akad. górniczo-hutn. w Krakowie Nr. **10** ('57) Metalurgia i Odlewnictwo Nr. 2, S. 3–7 (m. Schr.verz.). — W. Olszak, Archiwum Mech. stosowan. **1** ('49) 265–70; Polski słownik biograficzny **10** (Wrocław '62) 74–76. — Życiorysy profesorów i asystentów Akademii Górniczo-Hutniczej w Krakowie, 1919–1964 (J. S. Samujłło) (Kraków '65) 85–88: Prof. dr. inż. Maksymilian Tytus Huber, 1872–1950.

Nekr. W. M[oszyński], Przegląd mech. **10** ('51) 160–62. — Z. Klębowski, ibid. 162–64. — J. Naleszkiewicz, ibid. 165f. [166f.?]. — W. Nowacki, ibid. 166f. [165f.?]. — R. Kurowski, J. Leyko, ibid. 167f. — S. Żukowski, ibid. 168f. — A. T. Troskolański, ibid. 169. — Z. Klębowski, Roczn. Towarz. nauk. warszawsk. **44**. 1951 ('53) 145–49 (m. Schr.verz.).

Zur Biobibliogr. M. T. Huber, Pisma [Schriften] (A. T. Troskolański) **1** (Warszawa '64) 176 S. (m. Bildn., Biogr. u. Schr.verz. 256 Nrn.).

Zur Bibliogr. S. Drobot, Dzieło naukowe M. T. Hubera: Zastosowania Mat. **1** ('54) 55–65. — Zeszyty nauk., Akad. górniczo-hutn. w Krakowie Nr. **33** ('60) 155f. (Schr.verz. 1949–1950).

S. 1. Kongreß, Internationale Vereinigung für Brückenbau und Hochbau, Paris 1932, Vorbericht (Zürich '32) 249–66: Theorie der Pilzdecken; Schlußbericht (Mâcon '34) 180–86: Rechteckige, allseitig aufliegende Platten; 192–97: Theorie der Pilzdecken. — 2. Kongreß, ~, Berlin–München 1936, Schlußbericht (Berlin '38) 244–51: Versuche mit Eisenbetonbalken mit Isteg-Stahl-Bewehrung[1]). — Opis zjazdu i referaty, II Zjazd inżynierów budowlanych, Katowice 1936 (J. Nechay) (Warszawa '36) 9–12: Die Beziehung zwischen der Theorie und den experimentellen Untersuchungen von Festigkeiten [poln.]; [?]: Versuche mit Spezialzusätzen[1]) [poln.]. — Kultura i nauka. Praca zbiorowa (Warszawa '37): Reine und angewandte Wissenschaft [poln.]. — Contributions to the mechanics of solids, dedicated to Stephen Timoshenko by his friends on the occasion of his 60th birthday anniversary (New York '38) 89–92: Zur Elastizitätstheorie der anorthotropen Platten. — Bericht über die 4. internationale Schienentagung, Düsseldorf 1938 (Düsseldorf '39) 26–29: Über den Einfluß der Wärmespannungen auf die Verwerfungsgefahr eines geraden, lückenlosen Gleises. — Mechanik **1** ²(Warszawa '39) Kap. 5, Teil 2 (112 S.): Elastizität und Festigkeit von Stoffen [poln.]. — Proc. 7th International congress on theoretical and applied mechanics, London 1948 (London '49): Pure bending of curved tube of elliptic section. — Mechanik. Poradnik techniczny **1** ³(Warszawa '49) 547–982: Allgemeine Mechanik: Mechanische Eigenschaften der Stoffe [poln.]. — Podręcznik inżynierii 1: Dzieło zbiór (W. Poniż, J. Nechay) (Warszawa '50) 223–524: Allgemeine Mechanik: Technische Mechanik der festen Stoffe (Elastizität, Plastizität, mechanische Eigenschaften) [poln.].

W. Wymiarowanie prętów osiowo ściskanych o stałym przekroju w konstrukcjach lekkich (Instytut Badań Technicznych Lotnictwa) (Warszawa '33) 8 S. — Tablice do obliczania wytrzymałościowego płyt prostokątnych (Warszawa '36) 12 S. [m. deutscher u. franz. Zusammenfassg.] (Prace Warszawskiego Towarzystwa Politechnicznego). — O teorii wyboczenia termicznego spawanych torów kolejowych i badaniach doświadczalnych dla jej sprawdzenia (Warszawa '37) 1 + 16 + 2 S. — O wartości technicznej rur stalowych (Katowice '38) 14 S. (Rury stalowe, 5). — Kryteria wytrzymałościowe w stereomechanice technicznej (Instytut Wydawniczy SIMP [Stowarzyszenie Inżynierów i Techników Mechaników Polskich]) (Warszawa '48) 18 S. — Co dała nam mechanika klasyczna? (Katowice '48) 37 S. — Teoria sprężystości. Podręcznik akademicki **1** (Kraków '48) 15 + 387 S., **2** ('48) 12 + 360 S.; **1** ²(Warszawa '55) 12 + 375 S., **2** ²('55) 10 + 357 S. — Kinematyka i dynamika (Warszawa '50) 11 + 292 S. — Stereomechanika techniczna. Wytrzymałość materiałów (Warszawa '51) 772 S.; ²('58) 722 S. — Mechanika ogólna i techniczna (Warszawa '51) 16 + 744 S.; ²('56) 611 S.

Annales Acad. Sci. techn. Varsovie Théorie des déformations élastiques circulairement symétriques de tubes à parois épaisses, appliquée aux problèmes de la résistance des tubes de canons: **3** ('36) 44–83. — Zur Frage einer korrekten Deutung der Feinmessungen bei exakten neuzeitlichen Knickversuchen: **6** ('39) 34–38.

Archiwum Mech. stosowan. Elastic deformations in bending thin-walled tubes of elliptical cross-section: **1** ('49) 1–22. — Friction resistances and their significance for some problems of railways: 271–310. — The theory of friction of a cylinder rolling on a horizontal plane and simultaneously sliding in the transverse direction: **3** ('51) 1–4. — Some remarks on the mechanical properties of solids: **5** ('53) 5–14. — — Alle Arbeiten poln. m. engl. Zusammenfassg.

Bull. int. Acad. polon. Sci. et Lettres, Cl. Sci. math. et natur., Sér. A Die Analogie eines statischen Problems schwach gekrümmter elastischer Stäbe mit einem einfachen Fall erzwungener Schwingungen: **1934,** 212–16. — The measure of plasticity: **1950,** Suppl. Nr. 2 ('51) 201–04.

C.R. mens. Séances Cl. Sci. math. et natur., Acad. polon. Sci. et Lettres The measure of plasticity: **1951,** No. 1/2, S. 8f.

Czas. techn. Über allgemeine Formeln für die Biegung gerader Balken: **50** ('32). — „Natężenie“ oder „naprężenie“?: ibid. — Über die Grenzwerte des Biegemoments im einfachen Falle zusammengedrückter Längsträger: **52** ('34). — Berechnung der Deformation eines Walzstraßenrahmens: **53** ('35) 85–88. — Schwingungen von Eisenbahngleisen: **54** ('36) 17–20. — Bemerkungen zu den Arbeiten von Dr.-Ing. F. Szelagowski über das Problem des Ausbiegens geschweißter Eisenbahnschienen: 381–85; **55** ('37) 21–27. — Über die Unstabilität eines langen, geradlinigen Eisenbahngleises mit geschweißten Schienen bei Erwärmung: 121–27. — Über die eigentlichen Ursachen der Gefahr der thermischen Verwerfung des durchlaufenden Oberbaues eines geraden Eisenbahngleises: **56** ('38) 87–90, 107–10. — Prof. Dr. Witold Broniewski †: **57** ('39) 35f. — — Alle Arbeiten poln.

Gleistechnik u. Fahrbahnbau Über die Stabilität gerader, lückenloser Gleise: **11** ('35). — Zur Frage der Deutung der Gleisverwerfungen durch Wärmespannungen: **13** ('37) 217f. — Über den Einfluß der Wärmespannungen auf die Verwerfungsgefahr eines geraden, lückenlosen Gleises: **14** ('38) 221–23. — Über die Verwerfungsgefahr eines geraden, lückenlosen Gleises im Zusammenhange mit der Stabilitätstheorie des elastisch eingebetteten schweren Stabes: **17** ('41) 33–39, 41–45. — Über die Anwendung der Theorie zur Deutung der Versuchsforschung im Gleisverwerfungsproblem: 61–68.

Horyzonty Techn. Ein fundamentales Problem in der Mechanik der Festkörper, das eine wichtige Rolle in fast allen Zweigen der Technologie spielt: **3** ('50) Nr. 2, 49–54 [poln.].

Hutnik Über durch rhythmische Stöße erzwungene Schwingungen: **12** ('45) [poln.].

Inżynier kolejowy Das Problem der Stabilität des geschweißten Schienengleises unter dem Einfluß von Wärmespannungen: **13** ('36) Sonderdruck Nr. 3, 11 S. [poln. m. franz. Zusammenfassg.]. — Über die sogenannten kritischen Geschwindigkeiten der auf einer Brücke und auf Bahngleisen mit Erdunterlage sich bewegenden Belastung: **15** ('38) 264–70 [~].

Inżynieria i Budownictwo Über die Grundlagen der Festigkeitsberechnungen in der modernen Technik: **3** ('46). — „Smukłość" oder „wiotkość"?: **4** ('47). — Überlegungen zum Thema Normung: ibid. — Diskussion zur Frage von experimentellen Untersuchungen der Festigkeitseigenschaften der Bettung von Betondecken: **5** ('48). — Grundlagen moderner rationeller Festigkeitsberechnungen: ibid. — Zu W. Adamski: „Armiertes Mauerwerk": **6** ('49) 224. — Verworfene dünnwandige Konstruktionen: 224f. — Über das Problem der Stärkeberechnung für rechteckige Platten, die längs aller Kanten gestützt sind: 293f. — Über die Teilgebiete der Technologie: 523f. — Über den Entwurf dünner Versteifungsplatten in Vollwandbindern: **7** ('50) 408. — Technische Fachausdrücke in der modernen Bauindustrie: 410. — Die Gefahr der Beschädigung langer Walzprofile oder Schienen auf dem Transport zum Bauplatz: **8** ('51) 82f. — — Alle Arbeiten poln.

Mechanik [Warszawa] Über die Abhängigkeit der Kraft vom Nutzwiderstand in Maschinen: **14** ('32). — „Material" oder „tworzywo"?: **19** ('46). — „Natężenie", „naprężenie" und „napięcie": ibid. — „Wytrzymałość" und „wytężenie": ibid. — „Fizyczny" – „fizykalny": ibid. — „Własność" – „właściwość": ibid. — Mechanik: ibid. — Einführung in die Vektorrechnung: ibid. — Die Kinematik des Massenpunktes: ibid. — Die Kinematik des starren Körpers: ibid. — Grundlagen der Dynamik: **20** ('47). — Dynamik des Massenpunktes: ibid. — Kinematik des Massenpunktes im absoluten System: ibid. — Kinematik des Massenpunktes im bezogenen System: ibid. — Momente und Massenschwerpunkte: ibid. — Statik von Materialsystemen: ibid. — „Stałość", „stateczność", „sztywność" und „trwałość": ibid. — Über einige Wörter, die häufig von Technikern verwendete mathematische Begriffe bezeichnen: ibid. — „Nauka", „wiedza" und „umiejętność": ibid. — „Wytrzymałość" und „spójność": ibid. — Eine sonderbare Ketzerei in der Mechanik: **21** ('48). — Fließgrenze oder Plastizitätsgrenze?: ibid. — „Określanie", „wyznaczanie", „ustalanie": ibid. — „Równokierunkowość", „równozwrotność", „bezkierunkowość" oder „izotropia"?: ibid. — Trägheitsmoment und Drehmoment: ibid. — Kinetik von Materialsystemen: ibid. — Reibung: ibid. — Theorie der einfachen Maschinen: ibid. — Pond und Kilopond: **22** ('49). — „Skalarowy" oder „skalarny"?: ibid. — Gesetze, Theoreme, Prinzipien: **24** ('51) 136. — — Alle Arbeiten poln.

Nowiny techn. Eignet sich die Benennung „granica podatności" zur Bezeichnung der Plastizitätsgrenze?: **1932** [poln.].

Politechnika [Warszawa] Das Pendelsklerometer von Herbert: **1946** [poln.]. — Moderne Technik und Naturwissenschaft: ibid. [poln.].

Problemy [Warszawa] Das Gewicht eines Körpers: **1950** [poln.]. — „Cyfra", „liczba", „numer": ibid. [poln.].

Przegląd elektrotechn. Spannungen in Leitern mit Stahlseele: **21** ('39) 177–79 [poln.].

Przegląd mech. IV. Internationaler Kongress für angewandte (technische) Mechanik, Cambridge 1934: **1** ('35) 22–26. — Über Festigkeitsfragen bei Behältern mit hohem Innendruck: **4** ('38) 395–99. — Festigkeitslehre: **6** ('47). — Betrachtungen zum Thema Reibung zwischen starren Körpern: ibid. — Wissenschaftlicher und praktischer Wert von Biegungs- und Torsionsprüfungen: **7** ('48). — Festigkeit bei veränderlicher Belastung: ibid. — Statische und kinetische Reibung: ibid. — Zur Berücksichtigung der Siederohröffnungen in den Wänden eines Kessels bei der Festigkeitsberechnung: **8** ('49). — Zur Festigkeitshypothese von O. Mohr: ibid. — Mechanik in der Sowjetunion: **9** ('50) 324–28. — Die Notwendigkeit einer Bezeichnung zur Definition einer wichtigen mechanischen Eigenschaft der Stoffe: **10** ('51) 3f. — Das Maß der Plastizität: 345f. — — Alle Arbeiten poln.

Przegląd techn. Das Problem der Vibrationen in Baumaschinen: **1932**. — Betrachtungen anläßlich einiger neuerer Arbeiten zur Statik elastischer Stäbe: **1933**. — Die Rolle der Steifheit der Torsionsstäbe in leichten Gitterträgern: **1933**, 612–14. — Zur Festigkeitsmessung an Stäben, die außeraxialem Druck unterliegen: 639f. — Biegefestigkeit von Metallstäben: **1934**, 211–13. — Gedanken zum

Festigkeitsproblem bei Stäben, die unter Längsdruck stehen: 403–08, 432–37. – Erwägungen über die Gefahr der Deformation eines Bahngleises mit geschweißten Schienen infolge von Temperaturspannungen: **1936,** 662–64. – Über die Theorie der thermischen Verwerfung geschweißter Eisenbahngleise und über praktische Untersuchungsmethoden zur Prüfung dieser Verwerfung: **1937.** – Über Festigkeitsprobleme der modernen Technik: **1947.** – Zur polnischen technischen Nomenklatur: ibid. – Über gewisse Fälle elastischen Gleichgewichts dünnwandiger Rohre[2]): **1949.** – Die Festigkeit der Metalle: ibid. – – Alle Arbeiten poln.

Roczn. Towarz. nauk. warszawsk. Stanisław Bełzecki, 1856–1931[3]): **25** ('32) 179–84 [poln.].

Sprawozd. Czynności i Posiedzeń polsk. Akad. Umiejętności Über die Analogie gewisser Probleme des Gleichgewichts elastischer, schwach gekrümmter Stäbe mit dem einfachen Fall erzwungener Schwingungen: **39** ('34) [poln.]. – Das Maß für die Plastizität [von Metallen]: **51** ('50) 538 [poln.].

Technika cieplna Rationelle Festigkeitsberechnung für die Schrauben, die die beiden Teile des Lokomobil-Kessels verbinden: **1933** [poln.]. – Festigkeitsberechnung für Dampfkessel-Flammrohre mit elliptischem Querschnitt: **1934** [poln.].

Wiadomości PKN Zu den Bezeichnungen für die technischen Maßeinheiten der Kraft: **17** ('49) [poln.]. – Zu F. Janik: Über die Regelung gewisser Definitionen in der Mechanik: **18** ('50) [poln.].

Wiadomości techn. Lotnictwa Über eine zuverlässige empirische Formel zur Festigkeitsberechnung für sehr kurze, gerade, unter Längsdruck stehende Duraluminium-Formstücke: **2** ('34) Nr. 3, 1 S. [poln.].

Mit: [1]) S. Bryła; [2]) Z. Klębowski; [3]) A. Pszenicki.

VI **HUDSON,** Claude Silbert. Chem. – 1929–51 Prof., United States Public Health Service, first Washington, D.C., then Bethesda, Md. – '47 Hon. D. Sc. (Princeton Univ., Princeton, N.J.). – '16 Nichols Medal (Amer. Chem. Soc., New York Sect.); '29 Gibbs Medal (∼, Chicago Sect.); '30 Hillebrand Prize (∼, Washington Sect.); '40 Richards Medal (∼, Northeastern Sect.); '41 Borden Medal and Award (Amer. Chem. Soc.); '42 Cresson Medal (Franklin Inst., Philadelphia, Pa.); '46 Award (Division of Carbohydrate Chem. of the Amer. Chem. Soc.); '50 Federal Security Agency Award (U.S. Government); '50 Grand Prize (Sugar Research Foundation).

*1881, Jan. 26, Atlanta, Ga.;
†1952, Dez. 27, Washington, D.C.

Ehrung Hudson Award (Division of Carbohydrate Chem. of the Amer. Chem. Soc.).

Nekr. E. L. Hirst, J. chem. Soc., London **1954,** 4042–58 (m. Bildn., Faks.). – L. F. Small, M. L. Wolfrom, Biographical Mem., Nation. Acad. Sci. USA **32** ('58) 181–200 (m. Bildn., Faks., Schr.verz.). – M. Stacey, Nature [London] **171** ('53) 371f. – M. L. Wolfrom, Advances Carbohydrate Chem. **9** ('54) XIII–XVIII. – Chemical and Engng. News **31** ('53) 87 (m. Bildn.).

Zur Biogr. M. L. Wolfrom in: Great Chemists (E. Farber) (New York–London '61) 1535–50.

Zur Bibliogr. C. S. Hudson, Collected papers (R. M. Hann, N. K. Richtmyer) **1** (New York '46) 35 + 898 S.; **2** ('48) 16 + 794 S.

MHZ. Advances Carbohydrate Chem. **5** ('50) – **8** ('53).

Advances Carbohydrate Chem. The Fischer cyanohydrin synthesis and the configurations of higher-carbon sugars and alcohols: **1** ('45) 1–36. – Melezitose and turanose: **2** ('46) 1–36. – Historical aspects of Emil Fischer's fundamental conventions for writing stereo-formulas in a plane: **3** ('48) 1–22. – Apiose and the glycosides of the parsley plant: **4** ('49) 57–74.

Bur. Standards J. Res. The course of the oxidation of the aldose sugars by bromine water[12]): **8** ('32) 327–38.

J. amer. chem. Soc. The analysis of γ-methylfructoside mixtures by means of invertase, 1[29]): **56** ('34) 702–07; ∼ 2: The isolation of a new crystalline methylfructoside [29]): 708–11; ∼ 4: Behavior of sucrose in methyl alcohol containing hydrogen chloride [29]): 1973–77; ∼ 5: Methylated and acetylated derivatives of crystalline α-methyl- and α-benzyl-fructofuranosides[29]): **59** ('37) 49–56; ∼ 6: Methylated and acetylated derivatives of crystalline β-benzylfructopyranoside[29]): 1170–74. – The action of triphenylmethyl chloride on α-methyl-L-fucoside[11]): **56** ('34) 945f. – Crystalline triphenylmethyl derivatives of β-methyl-D-xyloside[13])[11]): 947–49. – The preparation of lactones from the phenylhydrazides of the acids of the sugar group[7]): 957f. – Improvements in the preparation of crystalline D-mannose[13]): 958f. – A convenient modification of the Kiliani synthesis of higher-carbon acids (or their lactones) from reducing sugars[8])[29]): 1248f. – The synthesis of a lactose carboxylic acid (5-β-D-galactosido-α-D-glucoheptonic acid)[7]): 1390f. – Improvements in the preparation of D-arabinose from calcium gluconate[11]): 1632f. – Preparation of crystalline β-D-(α-galaheptose)[7])[22]): 1644. — Studies of the forms of arabinose[23]): 2074–76. — Aldehydo-D-β-galaheptose hexaacetate [7]): 2080. — Molecular combinations of β-methyl-D-glucoside, β-methyl-D-xyloside and β-methyl-L-fucoside with potassium acetate [39])[11]): 2199. — Certain derivatives of L-α-rhamnohexonic acid. An improved synthesis of L-α-rhamnohexonic lactone[13]): 2455f. — Three crystalline hexaacetates of D-α-mannoheptose[23]): 2463f. — The preparation of α-aldose acetates from acetylated glycosides [7]): 2465f. — The rearrangement of sugar acetates by aluminum chloride: Further studies on neolactose and D-altrose[31]): **57** ('35) 1716–21. — Emil Fischer's assignment of configuration of D-glucose. The pentaacetates of D-arabitol and D-xylitol[11]): 1753. — Crystalline D-α-galaheptose and some of its derivatives[7])[22]): 2100–03. — The oxidation of α-methyl-D-mannopyranoside[13]): **58** ('36) 378f. — The rearrangement of sugar acetates by aluminum chloride. Crystalline celtrobiose and some of its derivatives[31]): 2534–40. — The asymmetric oxidation of sugars by optically active alkaline copper solutions[31]): 2540–44. — D-β-Galaheptose and some of its derivatives[7]): **59** ('37) 548–51. — Crystalline α-methyl-D-arabinofuranoside[23]): 992f. — Studies on the cleavage of the carbon chain of glycosides by oxidation. A new method for determining ring structures and α- and β-configurations of glycosides[13]): 994–1003. — Two forms of anhydrous L-rhamnose and a new method for the preparation of crystalline β-tetraacetyl-L-rhamnose[13]): 1076–78. — Crystalline acetal derivatives of D-arabinose [23])[7]): 1124–29. — Aldehydo derivatives of D-(α-galaheptose)[7]): 1898–900. — Application of the cleavage type of oxidation by periodic acid to starch and cellulose[13]): 2049f. — A calcium chloride compound of α-D-galactose [7]): 2075. — The amides and phenylhydrazides of two epimeric (α,α and α,β) D-gluco-octonic acids[11]): **60** ('38) 622f. — Bentonite as an adsorbent in the purification of invertase[1]): 982f. — Zinc sulfide as an adsorbent in the purification of invertase[31]): 983. — The structure of the products of the periodic acid oxidation of starch and cellulose[13]): 989–91. — D-α,α-Galaoctose and some of its derivatives[21])[7]): 1035–40. — The oxidation of sugar alcohols by Acetobacter suboxydans [7])[37]): 1201–03. — The structure of sedoheptulosan (anhydro-sedoheptose): 1241–43. — A suggestion for naming the higher-carbon sugars: 1537–41. — The cleavage of the carbon chain of α-methyl-D-lyxopyranoside by oxidation with periodic acid[21]): 2059f. — Crystalline D-altrosan[31]): **61** ('39) 214f. — Proof of the structure and configuration of perseulose (L-galaheptulose)[7]): 336–40. — The oxidative degradation of perseulose to L-galactonic acid[31])[7]): 340–43. — The oxidative degradation of sedoheptulose to D-altronic acid[31])[7]): 343–45. — The periodic acid oxidation of β-methyl-D-mannopyranoside[13]): 959f. — Improvements in the preparation of L-tartaric acid from racemic tartaric acid through resolution by a substituted benzimidazole base[9]): 1266–68. — Relations between rotatory power and structure in the sugar group, 31: The configuration of D-α,α-manno-octose (D-manno-L-manno-octose)[7])[21])[18]): 1268f.; ~ 32: The rotations of the aldonic γ-lactones: 1525–28; ~ 33: The α- and β-methyl pyranosides of L-fucose (L-galactomethylose) and their triacetates[11])[27]): 1658–60; ~ 34: The possibility of different conformations of the pyranoid ring: 2972; ~ 35: Some 2′-naphthyl-1-thioglycopyranosides and their acetates[9])[7]): **69** ('47) 1668–72; ~ 36: The 1,5-anhydrides of the glycitols and related sugar derivatives[5]): **71** ('49) 3682–88. — Aldehydo derivatives of D-α,α-galaoctose (D-gala-L-gala-octose)[7])[21]): **61** ('39) 1270f. — The action of triphenylchloromethane on α-methyl-D-mannopyranoside[39]) [11]): 1528–30. — The periodic acid oxidation of α,α-trehalose[13]): 1530–32. — The synthesis of D-mannoheptulose, and the preparation of some of its derivatives[23]): 1654–58. — The cleavage of the carbon chains of some methyl aldohexomethylopyranosides by oxidation with periodic acid[21])[7]): 1660–66. — The behavior of glucose dimethylacetal toward carbohydrases[31])[1]): 1833f. — The cleavage of cellobiose and celtrobiose by emulsin[31]): 1834f. — The structures of the diacetone dulcitols[7]) [21]): 2432–42. — The conversion of starch to crystalline dextrins by the action of a new type of amylase separated from cultures of Aerobacillus macerans[37]): 2900–02. — The rotatory power of zinc lactate[21])[7]): 3234f. — The cleavage of the carbon chain of levoglucosan by oxidation with periodic acid[13]): **62** ('40) 958–61. — The ring structure of D-altrosan[31]): 961–64. — Crystalline β-methyl-D-ribopyranoside[13]): **63** ('41) 1229–31. — D-Mannosan⟨1,5⟩β⟨1,6⟩ or levomannosan[18])[7]): 1447–51. — D-Glucosan⟨1,5⟩β⟨1,6⟩ and D-galactosan⟨1,5⟩β⟨1,6⟩ from the pyrolysis of lactose[7]): 1484f. — Synthesis of the epimer of cellobiose (4-[β-D-glucopyranoside]-D-mannose)[9])[7]): 1724–26. — Crystalline α-methyl-D-altroside and some new derivatives of D-altrose [31]): 1727–31. — D-Galactosan⟨1,5⟩β⟨1,3⟩, a new anhydride of D-galactose[7]): 2241f. — The structure of dibenzylidene-dulcitol (1,3:4,6-dibenzylidene-dulcitol)[9])[7]): **64** ('42) 132–36. — A new dibenzylidene-dulcitol (2,3,4,5-dibenzylidene-dulcitol)[9])[7]): 136f. — A second 2,3,4,5-dibenzylidene-dulcitol[9])[7]): 137–40. — Crystalline modifications of D-manno-D-galaheptose and the preparation of some of its derivatives[23]): 247–54. — The preparation and rearrangement of phenylglycosides[23])[31]): 690–94. — A novel type of Cannizzaro reaction[6])[40]): 872f. — An anhydro derivative of D-mannosan⟨1,5⟩β⟨1,6⟩ (presumably 3,4-anhydro-D-talosan⟨1,5⟩β⟨1,6⟩)[7]): 925–28. — The structure of diacetone-L-fucitol (2,3,4,5-diisopropylidene-L-fucitol)[24])[7]): 982–85. — The structure of dimethylene-dulcitol (1,3:4,6-dimethylene-dulcitol)[9])[7]): 986f. — Synthesis of cellobiose[9])[7]): 1289–91. — Purification of the amylase of Bacillus macerans[37])[1]): 1432f. — D-Mannosan⟨1,5⟩β⟨1,6⟩ from β-phenyl-D-mannoside[23])[31]): 1483f. — The syntheses of lactose and its epimer[9])[7]): 1490. — 1,2,3,4-Dibenzylidene-D-sorbitol[41])[7]): 1493–97. — Some studies on L-glucoheptulose[21])[7]): 1606–09. — The oxidative degradation of L-glucoheptulose[31]): 1609–11. — A benzimidazole rule for the determination of configuration of the aldonic acids and related compounds[31]): 1612f. — The structure of di-o-nitrobenzylidene-dulcitol (1,3:4,6-di-o-nitrobenzylidene-dulcitol)[7])[9]): 1614f. — Synthesis of epilactose and lactose[7])[9]): 1852–56. — A study of the products obtained from starch by the action of the amylase of Bacillus macerans[20])[37]): 2139–44. — Studies on D-galactosan⟨1,5⟩β⟨1,6⟩[7]): 2435–38. — The stability of β-methylmaltoside towards hot alkali[34])[40]): 2871f. — The alkaline degradation of phenylglycosides; a new method for determining the configuration of glycosides and sugars[23])[31]): **65** ('43) 3–7. — The ring structure of polygalitol[31]): 64–67. — 2,3,4,5-Dimethylene-D-mannitol and a second dimethylene-D-mannitol[9])[7]): 67–70. — Crystalline 4-methyl-D-mannose and some of its derivatives[9])[7]): 70–73. — The mutarotation of β-D-altrose[31]): 740f. — Crystalline β-D-gluco-L-talo-octose (syn-D-gluco-α-L-talo-octose)[22])[7]): 994f. — Contribution to the theory of racemism: 1239f. — New methods for the purification of invertase and some properties of the resulting products[1]): 1359–68. — Some enzymes present in highly purified invertase preparations; a contribution to the study of fructofuranosidases, galactosidases, glucosidases and mannosidases[1])[31]): 1369–80. — The action of macerans amylase on the fractions from starch [40])[34]): 1380–83. — 2,3,4,5-Dibenzylidene-D-mannitol and some of its derivatives[9])[7]): 1419–22. — Two syntheses of polygalitol (1,5-anhydro-D-sorbitol)[31])[2]): 1477f. — The isomeric 1,3- and 2,3-benzylidene-D-arabitols [9])[7]): 1663–67. — The alkaline degradation of phenyl-β-lactoside, phenyl-β-cellobioside and phenyl-D-gluco-β-D-gulo-heptoside[23])[31]): 1848–54. — The acetolysis of trimethylene-D-mannitol. 2,5-Methylene-D-mannitol[24])[7]): 2215–22. — Diacetone-xylitol (2,3,4,5-di-isopropylidene-D,L-xylitol[7])[24]): **66** ('44) 73–76. — The acetolysis of trimethylene-D-sorbitol. 2,4-Methylene-D-sorbitol and 1,3:2,4-dimethylene-D-sorbitol[7])[24]): 665–70. — 2,4:3,5-Dimethylene-D,L-xylitol and 2,4-methylene-xylitol[7])[24]): 670–73. — The action of copper sulfate on the phenylosazones of the sugars [, 1]: Phenyl-D-glucosotriazole[7]): 735–38; ∼ 2: Some new osotriazoles[7])[9]): **67** ('45) 939–41; ∼ 3: The D-, L-, and D,L-arabinose phenylosotriazoles[9])[7]): **68** ('46) 1766–69; ∼ 4: The phenylosotriazoles of some heptoses[7])[9]): **69** ('47) 1050–52; ∼ 5: The phenylosotriazoles of L-rhamnose, L-fucose and melibiose[9])[7]): 1461–63; ∼ 6: Gentiobiose phenylosotriazole [9])[7]): **70** ('48) 2288f. — 1,3:2,4-Dimethylene-D-epirhamnitol and 2,4-methylene-D-epirhamnitol[24])[7]): **66** ('44) 1235–37. — 2,4:3,5-Dimethylene-D-sorbitol and some of its derivatives[7])[41]): 1898–901. — The selective exchange of tosyloxy for iodo groups in certain cyclic acetals of 1,6-ditosyl-D-sorbitol. 2,4:3,5-Dimethylene-D-epirhamnitol[24])[7]): 1901–05. — D,L-1,3:2,4-Dimethylene-adonitol and 2,4-methylene-adonitol[7]): 1906–08. — The relationship between structures and configurations of various methylene and benzylidene acetals of polyhydroxy alcohols[7]): 1909–12. — Proof of the configurations of the D-gluco-L-gala-, D-gluco-L-talo-, and D-gala-L-gulo-octoses[22])[7]): 1912–21. — 2,4:3,5-Dimethylene-L-iditol and some of its derivatives[7]): **67** ('45) 602–05. — 1,3:2,5-Dimethylene-L-rhamnitol and some of its derivatives[9])[7]): 1800–08. — The preparation of D-rhamnose from methyl α-D-mannopyranoside[7])[9]): **68** ('46) 628–32. — The 3,5-benzylidene und 3,5-methylene acetals of gluco-gulo-heptitol[7])[24]): 1769–74. — 2-Tosyl-D-galactosan⟨1,5⟩β⟨1,6⟩[7]): 1867. — L-Gulo-D-talo-heptitol (β-sedoheptitol) and its enantiomorph[22])[9])[7]): **69** ('47) 70–73. — Some methylene acetals of D-talitol[7])[9]): 624–29. — 1,5-Anhydro-xylitol[5]): 921–24. — Evidence that racemic arabinose is β-D,L-arabinopyranose[5]): 1145–47. — Identification of Emil Fischer's "phenyl-volemosazone" as D-mannoheptose phenylosazone[9]): 1370f. — 1,5-Anhydro-D-arabitol[5]): 1672–74. — 1,5-Anhydro-4-(β-D-glucopyranosyl)-D-glucitol, 1,5-anhydro-6-(β-D-glucopyranosyl)-D-glucitol, and 1,5-anhydro-D-galactitol[5]): **70** ('48) 310–14. — The 1,3:5,7-dibenzylidene and 1,3:5,7-dimethylene acetals of the D-, L-, and D,L-perseitols[7])[24]): 765–70. — 4-Benzyl-2,3-isopropylidene-D-mannosan⟨1,5⟩β⟨1,6⟩ and 2-benzyl-3,4-isopropylidene-D-galactosan-⟨1,5⟩β⟨1,6⟩[9])[7]): 1290. — Methyl 2,6-anhydro-α-D-altroside and other new derivatives of methyl α-D-altroside[33])[31]): 2201–06. — 1,5-Anhydroribitol[15])[5]): 4052–54. — Some reactions of 2,3,4-tribenzoyl-β-D-ribopyranosyl bromide[15])[5]): 4055–57. — Trehalose from yeast [36])[31]): **71** ('49) 2277. — The oxidation of volemitol by Acetobacter suboxydans and by Acetobacter xylinum[36])[31]): 3532–34. — 1,5-Anhydrolactitol and 1,5-anhydromaltitol[5])[19]): 3679–81. — 1,3-Anhydro-2,4-methylene-D,L-xylitol and related compounds[7])[31])[3]): **72** ('50) 561–66. — The synthesis of 1,5:3,6-dianhydro-D-galactitol (D-neogalactide)[5]): 886–88. — Some reactions of the 2,4,6-tribromophenyl β-D-pyranosides of glucose and xylose[19)]: 981–83. — The preparation of trehalose from yeast [36)][31)]: 2059–61. — The reaction of 2,3,4,6-tetrabenzoyl-α-D-glucopyranosyl bromide and 2,3,4,6-tetrabenzoyl-α-D-mannopyranosyl bromide with methanol. Certain benzoylated derivatives of D-glucose and D-mannose[25)][5)]: 2200–05. — A direct proof of the equivalence of carbon atoms 1 and 6 in D-mannitol and a new method of correlating certain higher-carbon sugars and alcohols[31)]: 3880–82. — A definitive proof that "α-fucohexose" is 7-desoxy-L-gala-D-manno-heptose[31)][44)]: 3882–84. — The reaction of tribenzoyl-β-D-arabinopyranosyl bromide and tribenzoyl-α-D-xylopyranosyl bromide with methanol[5)]: 4173–77. — Improvements in the preparation of D-arabinose from calcium D-gluconate and of D-lyxose from calcium D-galactonate[5)][3)]: 4546. — The reduction of acetylated glycopyranosyl bromides to 1,5-anhydroglycitols with lithium aluminum hydride. 1,5-Anhydro-L-rhamnitol [25)][5)]: 4547–49. — L-Fuco-4-ketose, a new sugar produced by the action of Acetobacter suboxydans on L-fucitol[31)][36)]: 4934–37. — The reaction of tribenzoyl-α-L-rhamnopyranosyl bromide with methanol. Various benzoylated derivatives of L-rhamnose[25)][5)]: **73** ('51) 296–300. — New tribenzoyl-D-ribopyranosyl halides and their reactions with methanol[25)][5)]: 959–63. — The structure of sedoheptulosan [28)][31)]: 1876f. — The rotation of polyols in ammonium molybdate solutions[31)]: 2249f. — The reaction of tribenzoyl-α-D-lyxopyranosyl bromide with methanol[5)][25)]: 3698f. — 1,4-Anhydro-D-galactitol[25)][5)]: 3742–44. — Improvements in the preparation of L-arabinose from mesquite gum: 4038f. — The use of sodium cyanide with L-arabinose in the Kiliani synthesis: 4498f. — The preparation of crystalline 6-desoxy-L-glucose (L-epirhamnose) from D-gluco-D-gulo-heptose[44)][31)]: 4714–16. — The reduction of various sugar acids to glycitols with lithium aluminum hydride[25)][5)]: 4759–61. — Application of the cyanohydrin synthesis to D-altrose[33)][31)]: 4907–10. — New benzimidazoles from polyhydroxy acids[33)][28)] [31)]: 5907f. — Lactitol dihydrate[43)][7)]: **74** ('52) 1105. — Some reactions and derivatives of sedoheptulosan[9)][7)]: 2198–200. — Proof of the structure of sedoheptulosan as 2,7-anhydro-β-D-altroheptulopyranose[28)][31)]: 2200–05. — L-Guloheptulose and 2,7-anhydro-β-L-guloheptulopyranose[36)][31)]: 2206–10. — D-Idoheptulose and 2,7-anhydro-β-D-idoheptulopyranose[28)][31)]: 2210–14. — Correction concerning some reported derivatives of D-talitol[43)][35)]: 4456. — New derivatives of 2,3,4,5-dibenzylidene-D,L-xylitol and 2,4:3,5-dimethylene-L-xylitol[24)][7)]: **75** ('53) 132–34. — 7-Deoxy-L-manno-L-gala-heptose and some of its derivatives[13)]: 3000–02. — The preparation of higher-carbon sugars from D-mannose including crystalline D-manno-L-manno-octose[16)][7)]: 4320–24. — A convenient synthesis of D-manno-L-manno-octose[16)]: 4324f. — 1,6-Anhydro-D-glycero-β-D-ido-heptopyranose[28)][31)]: 4503–07.

J. Bacteriol. Preparation and properties of the amylases produced by Bacillus macerans and Bacillus polymyxa[37)]: **43** ('42) 527–44.

J. biol. Chemistry The utilization of D-mannoheptulose (D-mannoketoheptose) by adult rabbits[32)]: **112** ('36) 443–49. — Further studies of the physiological availability of heptoses[32)]: **121** ('37) 37–43.

J. chem. Educat. Emil Fischer's discovery of the configuration of glucose: **18** ('41) 353–57. — The basic work of Fischer and van't Hoff in carbohydrate chemistry: **30** ('53) 120f.

J. org. Chemistry Theory of a method for comparing the structures of certain compound sugars. A probable relationship of turanose to maltose: **9** ('44) 117–20. — Volemitol heptaacetate[21)][7)]: 293–97. — The structure of turanose: 470–76. — Recent observations on the action of alkali on phenyl glycosides[23)][31)]: **10** ('45) 194–98. — Attempts to find new antimalarials, 8: Phenyl β-D-glucothiosides, diphenyl disulfides, phenyl thiocyanates, and related compounds[23)][31)]: **11** ('46) 301–06. — Melezitose monohydrate and its oxidation by periodate[31)]: 610–16. — The stereochemical formulas of the hydroxyproline and allohydroxyproline enantiomorphs and some related substances[26)]: **15** ('50) 24–34. — Preparation of meso-erythritol and D-erythronic lactone from periodate-oxidized starch[14)]: **20** ('55) 1565–68.

Science [USA] New evidence concerning the configurations of the α- and β-glucosides[23)][31)]: **93** ('41) 438.

Mit: 1) M. Adams; 2) C. J. Carr; 3) H. W. Diehl; 4) —; 5) H. G. Fletcher, jr.; 6) E. M. Fry; 7) R. M. Hann; 8) O. Hartley; 9) W. T. Haskins; 10) —; 11) R. C. Hockett; 12) H. S. Isbell; 13) E. L. Jackson; 14) A. R. Jeanes; 15) R. W. Jeanloz; 16) J. V. Karabinos; 17) —; 18) A. E. Knauf; 19) L. H. Koehler; 20) W. S. McClenahan; 21) W. D. Maclay; 22) A. T. Merrill; 23) E. M. Montgomery; 24) A. T. Ness; 25) R. K. Ness; 26) A. Neuberger; 27) F. P. Phelps; 28) J. W. Pratt; 29) C. B. Purves; 30) —; 31) N. K. Richtmyer; 32) J. H. Roe; 33) D. A. Rosenfeld; 34) T. J. Schoch; 35) T. Y. Shen; 36) L. C. Stewart; 37) E. B. Tilden; 38) —; 39) A. J. Watters; 40) E. J. Wilson, jr.; 41) J. K. Wolfe; 42) —; 43) M. L. Wolfrom; 44) E. Zissis.

V, VI **HUDSON,** Hilda Phoebe. Math. — 1917–25 Member of Council, London Mathematical Society.

*1881, Juni 11, Cambridge;

†1965, Nov. 26, London.

S. Encyclopaedia Britannica. A new survey of universal knowledge **6** (Chicago–London–Toronto . . . '65) 917f.: Curves; **21** ('65) 591–94: Surface[1)].

Mit: 1) H. S. M. Coxeter.

IV–VI **HUFF,** William Bashford. Physik. — 1905–08 Assoc. Prof., '09–32 Prof., Bryn Mawr College, Bryn Mawr, Pa.

*1866, Okt. 12, Boscobel, Wis.; †1935, März 12, Bryn Mawr, Pa.

Nekr. New York Times **1935**, März 14, 21'

VI **HUFNAGEL,** Leon. Astron. — 1926–28 Astronom, Sternwarte d. Univ. Lund; '28–30 Rockefeller-Stipendiat an amerikan. Observatorien (Mount Wilson, Calif.; Harvard College, Cambridge, Mass.; Mount Hamilton, Calif.); '31–33 freier Wissenschaftler in Berlin.

*1893, Juli 19, Warszawa; †1933, Febr. 19, Berlin.

Nekr. F. Kępiński, Astronomische Nachr. **248** ('33) 143. — R. v. d. R. W[oolley], Monthly Notices roy. astron. Soc. **94** ('34) 276f.

W. The distribution in space of the stars of type A as derived from the Draper Catalogue (m. K. G. Malmquist) (Stockholm '33) 49 S. (Astronomiska iakttagelser och undersökningar å Stockholms Observatorium 11,9).

Z. Astrophysik Untersuchungen über adsorbierende Wolken beim Nordamerikanebel unter Benutzung von Farbenindizes schwacher Sterne[1]): **9** ('35) 331–81.

Mit: [1]) H. Müller.

VI **HUGEL,** Georges Laurent. Chem. Technol. — 1925–59 Prof. Chimie des Hydrocarbures, Dir. du Labor. de Chimie org., Ecole Nation. Supér. du Pétrole ('26–46 à Strasbourg, depuis '47 à Rueil-Malmaison); '25–30 Maître de Conférences, '30–37 Prof. sans Chaire, '38–59 Prof. tit., '60–64 Prof. ord. Chimie de Pétrole, Univ. de Strasbourg; '47 Dir. des Recherches org. fondamentales à l'Inst. Franç. du Pétrole, Paris; '53 Conseiller scientifique à la Direction des Etudes et Recherches de la Soc. du Gaz de France, Service National; '54 Conseiller scientifique de la Soc. Franç. des Matières Colorantes. — '27 Prix Georges Claude (Soc. de Chimie Industr.); '29 Plaquette (Chambre Syndicale des Importateurs d'Huiles Minérales); '35 Médaille (Soc. d'Encouragement pour l'Industrie Nation.); '57 Officier dans l'Ordre des Palmes Académiques (Ministre de l'Education Nation.).

*1897, Febr. 14, Mülhausen; †1965, März 27, Strasbourg.

Nekr. Lesourd, Industrie Pétrole **33** ('65) Juni-Nr., 56f. (m. Bildn.). — G. R. Schultze, Erdöl u. Kohle **18** ('65) 659f. — N. Tcherkezoff, Hydrocarbure **1965**, Mai/Juni-Nr.

S. Communications présentées au 14e Congrès de chimie industrielle, Paris 1934, 1 (Paris '35) 11 S.: La viscosité des liquides et des mélanges binaires[12]). — 2e Congrès mondial du pétrole, Paris 1937, **2**, 2 (Paris '37) 309–12: Umwandlung von Terpentinöl in klopffeste Kraftstoffe[10]) [franz.]; 323–27: Nouvelles considérations structurales sur la relation entre la viscosité et la constitution des hydrocarbures[10]). — Traité de chimie organique (V. Grignard) **4** (Paris '48) 577–602: Pétroles. — Proc. 3rd World petroleum congress, The Hague 1951 (Leiden '51): Quelques progrès récents en chimie du pétrole. — C.R. 31e Congrès international de chimie industrielle, Liège 1958, **1** (Bruxelles '59) 348–51: Schmierung von Metalloberflächen mit Molybdänsulfid [franz.]. — C.R. Symposium européen sur les inhibiteurs de corrosion, Ferrara 1960 (Ferrara '61) (Annali Univ. Ferrara, Sez. V, Suppl.) 229–38: Les inhibiteurs de corrosion, étude du mécanisme de leur activité. — Über Petrolchemie (Köln–Opladen '62) (Veröff. d. Arbeitsgemeinsch. f. Forsch. d. Landes Nordrhein-Westfalen. Natur-, Ingenieur- u. Gesellschaftswissenschaften, H. 116): Regards sur la pétrochimie.

W. Relations, viscosité et structures (Paris '52) 24 S. (Centre de perfectionnement technique; Cours-conférences, 2712).

Annales Office nation. Combustibles liquides Etude de l'influence des températures et pressions élevées sur les carbures non saturés purs [, 1][8]): **7** ('32) 15–58; ~ 2: Recherches sur l'hexadécène[8]): 239–77. — Contribution à l'étude de l'hydrogénation de quelques hydrocarbures et dérivés du goudron de houille à haute pression et haute température en présence d'hydrure de sodium comme catalyseur, 2: Hydrogénation de quelques dérivés du goudron de houille, spécialement du benzol, naphtaline, anthracène et brai[5]): 59–96. — Contribution à la connaissance de la structure du brai de houille[4]): 225–38, 417–67. — Etudes sur la viscosité des liquides et des mélanges binaires: **11** ('36) 433–44. — Le pétrole synthétique et ses dérivés: 719–33. — Etudes en vue de la recherche d'un système absolu de viscosité et d'indice de viscosité[3]): **14** ('39) 235–52.

Annales Soc. belge Etude Pétrole, Dérivés et Succédanés Etudes en vue de la recherche d'un système absolu de viscosité et d'indice de viscosité[2]): **3** ('39) Nr. 12, 8–17.

Archives Physique biol. Viscosité et constitution des liquides. Rôle de la concentration atomique: **15** ('41) Suppl. No. 50, 3–7. — Einfluß der freien Rotation um eine C–C-Bindung auf die Molekülgestalt: **17** ('44) Suppl., 95*–97* [franz.].

Brennstoff-Chem. Versuche zur Aufklärung der Konstitution des Steinkohlenteerpechs durch destruktive Hydrierung: **15** ('34) 212–. — Neue Methoden zur Untersuchung der Crackreaktionen: **24** ('43) 64–67. — Untersuchungen an Steinkohlenteerpech: **39** ('58) 213–17.

Bull. Assoc. franç. Techniciens Pétrole La polymérisation des carbures non saturés: Nr. **39** ('37) 25–33. — La synthèse des lubrifiants: Nr. **46** ('38) 57–60. — Le problème de la viscosité et la synthèse de nouveaux lubrifiants: **1950.**

Bull. Soc. chim. France, Mém. Contribution à l'étude du mécanisme de la catalyse hydrogénante avec l'hydrure de sodium, 2[6]): (4) **51** ('32) 639–44. — Préparation des 9.10-dialcoylanthracènes[10]): **53** ('33) 1497f. — Synthèse des 9.10-tétraalcoyldihydroanthracènes [10]): 1498–500. — Etude sur l'hydrogénation de l'anthracène, essai d'hydrogénation de tétraalcoyldihydroanthracènes[11]): 1500–02. — Alcoylation du phénanthrène[10]): 1502–04. — Viscosité des mélanges binaires: (5) **9** ('42) 209f. — Application de la méthode de Welde à la synthèse de xanthates de monoalcools et de dialcools[9]): **1952,** 172–76. — Etude des inhibiteurs organiques de la corrosion du fer par les acides, 1: Décomposition des mercaptans[7]): **1954,** 650–53. — Caractérisation d'alcoylbenzènes polychlorés par bromation. Synthèse de bromochlorobenzènes[10])[3]): 836–42. — Recherches dans la série du dibenzobicyclo-octatriène[2,2,2] et du dibenzo-bicyclo-octadiène[2,2,2][1]): 1005–11. — Chloration du tert-butylbenzène, 1: Etude des réactions secondaires: Dismutation et clivage [10])[3]): **1956,** 1238–43; ~ 2: Etude de la chloration nucléaire[10])[3]): **1957,** 173–81.

Bull. Soc. industr. Mulhouse Butandämpfe als Energieträger; Beiträge zur Theorie der Dampfmaschinen: **101** ('35) 79–103 [franz.].

Corrosion et Anti-Corrosion L'inhibiteur I.F.P. 550: **3** ('55) 8–12.

C.R. et Communicat. Assoc. franç. Avancement Sci. La constitution des carbures aromatiques: **71.** 1952.

C.R. hebd. Séances Acad. Sci., Paris Synthèse de carbures aromatiques alcoylés[10]): **195** ('32) 249–51.

Erdöl u. Kohle Fragen der Schmierölforschung: 8 ('55) 651–55.

Goudron pour Routes Recherches sur le brai de houille: Nr. **7** ('57).

J. Physique et Radium La viscosité des liquides purs: (7) **7** ('36) 119S.

J. Usines Gaz Contribution à l'étude de l'hydrogénation de quelques hydrocarbures et dérivés du goudron de houille à haute pression et haute température en présence d'hydrure de sodium comme catalyseur[5]): **56** ('32) 475–82, 505–12, 537–41, 557–64, 577–80.

Kolloid-Z. Viskosität und Struktur organischer Verbindungen: **131** ('53) 4–10.

Lubrication Engng. Chemical nature of extreme-pressure lubrication: **14** ('58) 523–26.

Oel u. Kohle, Erdöl u. Teer Bau und Viskosität der Flüssigkeiten: **12** ('36) 917–20. — Viskosität und Konstitution: **15** ('39) 27–29.

Petroleum [Berlin] Hochschule für Erdöl und flüssige Brennstoffe in Straßburg[13]): **34** ('38) Beil., 1–16.

Refiner and natur. Gasoline Manufacturer Viscosity and chemical constitution: **19** ('40) 294–96.

Revue pétrolifère Theoretische und experimentelle Forschung über die Synthese von Schmiermitteln: Nr. **837** ('39) 633–36 [franz.].

Revue techn. luxembourgeoise Synthetisches Benzin und seine Derivate: **28** ('36) 72–80 [franz.].

Rivista Combustibili Considérations scientifiques sur les voies ouvertes à la chimie du pétrole: **4** ('50) 67–84 [ ]. — Aspects chimiques des problèmes de lubrication: **9** ('55) 417–34 [ ].

Technique moderne Les machines à tester les huiles: **50** ('58) 529–34.

Trans. Faraday Soc. Theoretical and experimental researches on the synthesis of lubricants: **35** ('39) 1054–61.

Einige weitere Beiträge in Konferenz- und Kongreßberichten.

Mit: [1]) P. Baumgartner; [2]) L. Clairbois; [3]) C. Fabre; [4]) G. Frangopol; [5]) J. Friess; [6]) Gidaly; [7]) R. Jenny; [8]) Kohn; [9]) D. Lefort; [10]) M. Lerer; [11]) E. Martin; [12]) N. Tcherkezoff; [13]) H. Weiss.

VI **HUGGINS,** Maurice Loyal. Chem. (physik.). — 1925–26 Instructor, '26–33 Assist. Prof., Stanford Univ., Calif.; '33–36 Associate, Johns Hopkins Univ., Baltimore, Md.; '36–58 Research Assoc., Research Labor., Eastman Kodak Co., Rochester, N.Y.; '59– Senior Research Scientist, '59–61 Magister Physical and Inorg. Chem., Stanford Res. Inst., Menlo Park, Calif.; '55–56 Visiting Prof., Universities of Osaka and Kyoto; '41 Pres. of the American Soc. of x-Ray and Electron Diffraction. — '41 A. Cressy Morrison

Prize (New York Acad. Sci.); '56 Frank Forrest Award (American Ceramic Soc.).
*1897, Sept. 19, Berkeley, Calif.

S. Cellulose and cellulose derivatives (E. Ott) (New York '43) 893–909: Thermodynamic properties of solutions of long-chain compounds; 943–55: Theory of the viscosity of dilute solutions of long-chain compounds. — Colloid chemistry, theoretical and applied (J. Alexander) **5** (New York '44) 131–45: Methods for the analysis of complex molecular structures with the aid of x-rays; [?]: The vitreous state[13])[12]). — Major instruments of science and their applications to chemistry (R. E. Burk, O. J. Grummitt) (New York '45) (Frontiers in chemistry, 4) 41–68: x-Ray diffraction and its applications. — Phase transformations in solids (R. Smoluchowsky) (New York '51) 238–56: Transitions in silver halides. — Encyclopedia of chemistry (G. L. Clark) (New York '57): Valence. — Actes 2e Congrès international de catalyse, Paris 1960 **2** (Paris '61) 1399–408: Structural considerations concerning catalysts for stereospecific polymerizations. — Collagen. Proc. of a symposium, Madras 1960 (N. Ramanathan) (New York '62, London '63) 79f.: Some new developments concerned with the structure of collagen. — Proc. 8th International conference on coordination chemistry, Vienna 1964 (V. Gutman) (Wien–NewYork '64) 253–55: Coordination polymers. — Encyclopaedia Britannica. A new survey of universal knowledge **2** (Chicago–London–Toronto ... '65) 628–30: Chemical association.

W. Physical chemistry of high polymers (New York–London '58) 175 S.; japan.: (Tokyo '59).

Abridged sci. Publ., Kodak Res. Labor. Properties of long-chain compounds: **33** ('51) 82–89.

American Mineralogist The crystal structure of potassium dithionate: **18** ('33) 455–57.

American Scientist Cooperation between the sciences: **31** ('43) 338–. — Physicochemical aspects of hydrogen bonds and their application to biology: **50** ('62) 485–96.

Annals New York Acad. Sci. Thermodynamic properties of solutions of long-chain compounds: **43** ('42) 1–32. — Thermodynamic properties of solutions of high polymers: The empirical constant in the activity equation: **44** ('43) 431–43.

Annual Rev. Biochem. x-Ray studies of the structure of compounds of biochemical interest: **11** ('42) 27–50.

Annual Rev. physic. Chem. Solutions of nonelectrolytes: **6** ('55) 99–118.

Bull. chem. Soc. Japan The structon theory of glasses and solutions: **28** ('55) 606–13. — Densities and optical properties of organic compounds in the liquid state, 6: The refractive indices of paraffin hydrocarbons and some of their derivatives: **29** ('56) 336–39.

Bull. Soc. chim. France Rapport sur la nomenclature relative aux hauts polymères doués de régularité stérique[7])[4])[5]): **1965**, 2127–32.

Chemical and Engng. News The scientific work of Linus Pauling: **33** ('55) 242, 244.

Chemical Reviews Some significant results of crystal structure analysis: **10** ('32) 427–63. — Symposium on x-ray studies of substances of high molecular weight. Introduction to the symposium: **26** ('40) 141f. — The structure of fibrous proteins: **32** ('43) 195–218.

Chimica e Industria Nomenclatura su alti polimeri dotati di regolarità sterica [7])[4])[5]): **46** ('64) 536–41.

Electrical Engng. [USA] The structure of atoms and molecules. Electronic theory of valence: **53** ('34) 851–56.

Experientia Compte rendu sur la réunion des hauts polymères à Strasbourg[16]): **3** ('47) 84.

Glass Industry Controversy on the calculation of density[13]): **24** ('43) 472–.

Industrial and Engng. Chem. Silicate glasses: Calculation of densities, refractive indices, and dispersions from glass composition: **32** ('40) 1433–36. — Properties of rubber solutions and gels: **35** ('43) 216–20. — Molecular weights of high polymers: 980–86.

J. amer. ceram. Soc. Calculation of density and optical constants of a glass from its composition in weight percentage[13]): **26** ('43) 4–11. — The vitreous state[13])[12]): 393–98. — Changes of properties of glass resulting from changes of composition[13]): **27** ('44) 10–12. — Glass properties and the periodic table[13]): 13–17. — Energy additivity in glasses[13]): **28** ('45) 149–. — Effect of chemical composition on the relationship between refractive index and Abbe value for binary systems[13]): 306f. — Representation of density and optical properties of ternary silicate glass systems[13])[15]): **29** ('46) 59–65. — Effect of chemical composition on refractive index and Abbe value for ternary silicate glass systems[13])[15]): 159–61. — Changes of density of silicate glasses resulting from changes of composition[13]): 232–34. — Comparison of two equations for calculation of densities of glasses from their compositions[14]): **37** ('54) 474–79. — The structure of glasses: **38** ('55) 172–75. — Structure of borate glasses[1]): **40** ('57) 287–92.

J. amer. chem. Soc. The structure of ice and liquid water: **58** ('36) 694. — The structure of proteins: **61** ('39) 755. — The structure of insulin: 2982. — The structure and properties of glasses containing boron: **62** ('40) 2248. — Photographic Fourier syntheses: **63** ('41) 66–69. — Densities and refractive indices of liquid paraffin hydrocarbons: 116–20. — Densities and refractive indices of unsaturated hydrocarbons: 916–20. — Theory of solutions of high polymers: **64** ('42) 1712–19. — The viscosity of dilute solutions of long-chain molecules, 4: Dependence on concentration: 2716–18. — Dependence of polymer properties on temperature of polymerization: **66** ('44) 1991f. — Polypeptide helices in proteins: **74** ('52) 3963. — Coordinates of the 11-atom ring polypeptide helix: 3963f. — Bond energies and polarities: **75** ('53) 4123–26. — Atomic radii, 4: Dependence of interatomic distance on bond energy: 4126–33. — Densities and optical properties of organic compounds in the liquid state, 3: The densities of aliphatic hydrocarbons: **76** ('54) 843–45; ~ 4: The densities of α-substituted normal alkanes: 845–47; ~ 5: The densities of esters from fatty acids and normal alcohols: 847–50. — The structure of collagen: 4045f. — The structon number rule: **77** ('55) 3928. — A revised theory of high polymer solutions: **86** ('64) 3535–40.

J. appl. Physics [USA] The viscosity of dilute solutions of long-chain molecules, 3: The Staudinger viscosity law: **10** ('39) 700–04; ~ 5: Dependence on the solvent: **14** ('43) 246–48. — Stress phenomena from the respective viewpoints of solid-state and high-polymer physics: **21** ('50) 518f.

J. ceram. Assoc., Japan The structure of glass: **64** ('56) C390–C392 [japan.].

J. chem. Educat. Some contributions of crystal structure research to general chemistry teaching: **13** ('36) 160–65. — Hydrogen bonding in high polymers and inclusion compounds: **34** ('57) 480–88.

J. chem. Physics Interatomic distances in crystals of the alkali halides[6]): **1** ('33) 643–46. — Molecular constants and potential energy curves for diatomic molecules [, 1]: **3** ('35) 473–79; ~ 2: **4** ('36) 308–12. — Lattice energies, equilibrium distances, compressibilities and characteristic frequencies of alkali halide crystals: **5** ('37) 143–48; **15** ('47) 212. — The internuclear distance in Te_2: **5** ('37) 201. — The polarity of chemical bonds: 527–29. — The entropy of long-chain compounds in the gaseous state: **8** ('40) 181–87. — Some hydrogen-bridge models for globular proteins: 598–600. — Silicate glasses: 641. — Solutions of long-chain compounds: **9** ('41) 440. — The photographic latent image, 1: Lattice energy and related quantities for a hypothetical silver bromide crystal having the cubic ZnS type of structure: **11** ('43) 412–19; ~ 2: Outline of the theory: 419–26; ~ 3: Dimensional changes in silver bromide following exposure: **22** ('54) 1389–96. — Photography of crystal structures: **12** ('44) 520f. — Comparison of the structures of stretched linear polymers: **13** ('45) 37–42.

J. Chim. physique et Physico-Chim. biol. Théorie des propriétés thermodynamiques des solutions de molécules en chaîne: **44** ('47) 9–15. — Théorie de la haute élasticité: 99–106.

J. opt. Soc. America The density of silicate glasses as a function of composition: **30** ('40) 420–30. — The refractive index of silicate glasses as a function of composition: 495–504. — The dispersion of silicate glasses as a function of composition [, 1]: 514–18; ~ 2[13]) [3]): **32** ('42) 635–50. — Refractive indices of liquid aliphatic organic compounds: **30** ('40) 652.

J. org. Chemistry Hydrogen bridges in organic compounds: **1** ('36/37) 407–56.

J. physic. (and Colloid) Chem. Hydrogen bridges in ice and liquid water: **40** ('36) 723–31. — The viscosity of dilute solutions of long-chain molecules, 1: **42** ('38) 911–19; ~ 2: **43** ('39) 439–56. — Certain properties of long-chain compounds as functions of chain length: 1083–98. — Some properties of solutions of long-chain compounds: **46** ('42) 151–58. — The vitreous state: Some semiquantitative considerations: **47** ('43) 502–11. — Energy additivity in oxygen-containing crystals and glasses [, 1][13]): **50** ('46) 319–28; ~ 2[13]): **51** ('47) 438–43. — The effect of size, shape, and flexibility of the solute molecules on the properties of colloidal solutions: **52** ('48) 248–59. — The structure of amorphous materials: **58** ('54) 1141–46. — Identification of bond types in aluminum and titanium compounds and complexes[11])[2]): **68** ('64) 1934–43.

J. physic. Soc. Japan Lattice energies and other properties of crystals of alkaline earth chalcogenides[10]): **12** ('57) 241–51.

J. Polymer Res. A new approach to the theory of rubberlike elasticity: **1** ('46) 1–13.

J. Polymer Sci. Report on nomenclature in the field of macromolecules[u.a.]): **8** ('52) 257–77. — The thermodynamic properties of solutions: **16** ('55) 209–19. — Principles of protein structure and their application to synthetic polypeptides and fibrous proteins: **30** ('58) 5–16. — Mechanism of stereospecific polymerization: **48** ('60) 473–75. — Effect of intrachain and interchain interactions on the structures of crystalline regions in linear polymers: **50** ('61) 65–69. — Report on nomenclature dealing with steric regularity in high polymers[7])[4])[5]): **56** ('62) 153–61.

J. Polymer Sci., A2 Theory of polymer fractionation effectivity: **5** ('67) 1221–34.

J. Polymer Sci., C Theory of the thermodynamic properties of solutions of graft and block copolymers: **1** ('63) 445–52.

J. Soc. Glass Technol. Energy additivity in glasses[13]): **28** ('44) 463–68. — Effect of chemical composition on the relationship between refractive index and Abbe value for binary systems[13]): **29** ('45) 192–. — Effect of chemical composition on refractive index and Abbe value of ternary silicate glass systems[13])[15]): 428–33. — Additive energy relations in oxygen-containing crystals and glasses[13]): **30** ('46) 318–26. — Effect of changes of composition on density changes in silicate glasses[13]): 327–32. — Representation of density and optical properties of ternary silicate glass systems by contour maps[13])[15]): 333–42.

Kagaku to Kôgyô [Tokyo] Hydrogen bonds: **10** ('57) 606–16 [japan.].

Kôbunshi Comments on the future of high polymer science and industry in Japan: **5** ('56) [japan.]. — Thermodynamic properties of high polymer solutions: **5** ('56) 494–98 [japan.].

Makromolekulare Chem. Vorschlag über die Nomenklatur auf dem Gebiete der makromolekularen Stoffe: **9** ('53) 195–220. — Nomenklaturbericht über sterische Anordnung in Hochpolymeren [7])[4])[5]): **82** ('65) 1–15. — Thermodynamic properties of monolayers of linear polymers: **87** ('65) 119–38. — A new principle of polymer structure: **92** ('66) 260–76.

Nature [London] Synchronized oscillations in hydrogen bridges: **139** ('37) 550. — Photographic Fourier synthesis: **155** ('45) 18f.

Nucleus [Cambridge, Mass.] The structure and properties of synthetic polymers: **1942**, Dez.-Nr.

Polymer Bull. Thermodynamics of high polymer solutions: **1** ('45) 25–30.

Preprints, Amer. chem. Soc., Div. Polymer Chem. Theory of polymer fractionation efficiency: **8** ('67) 439–45.

Proc. nation. Acad. Sci. USA The structure of α-keratin: **43** ('57) 204–09. — The structure of collagen: 209–13.

Publ., Nation. Acad. Sci., Nation. Res. Council Inorganic polyelectrolytes, including glasses and silicate minerals: Nr. **995** ('62) 54–57. — x-Ray crystallographic studies and chain conformations in crystalline polymers: 132–36. — Electronic properties of solid polymers [9]): 182–87.

Pure and appl. Chem. Sheet polymers and network polymers: **12** ('66) 427–35. — Report of nomenclature dealing with steric regularity in high polymers[7])[4])[5]): 643–54.

Radiography and clin. Photogr. Pictures of organic molecules from x-ray diffraction data: **21** ('45) 67–.

Record chem. Progr. Properties of long-chain compounds: **11** ('50) 85–91, 107.

Review sci. Instruments Two rulers for use in analyzing rotating crystal photographs: **4** ('33) 10–13.

Rheology Bull. Rheology journal - letter to the editor: **14** ('43) Nr. 4, 52–.

Rubber Chem. and Technol. Properties of rubber solutions and gels: **16** ('43) 550–. — Molecular weights of high polymers: **17** ('44) 38–. — Comparison of the structure of stretched linear polymers: **18** ('45) 763–71. — A new approach to the theory of rubber-like elasticity: **19** ('46) 511–24.

Science [USA] Photography of crystal structures: **100** ('44) 570.

Synthetic org. Chemicals Hydrogen bridges: **12** ('39) Nr. 2. — Pictures of organic molecules from x-ray diffraction data: **17** ('45) Nr. 1.

Usp. Chim. On nomenclature dealing with steric regularity in high polymers[7])[4])[5]): **34** ('65) 2281–92 [russ.].

Z. Kristallogr., Kristallgeom., Kristallphysik, Kristallchem. The crystal structure of potassium dithionate, $K_2S_2O_6$: **86** ('33) 384–88. — Covalent radii of atoms and interatomic distances in crystals containing electron-pair bonds[8]): **87** ('34) 205–38. — The crystal structures of marcasite, arsenopyrite and loellingite: **96** ('37) 384f.

Ferner einige Beiträge in japanischen Sammelwerken und weiteren japanischen Zeitschriften in japanischer Sprache.

Mit: [1]) T. Abe; [2]) W. R. Anderson, jr.; [3]) D. O. Davis; [4]) V. Desreux; [5]) H. Mark; [6]) J. E. Mayer; [7]) G. Natta; [8]) L. Pauling; [9]) H. A. Pohl; [10]) Y. Sakamoto; [11]) Y. Sakurada; [12]) A. Silverman; [13]) K.-H. Sun; [14]) J. M. Stevels; [15]) R. M. Welch; [16]) C. Sadron.

V, VI **HUGHES,** Arthur Llewelyn. Physik. — 1923–56 Prof., '23–50 Head of the Departm., '56 Prof. Emeritus, Washington Univ., St. Louis, Mo. — '62 Hon. LL. D. (Washington Univ., St. Louis, Mo.).

*1883, Dez. 18, Liverpool, England.

Zur Biogr. W. Krassner, Washington University Magazine **1962**, Aug.-Nr., 22–26 (m. Bildn.).

S. Proc. International conference on instrumentation for high-energy physics, Berkeley, Calif., 1960 (New York–London '61) 99–: An exploration of the possibility of employing ultrasonic radiation to sensitize a bubble chamber.

W. Photoelectric phenomena (m. L. A. DuBridge) (New York–London '32) 12+531 S. (International series in physics).

American Physics Teacher Correspondence relating to the program of the Tests Committee[16]): **2** ('34) 77–. — Experiments with Geiger-Müller counters and associated circuits: **7** ('39) 271–92.

American J. Physics The magnetic electron lens: **9** ('41) 204–07. — Aspects of electron scattering: **10** ('42) 63–. — Modernizing the undergraduate physics curriculum: Proposed change at Washington University: **15** ('47) 49–. — G. E. M. Jauncey, 1888–1947[19]): 434. — Energy diagrams for β-disintegration: **16** ('48) 415–20.

Electrical Engng. [USA] Fundamental laws of photoelectricity: **53** ('34) 1149–53.

Mining Congr. J. Atomic energy, 1: **32** ('46) Nr. 6, 22–25; ~ 2: Nr. 7, 45–47.

Physical Rev. Inelastic and elastic electron scattering in argon[10]): (2) **39** ('32) 585–600. — Note on electron scattering in argon[10]): **40** ('32) 469f. — Elastic and inelastic electron scattering in hydrogen[10]): **41** ('32) 39–48. — Elastic electron scattering in helium[10])[20]): 154–63. — Angular distribution of electrons scattered in mercury vapor: **42** ('32) 147f. — Elastic electron scattering in neon[10]): **43** ('33) 875–82. — Inelastic electron scattering by helium atoms[10]): **44** ('33) 20–24. — Electron scattering in methane, acetylene and ethylene[10]): 876–82. — On collisions between photons[7]): **45** ('34) 217. — Radiation from the mutual annihilation of protons and electrons[7]): 217f. — Electron scattering by atomic electrons[6]): **46** ('34) 180–86. — Calculation of the elastic scattering of electrons in krypton[1]): **48** ('35) 155–60. — Total scattering of electrons in helium[5]): 408–11. — Scattering of fast electrons by helium[21]): **50** ('36) 320–25. — Scattering of fast electrons in hydrogen[21]): **52** ('37) 43–45. — A new method for investigating atomic electron velocities[9]): **53** ('38) 50–63. — Atomic electron velocities in hydrogen[15]): **54** ('38) 189–93. — Atomic electron velocities in nitrogen and methane[15]): **55** ('39) 343–50. — Scattering of fast electrons in gases: 350–52. — Velocities of electrons in hydrocarbon bonds[4]): **60** ('41) 345–50. — Beta and gamma spectra of ^{137}Cs[17])[12])[2]): **74** ('48) 99f. — Disintegration of ^{137}Cs[17])[2]): 499. — A note on ethylene self-quenching Geiger-Müller counters[11])[3]): 499f. — Internal-pair conversion in ^{24}Mg nuclei[17])[2]): **84** ('51) 298–304.

Review sci. Instruments A simple Knudsen gauge: (N.S.) **8** ('37) 409–12. — The use of Wood's metal in vacuum systems[13]): **14** ('43) 254f.

Reviews modern Physics Photoconductivity in crystals: 8 ('36) 294–315.

Science [USA] Perception by the skin of electrically induced vibrations[8])[14]): **118** ('53) 277f.

X-Ray Technician The cyclotron and its application to medicine and other fields: **22** ('50) 7-12.

Mit: [1]) S. Bilinsky; [2]) M. R. Cleland; [3]) C. L. Cowan; [4]) T. Enns; [5]) W. Harris; [6]) R. C. Hergenrother; [7]) G. E. M. Jauncey; [8]) E. Mallinkrodt; [9]) M. M. Mann, jr.; [10]) J. H. McMillen; [11]) K. H. Morganstern; [12]) G. E. Owen; [13]) C. S. Pao; [14]) W. Sleator, jr.; [15]) M. A. Starr; [16]) J. T. Tate; [17]) J. Townsend; [18]) —; [19]) R. N. Varney; [20]) G. M. Webb; [21]) S. S. West.

IV–VI **HUGOUNENQ,** Louis. Chem. (biol., med., pharmaz.). — 1886–91 Chef de Travaux de Chim. org., 1891–1930 Prof. Chim. méd. et pharmac., Univ. de Lyon.

*1860, Febr. 21, Lodève, Hérault; †1942, Nov. 13, aux environs de Lyon.

Nekr. J. Lépine, G. Florence, A. Morel, J. Méd. Lyon **1943**, 145–51 (m. Bildn.). — M. Polonovski, Bull. Acad. Méd. (3) **127** ('43) 122–24.

Annales Falsificat. et Fraudes Sur une fraude des sulfures solubles à usage pharmaceutique[1]): **26** ('33) 417f.

Annales Hyg. publ., industr. et soc. Sur les margarines et l'hygiène alimentaire: **12** ('34) 333–37. — Dénatalité et mortalité, à propos d'une étude récente de démographie comparée: **13** ('35) 249–59. — Collage bleu des vins: **14** ('36) 309–19. — Incinération industrielle des ordures ménagères dans les usines modernes: **16** ('38) 429–42. — Les carbures cancérigènes du goudron et le goudronnage des routes: **17** ('39) 1–7. — Toxiques dans la lutte contre les parasites et les insectes ennemis des cultures: **18** ('40) 281–91.

Bull. Acad. Méd. Sur les margarines et l'hygiène alimentaire: **111** ('34) 293–97. — P. Cazeneuve †: 832f.

Bull. Soc. Chim. biol. L'adsorption élective des oxydes métalliques et leur auto-réduction en présence du glycogène[2]): **14** ('32) 1011–16.

J. Pharm. et Chim. Sur une fraude des sulfures solubles à usage pharmaceutique[1]): (8) 18 ('33) 96–98.

Revue gén. Sci. pures et appl. Les applications de l'ozone à l'industrie et à l'hygiène: **43** ('32) 201–11.

Mit: [1]) P. Cazeneuve; [2]) J. Loiseleur.

VI **HULBURT,** Edward Olson. Physik. — 1925–48 Physicist, Superintendent of the Physical Optics Division, '48–55 Dir. of Research, U.S. Naval Research Labor., Washington, D.C.; '55–57 U.S. National Committee of the Internat. Geophysical Year. — '55 Frederick Ives Medal (Opt. Soc. of America); '64 Fleming Medal (Geophysical Union).

*1890, Okt. 12, Vermillion, S. Dak.

Zur Biogr. J. opt. Soc. America **46** ('56) 1–5 (m. Bildn., Schr.verz.).

S. Proc. 5th Pacific science congress, Canada 1933, **3** (Toronto '34) 2229–31: Sonnenultraviolett oder Korpuskularstrahlung als Ursache gewisser Erscheinungen in der oberen Atmosphäre [engl.]. — International conference on the emission spectra of the night sky and aurorae, London 1947 (London '48) 76–82: Measurements of the brightness of the night sky. — Terrestrial magnetism and electricity (J. A. Fleming) (New York '49) (National Research Council, Physics of the earth, 8) 492–572: Upper atmosphere. — Compendium of meteorology (T. F. Malone) (Boston, Mass. '51) 341–46: Night-sky radiations from the upper atmosphere. — Symposium on the physics and medicine of the upper atmosphere (Albuquerque, N. Mex. '52) 35–53: Physical characteristics of the upper atmosphere of the earth. — Report of the Physical Society conference on the physics of the ionosphere, Cambridge 1955 (London '55) 237–: The ionospheric F2 region[9])[6]). — Radiation biology (A. Hollaender) 2 (New York '55) 95–118: Sunlight as a source of radiation[18]).

American Physics Teacher On the physicist in the government service: **7** ('39) 157–.

American J. Physics Stereoscopic effect of snow sparkles: **15** ('47) 279–. — Night sky radiations from the upper atmosphere: **17** ('49) 463–67. — On Maxwell's demon[4]): **23** ('55) 470f.

Astrophysical J. The illumination from the solar crescent near totality of the eclipse of May 20, 1947[17]): **111** ('50) 99–103. — Spectra and intensity of light from solar crescents near totality of eclipse of February 25, 1952[10])[2])[15])[7])[8]): **118** ('53) 412–28.

Geophysical Monogr. Geomagnetic disturbances: Nr. **1** ('56) 82–85.

J. acoust. Soc. America An under water sound of natural origin: **14** ('43) 173–.

J. atmospher. and terrestr. Physics Magnetic self-focused solar ion streams as the cause of aurorae[3]): **5** ('54) 211–18.

J. geophysic. Res. Sky brightness measurements near Bocaiuva, Brazil[17]): **54** ('49) 215–27. — Solar illumination and zenith sky brightness during the total solar eclipse of May 20, 1947[17]): 229–38.

J. opt. Soc. America On the penetration of daylight into the sea: **22** ('32) 408–17. — Experiments with the bubble sextant at sea: **23** ('33) 143–48. — The polarization of light at sea: **24** ('34) 35–42. — The absorption of ultraviolet and visible light by water[5]): 175–77. — Attenuation of light in the lower atmosphere: **25** ('35) 125–30. — Sextant with improved filters: **26** ('36) 216–18. — The scattering of light by water[5]): **27** ('37) 199–201. — Observations of a searchlight beam to an altitude of 28 kilometers: 377–82. — The brightness of the twilight sky and the density and temperature of the atmosphere: **28** ('38) 227–36. — Optics of atmospheric haze: **31** ('41) 467–76. — Angular distribution of light scattered in liquids[5]): 554–58. — Propagation of radiation in a scattering and absorbing medium: 754f.; **33** ('43) 42–45. — Optics of distilled and natural water: **35** ('45) 698–705. — Visual thresholds of steady point sources of light in fields of brightness from dark to daylight[12])[20]): **36** ('46) 480–. — Optics of searchlight illumination: 483–. — Brightness and polarization of the daylight sky at various altitudes above sea level[20]): **37** ('47) 78–92. — The upper atmosphere of the earth: 405–15. — The visibility of stars in the daylight sky [20]): **38** ('48) 886–96. — The brightness and altitude of the luminosity of the night sky: 1096f. — Night sky brightness measurements in latitudes below 45°: **39** ('49) 211–15. — Time of dark adaptation after stimulation by various brightnesses and colors: **41** ('51) 402–04. — Brightness of twilight sky[13])[14])[16])[19]): 876. — Measurements of the brightness of the twilight sky[13])[14])[16])[19])[20]): **42** ('52) 353–56. — Theory of the brightness of the sky, particularly the twilight sky: 876. — Explanation of the brightness and color of the sky, particularly the twilight sky: **43** ('53) 113–18. — Atmospheric attenuation at Khartoum, Sudan[2])[15]): 405f. — Some recent papers in the Journal of the Optical Society of America: **46** ('56) 5–9.

Mémoires Soc. roy. Sci. Liège Brightness of the twilight sky[13])[14])[16])[19]): **12** ('52) 135–39.

Meteorological Monogr. Physics of the upper atmosphere: **3** ('57) 160–81.

Physical Rev. Tables of the ionization in the upper atmosphere: (2) **39** ('32) 977–92. — Analysis of recent measurements of the ionosphere: **46** ('34) 822f. — Concerning the ionosphere: **47** ('35) 422. — Radio and the sunspot cycle[21]): **50** ('36) 45–47. — Photoelectric ionization in the ionosphere: **53** ('38) 344–51. — Seasonal variation in F2 ionization: 670f. — Density and temperature of the atmosphere to about 60 km from twilight sky brightness measurements: 948f. — The E region of the ionosphere: **55** ('39) 639–45. — The E region of the ionosphere during the total solar eclipse of October 1, 1940: 646f. — Suggested observation of the zodiacal light during a total solar eclipse: **56** ('39) 960f. — Diffusion in the ionosphere[11]): **79** ('50) 802–07. — Magnetic self-focusing of auroral protons[3]): **91** ('53) 1562. — Theory of the aurora based on magnetic self-focusing of solar ion streams[3]): **95** ('54) 315–19.

Physics Ionization in the upper atmosphere at about 200 km above sea level: **4** ('33) 196–201. — The absorption of heat rays by fog: **5** ('34) 101f.

Proc. Inst. Radio Engr. The ionosphere, skip distances of radio waves, and the propagation of microwaves: **23** ('35) 1492–506.

Proc. nation. Acad. Sci. USA Variations of the ionosphere and of the solar intensity with sunspots: **43** ('57) 92–95.

Publ., Amer. astron. Soc. Sky brightness at Patos, Brazil, during twilight and during the total eclipse of October 1, 1940: **10** ('41) 131.

Publ. astron. Soc. Pacific On winds in the upper atmosphere: **44** ('32) 178–82.

Review sci. Instruments A small wind meter: (N. S.) **4** ('33) 501–03. — The preparation of sputtered metal films: **5** ('34) 85–88.

Reviews modern Physics Terrestrial magnetic variations and aurorae: **9** ('37) 44–68.

Science [USA] The blue light in the sea: **81** ('35) 293 f.

Scientific Monthly The ionosphere: **48** ('39) 421–30. — Sailing craft of Recife, Brazil: **54** ('42) 125–28. — The solar eclipse of February 25, 1952: **75** ('52) 306–09. — Magnetic storms, aurorae, ionosphere and zodiacal light: **78** ('54) 100–09. — Geomagnetic program of the International Geophysical Year: **83** ('56) 87–91.

Technical Papers, Nation. geogr. Soc. Sky brightness at Patos, Brazil, during twilight and during the total solar eclipse of October 1, 1940: **2** ('42) 78–.

Terrestrial Magnetism and atmospher. Electr. Theory of the ionosphere: **40** ('35) 193–200. — The E-region of the ionosphere during the annular solar eclipse of April 7, 1940: **44** ('39) 379–81.

Trans. amer. geophysic. Union On calculations of the ionization in the upper atmosphere: **13** ('32) 159 f. — The brightness of the twilight sky and the density and temperature of the atmosphere to about 60 km: **19** ('38) 189.

Trans. roy. canad. Inst. The outer atmosphere of the earth: **18** ('32) 237–.

Mit: [1]) –; [2]) C. A. Beck; [3]) W. H. Bennett; [4]) L. Darling; [5]) L. H. Dawson; [6]) H. Friedman; [7]) W.B. Fussell; [8]) J.H. Hancock; [9]) R.J. Havens; [10]) F. J. Heyden; [11]) M. H. Johnson; [12]) H. A. Knoll; [13]) M. J. Koomen; [14]) C. Lock; [15]) D. J. Lovell; [16]) D. M. Packer; [17]) R. A. Richardson; [18]) J. A. Sanderson; [19]) R. Scolnik; [20]) R. Tousey; [21]) L. C. Young.

V, VI **HULETT,** George Augustus. Chem. (physik.). — 1905–09 Assist. Prof., '09–35 Prof., '35 Prof. Emeritus, Princeton Univ., Princeton, N.J.; '12–13 Chief Chemist, later on Consultant, U.S. Bureau of Mines; '27–28 Vice-Chairman, '28–29 Chairman of the Division of Chemistry and Chemical Technology of the National Research Council.

*1867, Juli 15, at a ranch near DuPage, Will County, Ill.;

†1955, Sept. 6, Princeton, N.J.

Zur Biogr. D. D. Egbert, D. M. Lee, Princeton portraits (Princeton, N.J. '47) 144 f. — H. S. Taylor, Industrial and Engng. Chem., News Edit. **14** ('36) 134 f. — The national cyclopaedia of American biography **44** (New York '62) 30 f.

Nekr. C. P. Smyth, Science [USA] **123** ('56) 93. — E. C. Sullivan, Biographical Mem., Nation. Acad. Sci. USA **34** ('60) 83–105 (m. Bildn., Faks., Schr.verz.). — Chemical and Engng. News **33** ('55) 4081.

J. amer. chem. Soc. Solubility of silver chloride in water at 0° [4]): **55** ('33) 2258–62. — Cadmium sulfate as a basis for acidimetry[1]): **56** ('34) 1275–78. — The release of supercooling in cryoscopic determinations[5]): 1649. — Specific conductance of some dilute solutions at 0 and 25° [4]): **57** ('35) 256–58.

J. physic. Chem. Sulfates of mercury and standard cells[2]): **36** ('32) 2083–86. — The hydrolysis of mercurous sulfate[3]): 2095–98. — Diffusion in standard cells[2]): **37** ('33) 245–52. — The rôle of finely divided mercury in the depolarizer of the standard cell[2]): 271–77. — The standard battery[2]): 489–93; **42** ('38) 972–74.

Yearb., Amer. philos. Soc. Leroy Wiley McCay (1857–1937)[6]): **1** ('37) 369.

Mit: [1]) S. E. Q. Ashley; [2]) R. B. Elliott; [3]) O. B. Hager; [4]) C. R. Johnson; [5]) D. E. Kenyon; [6]) H. S. Taylor.

VI **HULL,** Albert Wallace. Physik. — 1914–50 Research Physicist, '28–50 Assist. Dir. of the Research Labor., '50–66 Consultant, General Electric Co., Schenectady, N.Y.; '43 Pres., Amer. Physical Soc. — '30 Hon. Sc. D. (Union Univ., Schenectady-Albany, N.Y.); '31 Hon. Sc. D. (Middlebury College, Middlebury, Vt.); '41 Hon. Eng. D. (Worcester Polytechnic Inst., Worcester, Mass.); '46 Hon. Sc. D. (Yale Univ., New Haven, Conn.). — '23 Howard N. Potts Medal (Franklin Inst., Philadelphia, Pa.); '30 Morris Liebman Prize, '58 Medal of Honor (Amer. Inst. of Radio Engineers, New York).

*1880, Apr. 19, Southington, Conn.;

†1966, Jan. 22, Schenectady, N. Y.

Erfindungen Magnetron; Thyratron; Screen-grid tube [Schirmgitter-Röhre].

American J. Physics The outlook for the physicist and prospective physicist in industry: **12** ('44) 62–70. — Thirty years of x-ray research at the General Electric Research Laboratory: **14** ('46) 71–79.

Electrical Engng. [USA] Fundamental electrical properties of mercury vapor and monatomic gases: **53** ('34) 1435–42. — Electrical engineering in the postwar world, 9: Research – creator of employment: **64** ('45) 25–27. — Fundamental processes in gaseous tube rectifiers: **69** ('50) 695–700.

General Electric Rev. New vacuum valves and their applications: **35** ('32) 622–29. — Sealed glass bushings for electrical apparatus[4])[2]): **42** ('39) 525–28. — The cesium-vapor rectifier[1])[7]): **54** ('51) Nr. 8, 16–22.

J. appl. Physics [USA] Glass-to-metal seals, 2[1])[5]): **12** ('41) 698–707. — The phase of arc-back[3]): **13** ('42) 171–78. — The cause of high-voltage surges in rectifier circuits[3]): 372–77. — Stresses in cylindrical glass-metal seals with glass inside: **17** ('46) 685–87. — A basic theory of the mercury cathode spot: **35** ('64) 490–96.

Nature [London] Dr. Irving Langmuir's contributions to physics: **181** ('58) 148f. — Willis R. Whitney: 1037f. — The Bertele arc: **195** ('62) 370f.

Physical Rev. The dispenser cathode. A new type of thermionic cathode for gaseous discharge tubes: (2) **56** ('39) 86–93. — Cathode spot: **126** ('62) 1603–10.

Physics Electronic devices as aids to research: **2** ('32) 409–31. — Characteristics and functions of thyratrons: **4** ('33) 66–75. — Glass-to-metal seals, 1[1]): **5** ('34) 384–405.

Physics today x-Ray crystallography: **11** ('58) 18–.

Proc. nation. Acad. Sci. USA Changing direct current to alternating current by means of thyratrons: **22** ('36) 389–93.

Review sci. Instruments Putting physics to work: (N.S.) **6** ('35) 377–80. — A simple strain-analyzer for glass seals[1]): **7** ('36) 98–100. — A magnetic airborne detector employing magnetically controlled gyroscopic stabilization[8])[6]): **18** ('47) 483–87.

Science [USA] Selection and training of students for industrial research: **101** ('45) 157–60. — Saul Dushman, unofficial "Dean of Men" of the General Electric Research Laboratory: **120** ('54) 686f. — W. R. Whitney, the man and his contribution to science: **128** ('58) 581f.

Scientific Monthly Dr. Willis Rodney Whitney, recipient of the John Fritz Medal: **56** ('43) 482–.

Trans. amer. Inst. Mining and metallurg. Engr. New vacuum valves and their applications: **102** ('32) 17–32.

Mit: [1]) E. E. Burger; [2]) O. H. Doll; [3]) F. R. Elder; [4]) R. W. Moore; [5]) L. Navias; [6]) R. F. Simons; [7]) R. E. Turrentine; [8]) V. Vacquier.

IV–VI **HULL,** Gordon Ferrie. Physik. — 1899–1903 Assist. Prof., '03–40 Prof., '40 Prof. Emeritus, '41–44 Emergency Prof., Dartmouth College, Hanover, N.H. — '43 Oersted Medal (Amer. Assoc. of Physics Teachers). (☒)

*1870, Okt. 7, Garnet, Ont., Can.; †1956, Okt. 7.

Todesanzeige Science [USA] **124** ('56) 824.

W. An elementary survey of modern physics (New York '36) 24+457 S.; Neuauflage u. d. T.: Elementary modern physics ('49) 16+503 S.

American Physics Teacher Another experiment on forced vibration: **2** ('34) 120–. — Reminiscences of a scientific comradeship: **4** ('36) 61–. — Some fallacies in textbooks on modern physics: **5** ('37) 22–. — Evolution of physics: **6** ('38) 281–.

American J. Physics To prove that the energy of a photon (corpuscle) of light is proportional to the frequency of the light wave: **9** ('41) 379–. — New spirit in American physics: **11** ('43) 23–. — Remarks in connection with receipt of the 1943 Oersted Medal: **12** ('44) 97–. — Concerning the action of the Crookes radiometer: **16** ('48) 185–. — Concerning rope problems and the principles of momentum and work: 447–, 474. — Can the impact of a falling chain be measured by a balance?: **20** ('52) 243f.

Proc. physic. Soc. Notes on the pressure of radiation[1])[2]): **46** ('34) 589–603.

Science [USA] The evolution of physics: **88** ('38) 256f. — Fifty years of physics: **104** ('46) 238–44.

Scientific Monthly Experimental discoveries announced at the meeting of the American Physical Society fifty years ago: **77** ('53) 13–18.

Mit: [1]) M. Bell; [2]) S. E. Green.

VI **HULTHÉN,** Erik Vilhelm. Physik. — 1929–59 Prof. Experimentalphysik, Dir. d. Physikal. Inst., '59 Prof. Emer., Univ. Stockholm. — '29–62 Mitglied d. Nobelpreis-Komitees für Physik.

*1891, Sept. 19, Helsingborg.

S. Verhandelingen, op 25 Mei 1935 aangeboden aan P. Zeeman ('s Gravenhage '35) 148–56: Isotopie-Effekte in den Bandenspektren der Hydride und Deuteride, besonders AgH und AgD[7]). — Les Prix Nobel en 1940–44 (Stockholm '46) 12–14: The 1943 Nobel Prize for physics was awarded to Otto Stern and Isidor Isaac Rabi; ~ en 1947 ('49) 16–19: Sir Edward Appleton; ~ en 1953 ('54) 18f.: Frits Zernike; ~ en 1959 ('60) 16f.: Emilio Segrè et Owen Chamberlain. — Svenskt biografiskt lexikon (B. Hildebrand) **12** (Stockholm '49) 161: Erik Edlund. — Manne Siegbahn 1886 3/12 1951 (Uppsala '51): Fysikalisk forskning i Lund under ett kvartsekel. — Proc., London

Ergebnisse der Plasmaphysik und Gaselektronik

Herausgegeben von Prof. Dr. ROBERT ROMPE
und Prof. Dr. MAX STEENBECK

Band II

1971. Etwa 416 Seiten — 177 Abb. — gr. 8° — Leinen etwa 90,— M
Bestell-Nr. 761 314 6 (5570/II)

Band III

1971. Etwa 400 Seiten — 77 Abb. — 33 Tab. — gr. 8° — Leinen etwa 90,— M
Bestell-Nr. 761 447 2 (5570/III)

Der Band II der „Ergebnisse der Plasmaphysik und Gaselektronik“ enthält drei Einzelbeiträge. Im ersten Teil berichten Krause und Rädler über die Elektrodynamik der mittleren Felder in turbulenten leitenden Medien und über die darauf aufbauende Dynamo-Theorie, die es ermöglicht, die Entstehung von Magnetfeldern in der Sonne, der Erde und in Sternen zu erklären. Diese hier erstmalig systematisch dargestellte Theorie ist deshalb für Geophysik und Astrophysik von erheblicher Bedeutung. Im zweiten Beitrag von Wilhelm und Wallis werden die Probleme behandelt, die bei der Bestimmung von Elektronen-Transportkoeffizienten in Gasen und Niederdruckplasmen im Rahmen einer kinetischen Theorie und unter Anwendung verschiedener theoretischer Verfahren auftreten. Solche Transportkoeffizienten sind z. B. für das Verständnis von Gasentladungsplasmen wesentlich. Die im letzten Teil von Marschak beschriebenen Impulslichtquellen haben eine breite Anwendung in der Elektronik und Automation, der Informationsübertragung, der Fotografie u. a. gefunden. Neben der Physik der Impulsgasentladungen und ihrer Strahlung werden auch die technischen und konstruktiven Daten von Impulslichtquellen behandelt.

Bestellungen durch eine Buchhandlung erbeten

A K A D E M I E - V E R L A G   B E R L I N

FSC
www.fsc.org
MIX
Papier | Fördert gute Waldnutzung
FSC® C083411

Zeitfracht Medien GmbH
Ferdinand-Jühlke-Straße 7
99095 Erfurt, Deutschland
produktsicherheit@kolibri360.de